普通高等教育“十二五”规划教材

冶金工厂设计基础

主　编　姜　澜
副主编　钟良才

北　京
冶　金　工　业　出　版　社
2019

内 容 提 要

本书是按照冶金工程专业平台课的相关要求编写的。全书共分11章，在详细论述冶金工厂设计原则、工艺流程和基本内容等行业设计共性问题的基础上，系统地介绍了炼铁厂工艺设计、电炉炼钢工艺设计、转炉炼钢工艺设计、铝电解车间工艺设计、铜电解精炼车间工艺设计、锌精矿沸腾焙烧工艺设计和稀土萃取车间工艺设计的基本知识，其中也涉及相关的物料计算、工艺特点以及技术经济指标等内容。

本书可作为高等院校冶金工程专业本科生、研究生的教学用书，也可供冶金相关企事业单位的工程技术人员参考。

图书在版编目(CIP)数据

冶金工厂设计基础/姜澜主编．—北京：冶金工业出版社，2013.11（2019.6重印）
普通高等教育“十二五”规划教材
ISBN 978-7-5024-6437-0

Ⅰ.①冶…　Ⅱ.①姜…　Ⅲ.①冶金工厂—生产工艺—工艺设计—高等学校—教材　Ⅳ.①TF087

中国版本图书馆CIP数据核字(2013)第263338号

出 版 人　谭学余
地　　址　北京市东城区嵩祝院北巷39号　邮编　100009　电话　(010)64027926
网　　址　www.cnmip.com.cn　电子信箱　yjcbs@cnmip.com.cn
责任编辑　王　优　杨　敏　美术编辑　吕欣童　版式设计　孙跃红
责任校对　石　静　责任印制　牛晓波
ISBN 978-7-5024-6437-0
冶金工业出版社出版发行；各地新华书店经销；北京印刷一厂印刷
2013年11月第1版，2019年6月第4次印刷
787mm×1092mm　1/16；21.75印张；526千字；336页
45.00元

冶金工业出版社　投稿电话　(010)64027932　投稿信箱　tougao@cnmip.com.cn
冶金工业出版社营销中心　电话　(010)64044283　传真　(010)64027893
冶金工业出版社天猫旗舰店　yjgycbs.tmall.com
（本书如有印装质量问题，本社营销中心负责退换）

前　言

科学的冶金工厂设计是保证冶金生产顺行、前后生产工序协调、生产过程物流顺畅、合理利用资源、降低消耗和生产成本、提高生产效率、减少排放和避免对环境造成污染的关键。

编者根据近年来收集的最新资料，结合多年的教学和科研工作经验，精心编写了本书。本书涉及较为广泛的冶金工厂设计内容，较为系统地论述了冶金工厂设计的程序和内容、基本计算以及主要方法，并较为全面地概括了目前国内外冶金工厂的主要发展概况。通过对本书的学习，学生可以掌握冶金工厂设计的基本原理和方法，了解现代冶金工厂的生产工艺流程设计、主要设备的设计、车间布置设计等内容，从而能够具备进行实际冶金工厂设计的能力。全书共分11章，前4章涉及冶金工厂设计的共性问题，后7章详细介绍了炼铁、炼钢、有色金属冶炼的工艺设计知识。

本书由东北大学材料与冶金学院的教师编写，姜澜担任主编、钟良才担任副主编。具体编写分工如下：第1、2、4、9章由姜澜编写，第3、8章由李斌川编写，第5章由应自伟编写，第6章由闫立懿编写，第7章由钟良才编写，第10、11章由边雪编写。

本书编写内容融合了当今国内多家冶金企业的生产实际过程，参阅了冶金工厂设计方面的相关文献，在此向这些冶金企业和文献作者表示衷心感谢。在本书编写和出版过程中，东北大学教务处给予了大力支持，东北大学材料与冶金学院冯乃祥、沈峰满教授对书稿进行审定并提出了许多宝贵的修改意见，研究生苏楠、邱明放、杜婷婷、郑瑶、丁友东等付出了大量辛勤劳动，在此一并表示诚挚的谢意。

由于编者水平所限，书中不足之处，恳请广大读者批评指正。

编　者
2013年8月

目　录

1 绪　论

1.1 冶金工厂设计的概念和目的

工程设计是一门应用科学。它是以科学原理为指导，以生产实践和科学实验为依据，采用设计图纸和文字为表达方式，为实现某项工程而编制的一种文献资料。工程设计过程是基本建设中不可缺少的一个重要环节。成熟的生产经验、先进的科学技术和最新的科研成果的应用，都必须通过工程设计来实现。

冶金工厂设计属于生产原材料的工程设计。它的目的是根据原料的特点，依据生产实践和科学实验、设计合理的工艺流程，选择合适的工艺设备并进行合理配置，设计适宜的厂房结构和辅助设施，确定合适的劳动组织及劳动定员，确保建成的冶金生产装备安全可靠，生产过程能够正常运行。

1.2 冶金工厂设计的原则

冶金工厂设计应遵循如下原则：

（1）遵守国家的法律、法规，执行行业设计有关的标准、规范和规定，严格把关，精心设计。

（2）设计中应对主要工艺流程进行多方案比较，以采用最佳方案。

（3）设计中应尽量采用国内外成熟的技术。所采用的新工艺、新设备和新材料必须遵循经过工业性试验或通过技术鉴定的原则。

（4）对节约能源、节约用水和节约用地给予充分重视。

（5）绝大多数矿物除含有主金属外，常常伴生有其他有价元素。设计中必须充分注意有价元素综合回收的设计。

（6）设计中必须注意生态环境的保护，必须有“三废”治理措施，尽量做到变废为宝。

（7）冶金生产作业大多在高温、高压、有毒、腐蚀等环境下进行，为确保人员和设备的安全，必须特别注意安全防护措施的设计，并尽量提高机械化、自动化和计算机控制水平。

（8）应充分利用建厂地区的自然经济条件，尽可能与当地其他企业协作，共同投资解决某些公共设施问题。

1.3 冶金工厂设计的程序和内容

1.3.1 设计程序

冶金工厂设计的基本程序如图1-1所示。图1-1表明的设计程序包括设计前期工作、设计工作和项目实施三个阶段。

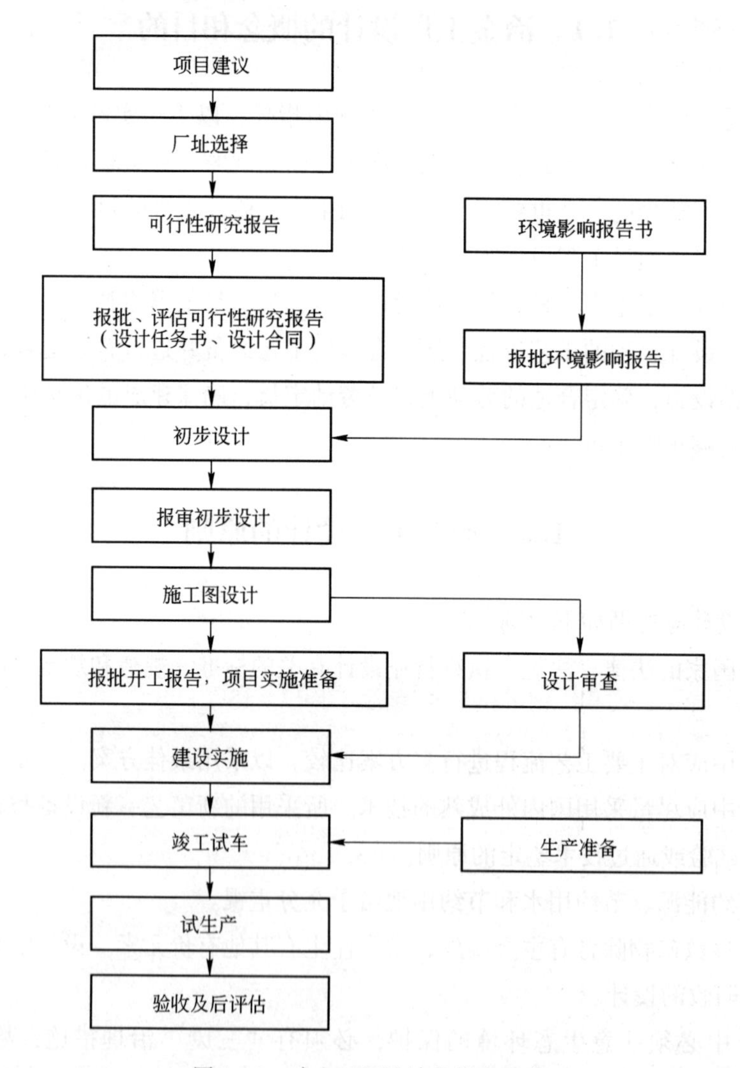

图1-1 冶金工厂设计的基本程序

1.3.2 设计的主要内容

1.3.2.1 项目建议书

项目建议书是建设单位向国家提出申请建设某一具体项目的建议文件。项目建议书的主要内容包括以下几方面：

（1）项目名称和主要内容；
（2）申请项目的依据和理由；
（3）承办单位的基本情况；
（4）产品方案，拟建规模，建设地点的初步设想；
（5）资源情况，建设条件及外部协作关系；
（6）投资估算和资金筹措设想；
（7）建设项目的初步进度安排；
（8）经济效益和社会效益的初步分析。

1.3.2.2 可行性研究和设计任务书

A 可行性研究

可行性研究是工程建设前期不可缺少的关键性工作。工程建设需要投入大量人力、物力和财力，建设周期长。尤其是冶金工厂的建设，投资多，工程复杂，对供电、供排水、交通运输和其他外部条件都有严格的要求。为了使工程建设达到较好的效果，必须在建设前进行可行性研究。可行性研究主要是对拟建设项目在技术、经济和环境等方面是否可行进行分析、论证和评价。对一些复杂的工程，在进行最终可行性研究之前，有时需要进行初步（预）可行性研究。初步可行性研究着重论证拟建设项目的必要性和可行性。初步可行性研究报告可与项目建议书同时编写。

可行性研究报告的主要内容如下：
（1）总论，包括项目提出的背景和依据以及拟建设项目的基本情况、必要性和意义；
（2）市场需求预测和拟建规模；
（3）资源、原材料、燃料及公用设施情况；
（4）建厂条件及厂址方案的比较；
（5）设计方案，主要包括生产方法和技术来源、工艺流程的选择和设备的比较、全厂布置方案、公用辅助设施和厂内外交通运输方式的初步选择；
（6）环境保护和“三废”治理方案；
（7）劳动安全和工业卫生；
（8）节能措施与综合利用方案；
（9）企业组织、劳动定员及人员培训计划；
（10）实施进度安排；
（11）投资概算和资金筹措；
（12）主要技术经济指标、经济效益和社会效益分析；
（13）附图，包括工厂总平面图、工艺流程图和必要的车间配置图。

可行性研究报告经主管部门批准以后生效，并可作为以下几方面工作的依据：
（1）编制设计任务书（可行性研究报告通常作为设计任务书的附件下达给有关单位）；
（2）筹措建设资金；
（3）与建设项目有关的各部门签订协议；
（4）开展新技术、新工艺、新设备研究的计划和补充勘探、补充工艺实验等工作的计划。

可行性研究原则上不能代替初步设计，但在条件具备、委托单位或上级主管部门有特殊要求时，可以做到初步设计的深度。

B 设计任务书

设计任务书的编制是在可行性研究基础上进行的，一般由设计单位的主管部门组织编制，设计单位参加；有时由建设单位的主管部门委托设计单位代行编制。设计任务书经审查批准后向设计单位正式下达，作为编制初步设计的依据。

设计任务书的主要内容包括：

(1) 生产规模，服务年限，产品方案，产品质量要求和主要技术经济指标；

(2) 建厂地区或具体厂址；

(3) 矿产资源，主要原材料、燃料、水、电等的供应和交通运输条件；

(4) 生产流程，车间组成，主要工艺设备及装备水平的推荐意见；

(5) “三废”治理，劳动安全和工业卫生要求；

(6) 建设期限及建设程序；

(7) 投资限额；

(8) 要求达到的经济效果。

设计任务书一般应附有说明，对上述内容作出简要说明，对于拟采用的新技术、新工艺、新设备以及存在的问题也应给予说明，并规定需要开展试验研究项目的具体安排和进度要求。

1.3.2.3 环境影响报告书

为了预测建设项目在建设过程中，特别是在建成投产后可能给环境带来危害的影响程度和范围并进行分析和评价，同时提出进一步保护环境的防治对策，在项目的可行性研究阶段需编制环境影响报告书。

国家根据建设项目对环境影响的程度，按照下列规定实行分类管理：

(1) 建设项目可能对环境造成重大影响的，应当编制环境影响报告书，对建设项目产生的污染和对环境的影响进行全面、详细的评价。

(2) 建设项目可能对环境造成轻度影响的，应当编制环境影响报告表，对建设项目产生的污染和对环境的影响进行分析或者专项评价。

(3) 建设项目对环境影响很小，不需要进行环境影响评价的，应当填报环境影响报告表。

冶金工程项目都属于第 (1) 类或第 (2) 类，应当编制环境影响报告书或环境影响报告表。按照《中华人民共和国水土保持法》和《中华人民共和国水土保持法实施条例》等文件的规定，凡从事有可能造成水土流失开发建设项目的建设和生产都必须防止水土流失，在环境影响评价中应编写水土保持方案。建设项目的环境影响评价原则上应当与该项目的可行性研究同时进行，其成果为环境影响报告书。

建设项目环境影响报告书应当包括以下内容：

(1) 建设项目概况；

(2) 建设项目周围环境现状；

(3) 建设项目对环境可能造成影响的分析和预测；

(4) 环境保护措施及其经济、技术论证；

（5）环境影响经济损益分析；

（6）对建设项目实施环境监测的建议；

（7）水土保持方案；

（8）环境影响评价结论。

环境影响评价工作由取得相应的环境影响评价资质的单位承担。环境影响报告书经批准后，审批建设项目的主管部门方可批准该项目的可行性研究报告或者设计任务书。

建设项目竣工后，建设单位应当向审批该项目环境影响报告书的环境保护行政主管部门，申请环境保护设施竣工验收。

1.3.2.4 初步设计

初步设计是设计承担单位根据设计任务书的内容和要求，在掌握了充分而可靠的主要资料基础上进行工作的具体步骤。它有比较详细的设计说明书，有标注物料流向和流量的工艺流程图，有反映车间设备配置的平面图和剖面图，有供订货用的设备清单和材料清单，还有全厂的组织机构及劳动定员等。其内容和深度应能满足下列要求：

（1）上级主管部门审批；

（2）安排基建计划和控制基建投资；

（3）建设单位进行主要设备订货、生产准备（订协议、培训工人等）和征购土地工作；

（4）施工单位进行施工准备；

（5）绘制施工图等。

整个初步设计由各专业共同完成，各自编写其专业设计说明书和绘制有关图纸。新建冶金厂设计是以冶金工艺专业为主体，其他有关专业（设备、土建、动力和仪表、水道及采暖通风、机修、总图运输、技术经济等）相辅助的整体设计。在设计过程中要解决一系列未来建设和生产的问题，其中包括生产工艺，厂房建筑，原材料、燃料、水、电的供应，厂址的选择确定与交通运输，设备的制作、安装与维修，环境保护及生活福利设施等。因此，冶金厂设计通常分为以下几部分来完成：

（1）总论和技术经济部分。总论部分应简明扼要地论述主要的设计依据、重大设计方案的概述与结论、企业建设的进度和综合效果以及问题与建议等。各专业的共同性问题，如规模、厂址及原材料、燃料、水、电等的供应和产品品种，也在总论部分论述。技术经济部分包括主要设计方案比较、劳动定员与劳动生产率、基建投资、流动资金、产品成本及利润、投资贷款偿还能力、企业建设效果分析及综合技术经济指标等。

（2）工艺部分。工艺部分是主体部分，包括设计依据及生产规模，原材料、燃料等的性能、成分、需要量及供应，产品品种和数量，工艺流程和指标的选择与说明，工艺过程冶金计算，主要设备的设计计算与选择，车间组成及车间设备配置和特点，厂内外运输量及要求，主要辅助设施及有关设计图纸等。

（3）总图运输部分。总图运输部分包括企业整体布置方案的比较与确定、工厂总平面布置和竖向布置、厂内外运输（运输条件、运输量和运输方式、铁路与公路的设计技术标准、车站及接轨站的决定和行车组织等）和厂内外道路的确定以及有关设计图纸等。

（4）工业建筑及生活福利设施部分。工业建筑及生活福利设施部分包括有关土壤、地质、水文、气象、地震等的资料，主要建筑物和构筑物的设计方案比较与确定，行政福利设施和职工住宅区的建设规划，主要建筑物平面图、剖面图，建筑一览表及建筑维修等。

（5）供电、自动控制及电信设施部分。供电包括用电负荷及等级和供配电系统的确定、主要电力设备及导线的选择、防雷设施及线路接地的确定、集中控制系统的选择、室内外电气照明及有关设计图纸等。自动控制包括工厂计量和控制水平的确定、各种检测仪表和自动控制仪表的选型、控制室和仪表盘的设计以及电子计算机控制系统等。电信设施包括企业生产调度的特点及电信种类的选择、各种电信系统及电信设施的确定、电信站或生产总调度室主要设备的选择和配置、有关设计图纸等。

（6）热工和燃气设施部分。热工和燃气设施部分包括锅炉间、软水站、空压机房、炉气压缩站、重油库及泵房、厂区热力管网等的设计。应列出用户性质及消耗量一览表和供应系统及供销平衡表，各种参数的选择与说明，管道系统图、总平面图及管道敷设方法，设备选择、技术控制及安全设施的说明，锅炉房的燃料排灰说明，主要建（构）筑物的工艺配置图，设备运转技术指标等。

（7）机修部分。机修部分包括机修、管修、电修、工具修理、计器及车辆修理等。应确定机修体制、任务、车间组成以及主要设备的选型和配置。在可能的条件下，应尽量与邻近单位共建或交由社会筹建。

（8）给排水部分。给排水部分包括确定水源和全厂供排水量，全厂供排水管网和供水、排水系统的设计以及污泥处理等。

（9）采暖通风。

（10）劳动安全和工业卫生。

（11）环境保护及“三废”处理。

（12）消防措施。

（13）化验及检测。

（14）存在的问题及解决方法。

（15）工程投资概算。工程投资概算包括建筑工程费用概算、设备购置及安装概算、主要工业炉费用概算、器具和工具的购置概算、总概算及总概算书等。

上述内容是对于较完整的工程设计而言，可根据不同的具体要求予以增减。

冶金工艺专业编写的初步设计说明书应包括以下几部分内容：

（1）绪论。绪论主要说明设计的依据、规模和服务年限，原料的来源、数量、质量、特性及供应条件，产品的品种及数量，厂址及其特点，运输、供水、供电及“三废”治理条件，采用的工艺流程及自动控制水平，建设顺序及扩建意见，主要技术经济指标等。

（2）工艺流程和指标。从原料及当前技术条件出发，通过数种方案的技术经济比较，说明所采用的工艺流程和指标的合理性与可靠性；详细说明所采用的新技术、新设备、新材料的合理性、可靠性及预期效果；扼要说明全部工艺流程及车间组成；介绍工作制度及各项技术操作条件，确定综合利用、“三废”治理和环境保护的措施等。

（3）冶金计算。进行物料的合理组成计算、配料计算、生产过程有价成分和物料的衡算及必要的热（能量）平衡计算，确定原材料、燃料、熔（溶）剂及其他主要辅助材料的数量和成分等。

（4）主要设备的设计和计算。主要设备的设计和计算包括定型设备型号、规格、数量的选择确定及选择原则和计算方法；非定型主体设备（如电解槽、反射炉、沸腾炉等）的结构计算，确定设备的主要尺寸、结构、构筑材料的规格和数量及具体要求；主要设备选择方案的比较说明；机械化、自动化装备水平的说明等。

（5）车间设备配置。车间设备配置包括按地形和运输条件考虑的各车间布置关系的特点及物料运输方式和运输系统的说明，配置方案的技术经济比较及特点，关于新建、扩建和远近结合问题的说明等。

（6）技术检查、自动化检测与控制及主要辅助设施等。

（7）设计中存在的主要问题和解决问题的建议及其他需要特别说明的问题。

（8）附表。附表有供项目负责人汇总的主要设备明细表、主要基建材料表等；供技术经济专业汇总的主要技术经济指标表，主要原材料、燃料、动力消耗表和劳动定员表等；供预算专业汇总的概算书等。

（9）附图。附图有工艺流程图、设备连接图、主要车间配置图及必要的非定型主体设备总图等。

冶金工艺专业除完成本专业的初步设计书及有关图表，为各专业提供车间配置图及车间生产能力、发展情况、工作制度、劳动定员等资料外，还要分别给各专业提供如下有关资料：

（1）土建专业。各层楼板、主要操作台的荷重要求，车间防温、防腐、防水、防震、防爆、防火等的要求，对厂房结构形式及地面、楼板面的要求，各种仓库的容积及对仓壁材料的要求，各种主要设备的重量、起重设备的重量及起重运输设备的能力等。

（2）动力、仪表和自动化控制专业。用电设备的容量、工作制度及电动机的台数、型号、功率、交流或直流电的负荷和对电源的特殊要求，防火、防爆、防高温、防腐的要求，蒸汽和压缩空气的用量及压力，要求检测温度、压力、流量等的项目及其测量范围、记录方式等，要求建立信号联系的项目及装设电话的地点，要求电子计算机控制的项目及要求等。

（3）水道专业。车间的正常用水量和最大用水量及对水温、水压、水质的要求，并说明停水对生产的影响及是否能用循环水；排水量、排水方式、排水温度，污水排出量及其主要成分等。

（4）采暖通风专业。产生灰尘、烟气、蒸汽及其他有害物质的程度和地点，散热设备的散热量或表面积和表面温度，厂房的结构形式（如敞开式、天囱式、侧囱式等），要求采暖或通风的地点及程度，并说明车间的湿度及结露情况。

（5）机修专业。金属结构的质量，机电设备及防腐设备的种类、规格、台数和质量，需要经常或定期检修的检修件的数目及质量，各种铸钢件（如钢包、出铝抬包、冰铜包子、各种操作工具等）、铸铁件（如各种流槽）、铆焊件（金属结构）、耐火材料和防腐材料等的年消耗量或消耗定额等。

（6）总图运输专业。各车间的平面布置草图，主要原材料和燃料、主要产品和副产品的年运输量、运输周期、运输方式、运输路线、装卸方式及各车间物料堆放场地的大小要求等。

（7）技术经济专业。冶炼厂年度生产物料平衡表及金属平衡表，各项主要技术经济指标，主要原材料、燃料、水、电等的消耗定额，各生产车间的工作制度及劳动定员，方案比较及工艺流程图等。

1.3.2.5 施工图设计

施工图应根据上级主管部门批准的初步设计进行绘制，其目的是把设计内容变为施工文件和图纸。图纸的深度以满足施工或制作的要求为原则，同时应满足预算专业能够编制详细的工程预算书的要求。

施工图一般以车间为单位进行绘制。冶金工艺专业应对初步设计的车间配置图进行必要的修改和补充，绘制成施工条件图，提供给各有关专业作为绘制施工图的基础资料。此外，对初步设计阶段提供给各专业的资料也要进行必要的修改和补充。

冶金工艺专业绘制的施工图通常有：

（1）设备安装图。设备安装图分为机组安装图和单体设备安装图两种。机组安装图是按工艺要求和设备配置图准确地表示出车间（或厂房）内某部分设备和构（零）件安装关系的图样，一般应有足够的视图和必要的安装大样图，在图中应表示出工艺设备或辅助设备和安装部件的外部轮廓、定位、主要外形尺寸、固定方式等，有关建（构）筑物和设备基础，设备明细表和安装零部件明细表，必要的说明和附注等。单体设备安装图包括普通单体设备安装图、特殊零件制造图以及与设备有关的构件（如管道、流槽、漏斗、支架、闸门等）制造图，这些图形均应绘出安装总图及其零件图。凡属下列情况，可不绘制零件图：

1）国家标准、部颁标准或产品样本中已有的产品，只需写出其规格、尺寸或标记代号即可购到的零件；

2）由型材锤击、切断或由板材制成的零件，在设备或部件总图上能清楚地看出实物形状及尺寸的零件。

（2）管道安装图。管道图一般有矿浆管道图，蒸气、压缩空气、真空管道图，润滑油及各种试剂管道图等。管道安装图包括管道配置图、管道及配件制造图、管道支架制造图等。

（3）施工配置图。根据已绘制的设备和管路安装图汇总绘制成详细准确的施工配置图（其中包括带所有管道和仪表的工艺流程图、设备管口方位图等），以便施工安装。

1.3.2.6 现场施工和试车投产

设计人员（或代表）参加现场施工和试车投产工作的基本任务如下：

（1）参加施工现场对施工图的会审，解释和及时处理设计中的有关问题，补充或修改设计图纸，提出对设备、材料等的变更意见。

（2）了解和掌握施工情况，保证施工符合设计要求，及时纠正施工中的错误或遗漏部分。

（3）参加试车前的准备工作和试车投产工作，及时处理试车过程中暴露出来的设计问题，并向生产单位说明各工序的设计意图，为工厂顺利投产做出贡献。

（4）坚持设计原则，除一般性问题就地解决外，对涉及设计方案的重大问题，应及时向上级及有关设计人员报告，请示处理意见。

工厂投入正常生产后，设计人员应对该项工程设计中的各项建设方案、专业设计方案和设计标准是否合理，新工艺、新技术、新设备、新材料的采用情况和效果，发生了哪些重大问题等内容进行全面性总结，以不断提高设计水平。

除上面介绍的通常采用的初步设计和施工图设计两段设计外，对于规模小、技术成熟、生产工艺简单的小型工厂（或车间）或老厂的扩建、改建工程，可以采用扩大初步设计或作设计提要的办法，一次作出施工图纸，即所谓的一段设计；而对于大型建设项目或技术较复杂且生产尚不成熟的项目以及某些援外工程，为了针对性地解决初步设计遗留下来的问题，允许在初步设计和施工图设计之间增加一段技术设计，即所谓的三段设计。技术设计是根据已批准的初步设计编制的，其目的和任务在于更详细地确定初步设计中所选定的工艺流程，确定设备的选型，制订建筑方案，将初步设计中的基建投资及经营费用概算提高为较精细的预算。因此，技术设计是对初步设计进行调整和充实，其内容通常无太大变动，只是比初步设计更为详尽一些。

1.4　工艺设计中的冶金计算及设备的选择与设计

1.4.1　冶金计算

1.4.1.1　冶金计算的目的和内容

冶金计算是工艺设计中的必要环节。通过冶金计算可达到以下三个目的：

（1）确定生产过程中各工序的物料处理量，中间产物和最后产物的组成和数量，废水、废渣、废气的排放量，各种辅助材料、燃料、水、电的消耗量等。

（2）从量的方面来研究各工序之间的相互关系，使整个生产过程中各环节协调一致。

（3）为生产过程中设备的选型、确定尺寸和台数提供依据。

冶金计算的内容很多，它应该包括生产过程所必需的一切计算。与工艺设计有关的冶金计算内容主要如下：

（1）物料的合理成分计算；

（2）配料计算；

（3）生产过程中有价成分平衡计算；

（4）生产过程的物料平衡计算；

（5）生产过程的热平衡计算；

（6）电解过程的槽电压平衡计算。

1.4.1.2　冶金计算中金属回收率的确定

在进行冶金计算之前必须选择和确定有关的技术经济指标。所确定的技术经济指标应该是生产实践中的平均先进指标。经过工业性试验所取得的试验数据也可以作为冶金计算的依据，但必须是稳定可靠的数据。

生产过程涉及的技术经济指标是多种多样的。不同的冶金工艺所涉及的技术经济指标也不尽相同。然而，金属回收率是各种冶金工艺都会涉及的一个重要的技术经济指标。金属回收率高意味着生产单位产品所需的原料量少，这不仅有利于矿物资源的充分利用，而且会使生产成本降低。

在提取金属的生产过程中，原料中的有价金属有一部分会被废渣、废液、废气带走，还有一部分由于飞扬、散失、滴漏等原因而损失掉。这些被带走和损失掉的金属就是不能被回收的金属。对冶金工艺来说，金属回收率的概念及其计算方法是极其重要的，下面加以简要讨论。为了讨论方便，首先规定一些符号的意义：

Q_n——第 n 个工序的处理量（按物料中有价成分计，下同）；

P_n——第 n 个工序的产量；

X_n——第 n 个工序的不可返回损失量；

R_n——第 n 个工序的可返回损失量；

x_n——第 n 个工序的不可返回损失率（%），$x_n = \frac{X_n}{Q_n} \times 100\%$；

r_n——第 n 个工序的可返回损失率（%），$r_n = \frac{R_n}{Q_n} \times 100\%$。

（1）第 n 个工序的直接回收率（η_n）。直接回收率简称直收率。第 n 个工序的直收率是指第 n 个工序主要产物中有价成分量与该工序处理物料中有价成分量之比的百分数，即：

$$\eta_n = \frac{P_n}{Q_n} \times 100\% = 100\% - (x_n + r_n) \tag{1-1}$$

（2）第 n 个工序的总回收率（η_{nt}）。第 n 个工序的总回收率是指该工序主要产物和副产物（包括返回料）中有价成分量与处理物料中有价成分量之比的百分数，即：

$$\eta_{nt} = 100\% - x_n \tag{1-2}$$

（3）整个生产过程的直收率（η）。整个生产过程的直收率是指最终产品中有价成分量与该过程原料中有价成分量之比的百分数。当工艺过程中没有返料、各工序也没有副产品时，整个生产过程的直收率等于各工序直收率的乘积，即：

$$\eta = \eta_1 \eta_2 \eta_3 \cdots \eta_n \tag{1-3}$$

（4）整个生产过程的总回收率（η_t）。整个生产过程的总回收率是指最终产品与副产品中有价成分量之和与该过程原料中有价成分量之比的百分数。显然，生产过程有副产品时，$\eta_t > \eta$；生产过程没有副产品时，$\eta_t = \eta$。

有关冶金计算的具体实例，可参阅本书第5~11章。

1.4.2　设备的选择与设计

1.4.2.1　概述

冶金工厂使用的设备多种多样，按使用功能分为如下几种：

（1）动力设备，如蒸气锅炉、余热锅炉；

（2）热能设备，如煤气发生炉、热风炉；

（3）起重运输设备，如吊车、皮带运输机、斗式提升机；

（4）备料设备，如破碎机、圆盘配料机、制粒机；

（5）流体输送设备，如泵、空压机、排风机、鼓风机；

（6）电力设备，如电动机、变压器、整流器；

（7）火法冶金设备，包括各种冶金炉；

（8）收尘设备，如旋风收尘器、袋式收尘器、电收尘器、文丘里收尘器；

（9）湿法冶金设备，如浸出槽、净化槽、高压釜；

（10）液固分离设备，如浓缩槽、抽滤机、压滤机；

（11）电冶金设备，如水溶液电解槽、熔盐电解槽。

上述11种设备中，按其在冶金过程中的作用，前6种称为辅助设备，后5种称为主体设备。主体设备和辅助设备两者之间并无严格的界线，主要根据设计的是什么厂、什么车间而定。如果要设计一个收尘车间，那么收尘器就是主体设备。一般设计内容大多涉及冶金过程，因此第（7）、（9）、（11）种设备为主体设备，其他均为辅助设备。

辅助设备大多数是定型产品，应尽量从定型产品中选用，在迫不得已的条件下才单独设计。主体设备通常为非标产品，应根据冶金过程的要求及原料特点等具体情况进行精心设计。在有专门厂家生产的情况下，也可以选为主，以减少设备费用。

1.4.2.2 冶金主体设备的设计

冶金主体设备设计是在冶金过程物料衡算的基础上完成的，主要内容包括以下几方面：

（1）设备的尺寸和结构分析；

（2）主要尺寸的计算与确定；

（3）相关设备的配备；

（4）主要结构材料的选择与数量计算；

（5）对外部条件的要求等。

上述5部分内容中的重点是设备主要尺寸的计算与确定，设备主要尺寸的计算与确定通常以工厂实际资料为依据。由于设备的类型差别较大，其计算与确定的方法也不一样，一般可分为如下三类：

（1）火法冶金炉的设计，按设备主要反应带的单位面积生产率计算；

（2）湿法冶金设备的设计，按设备的有效容积生产率计算；

（3）电解过程（包括水溶液电解和熔盐电解）所用电解槽的设计，按设备的负荷强度（即电流）计算。

有关设备选择与设计的具体实例，可参阅本书第5～11章。

2　工艺流程的选择与设计

2.1　工艺流程选择的原则及影响因素

冶金工艺流程是金属矿物原料经过加工获得产品的整个过程。对不同的矿料和不同的金属来说，其处理工艺流程有的比较单一，有的却相当复杂。就宏观而论，有色金属冶金的工艺流程比钢铁冶金的工艺流程要复杂些，贵金属冶金的工艺流程比贱金属冶金的工艺流程要复杂些。对某一具体的金属冶炼方法而言，其可采用的工艺流程往往有多种方案。所以，冶金工艺流程的选择实际上是冶金提取方法和提取工艺路线的选择。

工艺流程的选择是一项综合性的技术经济工作。选定的工艺流程合理与否，直接关系到企业基建投资的多少和生产中各项技术经济指标的好坏。因此在选定工艺流程时，必须对市场进行周密的调查，对产品前景进行预测，以确保产品在相当的一段时期内符合市场的供需要求。工艺流程应力求技术上先进，经济上合理，生产上稳定可靠，最大限度地提高金属回收率、劳动生产率和设备利用率，“三废”排放必须符合国家标准，缩短生产过程，降低投资和生产成本。

2.1.1　工艺流程选择的基本原则

冶金工艺流程的选择除了考虑原料组成、有价成分的种类和含量及其他物理化学性质外，还需考虑现时的技术水平、经济效果及环保规定等。所以在制定冶金工艺流程时，必须坚持下列基本原则：

（1）可靠、高效和低耗是确定工艺流程的根本原则。在保证同等效益的前提下，选择的流程应力求简化。

（2）工艺流程对原料应有较强的适应性，能处理成分变动和理化性能变化的各种原料，也能适应产品品种的变化。

（3）设计的冶金工艺流程应杜绝造成公害，能有效地进行“三废”治理，综合回收原料中的有价元素，环境保护符合国家要求。

（4）工艺流程设计在确保产品符合国家和市场需求的前提下，应尽可能采用现代化的先进技术，提高技术含量，减轻劳动强度，改善管理水平，以获得最优的金属回收率、设备利用率和劳动生产率。

（5）投资省，建设快，占地少，见效快，利润高，社会效益和经济效益大。

2.1.2　影响工艺流程选择的主要因素

在工艺设计时可能存在两种以上的方案。所以，冶金工艺流程在择优选择过程中应综合考虑下列因素：

（1）矿料性质和特点。矿料性质和特点包括矿料的化学组成、理化性质和物相组成等。工艺流程的选择首先要考虑的就是矿料的性质和特点。如果两种矿料都是同一种金属矿，但它们的性质和特点不同，则必须选择两种不同的工艺流程加以处理。

（2）产品方案及产品质量指标。研究产品方案时，首先要做好国内外市场的预测和产品销售情况的调查研究工作，然后根据国家和市场的需要以及技术可能和经济合理原则，确定建设项目投产方案。

产品方案是选择生产工艺流程和技术装备的依据。但是有时却相反，即根据可供选择的先进生产工艺和技术装备来确定产品方案。

产品质量要符合市场的要求。产品质量按下列方法表示：

1）说明产品是采用国内标准还是国际标准，标准采用什么具体代号；

2）说明产品是什么样的质量水平，是国际先进水平还是国内先进水平等；

3）说明产品的等级率和成品率，如优等品、一等品、合格品的比率各是多少，或产品总的成品率能达到多少。

在实际生产过程中，要完全达到上述产品质量指标有时是比较困难的，此时可以其中的某一项为主来表示产品质量的情况，但是其余各项也应有所体现。

（3）均衡生产。均衡生产是指产品生产在相等时间内其数量上基本相等或稳定递增。均衡生产要求每一道工序均衡协调，在大型联合企业中要求每个分厂之间均衡协调，例如，钢铁联合企业有采矿、选矿、烧结、炼铁、炼钢、轧钢等分厂，各分厂的协调极为重要。炼铁厂产出的铁水在炼钢厂暂时不能入炉，炼钢厂产出的钢坯不能及时送往轧钢厂，类似问题都会造成大量能源的浪费甚至停产。分厂内部工艺之间也应协调一致，如炼钢工序炼出的钢必须马上浇注，若铸钢工序没有准备好，则势必造成炼钢工序的停产。所以必须从总体角度来分析整个工艺流程是否合理、是否协调，最大限度地保证全部生产过程均衡生产，以便对其进行科学的管理和监督。

（4）节约能源和资源。在不影响产品结构、性能和使用寿命的前提下，应尽量简化生产流程，减少运输，形成完整的生产线。在一个企业内可考虑多层次、多品种、多方位的加工或生产。生产流程的简化是节约能源的有效方法，生产的自动化控制和新技术应用对冶金企业的发展具有十分重要的意义。

冶金企业消耗的原材料（如金属矿料、熔剂等）和燃料动力能耗（如煤、石油、煤气、焦炭等）都是一次资源，在地壳的储存量是有限的，因此要节约使用，避免浪费。

有色金属原矿的金属含量一般都比较低，如铜矿的开采品位为 $w(\mathrm{Cu})=0.2\%\sim0.5\%$、锡矿为 $w(\mathrm{Sn})=0.15\%\sim0.7\%$、镍矿为 $w(\mathrm{Ni})=0.2\%\sim1\%$；贵金属矿的开采品位更低，每吨矿中金属含量只有零点几克到十几克；稀有金属矿的开采品位除个别者外，有的每吨矿中金属含量仅为零点零几克到几克。所以，金属总回收率成为评价工艺流程好坏的重要标志，也是资源利用合理与否的重要标志。

（5）加工对象。选择冶金工艺流程时，应考虑加工对象的不同和产品要求等因素。在条件允许的情况下，应选择兼顾加工产品不同要求的工艺。炼钢既要有一定的模铸工艺来满足用户对产品的特殊要求，也要有连铸工艺以满足提高劳动生产率和钢材成材率的要求；铝厂既应产出铝锭，也应考虑原铝的深度加工，产出铝型材、铝线材、铝制品等，以提高企业的经济效益。此外，工艺流程的选择也受到加工对象类型和生产能力大小的影响。一般来说，自动化程度高的生产工艺适合大型冶金工厂采用，而中小型冶金工厂采用自动化程度高的生产工艺就未必有最佳效益。

（6）基建投资费用和经营管理费用。工艺流程的选择应以投资费用省、经营管理费用低为目标。但是两者兼顾却不易做到，应全面衡量、进行比较，然后做出决定。当建厂方案有两种以上的工艺流程供选择时，有的方案投资费用虽高，但经营管理费用却较低；有的方案投资费用虽低，但经营管理费用却太高。此时，必须在全面衡量的基础上做出决策。

（7）环境效应。一个冶金建设项目，特别是大型冶金项目，总会或多或少地对环境产生有益或有害的、大范围或小范围的一定影响。项目对环境的有益影响，如开拓市场、促进新区开发、改善交通条件、扩散科学技术、沟通信息和知识、扩大就业机会、提高当地居民的文化水平和生活水平等。近些年来，攀枝花市、金川市、白银市等新兴工业城市的蓬勃发展正说明了这一点。然而，项目也可能给环境带来有害的一面，如对空气和水土的污染、噪声的干扰以及对人畜健康的危害等。这些影响绝大多数是不能商品化的，无市场价格可循，有些甚至是无形的和不可定量的。不管怎样，其中较大的影响在选择冶金工艺流程时必须慎重考虑。

（8）产品的市场对销。市场需求是千变万化的，所以选择的工艺流程和产出的产品品种在可能的情况下最好能灵活些，适应性要强些。应根据市场的需要，产出不同牌号的产品，并且对产品的升级换代能及时做出相应的调整和改变，要有应变能力。

（9）环境保护和综合利用。环境保护与综合利用是互相关联的。环境保护工作始终是工业建设的大政方针。搞好综合利用、提高综合效益包括纵向和横向两个方面。纵向是指资源的多层次利用、深度开发，如铜冶金企业不仅能产出合格的铜产品，而且能综合回收金、银、硒、碲等贵重金属，烟气中的二氧化硫可回收生产元素硫或硫酸，废渣可用作建筑材料或其他材料，废水能净化循环使用。横向是指资源的合理利用，如冶金炉的水套水和烟道水套水，由单纯的冷却功能转变为汽化冷却产出蒸汽功能；余热锅炉既能冷却烟气，又能产生蒸汽发电。由此可见，冶金企业资源的综合利用使有价元素得以回收，变废为宝；同时也消减了这些元素（绝大多数是对环境有害的元素）对环境的排放，还人类一个清洁美丽的大自然。

工业废气对气象和气候的影响是不容忽视的。冶金工业的废气中除含有飘尘外，主要是二氧化硫（SO_2）和二氧化碳（CO_2）。空气中 SO_2 含量增大会出现酸雨，CO_2 含量增大会引起温室效应。据报道，工业革命以前，CO_2 的排放量等于其固化吸收量，因而大气中 CO_2 含量稳定。1750～1959 年大气中 CO_2 含量由 0.028% 升高到 0.0316%，209 年间增加了 13%；1959～1993 年升高到 0.0357%，34 年间增加了 14%；1993～2013 年又升高到 0.04%，20 年间增加了 12%。大气中 CO_2 含量升高，气温也升高，冰山融化，海平面上升，问题是非常严重的。

总之，影响冶金工艺流程选择的因素很多。在设计过程中应进行深入细致的调查研究，掌握确切的数据和资料，抓住对工艺流程选择起主导作用的因素，进行技术经济比较，确定最佳的工艺流程。

2.2 工艺流程方案的比较

在冶金工厂设计过程中，对工艺流程的选择必须坚持多种方案的技术经济比较。冶金工艺流程方案的比较是从技术和经济的角度分析项目实现的可能性，即可实现性。所以，只有在方案比较中才能选出符合客观实际的、技术上先进的、经济上合理的高效方案。

冶金工厂建设项目在开建前，必须研究技术工艺流程是否先进合理、设备选型是否得当、厂区布置是否紧凑和适度、资源利用是否充分。所有这些都必须经过多方案的比较，确保工艺流程有较好的经济效益和社会效益。

设计方案可分为两种类型：一种是总体方案，它涉及的是基本性或全局性的问题，如冶金工厂是否应兴建、企业规划和发展方向、企业的专业化与协作以及冶炼方法的确定、厂址选择、产品品种及产量的确定等。这些都是冶金工厂设计中根本性的问题，一般在设计任务书下达前确定，相当于技术经济可行性研究。另一种是局部方案，它是在初步设计中对某些局部问题所提出的不同设计方案，如工艺流程方案、设备方案、设备配置方案等。

2.2.1 方案比较的步骤和技术评价

冶金工艺流程的确定是一项十分复杂的工作。这项工作大致可以分成两个步骤：第一步是广开思路，充分发掘可能的各种方案，并在完善方案的过程中剔除那些明显不可行的方案。第二步是对这些备选方案进行综合和系统的评价，从而选择出最佳方案。设计和生产技术备选方案主要从以下几个方面考虑：

（1）选择的方案应能适应当地的资源条件。冶金工厂需要投入大量的自然资源或原材料（如矿石原料、煤、焦炭等），而一定的生产技术往往对某种特定的原材料具有适应性，而且质量不同的原料产出的产品也不同。所以，选择工艺流程应当与选择冶金厂址结合起来，以保障能为所选择的技术方案长期可靠地提供合适的原材料。

（2）选择的方案应能达到生产产品的主要技术要求，使产品在市场上有足够的竞争力。

（3）方案的选择要注意建设项目所处的环境，包括当地技术和经济的发展水平，对技术的接受吸收能力，相应的生产协调条件，劳动力的素质、结构和数量以及地方环保要求等。

在此基础上，经广泛了解和收集有关的技术情报资料并综合分析，提出若干可行的工艺流程方案，进行比较。

工艺流程方案的确立需进行技术评价。技术评价是将各备选方案的特性和优劣进行系统的分析，根据项目的发展战略和项目对技术的要求对各方案做综合评价，从而选出最佳方案。技术评价一般从以下几方面进行综合分析：

（1）技术的先进性程度。先进技术一般有较强的竞争力，所以在其他方面相同的情况下应优先选择先进技术方案。但是，强调先进性并不意味着可以选择那些超出现实、没有产业基础的技术，而一定要采用产业化或可以产业化、具备完全应用条件的技术。

（2）与当地条件相适应的程度。备选方案中应选择充分利用当地条件的技术方案，因投产所需的大量原材料要在地方上供应或要与地方的运输设施相配套。此外，当地条件还包括劳动力的数量、结构和素质。同时，技术与生产协作条件也是要特别注意的问题，尤其是引进技术更要注意这一点。总之，备选方案必须与当地的生产技术系统相协调，不仅从规范和标准，更要从水平质量等方面协调。

(3) 产品优势的比较。不同工艺技术产出的产品，其质量有所不同，在市场上的竞争优势也各不相同。所以，要使产品有强劲的市场竞争优势，应该选择符合市场策略的工艺流程。

(4) 技术方案的经济性。经济性是工艺流程方案评价和选择的关键，也是最终的标准。流程选择不仅要考虑投资效益，同时也要考虑生产费用，其中包括工艺设备投资费用、生产的工艺成本以及技术的获取和使用费用。

2.2.2　方案比较的注意事项

鉴于工艺流程方案比较的重要性，在实际工作中应该注意以下几点：

(1) 防止以“长官意志”拍板定案来代替科学的技术研究，也不能以某一“技术权威”的观点作为方案抉择的唯一依据。特别是大项目的兴建，更需细致、客观地进行技术研究和论证。

(2) 由于参建人员来自不同的地区和部门，不可避免地具有一定程度的局限性和倾向性，或者过于强调本专业的重要性，而对其他部门和全局情况考虑得不够全面，致使方案比较也产生或多或少的局限性和倾向性。因此必须强调，不仅应在微观上使某一局部或某一环节的工艺设计和技术方案更加完善合理，而且需从全局的角度通盘考虑、综合平衡，在比较中确定最优方案。

(3) 中小型冶金企业的兴建项目在流程方案的技术研究和比较中，更应根据社会主义市场经济的需要，对能带动一方经济腾飞的冶金项目力求技术容易掌握，且能注意到其先进性和发展性，并与周围的工业环境和社会环境相衔接。严禁“掠夺性”的中小型冶金企业投建生产。

(4) 随着我国经济与世界经济的逐步接轨，工业产权问题越来越突出。在一种需要技术已享有专利权或注册商标的情况下，必须从其拥有者那里取得工业产权。应当对所需工艺技术的特定专利权的有效范围和期限进行调查。

2.2.3　方案的技术经济计算内容

在进行冶金工艺流程方案比较时，要对每个方案逐项进行计算。对分期建设的项目，要按期分别计算设计方案中的投资和生产费用。而对比较复杂或对方案取舍影响较大的重要指标，则应进行详细的计算。其计算内容包括：

(1) 根据工业试验结果或类似工厂正常生产期间的有关年度平均先进指标，并参考有关文献资料，确定所选工艺流程方案的主要技术经济指标和原材料、水、电、燃料、劳动力等的单位消耗定额。

(2) 由单位消耗定额算出所设计冶金工厂每年需供给的主要原材料、水、电、燃料、劳动力等的数量，由此再算出产品的生产费用或生产成本。

(3) 概略算出各方案的建筑和安装工程量，并用概略指标算出每个方案的投资总额。

（4）根据市场价格计算出企业正常生产期的总产值，由总产值和生产成本算出企业年利润总额，再由投资总额和年利润总额算出投资回收期。

（5）列出各方案的主要技术经济指标及经济参数一览表（如表 2－1 所示），以便对照比较。

表 2－1　工艺流程方案的主要技术经济指标及经济参数一览表

序号	项　目	单　位	方　案		
			1	2	3
1	处理量或金属年产量	t/年			
2	主要生产设备及辅助设备（规格、主要尺寸、数量、来源等）				
3	厂房建筑 （1）全厂占地面积 （2）厂房建筑面积 （3）厂房建筑系数	 m^2 m^2 %			
4	主金属及有价元素的总回收率	%			
5	主要原材料消耗	t/年			
6	能源消耗（燃料、水、电、蒸汽、压缩空气、富氧等）	t/年或 m^3/年			
7	环境保护				
8	劳动定员（生产工人、非生产工人、管理人员等）	人			
9	基建投资费用 （1）建筑部分投资 （2）设备部分投资 （3）辅助设施投资 （4）其他相关投资	 万元 万元 万元 万元			
10	技术经济核算 （1）主要技术经济指标 （2）年生产成本（经营费用） （3）企业总产值 （4）企业年利润总额 （5）投资回收期 （6）投资效果系数	 万元/年 万元/年 万元/年 年 %			
11	其他				

2.2.4　方案比较的方法

工艺流程方案有独立型和互斥型之分。独立型方案即指在诸多方案中，某一方案的选择不影响其他方案的选择。这时只要根据经济效益指标即可判断取舍。如果各方案之间有排他性，只能从中选取一个，此类方案称为互斥型方案。设计中常遇到的是互斥型方案的选优问题，需要进行比较才能选择。

方案比较要遵循可比性原则。在方案比较过程中，可按各方案所含的全部因素计算其全部经济效益指标，进行全面的比较；也可仅就不同因素（不计算相同因素）计算相对经济效益指标，进行局部的对比。必须注意，在某些情况下，采用不同指标进行方案比较会导致不同的结论。

方案比较的方法很多，如用价值型指标或比率型指标比较选定最佳方案。在价值型指标中，净现值比较法是指净现值大的方案为最佳方案；而费用现值比较法或费用年值比较法则是计算出各方案的费用现值和费用年值进行比较，费用现值或费用年值较低的方案为可取方案。在比率型指标中，则是利用差额投资收益率、差额投资回收期以及差额（投资）内部收益率判断方案的优劣。

差额投资收益率（R_a）表示增加单位投资所节省的经营费用，计算公式为：

$$R_a = (C_1 - C_2)/(I_2 - I_1) \tag{2-1}$$

差额投资回收期（P_a）表示通过投资大的方案（设为方案2）每年所节省的经营费用，来回收相对增加的投资所需要的时间（年），计算公式为：

$$P_a = (I_2 - I_1)/(C_1 - C_2) \tag{2-2}$$

式中　C_1，C_2——分别为方案1、2的年经营成本；

　　I_1，I_2——分别为方案1、2的固定资产和流动资金投资额。

当两个方案产量不同时，将式（2-1）、式（2-2）中 C_1 和 C_2 换算为两个比较方案的单位产品经营成本，I_1 和 I_2 换算为单位产品所分摊的投资额。其判据是：$R_a \geqslant i_c$（基准收益率）或 $P_a < T_0$（基准投资回收期），投资大的方案为优；反之，投资小的方案为优。

差额内部收益率是指两个比较方案的净现值相等时的折现率，即两个比较方案的增量现金流量的内部收益率。如果比较方案中一个方案的差额内部收益率大于或等于基准折现率时，则该方案较优，意味着该方案增加投资形成了正的差额净现值，增加投资是值得的；反之，如果比较方案中一个方案的差额内部收益率小于或等于基准折现率，则该方案不可取，意味着该方案增加投资是不值得的，应该放弃投资大的方案。

可用定性分析法和定量分析法进行工艺流程方案的比较。定性分析法通常是根据经验积累和试验研究对方案进行分析判断，做出的分析结果用文字描述；而定量分析法则是通过具体的技术经济计算，将计算结果用数据或图表表达出来并加以分析研究，确定最佳方案。上述的价值型指标法和比率型指标法都是定量分析法。定量分析法比定性分析法更有说服力，但需要掌握足够的确切数据和资料才可进行。

2.2.4.1　方案比较时要使价值等同化

价值等同化的主要指标有产量、质量、时间及品种等。

A　产量等同化

当两个比较方案的净产量不同时，则应先把该方案的投资额和经营费用的绝对值换算成相对值，即化为单位（如每吨）产品的投资额和经营费用后再进行比较。

B　质量等同化

设有A、B两个比较方案，方案A的产品质量符合国家标准，而方案B的产品质量超过国家规定的标准，并给方案B带来明显的良好技术经济效果。此时，应对方案B的投资额和经营费用进行调整后才能与方案A比较。调整时用使用效果系数 α 进行修正：

$$\alpha = \frac{\text{产品改进后的使用效果}}{\text{产品改进前的使用效果}} \tag{2-3}$$

产品的使用效果指标随产品不同而异，如寿命、可靠性、理化性能等。

调整后的基建投资额为：

$$I_a = I/\alpha \tag{2-4}$$

调整后的经营费用为：

$$C_a = C/\alpha \tag{2-5}$$

式中 I——调整前的投资额和经营费用；

C——使用效果，可用材料的节省和工资（或工时）的节约等来表示。

C 时间等同化

由于投资的时间和每次的投资额不同，最终的投资总额也不同。所以在比较不同方案的投资总额时，应将投资总额折算成同一时间的货币值后方可比较。

【例2-1】 某工程需三年建成，若一次性投资30万元，年利率10%，则三年后的总投资额为：

$$S = P(1+i)^n = 30 \times (1+0.1)^3 = 39.93\text{万元}$$

若分成三年分别投资，第一年投资5万元，第二、三年分别投资10万元和15万元，则三年后的总投资额为：

$$S = P_1(1+i)^n + P_2(1+i)^{n-1} + P_3(1+i)^{n-2}$$
$$= 5 \times 1.1^3 + 10 \times 1.1^2 + 15 \times 1.1^1 = 35.255\text{万元}$$

两者的投资差额为39.93-35.255=4.675万元。

可见，由于投资的时间安排和方式不同，总投资额也不同，所以没有可比性。

此时必须将其换算成未来值才有可比性。如上述两个投资方案，后者的投资安排便比前者好，后者可减少投资4.675万元。

也可以将其换算成现值来比较，即三年后的投资额相当于现在的多少金额，这种方法也有可比性。前者的现值投资总额为30万元，后者的投资总额计算值如表2-2所示。

表2-2 分期投资的折算未来值和现值

年投资额	换算成三年后未来值	折算成第一年初现值
第一年初5万元	$5\times(1+0.1)^3=6.655$万元	$6.655\times(1+0.1)^{-3}=5$万元
第二年初10万元	$10\times(1+0.1)^2=12.1$万元	$12.1\times(1+0.1)^{-3}=9.1$万元
第三年初15万元	$15\times(1+0.1)^1=16.5$万元	$16.5\times(1+0.1)^{-3}=12.4$万元
合 计	35.255万元	26.5万元

两个方案的投资总额现值差为30-26.5=3.5万元，即后者比前者省3.5万元。若将它换算成三年后的未来值，将是$3.5\times(1+0.1)^3=4.66$万元，结果与上述一致。

2.2.4.2 不同方案经营费用比较

经营费用包括原材料、辅助材料、燃料动力、工资及附加车间经费和企业管理费等。在比较各方案的经营费用时，不一定要计算每个方案中的全部经营费用，而只就比较方案中的不同因素进行计算和比较，即进行局部的对比。设ΔC为比较方案的经营费用总差额，ΔC_i 为经营费用中某项费用的差额，n 为比较方案的经营费用中因素不同的费用项目数，则可用下式计算出所比较的每个方案的经营费用差额：

$$\Delta C = \sum_{i=1}^{n} \Delta C_i \tag{2-6}$$

2.2.4.3 不同方案投资额比较

投资额包括本方案的直接投资额以及与本方案投资项目直接有关的其他投资额，即固定资产投资、建设期利息、流动资金等。方案比较时，同样可以只计算其中因素不同的项目，而无需计算每个方案的全部投资项。设 ΔK 为比较方案的投资总差额，ΔK_i 为投资额中某项费用的差额，n 为比较方案的投资额中因素不同的费用项目数，则不同方案投资额的差值为：

$$\Delta K = \sum_{i=1}^{n} \Delta K_i \tag{2-7}$$

2.2.4.4 不同方案投资回收期比较

回收期法是在不考虑货币资金时间价值的条件下，决定一个工程项目投资过了多少年可以收回所投资金。其计算式为：

$$\sum_{t=1}^{m} L_t \geqslant K_0 \tag{2-8}$$

式中 L_t——第 t 年税后现金额；

K_0——期初的一次投资。

其最小的 m 值便是回收期。方案进行比较时，回收期最小的方案最优。

回收期法忽略了货币资金的时间价值，又完全没有考虑还本以后的情况，所以不是一种科学的方法。当投资收益率较高、活动有效期较长时，用回收期法容易出现错误的结论。但这种方法在方案粗选和方案比较中是可以使用的，它简单、易懂、易用，可提供一个偿还投资的大致情形。

【例 2-2】 有一个为期 6 年的投资项目，有三种可能的投资方案，有关数据见表 2-3。由表可见，三个方案都能三年还本，所以按几年还本的原则决策，三个方案都可采用。但是详细观察可见，方案 1 优于方案 3，因为在 6 年中，方案 1 每年都有 10 万元收入，而方案 3 只是前三年每年有 10 万元收入，后三年就没有了。当投资利率不变时，方案 2 又优于方案 1，因为在 6 年中，方案 1 共收入 60 万元，方案 2 则为 78 万元。

表 2-3 三个方案投资回收期比较 （万元）

年 末	方案 1	方案 2	方案 3
0	-30	-30	-30
1	10	8	10
2	10	10	10
3	10	12	10
4	10	14	0
5	10	16	0
6	10	18	0

可见，回收期法虽然简单，但它完全没有考虑货币资金的时间价值，实际上是认定资金的利率 $i=0$。另外，它实际上是把回收期以后的现金流截断了，完全忽略了还本以后现金流的经济效益。所以说，它不是一种科学的方法。

方案比较中还常遇到年产量相同或不同的问题。如果年产量相同，也有两种情况：一种是投资大的成本也高，投资小的成本也低，当然应该选取投资小的方案；另一种则是投资小的成本高，而投资大的成本低，即比较的两个方案投资 $K_1<K_2$，成本 $C_1>C_2$。此时，根据追加投资回收期 τ_a 的计算来比较，计算公式为：

$$\tau_a=\frac{K_2-K_1}{C_1-C_2}=\frac{\Delta K}{\Delta C} \quad (2-9)$$

式中，τ_a 为全部追加投资从成本节约额中回收的年限。我国冶金工业系统曾规定标准投资回收期 $\tau_n=5\sim6$ 年。所以，τ_a 计算值小于 τ_n，则应该是投资大（K_2）的方案较好；反之，则是投资小的方案较好。

如果年产量不同，两个方案比较时的 $Q_1\neq Q_2$。若方案 1 的单位产品成本 C_1/Q_1 和单位产品投资 K_1/Q_1 都大于方案 2 的 C_2/Q_2 和 K_2/Q_2，则当然是方案 2 比方案 1 好。

若 $(C_1/Q_1)>(C_2/Q_2)$，$(K_1/Q_1)<(K_2/Q_2)$，则有：

$$\tau_a=[(K_2/Q_2)-(K_1/Q_1)]/[(C_1/Q_1)-(C_2/Q_2)]$$

求得 $\tau_a>\tau_n$ 时，方案 1 较好；$\tau_a<\tau_n$ 时，方案 2 较好。

2.2.4.5 多方案比较

如果有两个以上的方案比较，可按可行方案的经营费用或投资额的大小，由小到大顺次排列，然后用计算追加投资回收期或投资效果系数的方法进行逐个筛选，最终选出最佳方案。

【例 2-3】 有三个可行方案，投资额 K 分别为：$K_1=1000$ 万元，$K_2=1100$ 万元，$K_3=1400$ 万元；经营费用 C 分别为：$C_1=1200$ 万元，$C_2=1150$ 万元，$C_3=1050$ 万元。标准投资回收期 $\tau_n=5$ 年。筛选时可将方案两两比较。如将方案 3 与方案 2 比较得：

$$\tau_a=\frac{K_3-K_2}{C_2-C_3}=\frac{1400-1100}{1150-1050}=3\text{ 年}$$

由于 τ_a（3 年）$<\tau_n$（5 年），方案 3 优于方案 2。

再将方案 3 与方案 1 比较得：

$$\tau_a=\frac{K_3-K_1}{C_1-C_3}=\frac{1400-1000}{1200-1050}=2.67\text{ 年}$$

由于 2.67 年 <5 年，也是方案 3 较优。

最终在三个方案的比较中，方案 3 为最佳方案。

两两方案比较时太麻烦，方案多时容易出错。更简便的方法可采用年计算费用法（即最小费用总额法）。该法的含义是设方案 i 的总投资额为 K_i，年经营成本费用为 C_i，标准投资回收期为 τ_n，则在标准偿还年限内方案 i 的总费用 Z_i 为：

$$Z_i=K_i+\tau_n C_i \quad (2-10)$$

总费用 Z_i 最小的方案为最佳方案。

若将式（2-10）除以标准投资回收期 τ_n，并令 $\tau_n=1/E_n$，则得：

$$y_i=C_i+E_n K_i \quad (2-11)$$

式中　y_i——方案 i 的年计算费用；

C_i——方案 i 的年经营成本费用；

$E_n K_i$——方案 i 由于占用资金 K_i 而未能发挥相应生产效益所引起的每年损失费。

同样，年计算费用 y_i 最小的方案为最佳方案。

应该说，冶金工艺流程方案的比较和选优在保证满足国家需要的前提下，企业的经济效益是方案比较的重要依据。当比较的方案经济效益相差很大时，首先考虑选择最经济的方案是适当的。但是在考虑选择最优方案时，必须认真理解“最优”的含义。如果以破坏资源、污染环境、危害安全、毁坏生态等为代价，即使是经济效益极好的方案，也不是应选的方案。

2.3　工艺流程图的绘制

工艺流程是从原料到产品的整个生产过程。用图形的形式描述生产流程称为工艺流程图。工艺流程图按作用和内容不同，有工艺流程简图、设备连接图和施工流程图三种形式。

2.3.1　工艺流程简图

工艺流程简图也可直接称为工艺流程图。火法炼铜工艺流程简图如图 2－1 所示。该图由文字、方格、直线和箭头构成，表示从原料到产品的整个生产过程中，原料、辅助材料、燃料、添加剂、水、空气、氧气、中间产品、成品、“三废”物质等的名称、走向以及引起物料发生物理化学变化的冶金工序名称，有时也标注出其重要的工艺参数。

图 2－1 中原料（硫化铜精矿等）、燃料、添加剂（熔剂等）、空气（鼓风）、中间产品（冰铜、粗铜、阳极板、烟气）、“三废”物质（废气、弃渣、尾矿）等的下方都画上一条实线。

成品和最终产品（如铜线锭、无氧铜、脱氧铜、胆矾等）都在产品名称下方画上两根平行实线。电解铜可以直接投入市场，阳极泥在火法炼铜系统中可以认为是最终副产品，所以在其下方可用一根实线，也可用两根实线表示。

冶金工序名称应尽可能地明确该工序的特点，即尽可能地将该工序的功能、设备名称、冶炼方法或该工序的性质、程度、次数等明确表示出来。每个工序名称都加上一个实线外框，如图 2－1 中的熔炼、吹炼、火法精炼、电解精炼、脱氧熔炼、熔铸、烟气处理。在湿法冶金中，如中性浸出、酸性浸出、一次净液、二次净液、一次洗涤、二次洗涤等，都在工序名称外加上实线外框。上下工序之间和工序与物料之间用实线连接，并加箭头表示物流方向，称为流程线。流程线一般以水平线和垂直线绘制，有时也可用斜线绘制。当线段有交叉时，后绘线段在交叉处断开或以半圆形线段表示避开。当流程线线段过长或交叉过多时，为了保持图面清晰，可在线段始端和末端直接用文字标明物料的来向和去向。

如工艺流程中有备用方案，即可能延伸某种生产工序或外加某种工序时，则此工序及其后续工序和物料等的工序名称外框线、物料名称下方线以及流程线等都用虚线表示。图 2－1 中的炼前准备、渣处理、渣选矿等便属此类。

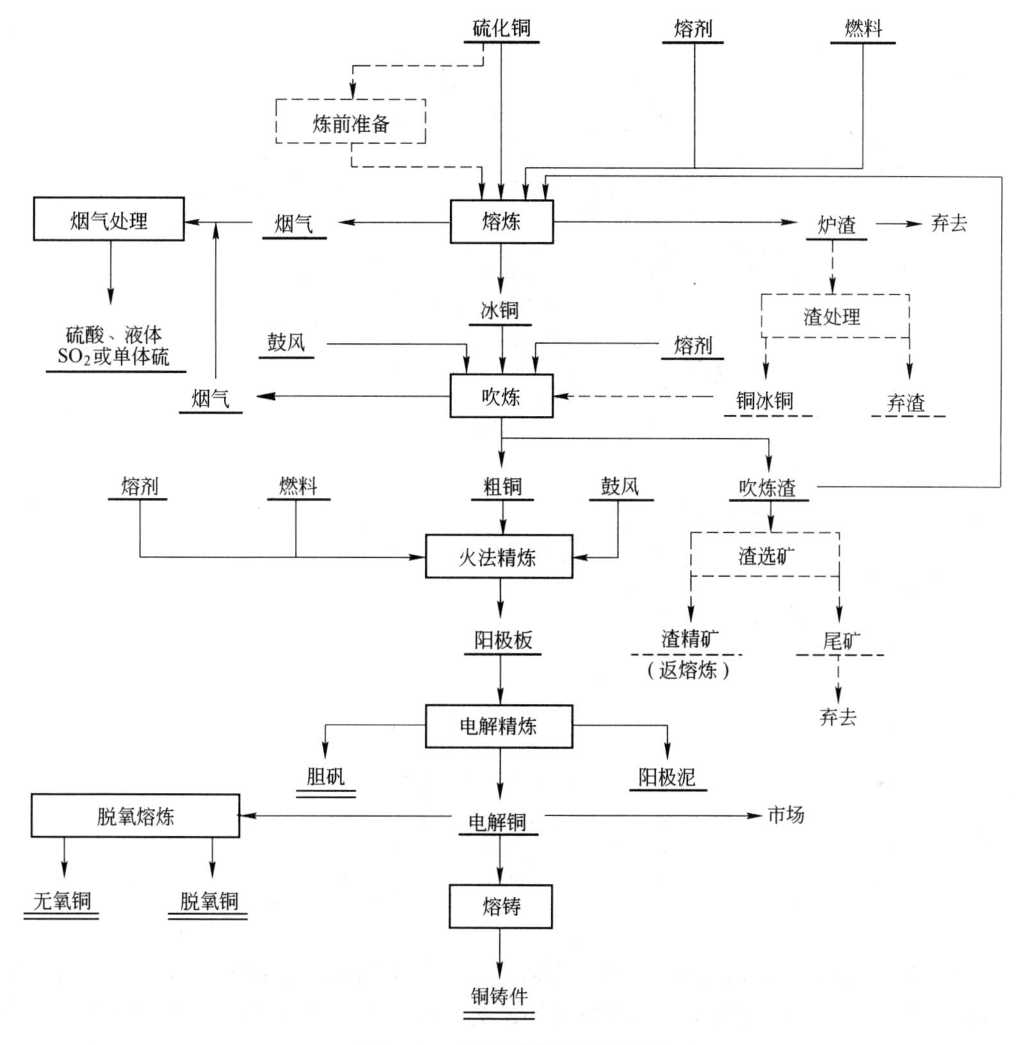

图 2－1　火法炼铜工艺流程图

2.3.2　设备连接图

设备连接图是将工艺流程中的设备和物料用流程线连接成为一体的图形。图中画出的设备和物料大致与实物相似，如图 2－2 所示。

设备连接图具有下列特点：

(1) 图中表示设备或物料的图形只是原物的形象化。对每一个图形来说，其结构轮廓和比例尺寸与原物大致相似。但各个图形的绘制可以是不同的比例尺寸，只要设备连接图内的各种图形协调相称即可。

(2) 在通常情况下，流程中的设备和物料都按先后顺序由左至右、由上至下排列，无需考虑这些设备和物料在实际中所处的位置和标高。但是有时为了保持整个设备连接图的清晰，也可不按由左至右、由上至下的顺序排列。

(3) 各个图形之间应有适当的距离以便布置流程线，避免图中的流程线过多地时疏时密。

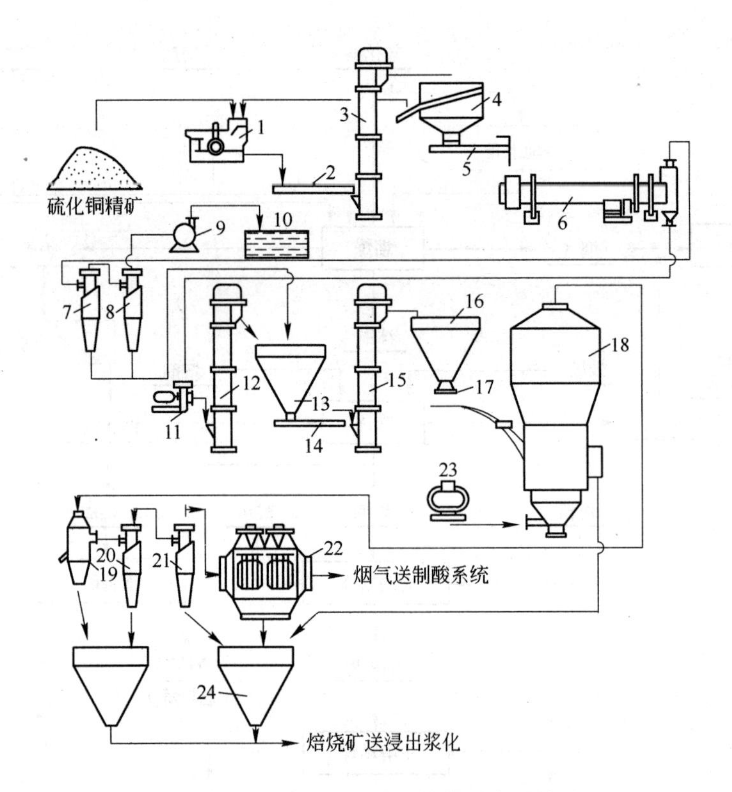

图2-2　硫化铜精矿沸腾焙烧设备连接图

1—反击式破碎机；2—胶带输送机；3，12，15—斗式提升机；4—振动筛；5—胶带给料机；6—干燥窑；7，20—第一旋风收尘器；8，21—第二旋风收尘器；9—风机；10—鼓泡器；11—圆盘细碎机；13—干精矿仓；14—螺旋给料机；16—炉前料仓；17—圆盘给料机；18—沸腾炉；19—集尘斗；22—电收尘器；23—罗茨鼓风机；24—焙烧矿仓

（4）流程线的始端连接图形物料的出口，末端箭头指向图形物料的入口，与物料流的方向和位置吻合。流程线除绘出物流方向外，交叉时后绘线段同样在交叉处断开或以半圆形线段表示避开；流程线段过长或交叉过多时，也可在线段的始端和末端用文字标明物料的来向和去向。

（5）工艺流程中在不同工序采用规格相同的设备时，应按工序的顺序分别绘制；在同一工序使用多台规格相同的设备时，只绘一个图形，如用途不同则应按用途分别绘制；同一张图纸上相同设备的图形大小和形状应相同。

（6）设备连接图一般不列设备表或明细表。物料名称可在图形旁标注。设备名称、规格和数量也是在设备图形旁标注，如 $\phi800$ 离心机三台标为$\frac{\text{离心机}-3}{\phi800}$。外专业设备和构筑物用其名称、数量和专业名称标示，如矿仓两座标为$\frac{\text{矿仓}-2}{\text{土建专业}}$，余热锅炉一座标为$\frac{\text{余热锅炉}-1}{\text{热工专业}}$。

（7）有时在设备连接图上标写设备和物料的名称显得过乱，特别对比较复杂的设备连接图更是如此。为使图面比较清晰，可将图中的设备和物料编号，并在图纸下方或显著位置按编号顺序集中列出设备和物料的名称。

（8）为了给工艺方案讨论和施工流程图设计提供更详细的资料，常将工艺流程中关键的技术条件和操作条件（如温度、压力、流量、液面、时间、组成等）标写在图形的相关部位上，测量控制温度、压力、流量、液面等的测点也在设备连接图上标出。

2.3.3　流程图常用符号

表2－4所示为流程图常用管道符号，表2－5所示为流程图常用设备符号。两表中的代号和符号是按照所示物件的性质或形象描绘的。这些代号和符号目前尚未完全统一，所以在使用时通常用图例列出，并用文字加以注明。

表2－4　流程图常用管道符号

序号	规定符号	表示内容	序号	规定符号	表示内容
1		裸　管	17		带法兰截止阀
2		保护管	18		不带法兰截止阀
3		保温管	19		带法兰闸阀
4		地沟管	20		不带法兰闸阀
5		埋地管	21		带法兰旋塞
6		可移动胶管	22		不带法兰旋塞
7		固定胶管	23		三通旋塞（不带法兰）
8		管道由此向下或向里	24		四通旋塞（不带法兰）
9		管道由此向上或向外	25		电动闸阀（带法兰）
10		管道上有向上或向外支管	26		液动闸阀（带法兰）
11		管道上有向下或向里支管	27		气动闸阀（带法兰）
12		相接支管段	28		角形阀（带法兰）
13		不相接向左或向右	29		蝶阀（带法兰）
14		相交不相接管段	30		球阀（带法兰）
15		管道流体流向	31		隔膜阀（带法兰）
16	i=0.005	管道坡向及坡度	32		胶管阀（带法兰）

续表 2-4

序号	规定符号	表示内容	序号	规定符号	表示内容
33		升降式止回阀（带法兰）	45		填料补偿器
34		旋启式止回阀（带法兰）	46		胶管夹
35		减压阀	47		油分离器
36		弹簧式安全阀	48		脏物过滤器
37		重锤式安全阀	49		底　阀
38		压力表	50		疏水器
39		温度计	51		丝接变径管
40		差压式流量计	52		带法兰变径管
41		转子式流量计	53		丝　堵
42		孔　板	54		带法兰盲板
43		π形、弧形伸缩节	55		焊接盲板
44		波形补偿器			

表 2-5　流程图常用设备符号

序号	规定符号及表示内容
1	固体输送机
2	热交换器等

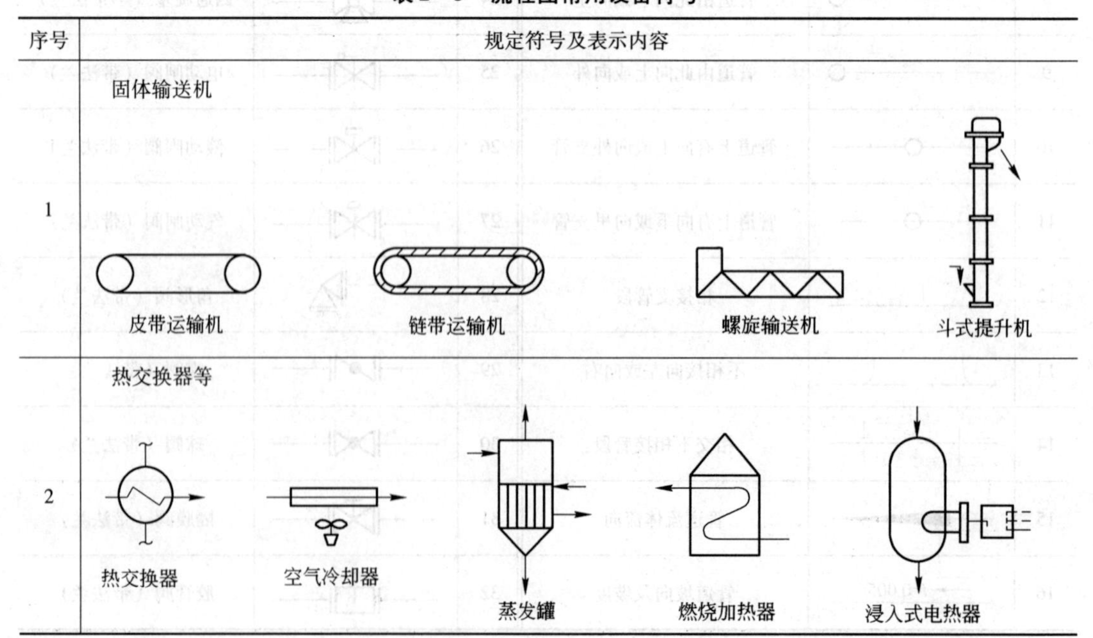

续表 2－5

序号	规定符号及表示内容
3	干燥器 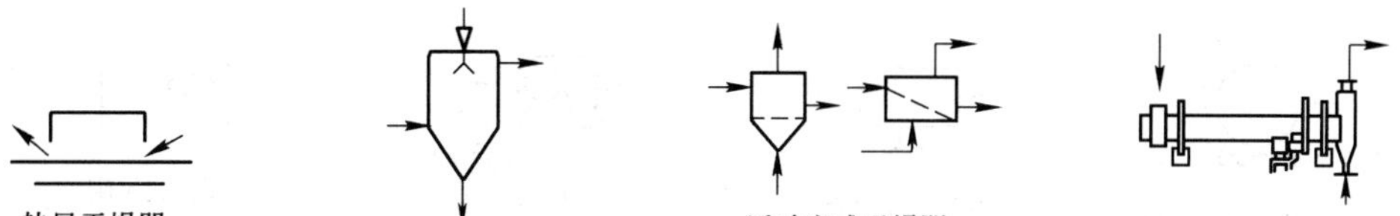 热风干燥器　喷雾干燥器　浮动床式干燥器　回转窑或干燥窑
4	分离用装置 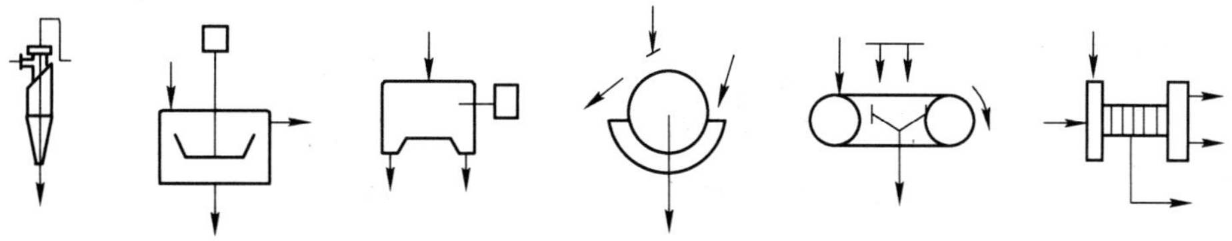 旋风器　分批式离心机　连续式离心机　圆筒过滤机　轮带式真空过滤机　压滤机 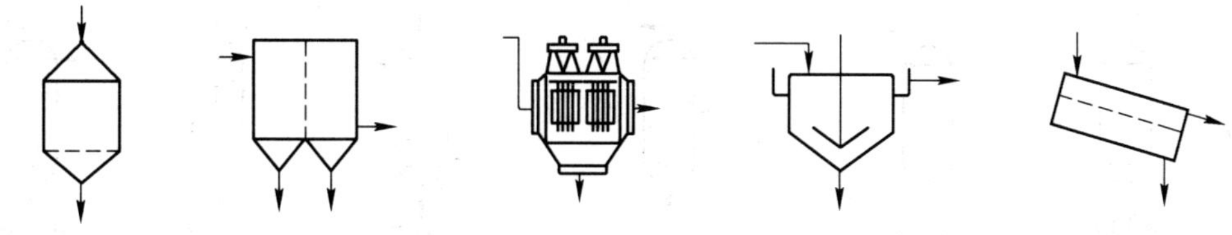 平板过滤器　布袋收尘器　电收尘器　沉降槽（浓稠槽）　筛分机
5	泵 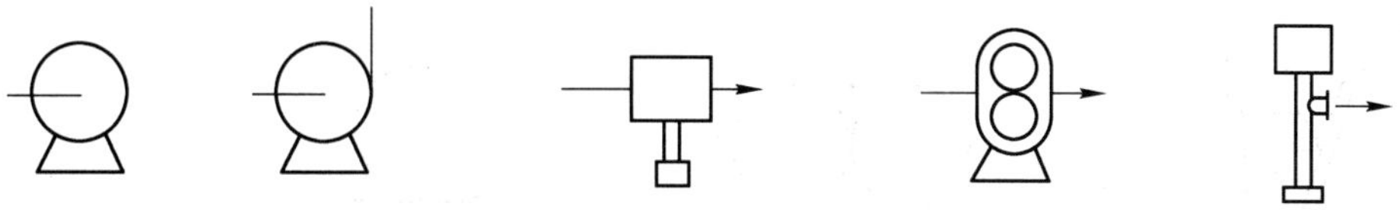 所有形式泵　离心式泵　往复式泵　旋转式泵　直立式泵
6	反应器 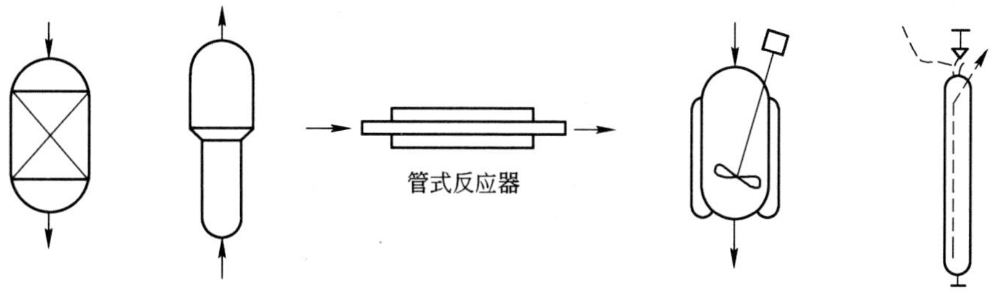 管式反应器 固定床式反应器　浮动床式反应器　夹套式热交换反应器　高压溶出器
7	各种储槽 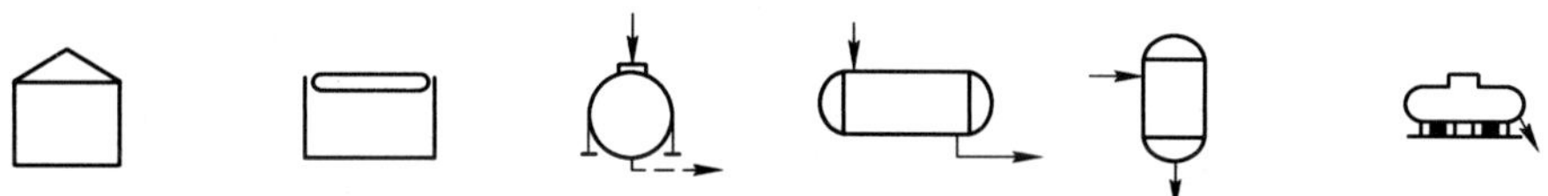 常压储槽　浮动盖式储槽　球形储槽　卧式储槽　立式储槽　储桶车

续表 2－5

序号	规定符号及表示内容
8	气体输送 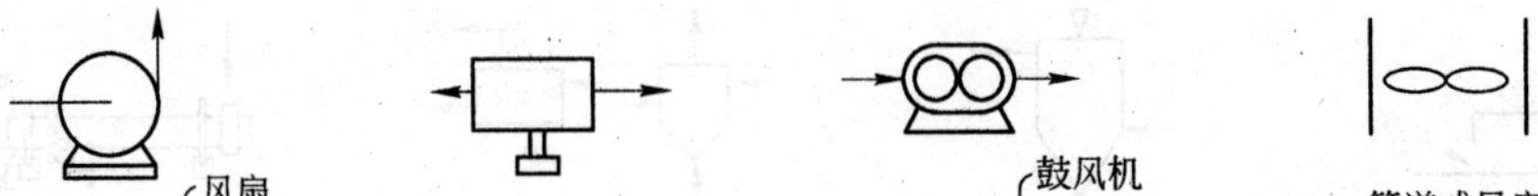 离心式 {风扇、鼓风机、压缩机}　往复式压缩机　旋转式 {鼓风机、压缩机}　管道式风扇
9	搅拌器和给料机 搅拌器　振动给料机　旋转给料机
10	程序塔 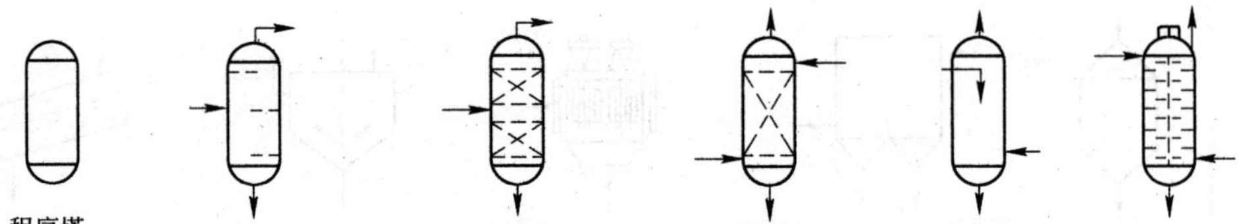 程序塔（通用）　蒸馏塔（段塔式）　蒸馏塔（填充塔式）　吸收塔（填充塔式）　吸收塔（喷洒式）　萃取塔
11	破碎机 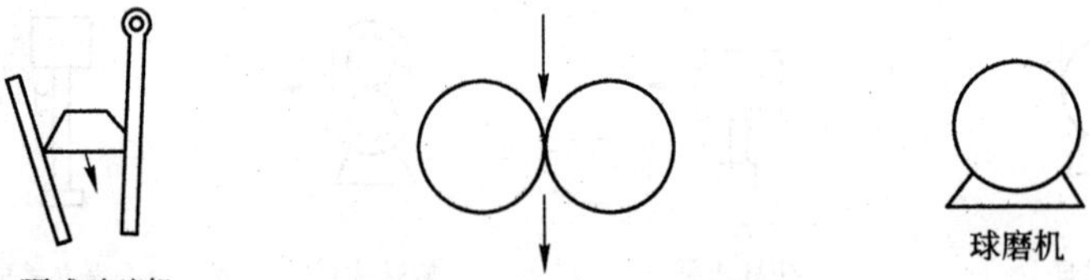 颚式破碎机　对辊机　球磨机

3 厂址选择和总平面布置

3.1 冶金企业厂址选择

3.1.1 概述

工业企业建设必须有适宜的厂址。厂址选择是工程项目建设前期工作的主要内容和重要组成部分之一。在项目建议书、建厂条件调查、企业建设规划、可行性研究（或设计任务书）甚至初步设计等阶段工作中，均不同程度地涉及厂址选择问题。一般来说，厂址选择工作安排在可行性研究（或设计任务书）阶段进行较为适宜。

厂址选择也是工业布局的基本环节，不仅涉及的范围广，而且对企业的技术经济效益、社会效益有着直接的影响。由于厂址选择是一项复杂的政治、经济、技术紧密结合的综合性工作，工程项目总设计师必须给予足够的重视，切实做好此项工作。

厂址选择一般应由上级机关或主管部门统一负责，建设单位具体组织，会同当地人民政府及有关专业职能机构以及勘察、设计等单位参加，组成工作组，共同进行现场踏勘和调查研究。厂址选择工作组提出厂址方案后，由设计单位进行全面的技术经济分析、比较和论证，最后完成厂址选择任务。目前，多数企业的厂址选择工作都是以设计单位为主进行的。

大型企业或厂址条件极为复杂的企业应专门编制厂址选择报告，并呈报上级机关或主管部门审查批准。中小型企业的厂址选择问题在可行性研究报告中叙述，不另审批。

3.1.2 冶金企业厂址选择的一般原则及要求

正确选择厂址对于贯彻执行国家基本建设的方针政策，加快工程建设速度，节约基本建设资金，提高投资效果，改善企业的经济效益和社会效益，都具有重大的现实意义。因此，在进行厂址选择工作时要坚持以下原则及要求：

（1）要根据上级机关或主管部门下达的文件中所确定的企业规模、产品方案以及远景发展等有关规定，进行厂址选择工作。

（2）厂址选择应按上级机关或主管部门批准的规划，在指定的行政区域内进行，并与当地地区的规划协调一致。没有规划的，可与当地规划部门共同协商。

（3）要贯彻执行工业布局大分散、小集中、多搞小城镇的方针，按照工农结合、城乡结合、有利生产、方便生活的原则进行厂址选择和居民区规划。

（4）要从全局出发，正确处理工业与农业、生产与生态、生产与生活、近期与远期、内部与外部、场地与场地等多方面的关系；既要保证生产，提高企业的经济效益，又要因地制宜，实事求是。

（5）矿山企业要尽可能在矿产资源附近选择厂址，冶炼、加工厂的厂址也应注意靠近原料、燃料、辅助材料产地以及电源。厂址选择要为合理开发和充分利用矿产资源创造条件。

（6）厂址用地要注意以下几个问题：

1）厂址要有适宜建厂的地形和必需的场地面积，以满足生产工艺和物料输送的要求。

2）要节约用地。

3）要留有适当的发展余地。

4）工业场地应尽可能占用荒地、坡地、空地和劣地，渣场、尾矿库应尽可能占用低洼地、深谷和不宜耕种的瘠地，运输线路、管线工程应尽可能避开林地或良田，注意减小工程量，少占农田和不占良田。

5）厂址应不拆或少拆房屋以及其他建（构）筑物。

6）企业不与农、牧、渔业争水，不妨碍和破坏农田水利基本建设。

7）选择厂址的同时还要考虑到复地还田。

（7）厂址要有方便的交通运输条件，尽可能靠近铁路车站、公路干线或航运港口（码头）。

（8）选择厂址时，应注意洪水、高山滚石、泥石流等自然灾害对企业的威胁和影响。凡在安全有可能受到威胁的地区建厂（矿）时，必须在选择厂址时就考虑采取可靠的防范措施。

（9）厂址要有良好的工程地质和水文地质条件。重要厂房和主要设备基础部位的工程地质条件应更好。厂址应避开断层、滑坡、流砂层、泥石流、古河道、泥沼、淤泥层、腐殖土层、软土、地下河道、土崩、塌陷、滚石、岩溶等不良地质地段。此外，还要避开古井、古墓、砂井、坑穴、老窿等人为地表破坏区域，放射性区域，膨胀土地区，湿陷量大的湿陷性黄土区域，地震多发和地震烈度大的区域，地下水位高且具有侵蚀性的地区等。

（10）厂址要有良好的供水排水条件。厂址要有水量和水质满足要求、供水线路短、扬程小的水源地。用水量特别大的企业，厂址应尽可能靠近水源选择。选择厂址时，要注意企业生产要有良好的排水条件。

（11）在选择厂址时要有较好的供电条件，电源可靠，线路短捷，进线方便。有条件时应靠近电源，而且电源应有一定的备用负荷。

（12）选择厂址时要注意卫生防护。工业废水和生活污水排放地点，工业废气及生产产生的有害气体排放地点，废渣、废料、尾矿的堆置场地，易燃、易爆及放射性物质的储存场地，产生强烈噪声和振动的场地，电磁干扰大的场地等，在选择厂址时应注意安全防护距离。冶炼厂一般不宜设在城市和风景、旅游区内。

（13）充分考虑到企业实行协作。在厂址选择时就应注意到企业在生产、综合利用、产品深加工、外部运输、公用设施、生活福利设施以及供水、供电等多方面广泛开展社会协作或地区协作，改变企业一家独办、万事不求人的陈旧观念。靠近城镇的企业在厂址选择时就要尽可能与城镇建设紧密结合、统一规划。实行企业协作的目的在于提高企业的经济效益和社会效益。

（14）在选择厂址时要注意施工条件，地方建筑材料及施工用水、用电尽量就近解决，厂址附近应有足够的施工基地的场地，施工机械器具的运输应当方便。

（15）某些特殊的地区或地点不允许或不宜建厂的，在厂址选择时应当注意，如：

1）具有开采价值的矿床上。

2）大型水库、油库、发电站、重要的桥梁、隧道、交通枢纽、机场、电台、电视台、军事基地、战略目标以及生活饮用水源地等的防护区域之内。

3）重要的文化古迹、革命历史纪念地、名胜游览地区、城市园林区、疗养区和自然保护区。

4）传染病发源地、有害气体及烟尘污染严重的地区。

5）九度及以上的地震区。

（16）在选择厂址时必须认真进行调查研究，坚持多方案比较，择优选定。

3.2 厂址选择的程序和注意事项

3.2.1 厂址选择的程序

3.2.1.1 准备

准备阶段从接受任务书开始至现场踏勘为止。在设计任务书下达后，即根据任务书规定的内容并参考可行性研究报告，采用扩大指标或参照同类型工厂及类似企业的有关资料，确定出各主要车间的平面尺寸及有关的工业和民用场地，由工艺专业人员编制工艺布置方案，作出总平面布置方案草图，初步确定厂区外形和占地估算面积。然后各专业在已有区域地形图以及工程地质、水文、气象、矿产资源、交通运输、水电供应和协作条件等厂址基础资料的基础上，根据冶金工厂的特点及选厂要求进行综合分析，拟定几个可能成立的厂址方案。

3.2.1.2 现场踏勘

现场踏勘是在图上选址的基础上，有的放矢地对可能建厂的厂址进行实地察看。这是选厂的关键环节。其目的是通过实地察看，根据选厂原则和对厂址的一般要求，确定几个可供比较的厂址方案。

现场踏勘中要注意以下几点：

（1）拟选厂址可供利用的场地面积、形状及拟占地的农田、产量、土质等情况；

（2）拟用场地内的村庄、树木、果园、农田水利设施等；

（3）场地的地形、地质，地下有无矿藏；

（4）场地附近的铁路、公路及接轨、接线条件；

（5）附近的运输设施、卫生条件、协作条件等；

（6）就近提供的建筑材料的品种、数量、质量；

（7）风向、雨量、洪水位等自然条件；

（8）可供利用的生活居住用地及废料场；

（9）施工用地的面积大小及距离；

（10）拟建厂地区的水源、电源及可能的线路走向。

3.2.1.3 方案比较和分析论证

根据现场踏勘结果，从各专业的角度对所收集到的资料进行整理和研究。对具备建厂条件的若干个厂址方案进行政治、经济、技术等方面的综合分析论证，提出推荐方案，说明推荐理由，并给出厂址规划示意图（表明厂区位置、备用地、生活区位置、水源地和污水排放口位置、厂外交通运输线路和输电线路位置等）和工厂总平面布置示意图。

3.2.1.4 提出厂址选择报告，确定厂址和报批

厂址选择报告是厂址选择的最终成果，可参照以下内容进行编写：

（1）前言。前言中叙述工厂性质、规模、厂址选择工作的依据、人员及情况，有关部门对厂址的要求，工厂的工艺技术路线、供水、供电、交通运输及协作条件、用地、环境卫生要求，踏勘厂址及推荐厂址意见等。

（2）产品方案及主要技术经济指标。

（3）建厂条件分析。建厂条件分析描述厂址的自然地理、交通位置和四邻情况，场地的地形、地貌，工程地质、水文地质条件，气象条件，地区社会经济发展概况，原材料、燃料的供应条件，水源情况，电源情况，交通运输条件，环境卫生条件，施工条件，生产、生活及协作条件等。

（4）厂址方案比较。厂址方案比较主要是提出厂址技术条件比较表（见表3－1）以及厂址建设投资和经营费用比较表（见表3－2）。

表3－1 厂址技术条件比较表

序号	内容	厂址方案		
		1	2	3
1	厂址地理位置及地势、地貌特征			
2	主要气象条件（气温、雨量、海拔等）			
3	土石方工程量及性质、拆迁工程量、施工条件等			
4	占地面积及外形（耕地、荒地）			
5	工程地质条件（土壤、地下水、地耐力、地震强度等）			
6	交通运输条件： （1）铁路接轨是否便利，专用铁路线长度，是否要建设桥梁、涵洞、隧道，能否与其他部门协作； （2）与城市的距离及交通条件，需新建公路的长度，与城市规划的关系； （3）航运情况（船舶、码头等）			
7	给排水条件（管道长度、设备、给水和排水工程量等）			
8	动力、热力供应条件及建设工程量			
9	原料、燃料供应条件			
10	环境保护情况（“三废”治理条件、渣场等）			
11	生活条件			
12	经营条件			

表3-2　厂址建设投资和经营费用比较表

序号	内　容	单位	厂址方案		
			1	2	3
	建设投资				
1	土石方工程 （1）挖方 （2）填方				
2	铁路专用线 （1）线路 （2）构筑物				
3	厂外公路 （1）线路 （2）构筑物				
4	供水、排水工程 （1）管道 （2）构筑物				
5	供电、供气工程 （1）线路 （2）构筑物				
6	通信工程				
7	区域开拓费和赔偿费（土地购置、拆迁及安置费等）				
8	住宅及文化福利建设费				
9	建筑材料运输费				
10	其他费用				
	合计				
	经营费（每年支出）				
1	运输费（原料、燃料、成品等）				
2	水费				
3	电费				
4	动力供应				
5	其他费用				
	合计				

（5）各厂址方案的综合分析论证，推荐方案及推荐理由。

（6）当地领导部门对厂址的意见。

（7）存在的问题及解决办法。

此外，厂址选择报告还应附有下列文件：

（1）有关协议文件和附件；

（2）厂址规划示意图；

（3）工厂总平面布置示意图。

3.2.2 厂址选择的注意事项

厂址选择应注意以下几点：

（1）注意选择现场踏勘的季节；

（2）要有当地有关人员参加；

（3）注意原始数据的积累；

（4）注意了解现有工厂的情况。

3.3 厂址的技术经济分析

厂址选择的总目标是投资省、经营费用低、建设时间短、管理方便等。而在厂址选择的实践中很难选出一个外部条件都理想的厂址，常常只能满足建厂条件的一些主要要求。由于影响厂址选择的因素很多，关系错综复杂，要选出较理想的厂址方案，必须进行技术经济分析与比较，其方法介绍如下。

3.3.1 综合比较法

综合比较法是厂址选择较为常用的技术经济分析方法。操作时，首先根据拟建厂厂址的调查和踏勘结果，编制厂址技术条件比较表（见表3－1），并加以概略说明和估算，通过分析对比筛选出2～3个有价值的厂址方案；其次是对筛选出的厂址方案进行工程建设投资和日后经营费用的估算，估算项目参见表3－2。可以算出全部费用，也可以只算出投资不同部分的费用和影响成本较大项目的费用。建设投资可按扩大指标或类似工程的有关资料计算。如果某一方案的建设投资和经营费用都最小，该方案显然就是最优方案；如果某方案建设投资大而经营费用小，另一方案的建设投资小而经营费用大，则可用追加投资回收期等方法确定方案的优劣。

应当指出，经济指标并不是判断方案优劣的唯一指标，最终方案的抉择尚需考虑一些非经济因素，如生活条件、自然条件以及一些社会因素等。

3.3.2 数学分析法

通过分析某些因素和费用之间的关系，构成数学模型求解，即为数学分析法。由于厂址选择涉及的因素很多，一个数学模型不可能把全部因素都包括进去，这里仅根据德国经济学家阿尔弗雷德·韦伯所作的假定进行介绍。

韦伯认为，影响厂址选择的因素只是经济因素，而非经济因素（政策、社会、军事、气候等）则不起作用。在经济因素中主要是产品的生产和销售成本，而成本中实际起作用的是运输成本和工资成本。原料、燃料和动力成本的差别可以归因于运输费用的差别和地区产品价格的差别，而各地区产品价格的差别又可以看成是运输费用的差别。例如，对于价格高的原料，可看成是由于生产地与工厂距离较远，使其成为运输费用高的原料，反之亦然。运费及地形对其的影响可以折算成运输距离的长短，货物质量（如体积特别大、易爆、易烂等）的影响可用假想货重表示。这样，就把足以影响运输成本的因素归结为货重和运距两项。至于工资成本，则假定工资率固定，因而工资成本也一定。下面就是针对如何使运输费用最小来进行分析。

3.3.2.1 “重心”法

假定拟建工厂有几个位置已知的原料基地和销售基地，各基地在一定时期内的运量为已知。把运量和位置画在直角坐标系上，如图3－1所示。图中 $Q_i(x_i,y_i)$ 代表原料或产品的运量，其中 (x_i,y_i) 代表供应地点或销售地点的坐标位置，(x_0,y_0) 代表拟建工厂的坐标位置。

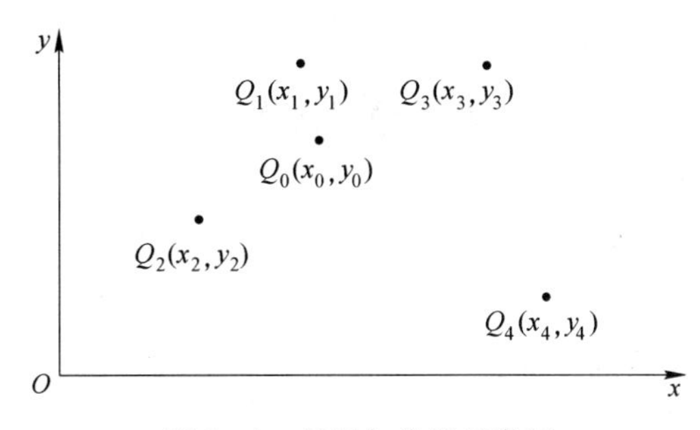

图3－1 运量与位置示意图

根据重心原理得到拟建厂址的坐标为：

$$x_0 = \frac{\sum_{i=1}^{n} Q_i x_i}{\sum_{i=1}^{n} Q_i} \tag{3-1}$$

$$y_0 = \frac{\sum_{i=1}^{n} Q_i y_i}{\sum_{i=1}^{n} Q_i} \tag{3-2}$$

【例3－1】 某冶炼厂有四个铜精矿供应点，供矿量和假想坐标位置如表3－3所示，请问厂址建在何处较为适宜？

表3－3 供矿量与假想坐标位置

供矿点	供应量/t	坐标位置/km	
		x_i	y_i
A	15000	2.00	5.00
B	20000	4.00	2.00
C	10000	6.00	7.00
D	25000	10.00	2.00
合　计	70000		

解： 根据式（3－1）和式（3－2）得：

$$x_0 = \frac{15000 \times 2.00 + 20000 \times 4.00 + 10000 \times 6.00 + 25000 \times 10.00}{70000} = 6.00\text{km}$$

$$y_0 = \frac{15000 \times 5.00 + 20000 \times 2.00 + 10000 \times 7.00 + 25000 \times 2.00}{70000} = 3.36\text{km}$$

计算表明，该冶炼厂建在坐标（6.00，3.36）处时，运输距离最短，运输费用最省。该地点是否适宜，尚需根据其他条件进行综合技术经济比较后确定。

3.3.2.2 迭代法

按“重心”法确定的厂址坐标是一种粗略的估计，若需更精确，则可采用迭代法。

设拟建工厂所需原料、燃料等的供应量和产品的销售量分别以 Q_1、Q_2、Q_3、…、Q_n 表示，每公里单位运费为 C_e，工厂至各供应点和销售点的距离以 S_i 表示，则该厂的总运费（F）为：

$$F = \sum_{i=1}^{n} C_e Q_i S_i \tag{3-3}$$

以坐标表示运输距离，则：

$$S_i = k[(x_i - x)^2 + (y_i - y)^2]^{1/2} \tag{3-4}$$

式中 k——计算次数；

x_i，y_i——销售点或供应点的坐标；

x，y——拟建工厂的坐标。

将式（3-4）代入式（3-3），得：

$$F = \sum_{i=1}^{n} C_e Q_i k[(x_i - x)^2 + (y_i - y)^2]^{1/2} \tag{3-5}$$

为求得运输费用最少的厂址坐标，分别将 F 对 x、y 求一阶导数，并令其等于零，则：

$$\frac{\partial F}{\partial x} = \Sigma C_e Q_i k\left[\frac{1}{2}(x_i - x)^2 + (y_i - y)^2\right]^{1/2} \cdot (-2)(x_i - x) = 0$$

$$\frac{\partial F}{\partial y} = \Sigma C_e Q_i k\left[\frac{1}{2}(x_i - x)^2 + (y_i - y)^2\right]^{1/2} \cdot (-2)(y_i - y) = 0$$

得：

$$x = \frac{\Sigma\{C_e Q_i x_i / [(x_i - x)^2 + (y_i - y)^2]^{1/2}\}}{\Sigma C_e Q_i [(x_i - x)^2 + (y_i - y)^2]^{1/2}} \tag{3-6}$$

$$y = \frac{\Sigma\{C_e Q_i y_i / [(x_i - x)^2 + (y_i - y)^2]^{1/2}\}}{\Sigma C_e Q_i [(x_i - x)^2 + (y_i - y)^2]^{1/2}} \tag{3-7}$$

x 和 y 值通过迭代法求解。迭代法就是先将按“重心”法求得的厂址坐标 (x_0, y_0) 分别代入式（3-6）和式（3-7），求得第一次计算的坐标 $(x^{(1)}, y^{(1)})$ 后，再将 $x^{(1)}$、$y^{(1)}$ 重新代入公式，求得第二次计算的坐标 $(x^{(2)}, y^{(2)})$，这样一次一次地替代求解，直到在设定的精度内坐标值不再变化为止，这时的 $(x^{(n)}, y^{(n)})$ 就是最优厂址坐标。把求得的 x、y 值代入式（3-5），即可求得最低运输费用。

3.3.3 多因素综合评分法

影响厂址选择的因素很多，数学分析法只能对少数几个定量因素进行计算，而许多因素往往只能定性分析，很难进行定量计算。为此，采用多因素综合评分法确定最优厂址方案。这种方法又称为目标决策法，其步骤如下：

（1）列出影响厂址选择的所有重要因素目录，其中包括不发生费用但对决策有影响的因素；

（2）根据每个因素的重要程度将其分成若干等级，并对每一等级定出相应的分数；

（3）根据拟建工厂的地区或厂址情况对每一因素定级评分，然后计算总分。

总分最多者即为最优方案。

【例3-2】 表3-4所示为假定的厂区选择影响因素及其等级划分和评分标准，今有A、B、C三个厂区备选方案。按表3-4规定的标准进行定级评分，可得三个厂区方案的综合评分结果（见表3-5）。显然，A厂区得分最高，应为被选厂区。

表3-4 地区分级评分标准

序 号	因 素	分级评分			
		最优（1）	良好（2）	可用（3）	恶劣（4）
1	接近原料	40	30	20	10
2	接近市场	40	30	20	10
3	能源供应	20	30	10	5
4	劳动力来源	20	15	10	5
5	用水供应	20	15	10	5
6	企业协作	20	15	10	5
7	文化情况	16	12	8	4
8	气候条件	8	6	4	2
9	居住条件	8	6	4	2
10	企业配置现状	8	6	4	2
	最大总分	200	165	100	50

表3-5 三个厂区方案分级评分比较

因 素	A厂区		B厂区		C厂区	
	等级	分数	等级	分数	等级	分数
1	（1）	40	（2）	30	（3）	20
2	（2）	30	（2）	30	（2）	30
3	（1）	20	（1）	20	（3）	10
4	（3）	10	（3）	10	（2）	15
5	（1）	20	（3）	10	（1）	20
6	（3）	10	（1）	20	（2）	15
7	（2）	12	（4）	4	（1）	16
8	（1）	8	（2）	6	（3）	4
9	（2）	6	（1）	8	（2）	6
10	（4）	2	（1）	8	（3）	4
合 计		158		146		140

又假定确定了厂址选择的影响因素及其等级划分和评分标准（见表3-6），同样对Ⅰ、Ⅱ、Ⅲ三个厂址备选方案进行定级评分（见表3-7），总分最高者即为所选厂址。

表3-6 厂址分级评分标准

序 号	因 素	分级评分			
		最优（1）	良好（2）	可用（3）	恶劣（4）
1	位 置	80	60	40	20
2	地质条件	60	40	30	15
3	占 地	40	30	20	10
4	运输及装卸	20	15	10	5
5	环境保护	15	10	8	4
	最大总分	215	155	108	54

表3-7 三个厂址方案分级评分比较

因 素	厂址Ⅰ		厂址Ⅱ		厂址Ⅲ	
	等级	评分	等级	评分	等级	评分
1	(1)	80	(2)	60	(2)	40
2	(1)	60	(1)	60	(1)	40
3	(4)	10	(3)	20	(3)	40
4	(1)	20	(3)	10	(3)	15
5	(2)	10	(2)	10	(2)	8
合 计		180		160		143

确定最优厂址可采用如下两种方法：

(1) 先选出建厂最优厂区，在已选定的最优厂区内再找若干可行建厂的地址进行择优。

(2) 厂区和厂址结合起来考虑，把两者的总分合并后择优，如表3-8所示。显然，A厂区的厂址Ⅰ为最优方案。

表3-8 厂区和厂址综合选择评分

厂 区	厂址Ⅰ	厂址Ⅱ	厂址Ⅲ
A	338	318	301
B	326	306	289
C	320	300	283

多因素综合评分法的关键在于：

(1) 正确选择评价厂址的因素；

(2) 科学划分各因素的评价等级和评分标准。通常由专家凭经验和已掌握的资料做出，其常用的方法是专家调查法。

3.4 冶金工厂总平面布置

总平面布置（或称总图运输）是指整个工程的全部生产性项目和辅助性项目的合理配置，是具体体现“有利生产、方便生活”的一项关键性工作。因此，应在充分研究区域地形、工程地质、水文及气象等资料的基础上，对厂区建设做出合理的整体布置。

冶金工厂总平面布置是根据各主要生产车间和其他辅助车间的规模大小、生产过程的组织及特点，在已选定的厂址上合理布置厂区内所有的建（构）筑物、堆场、运输及动力设施等，并全面解决它们之间的协调问题，经济合理地调度人流及货流，创造完美的卫生、防火条件，绿化和美化厂区，组织完美的建筑群体。由于冶金企业货运量大、种类多，运输在整个生产过程中占据着十分重要的地位。运输方式和布置的好坏，对车间距离、全厂的建筑密度、厂内管线及铁路、公路的长度都有很大的影响，同时与产品成本和工厂经营管理的好坏也有密切关系。

3.4.1 总平面布置的内容

总平面布置一般包括以下五个方面：

（1）厂区平面布置，涉及厂区划分、建（构）筑物的平面布置及其间距确定等。

（2）厂区竖向布置，涉及场地平整、厂区防洪、排水等问题。

（3）厂内外运输系统的组织，涉及厂内外运输方式的选择、运输系统的布置以及人流和货流组织等。

（4）厂区工程管线布置，涉及地上、地下工程管线的综合敷设和埋置间距、深度等。

（5）厂区绿化及环境卫生等。

为使总平面布置不致漏项，应分项详细列出各建（构）筑物的名称。

3.4.2 总平面布置的基本要求

3.4.2.1 符合生产工艺的要求

应力求使作业线通顺、连续、短捷，避免主要作业线交叉往返。为此，要利用工艺流程的顺序布置各生产车间，主要辅助车间要和生产车间靠近，尽量将工作性质、用电要求、货运量及防火标准、卫生条件等类同的车间布置在同一地段内，配电站、变电站和空压机房等应布置在空气清洁的地方；存储量大的原料、燃料仓库和堆放场地应尽量布置在边缘地带，以利于其与外部铁路、公路的衔接；要充分利用地形布置厂内运输方式，尽可能做到物料运输自流。

3.4.2.2 符合安全与卫生的要求

符合防火、卫生、防爆、防震、防腐蚀等技术规范是总平面布置的基本要求。平面图上要有风玫瑰图，包括风向玫瑰图和风速玫瑰图。风向是风流动时的方向，其最基本的一个特征指标是风向频率。风向频率是指一段时间内不同风向出现的次数与观测总次数之比。一般采用8个方位来表示风向和风频。将各方向风的频率以相应比例长度点，在方位坐标线上用直线连接端点，并把静风频率绘在中心，即为风向玫瑰图（见图3－2(a)）。空气流动的速度用风速来表示，单位为m/s。按照风向玫瑰图的绘制方法表现各个风向的风速，即可制成风速玫瑰图（见图3－2(b)），中心的数字表示平均风速。有关手册中列有我国各主要城市的风玫瑰图。

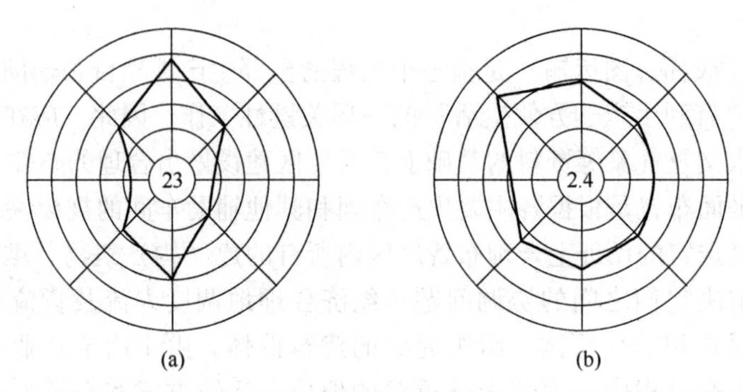

项目 \ 方位	N	NE	E	SE	S	SW	W	NW
风向频率/%	19	11	4	6	15	9	3	10
平均风速/m·s⁻¹	2.9	2.1	1.9	2.1	2.5	2.2	1.9	3.5

图3－2 风玫瑰图

(a) 风向玫瑰图（间距5%）；(b) 风速玫瑰图（间距1m/s）

风向频率与风速直接影响污染程度，下列公式给出了污染系数、污染风频与它们的关系。

$$\lambda = \left[\frac{1}{2}\left(1+\frac{v}{V}\right)\right]^{-1} = \frac{2V}{V+v} \tag{3-8}$$

$$f_{\rho} = f\lambda \tag{3-9}$$

式中 λ——某方向的污染系数；

V——全年各风向平均风速，m/s；

v——某风向全年平均风速，m/s；

f_{ρ}——某风向的污染风频，%；

f——某风向的风向频率，%。

λ 值的界限为 $0<\lambda<2$，当 $v=V$ 时，$\lambda=1$；当 $v\to 0$ 时，$\lambda\to 2$。可以看出，污染程度与风向频率成正比，与风速成反比。因此在进行总平面布置时，要注意当地的盛行风向（风频较大的风向）、风速及其影响。要将易燃物料堆场或仓库及易燃、易爆车间布置在容易散发火花及有明火源车间的上风侧，将产生有害气体和烟尘的车间及存放有毒物质的仓库布置在厂区的边缘和生活区的下风侧；厂前区一般是工厂行政管理、生产技术管理及生活福利的中心，应布置在主导风向的上风侧。建（构）筑物之间的距离要按日照、通风、防火、防震、防噪要求及节约用地的原则综合考虑，应符合有关设计规范的要求。要合理考虑高温车间的建筑方位，在可能的条件下，应使高温车间的纵轴与夏季主导风向相垂直，如图3－3所示。除综合治理“三废”以外，还应注意将有污水、毒水排出的车间或设备布置在居住区和附近工厂的下游地区等。

3.4.2.3 满足厂内外交通运输及工程技术管线敷设的要求

交通运输是沟通工厂内外联系的桥梁和纽带，必须正确地选择厂内外各种运输方式，

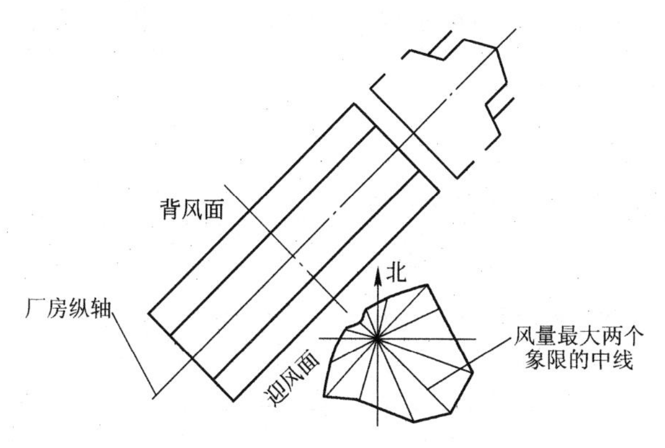

图3－3 建筑方位与风向关系图

因地制宜地布置运输系统。铁路专用线、公路、外部铁路、公路间的连接应方便合理，并尽可能地缩短线路长度。

冶金工厂的人流和货流线路分散而繁杂，在进行总平面布置时应分清线路系统的主次关系，将主要运输线路从厂后引入，人流线路从厂前进入。厂区主干道常设在厂区的主轴线上，通过厂前区和城市道路相连；次干道主要是使车间、仓库、堆场、码头等相联系的道路；辅助道是通往行人车辆较少的道路（如通往水泵站、总变电所等的道路）及消防道路等；车间引道是车间、仓库等出入口与主、次干道或辅助道相连接的道路。厂区主要干道应径直而短捷，做到人货分流，尽量减少人流和货流线路的交叉，不得不交叉时需设有缓冲地带或设置安全设施。表3－9所示为厂内道路的主要技术指标。厂内道路边缘与相邻建（构）筑物的最小距离，按表3－10所示的规定采用。

表3－9 厂内道路的主要技术指标

指标名称		单位	工厂	矿山
计算行车速度		km/h	15	15
路面宽度	大型厂主干道	m	7～9	6～7
	大型厂次干道、中型场主干道	m	6～7	6
	中型场次干道，小型厂主、次干道	m	4.5～6	3.5～6
	辅助道	m	3～4.5	3～4.5
	车部引道	m	可与车间大门宽度相适应	
路肩宽度		m	0.5～1.5	
最小转弯半径	行驶单辆汽车时	m	9	
	汽车带一辆拖车时	m	12	
	行驶15～20t平板车时	m	15	
	行驶10～60t平板车时	m	18	
最大半径	主干道	%	6（平原区），8（山岭区）	
	次干道	%	8	
	辅助道	%	8	
	车间引道	%	8	

表 3-10 厂内道路边缘与相邻建（构）筑物的最小距离 (m)

相邻建（构）筑物名称	与车行道的最小距离	与人行道边缘最小距离
建筑物外墙面		
(1) 当建筑物面向道路一侧无出入口时	1.5	
(2) 当建筑物面向道路一侧有出入口，但不能通行汽车时	3	
各类管线支架	1~1.5	
围墙	1.5	
标准轨铁路中心线	3.8	3.5
窄轨铁路中心线	3	3

注：1. 表列距离，城市型道路自路面边缘算起，公路型道路自路肩边缘算起；
2. 生产工艺有特殊要求的建（构）筑物及各种管线至道路边缘的最小距离，应符合有关单位现行规定的要求。

冶金工厂的工程技术管线同样相当复杂，种目繁多。在进行管道布置时，要因地制宜地选择管线敷设方式，合理决定管线走向、间距、敷设宽度及竖向标高，正确处理管线与建（构）筑物、道路、铁路等各种工程设施的相互关系，减少管线之间以及管线与铁路、公路、人行道之间的交叉。

3.4.3 总平面布置的方式

3.4.3.1 生产线路的总平面布置

生产线路的总平面布置方式有以下几种：

(1) 纵向生产线路布置。纵向生产线路布置是按各车间的纵轴，顺着地形等高线布置，主要有单列式和多列式，多适用于长方形地带或狭长地带，如图 3-4 所示。

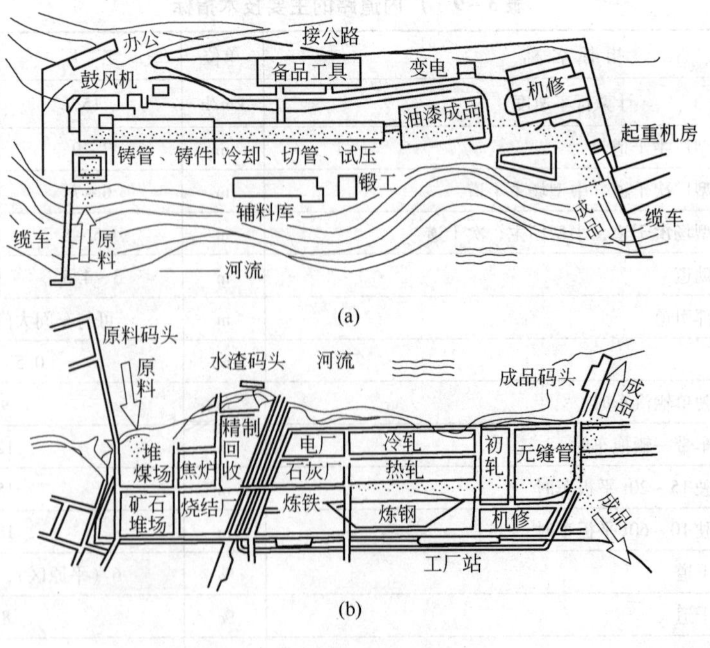

图 3-4 纵向生产线路布置
(a) 某坡地铸管厂；(b) 某钢铁厂

（2）横向生产线路布置。横向生产线路布置是指工厂主要生产线路垂直于厂区或车间纵轴，并垂直于地形等高线。这种布置方式多适用于山地或丘陵地区，尤其适宜于物料自流布置。

（3）混合式生产线路布置。混合式生产线路布置是指工厂主要生产线路呈环状，即一部分为纵向，一部分为横向。

冶金生产线一般是较为复杂的，特别是湿法冶金工厂及生产多种产品的冶金联合企业。在进行总平面布置时，要根据地形条件和不同的工艺过程布置主要生产线路。当厂区地形为方形或矩形时，可考虑采用混合式生产线路布置方式；而在狭长地段，可采用纵向生产线路布置方式。例如，在火法炼铜中，物料运输量大，生产过程连续性强，原材料、半成品的行经路线和运输方向一致，常采用纵向生产线路布置方式；而在氧化铝生产中，物料运输量大且主要采用管道输送，管道多达数十种，管道架设占据一定面积和空间，使厂房的间距加大，并直接影响车间之间的运输联系，因此往往采用混合式生产线路布置方式。

3.4.3.2 厂区的总平面布置

厂区的总平面布置方式一般有街区式、台阶－区带式、成片式和自由式。

（1）街区式。街区式布置是在四周道路环绕的街区内，根据工艺流程特点和地形条件，合理布置相应建（构）筑物及装置，如图3－5(a) 所示。这种布置方式适合于厂区建（构）筑物较多、地形平坦且为矩形的场地。如果布置得当，它可使总平面布置紧凑、用地节约、运输及管网短捷、建（构）筑物布置井然有序。

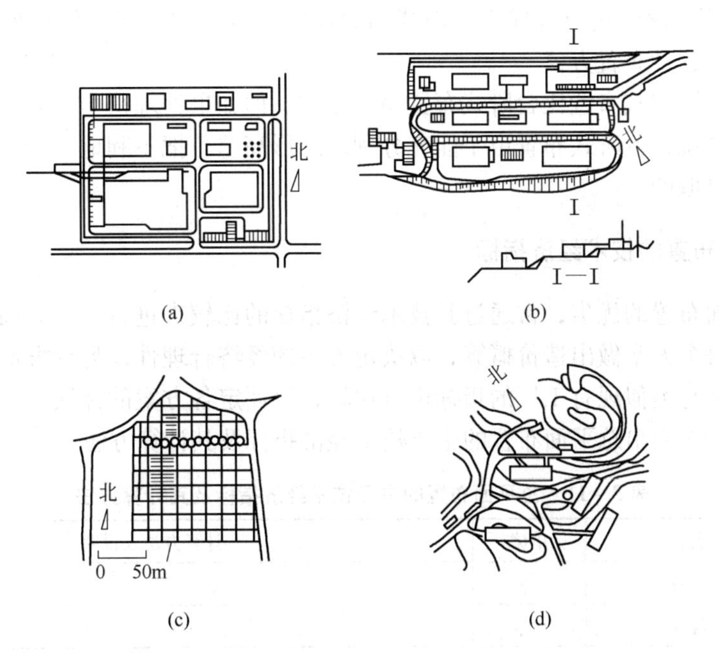

图3－5 厂区总平面布置方式示意图

(a) 街区式；(b) 台阶－区带式；(c) 成片式；(d) 自由式

（2）台阶－区带式。台阶－区带式布置是在具有一定坡度的场地上，对厂区进行纵轴平行等高线布置，并顺着地形等高线划分为若干区带，区带间形成台阶，在每条区带上按工艺要求布置相应的建（构）筑物及装置，如图3－5(b) 所示。

(3) 成片式。成片式布置以成片厂房（联合厂房）为主体建筑，在其附近的适当位置根据生产要求布置相应的辅助厂房，如图3－5(c) 所示。这种布置方式是适应现代化工业生产的连续性和自动控制要求，大量采用联合厂房而逐渐兴起的，具有节约用地、便于生产管理、建筑群体主次分明等优点。

(4) 自由式。对于生产连续性要求不高或生产运输线路可以灵活组合的小型工厂，在地形复杂地区建厂时，为充分利用地形，可依山就势开拓工业场地，采取灵活的布置方式，无需一定的格局，如图3－5(d) 所示。

3.4.3.3　厂区的竖向布置

厂区竖向布置的总要求是：充分利用地形，合理确定建（构）筑物、铁路、道路的标高，保证生产运输的连续性，力争做到物料自流；避免高填深挖，减少土石方工程量，创造稳定的场地和建筑基地；应使场地排水畅通，注意防洪防涝，一般基础底面应高出最高地下水位0.5m以上，场地最低表面标高应高出最高洪水位0.5m以上；注意厂区环境立体空间的美观要求等。为此，一般采用如下竖向布置方式：

(1) 平坡式。平坡式布置是把场地处理成一个或几个坡向整体平面，坡度和标高没有剧烈变化。在自然地形坡度不大于3%或场地宽度不大时，宜采用这种布置方式。

(2) 台阶式。台阶式布置由几个标高相差较大的整体平面相连而成，在连接处一般设置挡土墙或护坡建筑物。当自然坡度大于3%或自然坡度虽小于3%，但场地宽度较大时，可采用此种布置方式。

(3) 混合式。混合式布置即指平坡式与台阶式混合使用。当自然地形坡度有缓有陡时，可考虑采用这种布置方式。

一般来说，平坡式布置比台阶式布置易于处理。但如果处理得当，对以流体输送为主的湿法冶炼厂来说，台阶式布置由于能充分利用地形高差，把不利地形变为有利地形，在许多场合还是可取的。

3.4.4　总平面布置的技术经济指标

评价总平面布置的优劣，常通过其技术经济指标的比较来进行。一方面，利用这些指标对所设计的每个方案做出造价概算，以决定方案的经济合理性；另一方面，可把设计中的技术经济指标与类似现有工厂的指标进行比较，以评定各方案的优缺点，从中筛选出最佳方案。表3－11 列出总平面布置的主要技术经济指标及其计算方法。

表3－11　总平面布置的主要技术经济指标及其计算方法

序号	指标名称	单位	计算方法及说明
1	地理位置		
2	工厂规模	t/年	
3	厂区占地面积	m^2	围墙以内占地；若无围墙时，按设置围墙的要求确定范围
4	单位产品占地面积	$m^2/(t \cdot 年)$	$单位产品占地面积 = \frac{厂区占地面积}{企业设计规模}$
5	建（构）筑物占地面积	m^2	其中构筑物是指有屋盖的构筑物

续表 3－11

序号	指标名称	单位	计算方法及说明
6	建筑系数	%	$\text{建筑系数}=\frac{\text{建（构）筑物占地面积}}{\text{厂区占地面积}}\times100\%$
7	露天场地占地面积	m^2	没有固定建（构）筑基础的露天堆场和露天作业场
8	露天场地系数	%	$\text{露天场地系数}=\frac{\text{露天场地占地面积}}{\text{厂区占地面积}}\times100\%$
9	单位铁路长度	m/m^2	$\text{单位铁路长度}=\frac{\text{厂区内铁路长度}}{\text{厂区占地面积}}$
10	单位道路长度	m/m^2	$\text{单位道路长度}=\frac{\text{厂区内道路长度}}{\text{厂区占地面积}}$
11	单位道路铺砌面积	m^2/m^2	$\text{单位道路铺砌面积}=\frac{\text{道路铺设总面积}}{\text{厂区占地面积}}$
12	场地利用率	%	$\text{场地利用率}=\frac{\text{建（构）筑物占地面积}+\text{无盖构筑物占地面积}}{\text{厂区占地面积}}\times100\%$
13	厂区平整土石方工程总量 （1）挖方 （2）填方	m^2 m^2 m^2	
14	单位土石方工程量	m^3/m^2	$\text{单位土石方工程量}=\frac{\text{厂区平整土厂方工程总量}}{\text{厂区占地面积}}$
15	绿化系数	%	$\text{绿化系数}=\frac{\text{绿化总面积}}{\text{厂区占地面积}}\times100\%$
16	厂区围墙长度	m	

4 车间配置和管道设计

4.1 冶金厂房建筑的基础知识

4.1.1 冶金厂房建筑设计概述

4.1.1.1 冶金工厂建筑发展概况

冶金工厂建筑设计随着冶金工艺和建筑材料的发展而逐步演进。在20世纪50~60年代，由于缺少钢材，我国冶金工厂的土建设计扩大了混凝土结构的使用范围，出现了大量的钢与混凝土组合结构和预应力混凝土结构。厂房建筑采用了以300mm为基数的统一扩大的模数体系，如柱距基本为6m的倍数，厂房跨度为3m的倍数，为大规模生产预制建筑配件奠定了基础，促进了设计定型化、构件标准化和施工装配化，从而大大加快了建设速度。到70年代中期以后，随着冶金建设新工艺、新技术和新材料的出现，冶金工厂建筑向大跨度、大柱距、大面积、超长度和空间结构发展，对厂房的采光、通风、防火和安全等方面的设计有了新要求。80~90年代，随着我国冶金工业的飞跃发展，设计和建设了一批大型钢结构厂房，其屋面、墙面、天窗和采光窗也采用了新型轻质材料。冶金工厂建筑的艺术形象和厂房内外空间环境发生了巨大的变化。

4.1.1.2 冶金工厂建（构）筑物的设计范围

冶金工厂建筑种类按使用特点，主要分为主要生产厂房、辅助生产厂房、生产管理以及生活福利设施等。

冶金厂矿还有各种构筑物，如钢结构、烟囱、通廊、支承管线和高位建筑的支架以及储存和处理液体、气体、固体原材料和动力资源的槽、池、球、罐、仓、柜和塔等。

冶金工厂生产环境差，具有高温、强辐射热、液态金属喷溅、烟尘、噪声、撞击、振动、爆炸、腐蚀、污染及重负荷等特点。冶金工厂土建设计就是根据不同的对象、工艺和功能要求，结合建设地点的自然条件、地质资料和环境特点，依据国家和地方的设计法规，进行恰当的建筑布置和建筑处理，选择先进合理的建筑结构形式和建筑材料，综合协调并创造出一个满足工艺和功能要求、技术经济合理和厂容美观的建筑及环境。

4.1.1.3 冶金工厂建筑的设计任务及要求

A 设计任务

冶金工厂建筑设计的主要任务是：正确处理厂房的平面、剖面、立面；恰当选择建筑材料，合理确定承重结构、围护结构和构造做法；设计中要协调工艺、土建、设备、施工、安装各工种共同完成厂房的修建工作。在我国，完成这些任务时必须贯彻党的各项有关方针、政策，尤其应注意“坚固适用、经济合理、技术先进”的设计原则。

B 设计要求

冶金工厂建筑设计应满足以下要求：

（1）满足生产工艺要求。厂房的面积、平面形式、跨度、柱距、高度、剖面形式、细部尺寸、结构与构造等，都必须满足生产工艺的要求。要适应工艺过程中的各项条件，要满足设备安装、操作、运转检修等的要求。生产工艺中要求的技术条件应予以满足，生产工艺中产生的不利状况应予以处理。

（2）满足建筑技术经济要求。设计厂房必须具有必要的坚固性和耐久性。由于厂房在生产中往往产生对其坚固性与耐久性不利的因素，常采取比一般民用房屋更加有效的措施，这样才能保证坚固、耐久的要求。应尽可能使厂房具有一定的通用性或灵活性，以利于工艺革新、技术改造及生产规模的扩大，有时甚至要考虑工艺重新组合及彻底更新的可能性。

在符合生产工艺条件与合理使用的前提下，应尽可能为建筑工业化创造条件，如遵守《建筑统一模数制》及《厂房建筑统一化基本规则》，合理选择建筑参数（如跨度、柱距或开间、进深及高度等）；尽可能选用标准、通用或定型构件，以便于预制装配化和施工机械化。

在保证质量的条件下，应力求降低造价、减少管理维修费用、节约用地、节约建筑面积和体积、合理利用空间、降低材料的消耗（尤其是木材、钢材和水泥用量），并尽可能用地方性材料。在保证经济合理的前提下，应尽可能使用新材料、新结构与新技术。在确保质量的条件下，还要为加快施工进度创造条件。

（3）符合卫生及安全标准。要保证采光、通风条件，并合乎卫生要求。当厂房内有机械作用时，如撞击、振动、摩擦等，应设法减轻其影响；如有余热、余湿、有害气体、烟雾、灰尘时，要予以排除；如有红热、滚烫操作时，要防止烧灼；如有有害气体与化学侵蚀物时，应采取隔离、净化、防止有害物在厂内外扩散等措施；如有燃烧可能性，要加强防火措施；如有爆炸可能性，要采取防爆、泄爆与一定安全距离等措施；如有噪声时，应从工艺及建筑上采取消声、隔声措施；如有静电感应可造成危险事故时，应予以防止；对废渣、废液、废气，除排除与防止危害外，应尽量创造予以利用的条件。此外，应配置必要的生活福利设施，并注意厂房内外环境的净化与美化。

（4）与总平面及环境协调。厂房设计必须与总平面设计紧密配合、与其周围环境相协调，并为施工创造良好的条件。

4.1.2 单层厂房建筑

冶金厂房建筑分为单层、多层和高层三类厂房，它们在工艺布置、平面设计、剖面设计、建筑结构及采光、通风等方面各有特点。冶金企业大多数是单层厂房。

4.1.2.1 单层厂房的特点

（1）平面的面积和柱网尺寸较大，一般单层厂房柱距为6～12m（局部可达24m），厂房跨度可达60m以上；采用空间结构的厂房跨度可达90m或更大。单层厂房可以设计成多跨连片，面积可达十余万平方米以上。

（2）厂房构架的承载力大，可以承载多台起重量为数十吨或数百吨的吊车。结构构件较重、较大，对施工安装技术要求较高。

（3）厂房内部空间较大，厂房高度可达60m以上，厂房排架柱上可设置双重或三重吊车。厂房内布置大型设备，通行大型运输工具，如机车、重型汽车和重型电动平板车等。

（4）屋面面积较大，组成连跨连片的屋面，以满足生产工艺的要求，因此对屋面的通风、采光、排水和防水要求也较高。

4.1.2.2 单层厂房的结构类型

（1）砖石混合结构。砖石混合结构由砖柱及钢筋混凝土屋架或屋面大梁组成，也可由砖柱和木屋架或轻钢组合屋架组成。混合结构构造简单，但承载能力及抗地震和振动性能较差，故仅用于吊车起重重量不超过5t、跨度不大于15m的小型厂房。

（2）装配式钢筋混凝土结构。装配式钢筋混凝土结构坚固耐久，可预制装配。与钢结构相比，这种结构可节约钢材，造价较低，故在国内外的单层厂房中广泛应用。但其自重大，抗地震性能不如钢结构。图4－1所示即为典型的装配式钢筋混凝土横向排架结构单层厂房的构件组成。

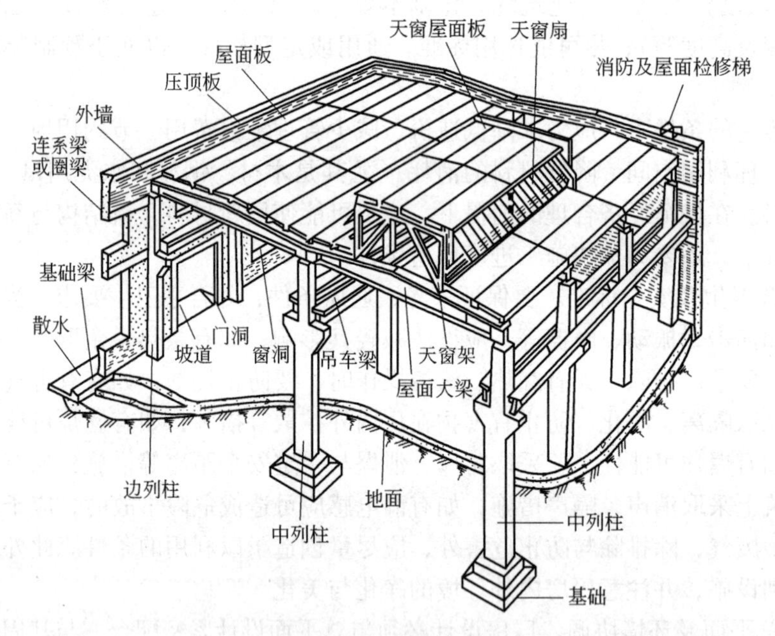

图4－1 典型的装配式钢筋混凝土横向排架结构单层厂房的构件组成

（3）钢结构。钢结构的主要承重构件全部用钢材做成。这种结构抗地震和振动性能好，与前两种结构相比构件较轻，施工速度快。除用于载荷重、高温或振动大的车间以外，对于要求建筑速度快、早投产、早受益的工业产房，也可采用钢结构。目前，随着我国钢产量的稳定增长，可能越来越多的厂房采用钢结构。但钢结构易被腐蚀、耐火性能差，使用时应注意相应的防护措施。图4－2所示为钢结构单层厂房。

4.1.2.3 单层厂房的结构组成

（1）承重结构。单层厂房承重结构包括墙承重及骨架结构承重两种类型。有时因条件关系，也可能同一厂房既有墙承重，又有骨架结构承重。就对结构有利、施工方便和具有一定的灵活性而言，以用骨架结构承重为宜，因而它是单层厂房最广泛使用的结构类型。

骨架结构承重的单层厂房，我国用得较多的是横向排架结构。图4－1所示即为常用类型的装配式钢筋混凝土横向排架结构，其基础采用钢筋混凝土墩式杯形基础，柱常采用

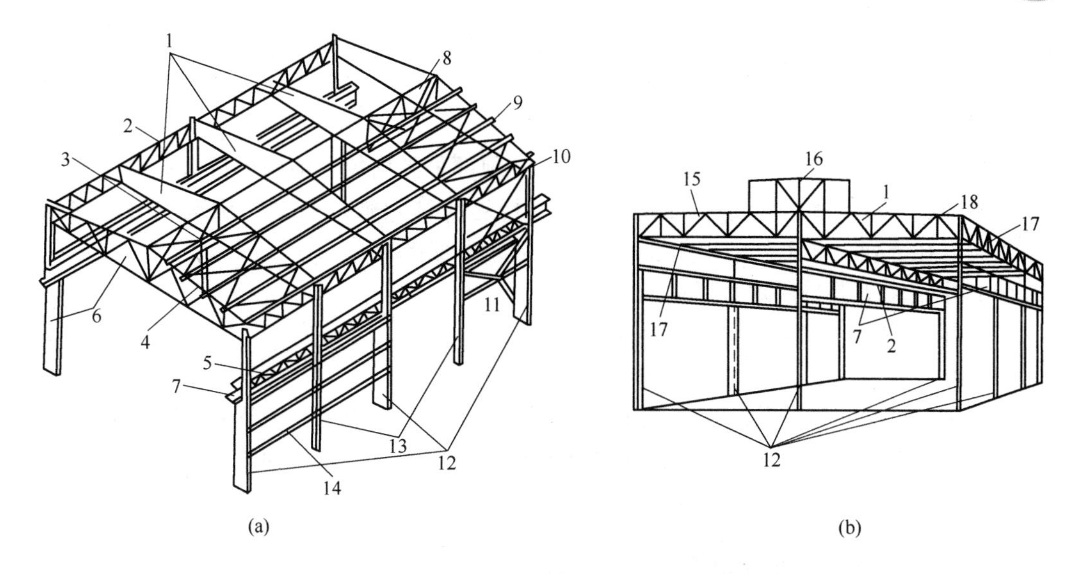

图4－2 钢结构单层厂房
（a）单跨；（b）多跨
1—屋架；2—托架；3—支承和檩条；4—上弦横向水平支承；5—制动桁架；6—横向平面框架；7—吊车梁；8—屋架竖向支承；9—檩条；10，11—柱间支承；12—框架柱；13—中间柱（墙架柱）；14—墙架；15—屋面；16—天窗架；17—下弦纵向水平支承；18—中间屋架

带牛腿的钢筋混凝土柱，由柱与钢筋混凝土屋面大梁或屋架形成横向排架；纵向有吊车梁、基础梁（亦称地梁或地基梁）、连系梁或圈梁、支承、装配式大型屋面板等，并利用这些构件联系横向排架，形成骨架结构系统。横向排架结构还可有以下做法：中小型的可用砖木结构，即由砖柱、木梁或木桁架形成骨架，或用砖柱、钢筋混凝土梁或桁架形成骨架；较大型的可用钢筋混凝土柱与钢梁或钢桁架形成骨架；大型的可全部用钢骨架，即用钢柱、钢梁或钢桁架形成骨架；特殊情况下还可以用铝作骨架。

有时利用柱、连系梁承受特大型板作屋顶承重结构，如预应力钢筋混凝土单丁板、双丁板、折板、筒形壳板、双曲波纹壳板、马鞍形壳板等均为此种做法。

双向承重骨架结构则大多是在柱上支承网架、双向空间桁架、双曲扁壳、穹隆等屋盖。

（2）围护结构。单层厂房主要围护结构包括屋面、外墙与地面。以图4－1为例，屋面用装配式大型屋面板作基层；为解决中跨采光、通风问题设置天窗，利用装配式钢筋混凝土天窗架形成空间安置天窗扇。当外墙是砖墙时，由基础梁及连系梁支承，基础梁将墙荷重传给基础，连系梁将墙荷重传给柱，在外墙上开设门洞、窗洞及其他洞口。地面保证了厂房与土层之间的围护要求，靠厂房外墙边的地面作散水或沟，防止雨水侵蚀厂房下的地基；门洞口附近的地面作坡道或踏步。

（3）其他。单层厂房如有梁式或桥式吊车，且司机在吊车上操作时，则需设上吊车梯；为检修吊车及其轨道，需设走道板；有时还需设安全扶手栏杆。为上屋顶检查、检修与消防，需设消防及屋面检修梯。为将厂房内的大空间划为小房间，需设隔墙；仅为划分区段而不将房间上部划开，则需做矮隔墙，称为隔断；在厂房中也可能设置比主厂房低而带顶盖的小间。有时为生产所需，还要在单层厂房中设置各种支架、平台（带梯或不带梯)、地坑、池、料仓、容器等土建性质的辅助设施。

4.1.3 多层厂房建筑

单层厂房有很多优点，如面积大、柱网大、顶部采光均匀、地面容许大装载并可单独做设备基础、只需水平运输等。因此，单层厂房适应性较强，在工业建筑中所占比例较大。然而，在下列一些工艺中采用多层厂房是合理和必要的：

（1）生产中需要采用垂直运输的工艺；

（2）生产中要求在不同层高上操作的工艺；

（3）生产中需要恒温、恒湿和防尘等特殊工艺。

设计多层厂房与设计单层厂房原则一样，应密切结合生产工艺流程和生产特点要求进行。下面将以单层厂房为例，介绍冶金工业建筑中厂房的一些设计原则。多层厂房设计中有关的平面设计、剖面设计和特殊问题，请参阅有关文献资料。

4.1.4 单层厂房建筑的平面设计

4.1.4.1 平面设计与总图及环境的关系

工厂总平面设计是根据全厂的生产工艺流程、交通运输、卫生、防火、气象、地形、地质以及建筑群体艺术等条件，确定建筑物和构筑物之间的位置关系；合理地组织人流、货流，避免交叉和迂回；布置各种工程管线；进行厂区竖向设计及绿化、美化布置等。当总图确定以后，在进行厂房的个体设计时，必须根据总图布置的要求确定厂房的平面形式。此时，通常要考虑以下几方面的影响：

（1）厂区人流、货流组织的影响。生产厂房是工厂总平面的重要组织部分。它们之间无论在生产工艺，还是在交通运输方面都有着密切的联系。厂房的主要出入口应面向厂区主干道，以便为原料、成品和半成品创造方便短捷的运输条件。

（2）地形的影响。地形对厂房平面形式有直接影响，尤其是在山区建厂。为了节省投资，减少土石方工程量，厂房平面形式应与地形相适应。如果厂房能跨等高线布置在阶梯形地上，则既能减少挖、填土方量，又能适应利用物料自重进行运输的生产需要。

（3）气象条件的影响。厂址所在地的气象条件对厂房朝向有很大影响，其主要影响因素是日照和风向。在温带和亚热带地区，厂房朝向应该保证夏季室内不受阳光照射，又易于进风，有良好的通风条件。为此，厂房宽度不宜过大，最好平面采用长条形，朝向接近南北向，厂房长轴与夏季主风向垂直或不大于45°。在寒冷地区，厂房的长边应平行于冬季主导风向，并在迎风面的墙上少开门窗，避免寒风对室内气温的影响。

4.1.4.2 平面设计与生产工艺的关系

厂房建筑必须符合生产工艺的要求。厂房平面设计一般先由工艺设计人员提出初步方案（即工艺平面配置图），再由建筑设计人员以此为依据进行建筑设计。工艺平面配置图的主要内容包括生产工艺流程的组织，生产及辅助设备的选择和布置，工段的划分，厂房面积、跨度、跨间数量及生产工艺对建筑和其他专业的要求。

4.1.4.3 平面设计与运输设备的关系

平面设计必须考虑起重运输设备的影响和要求。为了运送原材料、半成品、成品及安装、检修和改装，厂房内需要设置起重运输设备。由于工艺要求不同，需要的起重运输设备的类型也不同。厂房内的起重运输设备主要包括各种吊车。此外，厂房内外因生产不同和根据需要，还可用火车、汽车、电瓶车、手推车、各种输送带、管道、进料机、提升机等运输设备。厂房内外的这些起重运输设备都会影响平面配置和平面尺寸。

4.1.4.4 平面轮廓形式

确定单层厂房平面轮廓形式要考虑的因素很多，主要包括生产规模大小、生产性质和特征、工艺流程布置、交通运输方式等。厂房平面轮廓形式可分为一般和特殊两种类型。一般平面轮廓形式以矩形平面为主，特殊平面轮廓形式有 L、T、冂、卌 形平面。

A 矩形平面

矩形平面中，最简单的由单跨组成。它是构成其他平面形式的基本单位。当生产规模较大时，常采用平行多跨度组合平面，组合方式应随生产工艺流程布置的不同而不同。

平行多跨度组合的平面适用于直线式的生产工艺流程，即原料由厂房一端进入，产品由另一端运出；也适用于往复式的生产工艺流程。这种平面形式的优点是运输路线简捷、工艺联系紧密、工程管线较短、形式规整、占地面积少。

跨度相互垂直布置的平面适用于垂直式的生产工艺流程，即原料从一端进入，经过加工后，由与进入跨相垂直的跨运出。它的主要优点是工艺流程紧凑、运输路线短捷，缺点是跨度垂直相交处结构处理较为复杂。

正方形或近似正方形平面是由矩形平面演变而来的。当矩形平面纵、横边长相等或接近时，就形成了正方形或近似正方形平面。从经济方面分析，正方形平面较为优越。

B L、T、冂、卌 形平面

工业厂房的生产特征对厂房的平面形式影响很大。有些热加工车间，如炼钢、轧钢、铸工等车间，生产过程中会散发出大量的烟尘和余热，使生产环境恶化。为了提高生产效率，平面设计必须使厂房有良好的自然通风条件，迅速排除这些余热和烟尘。在这种情况下，厂房不宜太宽。当宽度在三跨以下时，可选用矩形平面；当跨数超过三跨时，可将一跨或两跨与其他跨做垂直布置，形成 L、T、冂、卌 形平面。

L、T、冂、卌 形平面的特点是：厂房各跨度不大，外墙上可多设门窗，使厂房内有较好的自然通风和采光条件，从而改善了劳动环境。此种平面由于各跨相互垂直，在垂直相交处结构、改造处理均较为复杂；又因外墙较长，厂房内各种管线也相应增长，故造价比其他平面形式要高些。

4.1.4.5 柱网选择

厂房承重结构柱在平面排列时所形成的网格称为柱网。柱网是由跨度和柱距组成的，见图 4－3。跨度和柱距的尺寸应根据《厂房建筑统一化基本规则》中的有关规定标定。

A 柱网尺寸的确定

仅从生产工艺角度出发，厂房中以不设柱为最好。但结合我国国情及从施工和技术经济条件考虑，一般都必须设柱。

设计人员在选择柱网尺寸时，首先要满足生产工艺要求，尤其是工艺设备布置问题；其次，根据建筑材料、结构形式、施工技术水平、经济效果以及提高建筑工业化程度和建筑处理上的要求等多方面因素来确定。

跨度尺寸主要是根据生产工艺要求确定的。工艺设计中应考虑设备大小、设备布置方式、交通运输所需空间、生产操作及检修所需空间等因素（见图4-4）。

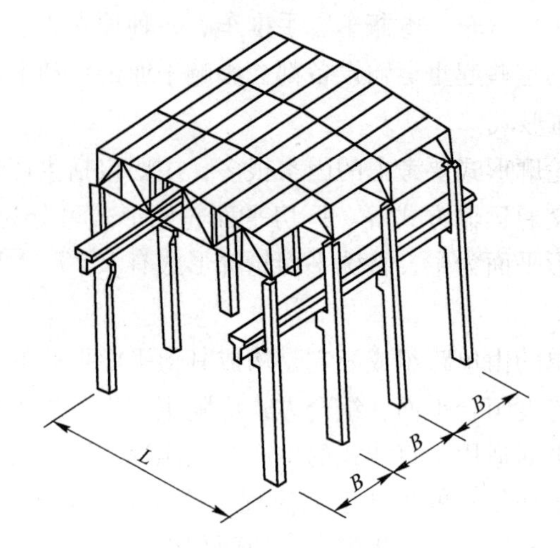

图4-3 柱网尺寸示意图

L—跨度；*B*—柱距

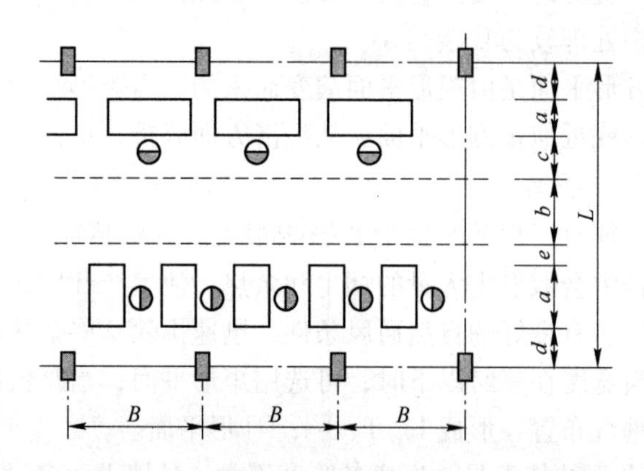

图4-4 跨度尺寸与工艺布置关系示意图

a—设备宽度；*b*—车道宽度；*c*—操作宽度；*d*—设备与轴线间距；*e*—安全间距；

L—跨度；*B*—柱距

柱网尺寸不仅在平面上规定了厂房的跨度、柱距大小，同时在剖面上决定了屋架、屋面板、吊车梁、墙梁、基础梁等的尺寸。为了减少厂房构件类型，提高建设速度，必须对柱网尺寸做相应的规定。根据《厂房建筑统一化基本规则》规定，当单层厂房跨度小于或等于18m时，应采用3m的倍数，即9m、12m、15m；当跨度大于18m时，应采用6m的倍数，即18m、24m、30m和36m等；除工艺布置上有特殊要求外，一般均不采用21m、27m和33m等跨度尺寸。

我国装配式钢筋混凝土单层厂房使用的是6m柱距，这是目前常用的基本柱距。因为6m柱距厂房的单方造价是最便宜的。6m柱距厂房采用的屋面板、吊车梁、墙板等构配件已经配套，并积累了比较成熟的设计、施工经验。

9m柱距由于工艺布置的需要，曾经得到应用。在工艺布置上，它比6m柱距有更大的灵活性，并能增加厂房的有效使用面积。若要自成系统，则需有相应的屋面板、墙板、吊车梁等构配件配套。

12m 柱距近几年来已在机械、电力、冶金等工业厂房中逐渐推广使用，也有将6m 与12m 柱距同时在一栋厂房中混合使用的。12m 柱距比 6m 及 9m 柱距更有利于工艺布置，有利于生产发展和工艺更新。在制作 12m 屋面板有困难时，还可采用托架（托梁）的结构处理，以便利用6m 柱距的构配件。

柱距尺寸除受工艺布置和构配件制约外，还与选用的结构、材料有关，如中小型厂房就地取材，采用砖木结构或砖与钢筋混凝土混合结构时，因受材料限制，一般只能采用4m 或 4m 以下的柱距。

B 扩大柱网

工业生产实践证明，厂房内部的生产工艺流程和生产设备不会是一成不变的，随着生产的发展、新技术的采用，可能每隔一个时期就需要更新设备和重新组织生产线。设计时应该考虑到生产工艺未来的变化，使厂房具有灵活性和通用性。为了达到这一点，应该在常用6m 柱距的基础上扩大，采用扩大柱网。采用扩大柱网具有以下特点：

（1）能提高厂房面积利用率；

（2）有利于设备布置和工艺的变革；

（3）有利于减少构件数量，提高施工速度；

（4）有利于高、大、重设备的布置和运输。

我国工业建筑中常用的柱网（单位为 m×m）如下：

（1）无吊车或5t 以下的吊车厂房：6×12，6×18，6×24，12×24；

（2）小于或等于 50t 吊车的厂房：6×18，6×24，6×30，6×36，12×18，12×24，12×30；

（3）在特殊情况下，也可选用6×9、6×15、6×21 和 6×27 的柱网。

4.1.4.6 生活及辅助用房的布置

除了各种生产车间或工段之外，设计中还必须设置一些生活及辅助用房。这些用房主要包括以下几方面：

（1）存衣室、浴室、盥洗室、厕所等；

（2）休息室、妇女卫生室、卫生站等；

（3）各种办公室和会议室；

（4）工具室、材料库、分析室等。

布置生活及辅助用房时，应根据总平面人流、货运、厂房工艺特点和大小、生活间面积大小和使用要求等综合因素全面考虑。应力求使工人进厂后经过生活间到达工作地点的路线最短，避免与主要货运交叉，不妨碍厂房采光、通风，节约占地面积等。生活及辅助用房的布置有以下三种方式：

（1）车间内生活间；

（2）毗连式生活间；

（3）独立式生活间。

4.1.5 单层厂房建筑的剖面设计

厂房的剖面设计是在平面设计的基础上进行的。厂房剖面设计的具体任务是：确定厂房高度，选择厂房承重结构和围护结构方案，确定车间的采光、通风及屋面排水等方案。从工艺设计角度出发，这里只讨论厂房高度的确定。

4.1.5.1 厂房高度的确定

厂房高度是指室内地面至柱顶的距离。在剖面设计中，通常把室内的相对标高定为±0.000，柱顶标高、吊车轨顶标高等均是相对于室内地面标高而言的。确定厂房的高度必须根据生产使用要求以及建筑统一化的要求，同时还应考虑到空间的合理利用。

A 单跨厂房高度

(1) 无吊车厂房。在无吊车的厂房中，柱顶标高通常是按最大生产设备及其使用、安装、检修时所需的净空高度来确定的；同时，必须考虑采光和通风的要求，一般不宜低于4m。根据《厂房建筑统一化基本规则》的要求，柱顶标高应符合300mm的倍数。

(2) 有吊车厂房。在有吊车的厂房中，不同的吊车类型和布置层数决定了厂房的高度。对于一般常用的桥式和梁式吊车来说，厂房地面至柱顶（或下撑式屋架下弦底面）的高度根据地面至吊车轨顶的高度，再加上轨顶至柱顶（或下撑式屋架下弦底面）的高度来决定。对于采用梁式或桥式吊车的厂房来说，柱顶标高按下式确定（见图4-5）：

柱顶标高 $$H = H_1 + H_2 \tag{4-1}$$

轨顶标高 $$H_1 = h_1 + h_2 + h_3 + h_4 + h_5 \tag{4-2}$$

轨顶至柱顶的高度 $$H_2 = h_6 + h_7 \tag{4-3}$$

式中 h_1——需跨越的最大设备高度；

h_2——起吊物与跨越物之间的安全距离，一般为400~500mm；

h_3——起吊的最大物件高度；

h_4——吊索最小高度，根据起吊物件的大小和起吊方式决定，一般不低于1m；

h_5——吊钩至轨顶面的距离，由吊车规格表中查得；

h_6——轨顶至吊车小车顶面的距离，由吊车规格表中查得；

h_7——小车顶面至屋架下弦底面之间的安全距离，应考虑到屋架的挠度、厂房可能不匀沉陷等因素，最小尺寸为220mm，湿陷黄土地区一般不小于300mm，如果屋架下限悬挂有管线等其他设施时还需另加必要的尺寸。

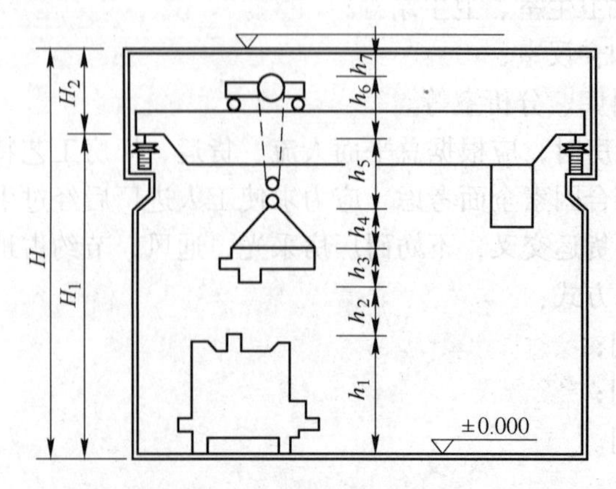

图4-5 厂房高度的确定

根据《厂房建筑统一化基本规则》的规定，轨顶标高 H_1 应符合600mm的倍数，柱顶

标高 H 应符合 300mm 的倍数。

B　多跨厂房高度

在多跨厂房中，由于厂房高低不齐（见图 4－6），高低错落处需增设墙梁、女儿墙、泛水矮墙等，这会使构件种类增多，剖面形式、结构和构造复杂化，造成施工不便，并增加造价。所以，当生产上要求的厂房高度相差不大时，将低跨抬高至与高跨平齐比设高低跨更经济合理，并有利于统一厂房结构，加快施工进度。

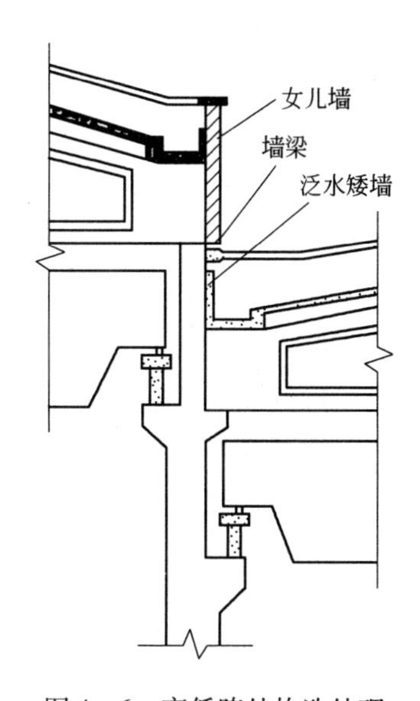

图 4－6　高低跨处构造处理

在多跨的厂房中，若各跨的高度参差不齐，会使构件类型增多，构件外形复杂，施工不便。因此，有以下规定：

（1）在多跨厂房中，当高差值小于或等于 1.2m 时，不宜设置高度差。

（2）在不采暖的多跨厂房中，若高跨一侧仅有一个低跨且高差值小于或等于 1.8m 时，也不宜设置高度差。

C　剖面空间的利用

厂房的高度直接影响厂房的造价。在确定厂房高度时，应在不影响生产使用的前提下，充分发掘空间的潜力，节约建筑空间，降低建筑造价。当厂房内有个别高大设备或需要高空间操作工艺环节时，为了避免提高整个厂房高度，可采用降低局部地面标高的方法。

D　室内地坪标高的确定

厂房室内地坪的绝对标高是在总平面设计时确定的。室内地坪的相对标高定为 ±0.000。单层厂房室内外通常需设置一定的高差，以防雨水浸入室内。另外，为了运输的方便，室内外高差不宜太大，一般取 150～200mm。

在地形较为平坦的地段上建厂时，一般室内取一个标高。在山区建厂时，则可结合地形，因地制宜，将车间跨度顺着等高线布置，以减少土石方工程量和降低工程造价。在工艺允许的条件下，可将车间各跨分别布置在不同标高的台地上，工艺流程则可由高跨处流向低跨处，利用物料自重进行运输，这可大量减少运输费用和动力消耗。当厂房内地坪有两个以上不同高度的地平面时，可把主地平面的标高定为±0.000。

4.1.5.2 天然采光和自然通风的处理

单层厂房的天然采光和自然通风，要通过厂房围护结构（外墙和屋盖）上的门窗和天窗等洞口来组织。因此在剖面设计时，必须合理选择天然采光方式，组织好自然通风，使厂房内部劳动条件良好，以提高劳动效率和保证产品质量。

A 天然采光方式的选择

单层厂房通常采用侧面采光、顶部采光和上述两种方式结合的综合采光。采光口的大小根据车间的视觉工作特征，通过采光计算确定。

B 自然通风的组织

自然通风是利用室内外空气的温度差所形成的热压作用和室外空气流动时产生的风压作用，使室内外空气不断交换。它和厂房内部状况（散热量和热源位置等）及当地气象条件（温度、风速、风向和朝向等）有关。设计剖面时要综合考虑上述两种作用，妥善地组织厂房内部的气流，以取得良好的通风降温效果。

热加工车间适宜利用热压来组织自然通风。热压作用下的自然通风，通风量主要取决于室内外的温度差和进、排风口之间的高度差。在厂房散热量和进、排风口面积相同的条件下，若能增大进、排风口之间的高度差，便可提高厂房的通风量。

风向对自然通风产生很大的影响。当风吹向厂房时，自然通风的气流状况比较复杂。当风压小于热压时，迎风面的排风口仍可排风，但排风量会减小；当风压等于热压时，迎风面的排风口停止排风，只能靠背风面的排风口排风；当风压大于热压时，迎风面的排风口不仅不能排风，反而会灌风，压住上升的热气流，形成倒灌现象，使厂房内部卫生条件恶化。对通风量要求较大以及不允许气流倒灌的热加工车间，其天窗应采取避风措施，如加设挡风板，以保持天窗排风的稳定。

为了充分利用风压的作用促进厂房通风换气，有些厂房可在外墙上做开敞式通风口，不装设窗扇，仅设置挡雨板，这种厂房称为开敞式厂房。它的优点是通风量大、气流阻力小，有利于通风散热；缺点是防寒、防雨和防风沙等效能较差。故开敞式厂房可用于冬季不太冷的地区中某些对防雨和防寒要求不高的热加工车间以及一些对加工精度要求不太高的冷作业车间。根据开敞口的部位不同，开敞式厂房可分为全开敞式、下开敞式、上开敞式和单侧开敞式等几种形式（见图4-7）。

冷加工车间也要组织好自然通风，若通风不好，夏季会感到闷热，影响生产。但冷加工车间的散热量较小，通风量要求不如热加工车间大，通常在采光侧窗和天窗上设置适当数量的开启窗扇，并对气流加以合理的组织（如减少外墙窗口及内部空间的遮挡，使穿堂风通畅），一般可满足要求。

4.1.5.3 厂房剖面的其他形式

在单层厂房的剖面设计中，当生产工艺有特殊要求或建厂地段的地形条件较复杂时，往往采用如下几种形式：

（1）无窗厂房的剖面。无窗厂房是既不用侧窗也不用天窗进行天然采光及自然通风，而改用空气调节和人工照明的厂房。

（2）阶梯形剖面。在加工和运输大量散粒物料的生产中（如选矿厂），根据生产工艺

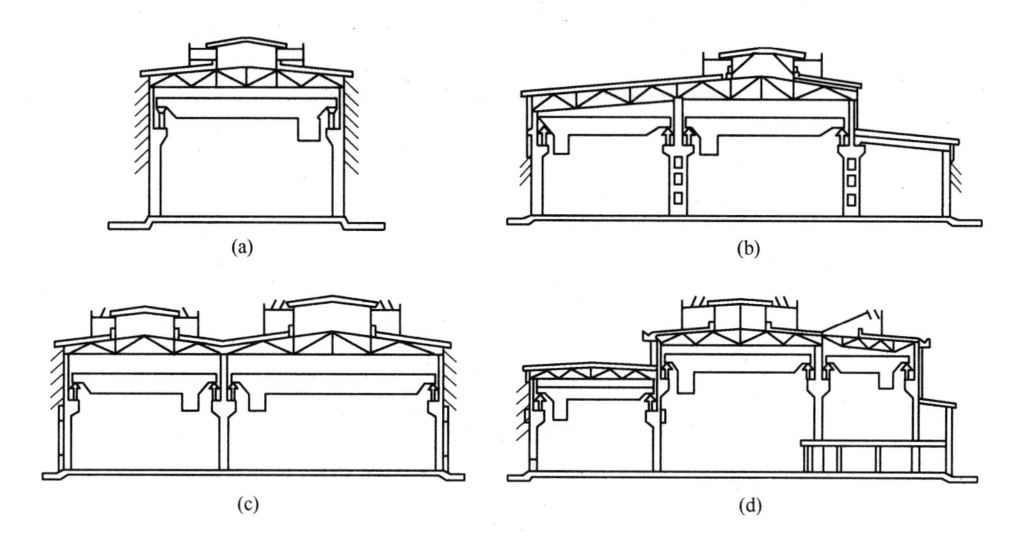

图4-7 开敞式厂房示例
（a）全开敞式（某铁锭车间）；（b）下开敞式（某电炉炼钢车间）；
（c）上开敞式（某铸钢车间）；（d）单侧开敞式（某铸钢车间）

的特点常将厂房布置在山坡上，以便散粒物料借助自重流动，由高跨转运到低跨，逐步完成整个选矿过程，厂房的横剖面也随之形成层层递落的阶梯形。为了不占或少占良田好地，一般性的工厂（特别是中小型工厂）也常建在丘陵或山坡上，需将厂区场地改造成阶梯形，在台阶上布置厂房。当地形较复杂时，甚至一栋厂房也可能布置在几个不同标高的台阶上。这时，在满足生产工艺、交通运输的要求和节省土方量的前提下，宜与地形有机地结合，因地制宜地来考虑厂房的剖面设计。

（3）拱形剖面。某些粒状材料（如煤、焦炭等）散装仓库及矿石仓库，若采用一般单层厂房的剖面形式，便会浪费建筑空间，故这些仓库的剖面常按粒状材料的自然堆积角及其运输特点进行设计，形成拱形的剖面。

4.1.6 定位轴线的划分

厂房定位轴线是确定厂房主要承重构件标志尺寸及其相互位置的基准线，同时也是设备定位、安装及厂房施工放线的依据。定位轴线的划分是在柱网布置的基础上进行的，并与柱网布置是一致的。合理地进行定位轴线的划分，有利于减少厂房构件类型和规格，并使不同厂房结构形式所采用的构件能最大限度地互换和通用，有利于提高厂房建筑工业化水平，加快基本建设的速度。

定位轴线一般有横向与纵向之分。通常，与厂房横向排架平面相平行（与厂房跨度纵向相垂直）的轴线称为横向定位轴线；与厂房横向排架平面相垂直（与厂房跨度纵向相平行）的轴线称为纵向定位轴线。在厂房建筑平面图中，由左向右顺次用①、②、③等进行编号，由下至上顺次用A、B、C等进行编号（见图4-8）。

4.1.6.1 横向定位轴线

与横向定位轴线有关的主要承重构件是屋面板和吊车梁，横向定位轴线通过其标志尺寸端部，即与上述构件的标志尺寸相一致。此外，连系梁、基础梁、纵向支承、外墙板等

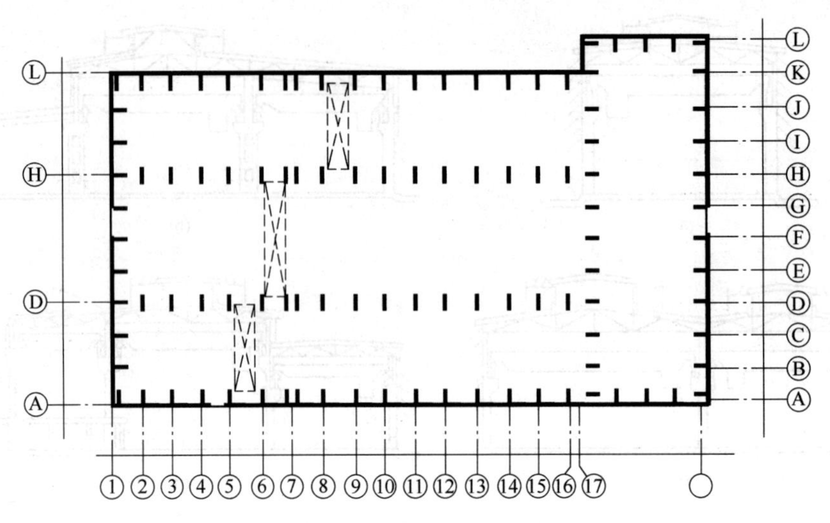

图4－8 单层厂房平面柱网布置及定位轴线的划分

的标志尺寸及其位置也与横向定位轴线有关。

A 中间柱与横向定位轴线的联系

除山墙端部排架柱处以及横向伸缩缝处以外，横向定位轴线一般与柱的中心线相重合，且通过屋架中心线和屋面板横向接缝（见图4－9）。

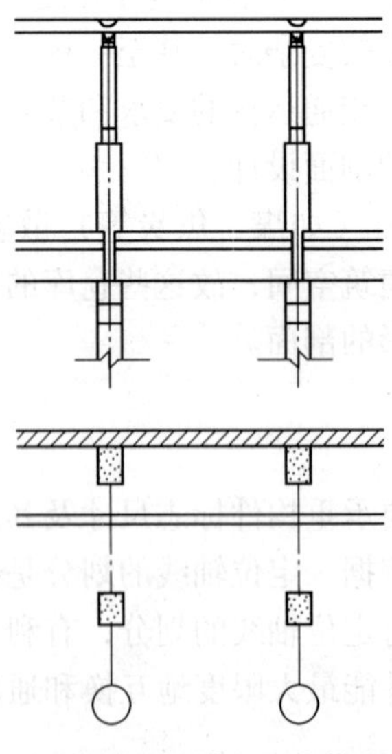

图4－9 中间柱与横向定位轴线的联系

B 横向伸缩缝处双柱与横向定位轴线的联系

横向伸缩缝处一般采用双柱单轴线处理（见图4－10）。缝的中心线与横向定位轴线相重合。伸缩缝两侧的柱中心线距轴线500mm，其柱距比中间柱柱距减少500mm。横向定位轴线通过屋面板、吊车梁等构件标志尺寸端部，这样不增加屋面板、吊车梁等构件的尺寸规格，只是使构件一端的连接位置由端部向内移动500mm。其目的是为了便于伸缩缝两侧柱子杯形基础的处理和施工吊装。

当需要设置横向防震缝时，常采用双柱双轴线处理（见图4－11）。两轴线分别通过防震缝两侧屋面板、吊车梁等构件标志尺寸端部，其间插入距 *A* 值等于所需防震缝宽度 *C* 值。缝两侧柱子中心线各距定位轴线500mm，其柱距比中间柱柱距减少500mm。

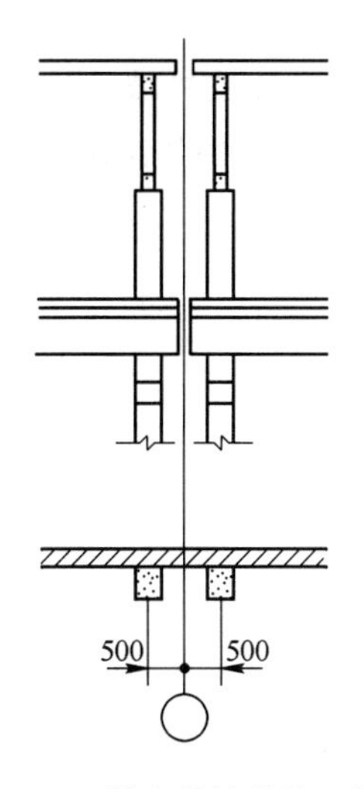

图4－10 横向伸缩缝处双柱与横向定位轴线的联系

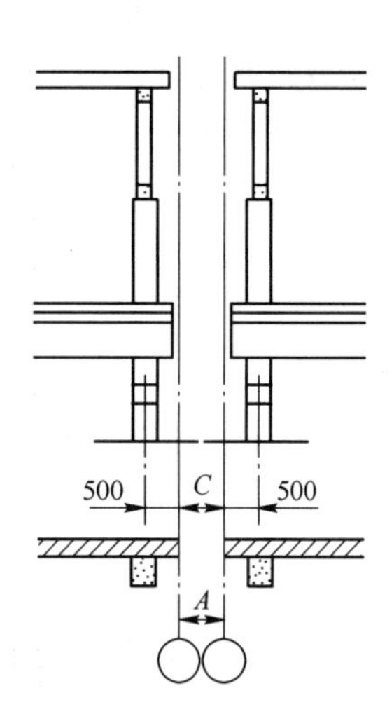

图4－11 横向伸缩缝兼作防震缝时双柱与横向定位轴线的联系
A—插入距；*C*—防震缝宽度

C 山墙与横向定位轴线的联系

山墙为非承重墙时，墙内缘与横向定位轴线相重合，端部排架柱中心线自定位轴线向内移500mm，端部柱柱距比中间柱柱距减少500mm（见图4－12）。这是由于山墙一般需设抗风柱，抗风柱需通至屋架上弦或屋面梁上翼缘处，为避免与端部屋架发生矛盾，需在端部让出抗风柱上柱的位置。同时，与横向伸缩缝处的处理相同，柱子离开轴线500mm。

山墙为承重墙时，山墙与横向定位轴线的距离为半砖或半砖的倍数。屋面板直接伸入墙内，并与墙上的钢筋混凝土垫梁连接（见图4－13）。

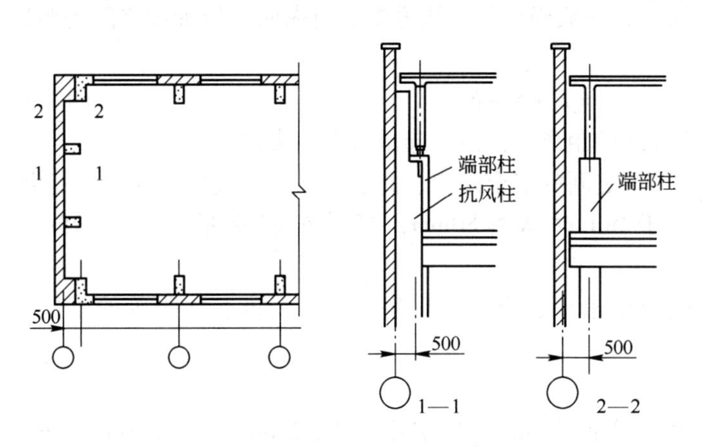

图4－12 非承重山墙与横向定位轴线的联系

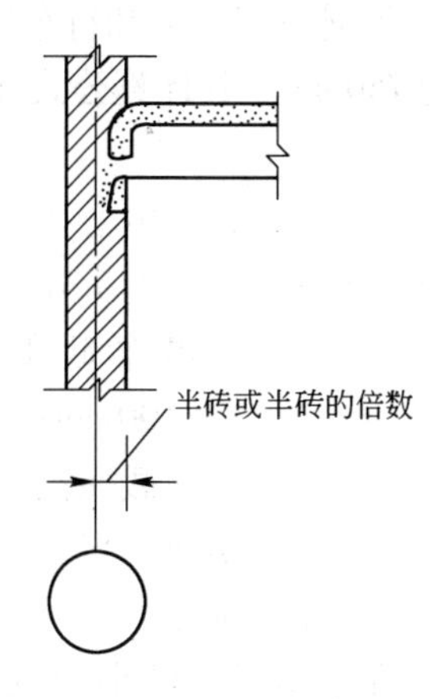

图4－13 承重山墙与横向定位轴线的联系

4.1.6.2 纵向定位轴线

与纵向定位轴线有关的主要承重构件是屋架（或屋面梁）。纵向定位轴线通过屋架标志尺寸端部。

A 外墙、边柱与纵向定位轴线的联系

在无吊车或只有悬挂式吊车的厂房中，常采用带有承重壁柱的外墙。这时，墙内缘一般与纵向定位轴线相重合，或与纵向定位轴线的距离为半砖或半砖的倍数（见图4-14）。

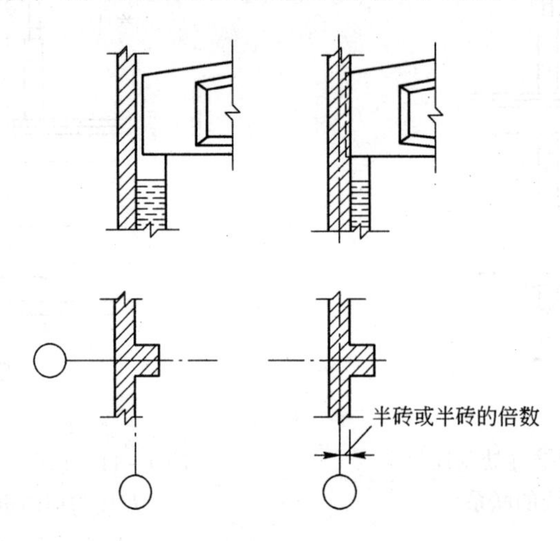

图4-14 承重墙与纵向定位轴线的联系

对于有梁式或桥式吊车的厂房，吊车规格和起重量、是否设置检修吊车用的安全走道板以及厂房的柱距都直接影响外墙、边柱与纵向定位轴线的联系。一般情况下，屋架和吊车都是标准件，为使两者规格相协调，确定两者关系一般为：

$$L_k = L - 2e \quad (4-4)$$

式中 L_k——吊车跨度，即吊车两轨道中心线之间的距离；

L——厂房跨度；

e——吊车轨道中心与纵向定位轴线之间的距离。

根据吊车规格和行车安全等因素，一般确定吊车轨道中心与纵向定位轴线之间的距离 e 为750mm。其计算公式如下：

$$e = B + K + h \quad (4-5)$$

式中 B——轨道中心与吊车端头外缘的距离，按吊车起重量大小决定；

K——吊车端头外缘与上柱内缘之间的安全距离，此值随吊车起重量的变化而变化，当吊车起重量不大于50t时 $K \geqslant 80$mm，当吊车起重量不小于75t时 $K \geqslant 100$mm；

h——上柱截面高度，其值根据吊车起重量、厂房高度、跨度、柱距等的不同而不同。

a 封闭轴线

在吊车起重量小于或等于20t、柱距为6m的厂房中，$B \leqslant 260$mm、$K \geqslant 80$mm、$h \leqslant 400$mm，则：

$$B + K + h = 260 + 80 + 400 = 740\text{mm} < 750\text{mm}$$

在这种情况下，边柱外缘和墙内缘应与纵向定位轴线相重合（见图4-15(a)），称为封闭结合，也称封闭轴线。即可以采用常用的标准屋面板铺满屋面，使屋面板与外墙间无空隙，不需另设补充构件。

b 非封闭轴线

在吊车吨位增大或柱距加大的厂房中，$B \geq 300$mm、$K \geq 100$mm、$h \geq 400$mm，$B+K+h=300+100+400=800$mm >750mm。如采用封闭结合，则不能保证吊车正常运行所需的净空要求或不能保证吊车规格标准化。因此，仍保持轨道中心距边柱纵向定位轴线750mm的距离，而将边柱向外推移，使边柱外缘离开纵向定位轴线，在边柱外缘与纵向定位轴线间加设联系尺寸 D。在这种情况下，整块屋面板只能铺至纵向定位轴线处，而在屋架标志尺寸端部与外墙间出现空隙，称为非封闭结合，也称非封闭轴线。空隙间需做构造处理，加设补充构件（见图4-15(b)）。

在吊车起重量为30t或50t、柱距为6m的厂房中，边柱外缘与纵向定位轴线之间的联系尺寸 $D=150$mm。在吊车起重量不小于50t、柱距为12m或因构造需要而有吊车的厂房中，当联系尺寸 $D=150$mm不能满足要求时，可采用250mm或500mm，特殊情况下还可大于500mm。

一般中、轻级及重级工作制吊车采用上述 $L_k=L-1500$mm的规定。但某些有重级工作制吊车的厂房，在吊车运行中可能有工人在安全走道板上活动，为确保检修工人经过上柱内侧时不被运行的吊车挤伤，在 K 值与上柱内侧之间还应增加一个安全通行宽度，其尺寸应不小于400mm（见图4-16）。这样，从吊车轨道中心至上柱内侧的净距应不小于 $B+$

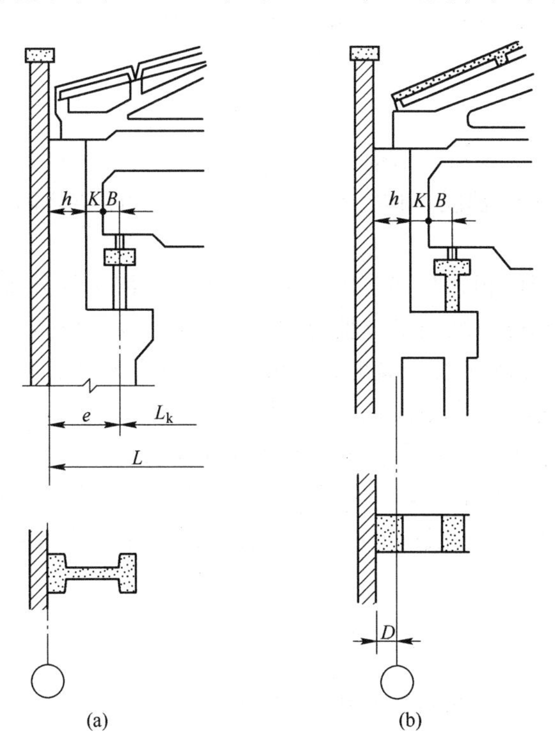

图4-15 使用桥式或梁式吊车厂房外墙、边柱与纵向定位轴线的联系
(a) 封闭结合；(b) 非封闭结合

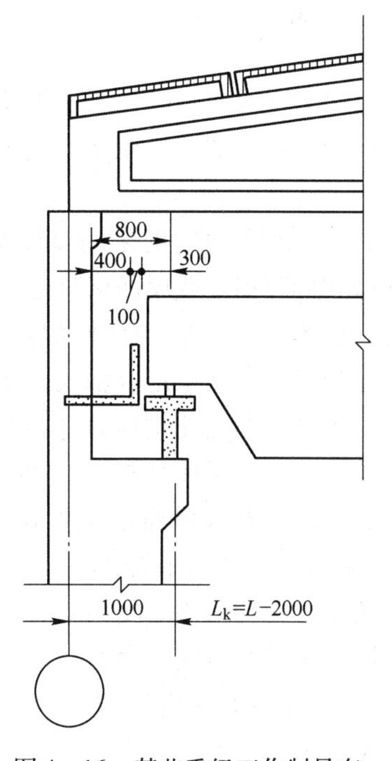

图4-16 某些重级工作制吊车厂房柱与纵向定位轴线的联系

$K+400=300+100+400=800\text{mm}$。其值超过750mm，定位轴线已离开上柱范围。因此在这种情况下，将750mm改定为1000mm，即 $L_k=L-2000\text{mm}$。当吊车起重量大于75t时，吊车轨道中心线与纵向定位轴线之间的距离也宜为1000mm。

B 中柱与纵向定位轴线的联系

当厂房为等高跨时，中柱上柱的中心线应与纵向定位轴线相重合（见图4-17）。

当厂房宽度较大时，沿厂房宽度方向需设置纵向伸缩缝。纵向伸缩缝处一般采用单柱单轴线处理，伸缩缝一侧的屋架或屋面梁搁置在活动支座上，上柱中心线仍与纵向定位轴线相重合（见图4-18）。

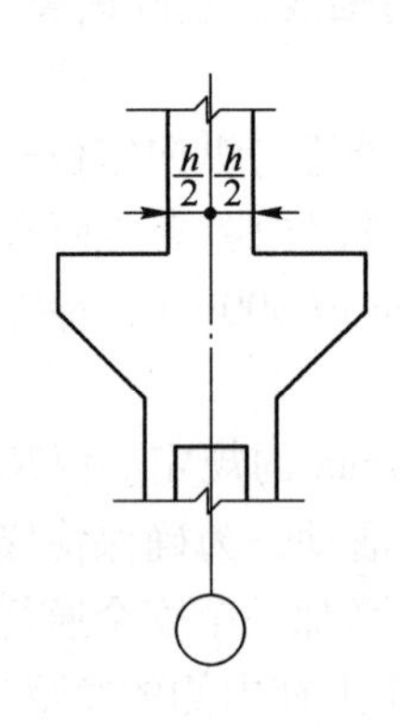

图4-17 等高跨中柱与纵向定位轴线的联系

h—上柱截面高度

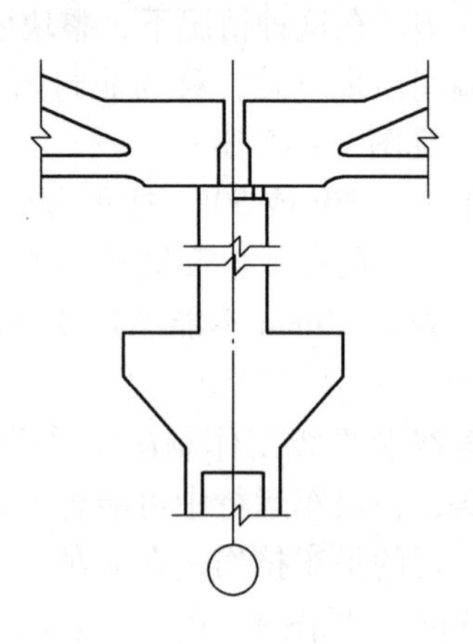

图4-18 等高跨纵向伸缩缝处单柱与纵向定位轴线的联系

当厂房为不等高跨时，应根据不同的吊车规格、结构、构造以及伸缩缝的设置情况，采取不同的处理方法。原则上与边柱纵向定位轴线一样，有封闭结合和非封闭结合两种情况。

（1）无纵向伸缩缝时采用双柱处理。当两相邻跨都采用封闭结合时，高跨上柱外缘、封墙内缘和低跨屋架或屋面梁标志尺寸端部应与纵向定位轴线相重合（见图4-19）。当高跨为非封闭结合，即上柱外缘与纵向定位轴线不能重合时，应采用两条定位轴线，即在一根柱上同时存在两条定位轴线，两条轴线间的插入距 A 值等于联系尺寸 D 值。

（2）有纵向伸缩缝时采用单柱处理。当不等高跨厂房需设置纵向伸缩缝时，一般将其设在高低跨处。为了使结构简单和减少施工吊装工程量，应尽可能采用单柱处理。当采用单柱时，低跨屋架或屋面梁搁置在活动支座上。此柱同时存在两条定位轴线（见图4-20），两轴线间设插入距为 A。

当两相邻跨均采用封闭结合时 $A=C$

当高跨采用非封闭结合时 $A=C+D$

式中 C——纵向伸缩缝宽度，其值一般为30~50mm，或根据计算确定；

D——联系尺寸。

（3）有纵向伸缩缝时采用双柱处理。当不等高跨的高度相差悬殊或吊车起重量差异较大时，常在高低跨处结合纵向伸缩缝采用双柱处理。当采用双柱时，两柱与定位轴线的联系可分别视为边柱与定位轴线的联系（见图4－21）。两轴线间设插入距为A。

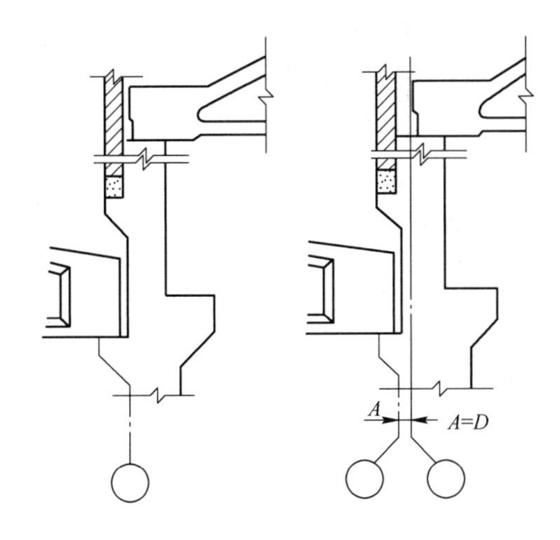

图4－19　高低跨处单柱与纵向定位轴线的联系
A—插入距；D—联系尺寸

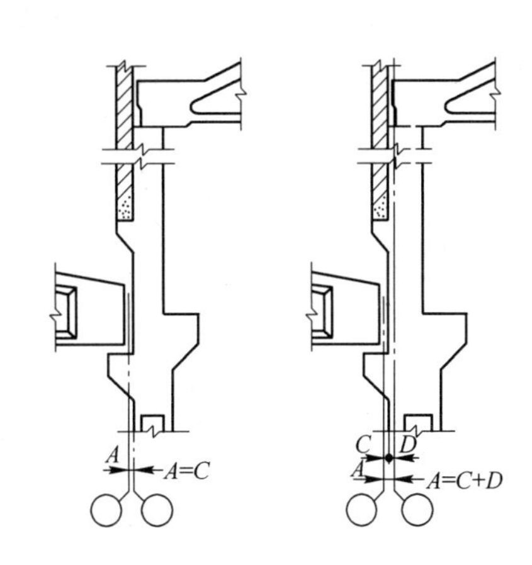

图4－20　高低跨纵向伸缩缝处单柱与纵向定位轴线的联系

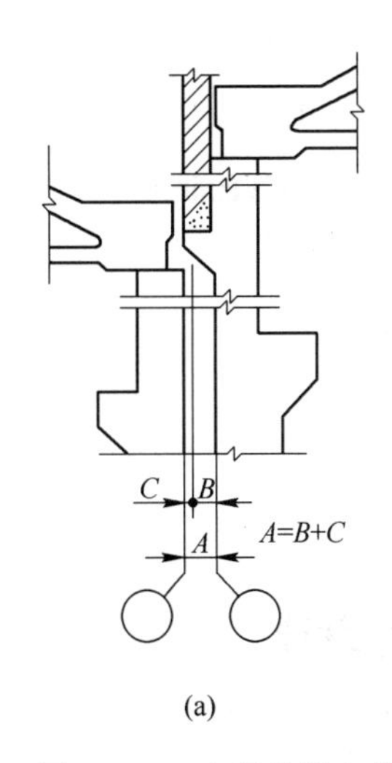

(a)

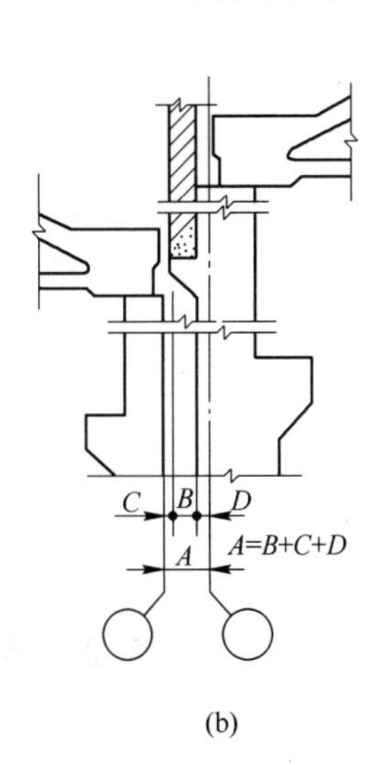

(b)

图4－21　高低跨纵向伸缩缝处双柱与纵向定位轴线的联系
（a）未设联系尺寸；（b）设联系尺寸

当两相邻跨均采用封闭结合时　　　$A=B+C$

当高跨采用非封闭结合时　　　$A=B+C+D$

式中　B——封墙宽度；

C——纵向伸缩缝宽度；

D——联系尺寸。

C　纵横跨相交处柱与纵向定位轴线的联系

在有纵横跨的厂房中，在纵横跨相交处一般要设置变形缝，使纵横跨在结构上各自独立。因此，必须设置双柱并有各自的定位轴线（见图4－22）。两轴线间设插入距为A。

当横跨采用封闭结合时　　　$A=B+C$

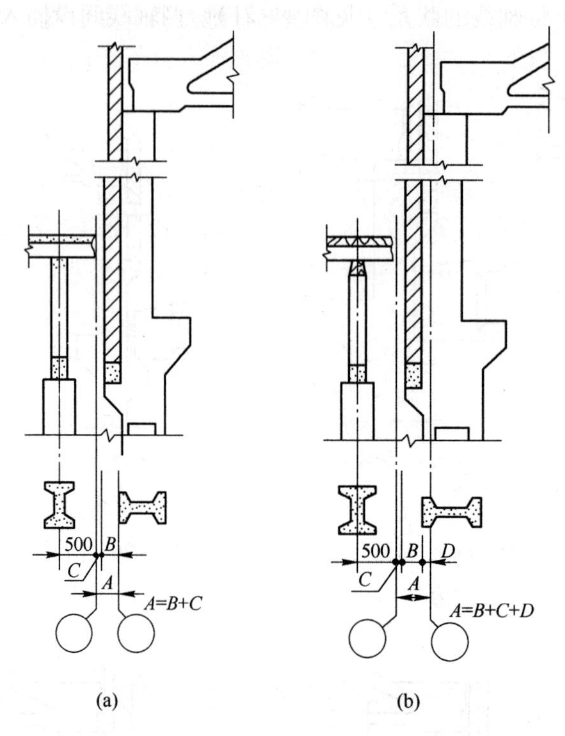

图 4－22 纵横跨处柱与纵向定位轴线的联系

（a）未设联系尺寸；（b）设联系尺寸

当横跨采用非封闭结合时 $A=B+C+D$

式中 B——封墙宽度；

C——变形缝宽度；

D——联系尺寸。

4.2 车间配置设计

4.2.1 车间配置设计概述

4.2.1.1 车间配置设计的目的和内容

车间配置设计就是对厂房的配置和设备的排列做出合理的布局。它在完成物料平衡计算与设备的设计、选择及数量计算的基础上进行。车间配置设计的内容可分为两方面：一是厂房整体布置和厂房的轮廓设计；二是设备的排列和布置，具体内容介绍如下。

（1）确定车间厂房面积。车间厂房面积一般包括以下各项：

1）工艺设备、管道及生产操作所需的面积。

2）其他各专业对厂房面积的要求：

①供电系统的变电所、配电室或整流室；

②通风供风系统，包括排风机房、鼓风机室、空气压缩机站、除尘和采暖用室；

③控制仪表室、真空设备系统用室、泵站等。

3）辅助面积，如原料、燃料、各种产物储存地点及仓库设施、渣场、机修点。

4）设备的检修与安装所需面积，人流、物流、交通运输面积等。

5）生产管理及工人生活用室面积：

①车间办公室、化验站、卫生站、妇幼卫生用室；

②工人休息室、浴室、存衣室、盥洗室、厕所等。

（2）厂房的整体配置和厂房平面、立面的轮廓设计。根据工艺流程的特点，决定厂房的形式、层次与结构。选择厂房主要构件并提出对建筑的要求。厂房的高度、跨度、柱距、门窗应符合建筑统一模数的要求。

（3）各种设备、管道、运输设施及用房的配置，如：

1）各项设备的水平与竖向配置（标高）；

2）各项生产设备间运输设施的配置。

4.2.1.2 车间配置设计的一般原则和要求

（1）必须满足生产工艺的要求，保证生产过程正常进行；要符合建筑规范，节省基建投资，留有发展余地。

（2）按工艺流程顺序，把每个工艺过程所需的设备布置在一起，保证工艺流程在水平和垂直方向的连续性；操作中有联系的设备或工艺上要求靠近的设备应尽可能配置在一起，以便集中管理、统一操作；相同或相似的设备也应集中配置，以便相互调换使用。

（3）充分利用位能，尽量做到物料自流。一般把计量槽、高位槽配置在高层，主体工艺设备配置在中层，储槽、重型设备和产生振动的设备配置在底层。

（4）为设备的操作、安装、检修创造条件。主体设备应有足够的操作空间，设备与墙、设备与设备之间应有一定距离，具体数据可参见表4－1。

表4－1 常用设备的安全距离

序号	项　目	净安全距离
1	泵与泵之间的距离	不小于0.7m
2	泵与墙之间的距离	不小于1.2m
3	泵列与泵列之间的距离（双排泵之间）	不小于2m
4	储槽与储槽、计量槽与计量槽之间的距离	0.4～0.6m
5	换热器与换热器之间的距离	至少1m
6	塔与塔之间的距离	1～2m
7	离心机周围通道	不小于1.5m
8	过滤机周围通道	1～1.8m
9	反应罐盖上传动装置与天花板之间的距离	不小于0.8m
10	反应罐底部与人行道之间的距离	不小于1.8～2m
11	起吊物品与设备最高点之间的距离	不小于0.4m
12	往复运动机械的运动部件与墙之间的距离	不小于1.5m
13	回转机械与墙及回转机械相互之间的距离	不小于0.8～1.2m

续表 4－1

序号	项目	净安全距离
14	通廊、操作台通知部分的最小净空高度	不小于 2～2.5m
15	操作台梯子的斜度（一般）	不大于45°，最高不超过60°
16	控制室、开关室与工业炉之间的距离	15m
17	产生可燃性气体的设备与炉子之间的距离	不小于 8m
18	工艺设备与道路之间的距离	不小于 1m

（5）合理处理车间的通风和采光问题。

（6）对生产过程产生的废气、废水、废渣，必须有处理设备并使之达到排放标准。

（7）特别注意劳动安全和工业卫生条件。工业炉、明火设备及产生有毒气体和粉尘的设备，应配置在下风处；对易燃、易爆或毒害、噪声严重的设备，尽可能单独设置工作间或集中在厂房的某一区域，并采取防护措施；凡高出 0.5～0.8m 的操作台、通道等，必须设保护栏杆。

（8）力求车间内部运输路线合理。车间管线应尽可能短，矿浆及气体等的输送应尽可能利用空间，并沿墙铺设；建立固体物流运输线，运输线要与人行道分开。

4.2.2 车间配置图的绘制

4.2.2.1 基本要求

车间配置图是车间配置设计的最终产品，应根据本设计阶段的要求表示出设备的整体布置，包括设备与有关工艺设施的位置和相互关系、设备与建（构）筑物的关系、操作与检修位置、厂房内的通道、物料堆放场地以及必要的生活和辅助设施等。施工图设计阶段的配置图对于不单独绘制安装图的设备，其深度应达到满足指导设备安装的要求。车间配置图一般包括一组视图（平面图、剖面图和部分放大图等）、尺寸及标注、编制明细表与标题栏等。

车间配置图一般按车间组成，分车间、工段或系统绘制。当车间范围较大、图样不能表达清楚时，则可将车间划分为若干区域，分图绘制；当几个工段或车间设在同一厂房内时，也可以合并绘制。

车间配置图一般是每层厂房绘制一张平面图，在平面图上应绘出该平面之上至上一层平面之下的全部设备和工艺设施，各视图应尽量绘于同一图纸上。当图幅有限时，允许将平面图和剖面图分张绘制，但图表和附注专栏应列于第一张图纸上，剖视图的数量应尽量少，以表达清楚为原则。施工图设计阶段的配置图可根据需要，加上必要的局部放大图、局部视图和剖面图。

各类图纸优先推荐采用比例 1∶20、1∶50、1∶100、1∶200。当一张图纸采用几种比例时，主要视图的比例标写在图纸标题栏中，其他视图的比例写在视图名称下方。

图纸幅面一般采用 A0 图纸（841mm×1189mm），必要时允许加长 A1～A3 图纸的长边和宽边，加长量要符合机械制图国标 GB 14689—1993 的规定。如需要绘制几张图，幅面规格应力求统一。

4.2.2.2 绘制平面图

(1) 绘出厂房建筑平面图，包括建筑定位轴线、厂房边墙轮廓线、门窗位置、楼梯位置、柱网间距及编号、各层相对标高、地坑位置、孔洞位置和尺寸等。

(2) 画出设备中心线以及设备、支架、基础、操作台等的轮廓形状和安装方位。对于非安装设备（如熔体包、车辆等），应按比例将其外部轮廓绘制在经常停放的位置或通道上，图形数量可不与设备明细表上的数量相同。车间配置图常见图形的简单画法见表4-2。

表4-2 车间配置图常见图形的简单画法

序号	图形表示方法	名称	例举
1		散状物料露天堆场	焦炭、煤等堆场
2		其他材料露天堆场或露天作业场	冰铜露天冷却场地、烧结块露天堆场、阳极板露天堆场等
3		敞棚或敞廊	熔剂敞棚、烧结块运输敞廊
4	上	底层楼梯	
5	上 下	中间层楼梯	
6	下	顶层楼梯	
7		空门洞	
8		单扇门	

续表 4-2

序号	图形表示方法	名 称	例 举
9	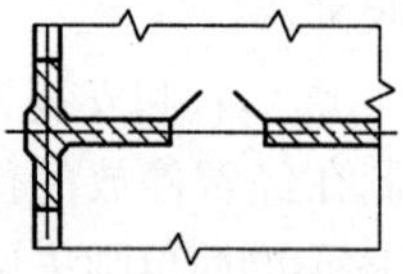	双扇门	
10	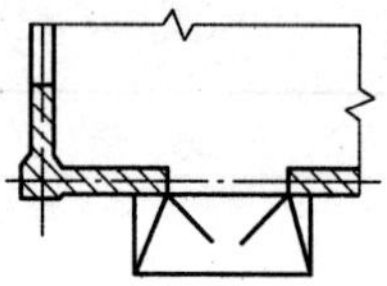	入口坡道	
11	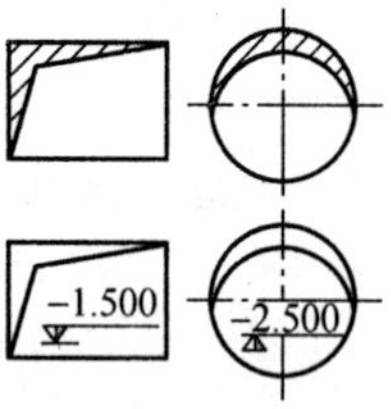 孔洞 −1.500 −2.500 坑槽	坑槽、孔洞	
12	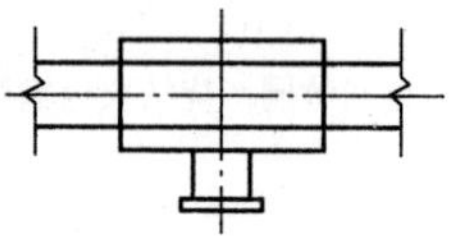	轨道衡	
13	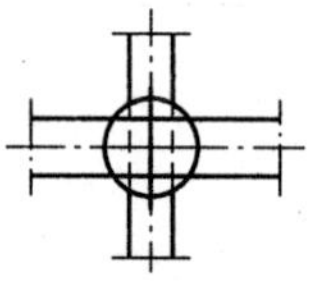	转 盘	
14	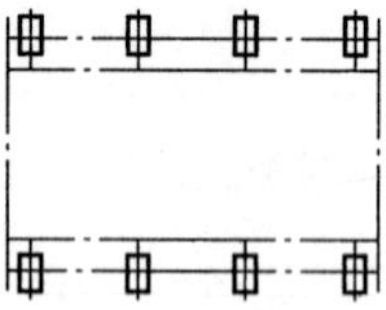	起重机轨道	
15	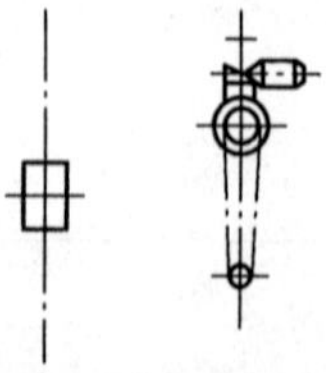	电葫芦	左为平面图、右为剖视图
16	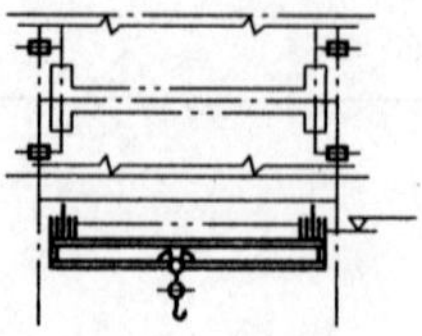	悬挂起重机	上为平面图、下为剖视图

续表 4-2

序号	图形表示方法	名称	例举
17	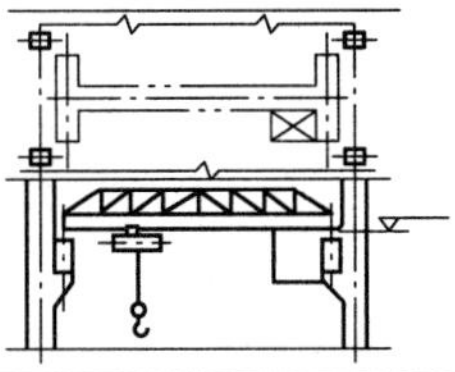	单梁起重机	上为平面图、下为剖视图
18	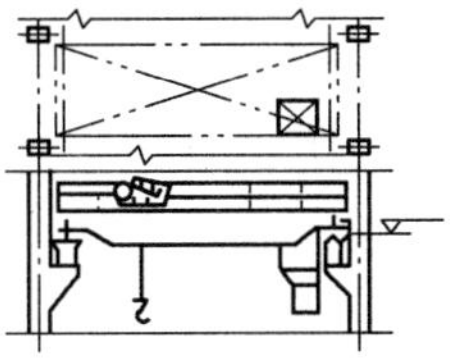	桥式起重机	上为平面图、下为剖视图
19	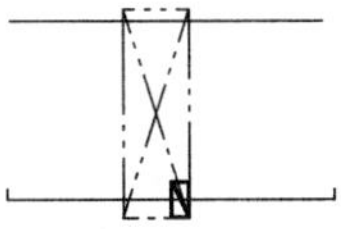	龙门吊	平面图
20	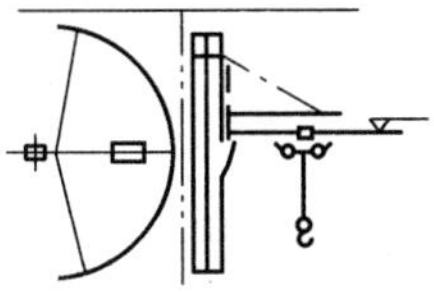	悬臂式起重机	左为平面图、右为剖视图

4.2.2.3 绘制剖面图

剖面图的绘制与平面图大致相同，需按平面图上的剖切位置逐个仔细绘制。应特别注意设备和辅助设施的外形尺寸及高度定位尺寸，吊车的轨顶标高、柱顶标高、室内外地面标高、门窗标高等。

4.3 管道设计

4.3.1 湿法冶金管道设计

4.3.1.1 湿法冶金管道的种类及管道设计内容

管道是湿法冶金过程物料输送的主要方式，也是车间与车间、设备与设备之间的联系纽带。湿法冶金管道的种类繁多，按材质，可分为金属管道（铸铁、钢、铜、铅、铝等）和非金属管道（玻璃、陶瓷、石墨、木、塑料、砖等）两大类；按介质，可分为气管、液管、浆料管、烟气管等；按承载压力，可分为常压管和高（低）压管。所有管道均由管子、异形管连接件（如三通、弯头、异径管等）及阀门组成。管道上通常还安装有控制测量仪表及其他设施。

管道设计的内容包括：

(1) 管道及流槽的流体力学计算；

(2) 管径、管壁厚度的确定；

(3) 流槽断面和坡度的确定;
(4) 管材、管件的选择;
(5) 阀门及附件的选择;
(6) 管架的设计;
(7) 管道保温措施的设计;
(8) 管道防腐及标志;
(9) 管道配置设计;
(10) 管道图的绘制。

上述管道设计内容较多，具体的设计方法可参阅《湿法冶金工艺管道设计手册》和《化工工艺设计手册》等有关资料。

4.3.1.2 湿法冶金管道图的绘制

湿法冶金管道图包括车间（或工段）内部管道图和室外管道图，由管道配置图、管道系统图、管架及管件图以及管段材料表组成。

管道配置图表示管道的配置、安装要求及其与相关设备、建（构）筑物之间的关系等，一般以平面图表示，只有在平面图不能清楚表达时才采用剖视图、剖面图或局部放大图。管道配置图的绘制是以车间（或工段）配置图为依据，图面方向应与车间配置图一致。当车间内部管道较少、走向简单时，在不影响配置图清晰的前提下，可将管道图直接绘制在车间（或工段）配置图上，管段不编号，管道、管架、管件等编入车间（或工段）配置图明细表中。当管道多层配置时，一般应分层绘制管道配置图，如管道配置图±0.000平面，所画管道为上一层楼板以下至地面的所有工艺物料管道和辅助管道。

管道系统图是与管道配置图对应的立体图，按45°斜二等轴侧投影绘制（参见GB 44583—1984)，以反映管道布置的立体概念。管道系统图上的设备示意图形应保持管道配置图中的大小关系和相对位置，但比例可放大或缩小；对于复杂的管道系统，可分段绘制。图4-23所示为管道配置图与管道系统图的关系示例。

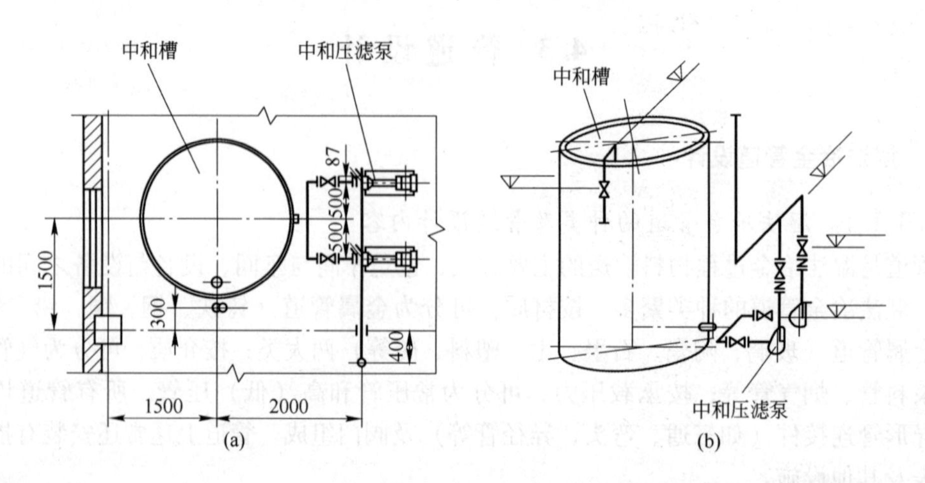

图4-23 管道配置图与管道系统图的关系示例
(a) 管道配置图；(b) 管道系统图

管道配置图与管道系统图中的管线一律用单粗实线绘制，有关设备、建（构）筑物、管件、阀门、仪表、管架、仪表盘等采用细实线，分区界线采用双折线或粗点划线，管架的位置应按图例全部绘出，仪表盘和电气盘的所在位置应采用细实线画出简略外形。常用管道符号见表2-4。常用管道材料及管道输送流体符号见表4-3和表4-4，此两表中的符号是用该管道名称前一个或两个字的汉语拼音首字母组合而成，表内未列出者可采用此法组成符号。

表4-3 常用管道材料符号

管道材料	符号	管道材料	符号	管道材料	符号
铸铁管	HT	搪瓷管	GC	有机玻璃管	YB
硅铁管	GT	陶瓷管	TC	钢衬胶	G-J
合金钢管	HG	石墨管	SM	钢衬石棉酚醛管	G-SF
铸钢管	ZG	玻璃管	BL	钢衬铅管	D-Q
钢管	G	硬聚氯乙烯管	YL	钢衬硬聚氯乙烯管	G-RL
紫铜管	ZT	软聚氯乙烯管	RL	钢衬软聚氯乙烯管	G-RL
黄铜管	HUT	硬胶管	YJ	钢衬环氧玻璃管	G-HB
铅管	Q	软胶管	RJ	铸石管	ZS
硬铅管	YQ	石棉酚醛管	SF		
铝管	L	环氧玻璃钢管	HB		

表4-4 管道输送流体符号

流体名称	符号	流体名称	符号	流体名称	符号
溶液管	RY	冷冻回水管	L_2	二氧化碳管	E
矿浆管	K	软化水管	S_3	煤气管	M
洗涤液管	XY	压缩空气管	YS	蒸气管	Z
硫酸管	LS	鼓风管	GF	风力输送管	FS
盐酸管	YA	真空管	ZK	水力输送管	SS
硝酸管	XS	废气管	FQ	油管	Y
碱液管	JY	氧气管	YQ	取样管	QY
上水管	S	氢气管	QQ	废液管	FY
污水管	H	氯气管	LQ	有机相管	YJ
热水管	R	氮气管	DQ	萃取液管	CY
循环水管	XH	氨气管	AQ	液氯管	LY
冷凝水管	N	二氧化硫管	EL	液氨管	AY
冷冻水管	L_1	一氧化碳管	ET	氨水（含氨溶液）管	AS

管道配置图和管道系统图中都要标注出以下内容：

（1）输送的流体名称及流向；

（2）管道的标高、坡向及坡度；

（3）管道材料及规格；

（4）管段编号及有关设备的名称和编号。

此外，管道配置图还要标注管道、管件和附件的定位尺寸以及管架编号和管架表等；管道系统图还要标注管段长度，并附管段编号表及管段材料表等。

A　管段标高的标注法

管道标高以管中心标高表示，管段每一水平段的最高点标高为该水平段的代表标高，在管道系统图中代表标高必须注在最高点处。当立管上有管件、附件时，必须标注其安装标高。

B　管道的表示法

（1）在管道配置图中，管道特征一般用引线标注（见图4－24）；当管道较少且管线简单时，可直接标注（见图4－25）。但在同一张图中只能用一种标注方法。图4－24和图4－25的说明如下。

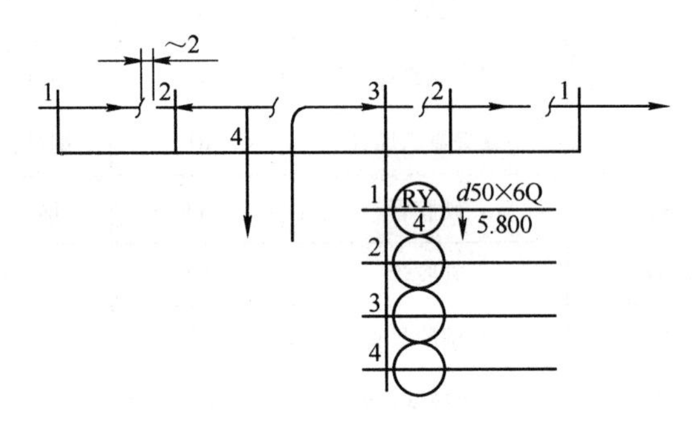

图4－24　管道特征的引线标注法

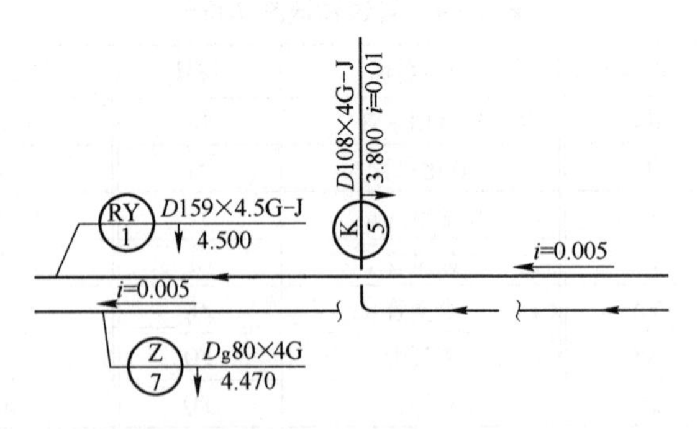

图4－25　管道特征的直接标注法

i—安装坡度

1）引线标注时，管道特征按柱间分区标注。管道特征符号与主引线连接，主引线应放在柱间分区的明显位置上。主引线未跨越的管道，从主引线上方引出支线，在与管线交叉处标注顺序号，支引线不得超越柱间分区范围。

2）1、2、3、4、…为管道标注顺序号，编排顺序原则上先远后近，先上后下。

3）圆圈内下方1、2、3、4、…为管段编号。

4）RY、K、Z为管道输送流体符号，Q、G、G－J为管道材料符号，$d50\times6$、$D_g80\times4$、$D159\times4.5$、$D108\times4$为管道规格，↓5.800、↓4.500、↓4.470、↓3.800为管段的代

表标高。

（2）在平面图上数根管道交叉弯曲时的表示法，如图4－26所示。图4－26(b）表示将上部管道断开，看下部管道。

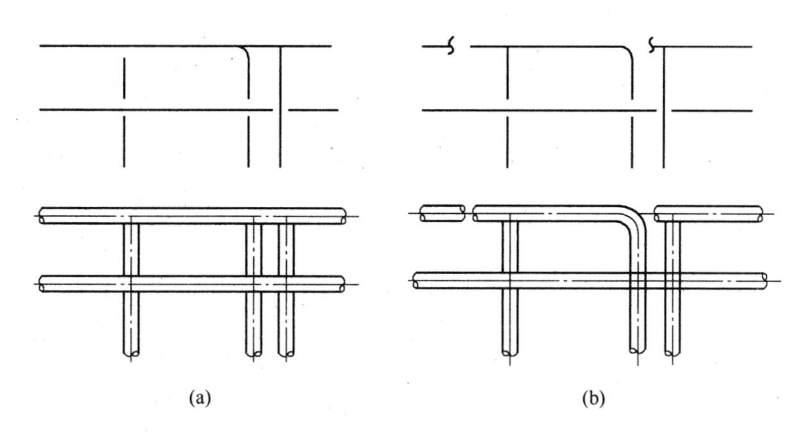

图4－26 数根管道交叉弯曲时的表示法

（3）数根管道重合时，平面图上仅表示最上面一根管道的管件、附件等，如要表示下部管道的管件、附件等时，需将上管道断开，如图4－27所示。

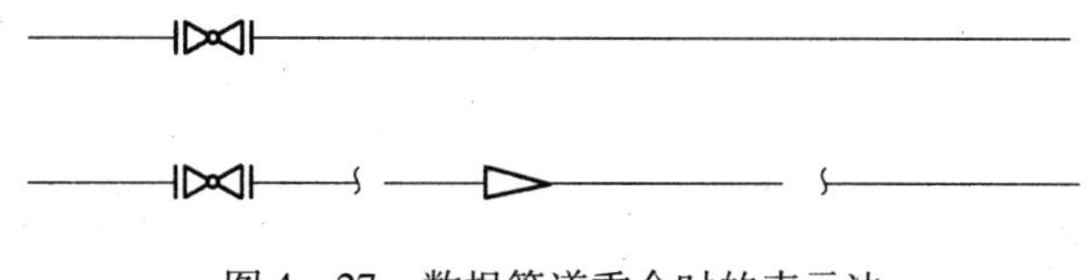

图4－27 数根管道重合时的表示法

（4）系统图中管道特征直接标注在管线上。当管道前后上下交叉时，前面和上部的管道用连续线段表示，后面和下部的管道在交叉处断开，如图4－28所示。

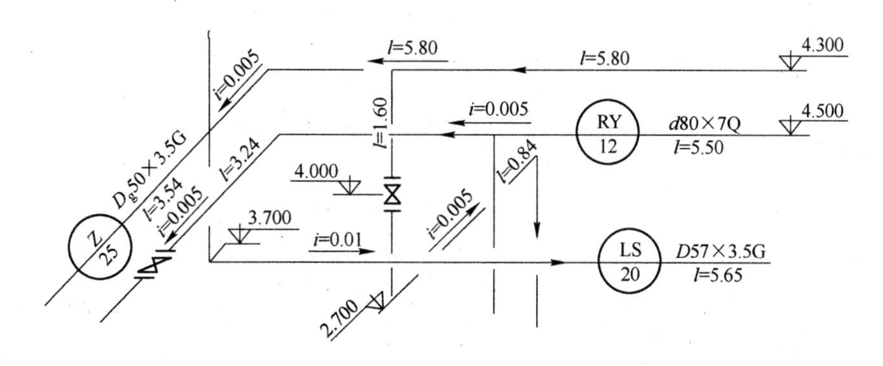

图4－28 系统图中管道特征表示法

C 管道图的各种表格

（1）管段编号表。为清晰看出管道起止点，需有管段编号表。编号次序依生产流程先后顺序编排，先编工艺管道，后编辅助管道。起止点可由某一设备（或管段）到另一设备（或管段），或由某一设备（或管段）到另一管段（或设备）。分出支管时，需单独编号。

管段编号表列入管道系统图内或单独出图，其格式如表4－5所示。

表4-5 管段编号表的格式

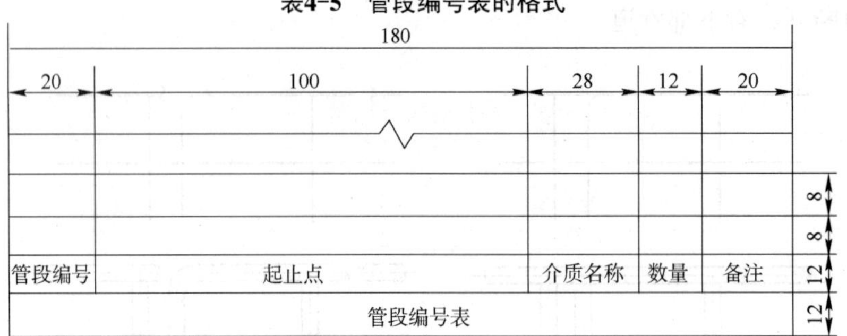

（2）管架表。管架表包括支架名称、规格、数量。相同规格的管架可编一个号，管架号以GJ－1、GJ－2、…的顺序排列。此表列入管道配置图内。

（3）管段材料表。按管段编号顺序，将同一管段中规格和材料相同的管道、管件、阀门、法兰等的标准或图号、名称、规格、材料、数量等一一列出，编成表附于管道系统图内，或单独出图。

室外管道图是用来表示有关车间（或工段）之间流体输送的关系和对管道的安装要求的图形，通常由平面图、局部放大图和剖面图组成。室外管道不绘制系统图。

4.3.2 烟气管道与烟囱设计

4.3.2.1 烟气管道设计要点

A 烟气管道结构形式及材质的选择

常用的烟气管道断面有圆形、矩形、拱顶矩形等。应根据烟气的性质（温度、压力、腐蚀性等）选用不同材质的管道，常用的有钢板烟道、砖烟道、混凝土烟道、砖－混凝土烟道等。

（1）钢板烟道。钢板烟道的直径一般不应小于300mm，常采用4～12mm厚的钢板制作。钢板管道（包括管件）的壁温一般不宜超过400℃；当烟气温度高于500℃时，其内应砌筑硅藻土砖或轻质黏土砖等隔热材料；当烟气温度高于700℃时，除采用管内隔热外，还可结合烟气降温的需要，外面施以水套冷却或喷淋汽化冷却等措施；当烟气温度低于350℃时，钢管外壁应敷设泡沫混凝土、石棉硅藻土、矿渣棉、碳酸镁石棉粉等保温材料。

（2）砖烟道。烟道外层常用100号红砖砌筑，其厚度应保证烟道结构稳定。砖烟道拱顶中心角为180°或60°。温度较高、断面积较大或受震动影响很大的烟道，宜采用180°。采用60°中心角时，要保证拱脚砖不因推力而位移。

（3）混凝土烟道。混凝土烟道采用混凝土或钢筋混凝土结构，比钢板烟道节省钢材，比砖烟道漏风率小。此种烟道可做成矩形或圆形断面，在高温下内衬耐火砖或使用耐火混凝土。混凝土烟道属于永久性构筑物，经常改建和扩建的厂家不宜采用。

（4）砖－混凝土烟道。砖－混凝土烟道一般两壁用砖砌筑，而顶部采用钢筋混凝土平盖板。低温和较大断面的烟道多采用这种混合结构。

B 烟气管道的布置

（1）收尘管道的布置，应在保证冶金炉正常排烟、不妨碍其操作和检修的前提下，使管道内不积或少积灰，少磨损，易于检修和操作，且管路最短。

（2）烟气流速应尽可能低，以减少阻力损失和磨损。对水平管道和小于烟尘安息角的倾斜管道，烟气流速一般为15~20m/s，或根据开动风机时能吹走因停风而沉积于底部的烟尘的条件来选定；对大于烟尘安息角的倾斜管道，烟气流速一般为6~10m/s（见表4-6）。

表4-6 烟气流速选用表

材料	烟气流速/$m \cdot s^{-1}$			
	烟道		烟窗上口	
	自然排烟	机械排烟	自然排烟	机械排烟
砖或混凝土	3~5	6~8	2.5~10	8~20
金属	5~8	10~15	2.5~10	8~20

注：本表烟气流速值是按经济流速范围给定的，当烟气中有粗尘时应按尘粒悬浮速度确定。

（3）收尘烟道可采用架空、地面、地下铺设等方法。架空烟道维修方便，运转较安全，各种材质的管道均可用。地面烟道直接用普通砖（或耐火砖）砌筑于地面上，一般用于输送距离较长的净化后的废气（如爬山烟道），有时也用于净化前的烟气输送，但漏风大、清灰困难，故应尽量减少使用。地下烟道用普通砖（或内衬以耐火砖）砌筑于地坪之下，一般在穿过车间、铁路、公路、高压电时采用，通过厂区较长距离的净化后烟气的输送也可采用，其缺点是清理和维护困难，要有可靠的防水或排水设施。

（4）收尘系统支管应由侧面或上面接主管。

（5）输送含尘量高的烟气时，管道应布置成人字形，与水平面交角应大于45°。如必须铺设水平管道，其长度应尽量小，且应设有清扫孔和集灰斗。大直径管道的清扫孔一般设于烟道侧面，小直径管道则采用法兰连接的清扫短管；集灰斗设于倾斜管道的最低位置或水平管道下方，并间隔一定距离，其形式如图4-29所示。

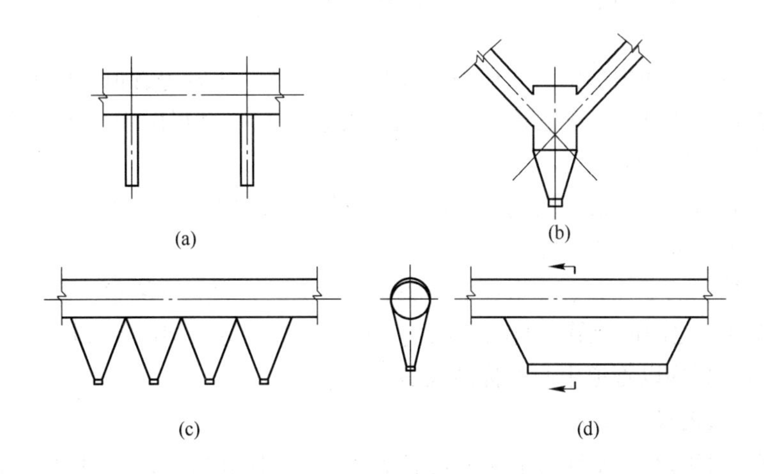

图4-29 烟道清灰设施

（a）水平管的落灰管；（b）倾斜管的集灰斗；（c）水平管的锥形集灰斗；（d）水平管的船形集灰斗

（6）当架空烟道跨过铁路时，管底距轨面不得低于6m；跨过公路和人行道时，管底距路面分别不低于4.5m和2.2m。

（7）高温钢管道每隔一定距离应设置套筒形、波形、鼓形等补偿器，内衬隔热层或砖砌烟道并要留有膨胀缝。补偿器应设在管道的两个固定支架之间，补偿器两侧还应设置活动支架以支持补偿器的重量。

（8）检测装置应装在气流平稳段。调节阀门应设在易操作、积灰少的部位，并装有明显的开关标记。对输送非黏性烟尘的管道，如果水平管段较长，应每隔 3 ~7m 设置一个吹灰点，以便用 294.2 ~686.5kPa 的压缩空气吹扫管道。

C 烟气管道的计算

烟气管道的计算包括烟气量与烟气重度换算、阻力损失计算、管道直径及烟道当量直径计算等，其计算原则如下：

（1）烟气量应按冶炼设备正常生产时的最大烟气量计算。对于周期性、有规律变化的多台冶金炉（如转炉），应按交错生产时的平均最大烟气量考虑。总烟气量确定后，应附加 15% ~20% 作为选择风机的余量。

（2）考虑预计不到的因素，收尘系统的总阻力损失应由计算值附加 15% ~20% 。

（3）收尘系统各支管的阻力应保持平衡，当烟气量变化较大而难以维持平衡时，可采用阀门（蝶阀）调节。

具体计算方法可参见《有色冶金炉》等资料，在此不予赘述。

D 烟气管道支架的设计

烟气管道支架设计包括支架布置原则、管道跨距的计算和管道支座的确定等内容，具体方法可参阅《有色冶金炉》等资料。

E 烟气管道图的绘制方法

（1）烟气管道按机械投影关系绘制，管道在图中用双实线表示。

（2）初步设计阶段的车间（或工段）配置图应表示主要管道的位置及走向，施工图设计阶段则需要详细表示管道的配置和安装要求。当管道复杂时，应单独绘制管道安装图。

（3）火法冶炼车间内的油管、压缩空气管、蒸气管、水管等管道，原则上按湿法冶炼管道图的绘制方法绘制。当火法冶炼配置图和安装图在一个视图中出现湿法冶炼管道图时，原则上应采用双中实线表示。

（4）管道有衬砖、保温、防腐等要求时，应绘制管道剖面图，标明材料和有关尺寸，并在附注中详细说明施工技术要求。

（5）焊接加工的变径管、变形管、弯头、带弯头的直管、管架和其他管件等，均以部件标注；两连接件之间的直管、盲板、法兰、螺栓、螺母等，均以零件标注。

（6）管道标高均以管道中心的标高表示。

4.3.2.2 烟囱设计要点

冶金炉使用烟囱的主要目的是为了高空排放有害气体和微尘，利用大气稀释，使其沉降到地面的浓度不超过国家规定的卫生标准。常用的烟囱结构有砖砌、钢筋混凝土及钢板结构等。通常 40m 以下的烟囱可采用砖砌，45m 以上的烟囱使用钢筋混凝土构筑。钢烟囱（包括绝热层和防腐衬里）常用于低空排放，适于高温（高于 400℃）烟气、强腐蚀性气体和事故排放等，小型或临时性工程也常采用。

A 烟囱的布置和计算原则

(1) 排放有害气体的烟囱应布置在企业和居民区的下风侧；当一企业有两个以上烟囱时，应按图4-30所示的方式布置。

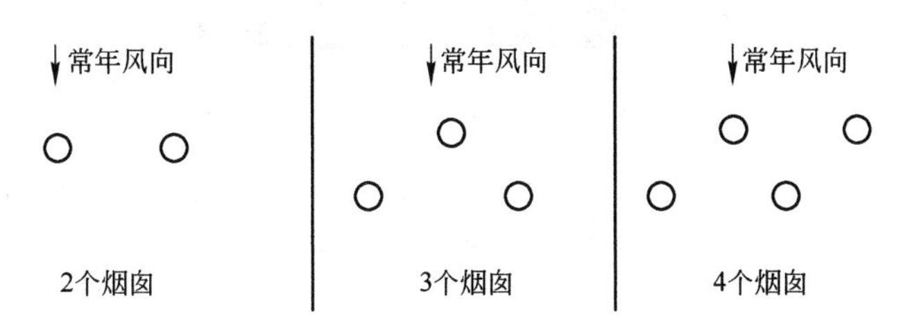

图4-30 烟囱布置与主导风向的关系

(2) 一个厂区有几个烟囱时，其排放所造成的总浓度分布可按单个源的浓度分布叠加计算。如有 N 个排放参数（主要是烟囱高度）相同且距离相近的烟囱同时排放，则每个烟囱的排放量 M_i 应为单个烟囱所允许的排放量 M 的 $1/N$；如烟囱间距为其高度的10倍以上，则每个烟囱的排放量可按单个烟囱的允许排放量计算。

(3) 烟囱排放的烟气除应符合国家颁布的《工业“三废”排放标准》和《工业企业设计卫生标准》外，还应按工厂所在地的地区排放标准执行。

B 烟囱的计算

烟囱计算的主要内容包括烟囱直径、高度、温度和抽力计算等，具体方法参见《有色冶金炉》等资料。

5 炼铁厂工艺设计

5.1 概　　述

5.1.1 钢铁联合企业的构成及炼铁厂的地位

钢铁联合企业主要由炼铁厂、炼钢厂和轧钢厂组成。炼铁厂包括原料分厂、烧结分厂和焦化分厂。

在钢铁联合企业中，炼铁厂是最重要的工厂之一。它主要负责炼钢厂的铁水供应，还负担着轧钢厂加热炉的煤气供应。

5.1.2 高炉炼铁生产工艺流程

高炉炼铁生产工艺流程如图 5－1 所示。高炉本体是冶炼生铁的主要设备，是由耐火材料砌筑的竖式圆筒形炉体，主要包括炉基、炉衬、冷却设备、炉壳、支柱及炉顶框架等。其中，炉基为钢筋耐热混凝土结构，炉衬用耐火材料砌筑，其余设备均为金属结构件。在高炉的下部设置有风口、铁口及渣口，上部设置有炉料装入口和煤气导出口。

高炉炼铁工艺中除高炉本体外，还包括原料供应及上料系统、送风系统、喷吹燃料系统、煤气除尘系统、渣铁处理系统等附属系统。高炉冶炼对设备的基本要求是：耐高温高压、耐磨、耐腐蚀，密封性好，安全可靠，寿命长，易于维修，尽可能定型化和标准化，易于实现自动化操作。

5.1.3 炼铁厂工艺设计的基本原则

（1）客观性。设计所选用的技术方案和指标都要有客观的数据为依据，做出的设计应能成功地付诸实施。

（2）经济性。在厂址、产品、工艺流程、设备选择上应选择最经济的方案。

（3）平均先进性。在技术经济指标的选择、先进设备的采用上必须遵循平均先进的原则，应该保证设计的炼铁厂在建成投产一年内达到设计的技术经济指标。

（4）综合匹配性。设计的各种设备应该综合匹配，使用寿命应该一致或是整倍数关系。

（5）安全可靠及符合美学和环保要求。设计应该保证各领域和各岗位都能够安全生产，注意防止 CO 中毒，防止有害物污染环境，达到环保的各项要求。设计中还应该注意遵循工业美学（技术美学）的原则。

（6）单炉的规模性及定型化。高炉建设应该有一定的规模，而且尽可能采用各种定型的设备、部件、建（构）筑物及基建和工艺装备等。根据国标 GB 50427—2008 规定，新

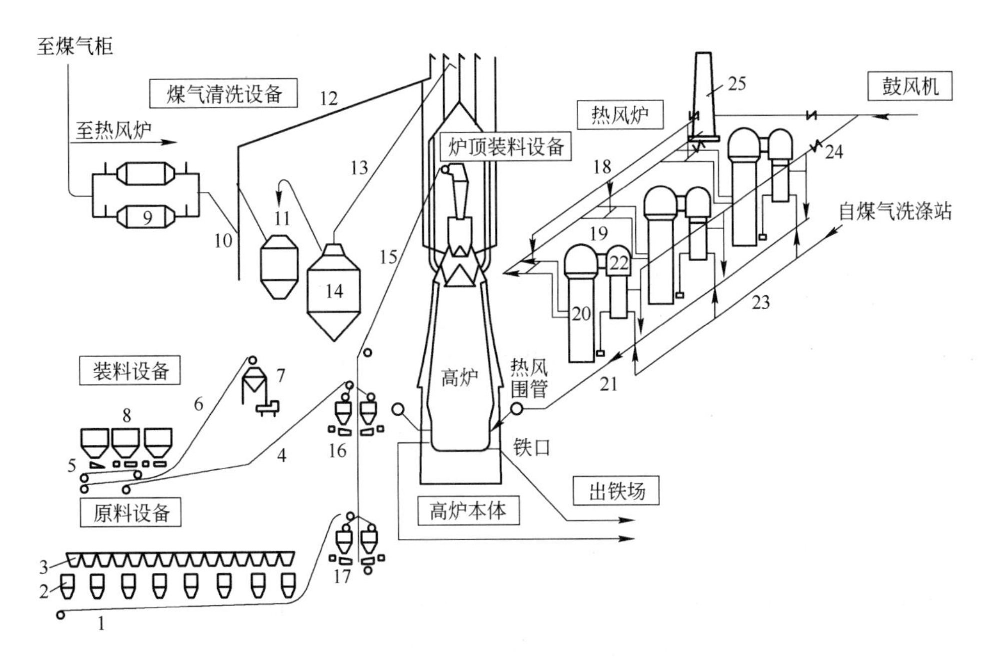

图 5-1 高炉生产工艺流程

1—矿石输送皮带机；2—称量漏斗；3—储矿槽；4—焦炭输送皮带机；5—给料机；6—粉焦输送皮带机；7—粉焦仓；8—储焦槽；9—电除尘器；10—调节阀；11—文氏管除尘器；12—净煤气放散管；13—下降管；14—重力除尘器；15—上料皮带；16—焦炭称量漏斗；17—废铁称量漏斗；18—冷风管；19—烟道；20—蓄热室；21—热风主管；22—燃烧室；23—煤气主管；24—混风管；25—烟囱

建高炉的有效容积必须达到 $1000m^3$ 级以上，沿海深水港地区的高炉有效容积必须大于 $3000m^3$。为便于配套，新建高炉应分为 $1000m^3$、$2000m^3$、$3000m^3$、$4000m^3$、$5000m^3$ 炉容级别。高炉炉容应大型化，新建炼铁厂的最终规模宜为 2 ~3 座高炉。

（7）发展性。建设高炉炼铁厂一定要考虑到将来发展的可能性、生产强化及增产的可能性，适当保留工厂发展所需的土地、交通线和服务设施。

（8）工艺设计应以精料为基础，采用喷煤、高风温、高压、富氧、低硅冶炼等炼铁技术；遵循“十字”方针，即高效、优质、低耗、长寿、环保。

（9）高炉炼铁工艺设计除应执行本规范的规定外，尚应符合国家现行有关标准、规范的规定。

5.1.4 炼铁工艺设计的特点和内容

高炉炼铁厂设计包括初步设计和施工图设计。本节介绍的内容属于初步设计阶段，主要包括：

（1）根据设计任务书规定的原燃料条件、产品方案等，参考当前国内外相同条件下其他炼铁厂的冶炼条件、设备条件及技术经济指标，进行炼铁工艺配料计算及物料平衡、热平衡计算，确定工艺流程、高炉数目、高炉炉容及平面布置等，说明原燃料运入方式及产品和副产品等的运出方式。

（2）根据高炉容积进行高炉本体设计，包括炉型设计、炉衬设计、冷却器设计及钢结构和基础设计。

(3) 进行热风炉简易设计，确定热风炉的形式、主要结构尺寸、蓄热面积及各部位耐火材料的选用等。

(4) 进行送风系统、原料供应系统、煤气除尘系统、喷吹煤粉系统、渣铁处理系统主要设备的设计和选择。

5.1.5 相关企业的要求及规模

为了保证炼铁厂正常稳定地生产，必须有相关企业与之配合。通常生产1t生铁需要1.5～2t成品铁矿石、300～700kg焦炭。所以，建设一座年产300万吨的炼铁厂，必须有年产450万吨的烧结厂及球团厂、年产250万吨冶金焦炭的炼焦厂与之配合。

5.2 工艺条件及技术经济指标

5.2.1 主要冶炼条件及工艺参数的确定

高炉炼铁的冶炼条件主要包括原燃料条件、热风温度、炉顶压力、富氧率及设备等。根据国标GB 50427—2008，入炉原料应该用高碱度烧结矿搭配酸性球团矿或者部分块矿，在高炉中不宜加入熔剂。

入炉原料含铁品位及熟料率应符合表5－1所示的规定，烧结矿、球团矿和入炉块矿质量应符合表5－2～表5－4所示的规定，原料粒度应符合表5－5所示的规定，冶金焦炭和喷吹煤质量应符合表5－6和表5－7所示的规定。

表5－1　入炉原料含铁品位及熟料率要求

炉容级别/m^3	1000	2000	3000	4000	5000
平均铁含量/%	≥56	≥58	≥59	≥59	≥60
熟料率/%	≥85	≥85	≥85	≥85	≥85

表5－2　烧结矿质量要求

炉容级别/m^3	1000	2000	3000	4000	5000
铁含量波动/%	≤±0.5	≤±0.5	≤±0.5	≤±0.5	≤±0.5
碱度波动/%	≤±0.8	≤±0.8	≤±0.8	≤±0.8	≤±0.8
铁含量和碱度波动的达标率/%	≥80	≥85	≥90	≥95	≥98
FeO含量/%	≤9	≤8.8	≤8.5	≤8	≤8
FeO含量波动/%	≤±1	≤±1	≤±1	≤±1	≤±1
转鼓指数（+6.3mm）/%	≥68	≥72	≥76	≥78	≥78

表5－3　球团矿质量要求

炉容级别/m^3	1000	2000	3000	4000	5000
铁含量/%	≥63	≥63	≥64	≥64	≥64
转鼓指数（+6.3mm）/%	≥86	≥89	≥92	≥92	≥92

续表 5-3

炉容级别/m^3	1000	2000	3000	4000	5000
常温耐压强度/N·个$^{-1}$	≥2000	≥2000	≥2000	≥2500	≥2500
耐磨指数（-0.5mm）/%	≤5	≤5	≤4	≤4	≤4
低温还原粉化率（+3.15mm）/%	≥65	≥80	≥85	≥89	≥89
膨胀率/%	≤15	≤15	≤15	≤15	≤15
铁含量波动/%	≤±0.5	≤±0.5	≤±0.5	≤±0.5	≤±0.5

表 5-4 入炉块矿质量要求

炉容级别/m^3	1000	2000	3000	4000	5000
铁含量/%	≥62	≥62	≥64	≥64	≥64
热爆裂性能/%	—	—	≤1	≤1	≤1
铁含量波动/%	≤±0.5	≤±0.5	≤±0.5	≤±0.5	≤±0.5

表 5-5 原料粒度要求

烧结矿		块矿		球团矿	
粒度范围/mm	5~50	粒度范围/mm	5~30	粒度范围/mm	6~18
粒度大于 50mm 粒级比例/%	≤8	粒度大于 50mm 粒级比例/%	≤10	粒度大于 50mm 粒级比例/%	≤85
粒度小于 5mm 粒级比例/%	≤5	粒度小于 5mm 粒级比例/%	≤5	粒度小于 5mm 粒级比例/%	≤5

注：石灰石、白云石、萤石、锰矿、硅石粒度应与块矿粒度相同。

表 5-6 冶金焦炭质量要求

炉容级别/m^3	1000	2000	3000	4000	5000
抗碎强度 M_{40}/%	≥78	≥82	≥84	≥85	≥86
耐磨强度 M_{10}/%	≤8	≤7.5	≤7	≤6.5	≤6
反应后强度 CSR/%	≥58	≥60	≥62	≥64	≥65
反应性指数 CRI/%	≤28	26	≤25	≤25	≤25
焦炭灰分含量/%	≤13	≤13	≤12.5	≤12	≤12
焦炭硫含量/%	≤0.7	≤0.7	≤0.7	≤0.6	≤0.6
焦炭粒度范围/mm	25~75	25~75	25~75	25~75	30~75
大于上限粒级比例/%	≤10	≤10	≤10	≤10	≤10
小于下限粒级比例/%	≤8	≤8	≤8	≤8	≤8

表 5-7 喷吹煤质量要求

炉容级别/m^3	1000	2000	3000	4000	5000
灰分含量 $w(A)_{ad}$/%	≤12	≤11	≤10	≤9	≤9
硫含量 $w(S)_{t,ad}$/%	≤0.7	≤0.7	≤0.7	≤0.6	≤0.6

注：$w(A)_{ad}$ 为空气干燥煤样中灰分含量；$w(S)_{t,ad}$ 为空气干燥煤样中全硫含量。

5.2.2 技术经济指标的确定

高炉主要技术经济指标包括高炉有效容积利用系数、综合焦比、喷煤比、炉顶压力、风温、年工作日及高炉一代寿命等。根据国标 GB 50427—2008，设计年平均利用系数、燃料比和焦比与炉容的关系应符合表 5－8 所示的规定。高炉设计最高设备能力应该按照正常设计年平均利用系数增加 0.1～0.2t/(m^3·d) 的预留，大于或者等于 2000m^3 高炉的设备能力不应超过 2.5t/(m^3·d)。高炉年工作日定为 350 天。不同炉容对炉顶压力、风温的要求应符合表 5－9 所示的规定。

表 5－8 设计年平均利用系数、燃料比和焦比与炉容的关系

炉容级别/m^3	1000	2000	3000	4000	5000
设计年平均利用系数/t·(m^3·d)$^{-1}$	2～2.4	2～2.35	2～2.3	2～2.3	2～2.25
设计年平均燃料比/kg·t^{-1}	≤520	≤515	≤510	≤505	≤500
设计年平均焦比/kg·t^{-1}	≤360	≤340	≤330	≤310	≤310

表 5－9 不同炉容对炉顶压力、风温的要求

炉容级别/m^3	1000	2000	3000	4000	5000
炉顶设计压力/kPa	200	200～250	220～280	250～300	280～300
设计风温/℃	1200～1250	1200～1250	1200～1250	1250	1250

5.3 炼铁厂设计

5.3.1 高炉容积及座数的确定

高炉容积是根据设计任务书中规定的生铁年产量、年工作日、高炉利用系数、生铁品种及高炉座数确定的。如果设计任务书只给出了钢坯产量和外运生铁产量，则需根据全局平衡及炼钢工艺确定生铁产量。

已知钢坯产量时，首先算出钢液消耗量。一般单位钢坯消耗系数为 1.02～1.05，单位连铸坯的消耗系数为 1.05～1.055。单位钢液消耗的生铁量取决于炼钢方法、炉容大小及废钢消耗量。转炉不加废钢时，吨钢生铁消耗量为 1.05～1.1t；配入 17% 的废钢时，吨钢生铁消耗量为 0.87～0.91t。此外，还需加上本厂机修、铸造等单位需要的自用生铁（如钢锭模用生铁）。对于不同品种的生铁，设计中都折算成炼钢生铁。

新建炼铁厂高炉座数既要考虑尽量增大高炉容积，又要考虑企业的煤气平衡和金属平衡，一般根据车间规模以选取 2～3 座高炉为宜。计算单座高炉炉容时，通常先计算炼铁车间高炉总容积，然后再计算单座高炉炉容。

$$\text{炼铁厂高炉总容积}(m^3) = \frac{\text{生铁年产量}}{\text{年工作日} \times \text{高炉有效容积利用系数}} \qquad (5-1)$$

$$\text{单座高炉炉容}(\mathrm{m}^3)=\frac{\text{炼铁厂高炉总容积}}{\text{炼铁厂高炉座数}} \tag{5-2}$$

5.3.2　炼铁厂高炉车间的布置及运输

高炉平面布置最常见的形式有四种，即一列式、并列式、岛式及半岛式。一列式和并列式布置只适用于中小型高炉建设，岛式和半岛式布置适用于大型高炉，一般常采用半岛式布置。

半岛式布置是岛式布置与并列式布置的过渡形式，高炉和热风炉列线与车间调度线之间的交角增大到45°，因此高炉距离近，并且在高炉两侧各有三条独立的、有尽头的铁水罐车停放线和一条辅助材料运输线，如图5－2所示。这种布置相对于岛式布置更加紧凑，更适用于大型高炉。

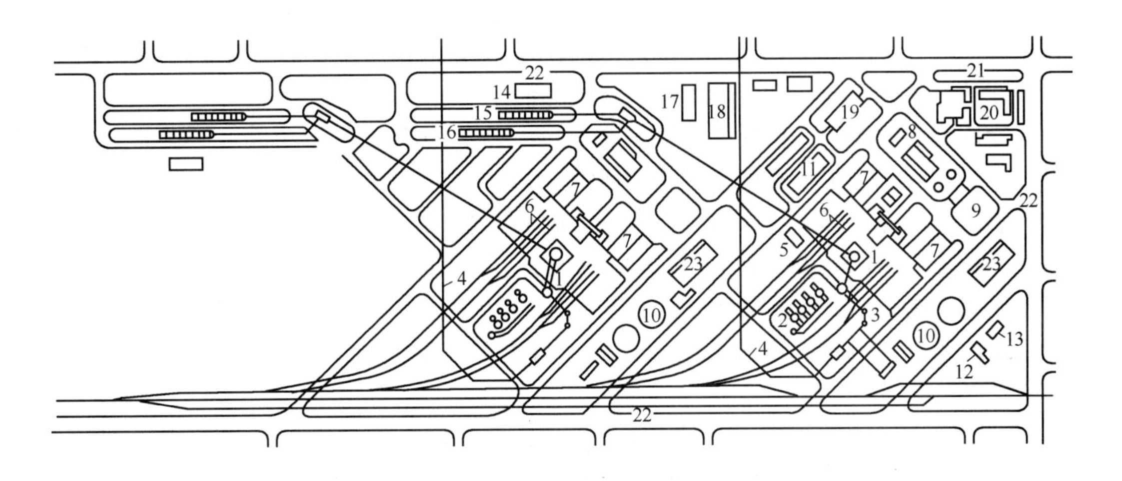

图5－2　半岛式高炉平面布置示意图

1—高炉；2—热风炉；3—除尘器；4—净煤气管道；5—高炉计器室；6—铁水罐车停放线；7—干渣坑；8—水淬电器室；9—水淬设备；10—沉淀室；11—炉前除尘器；12—脱水机室；13—炉底循环水槽；14—原料除尘器；15—储焦槽；16—储矿槽；17—备品库；18—机修间；19—碾泥机室；20—厂部；21—生活区；22—公路；23—水站

5.3.3　炼铁厂的主要运输方式

（1）有轨运输，最常见的是标准轨（轨距1435mm）铁路运输。其特点是运输量大，速度快，不受气候条件影响，连续性强，适于运输量大、高温及沉重的货物。

（2）无轨运输，包括汽车、拖车、自动装卸车、起重运输车及人力、畜力运输等。

（3）水路运输，特点是运输量大、运费低、设备少、维修简单。

（4）特种运输，包括传送带运输、管道及水力运输、索道及绳索牵引运输等。

现代化大型高炉的运输方式通常是：焦炭、烧结矿、球团矿通过皮带运输进入储焦槽和储矿槽，通过斜桥料车或皮带上料；生铁通过铁路运输；炉渣冲水渣后，通过皮带、铁路或汽车运出车间，干渣通常由汽车运输；辅助材料运输采用公路或铁路运入，粉尘及粉矿通过皮带、汽车或铁路运出高炉车间。

5.4 高炉冶金计算

在设计炼铁厂的高炉车间时，必须根据建厂地区的原燃料条件、自然环境条件及可能达到的冶炼条件和工艺参数进行高炉冶炼综合计算。以计算获得的原燃料消耗量、鼓风消耗量、单位生铁的煤气产量、渣量和炉尘量等，作为高炉设计的基础参数。高炉冶炼综合计算主要包括配料计算、物料平衡计算和热平衡计算。

5.4.1 配料计算

高炉配料计算的目的是确定加入高炉的各种炉料（铁矿石、熔剂和燃料）之间的比例，从而获得规定成分的生铁和适当成分的炉渣。

配料计算前，首先应该确定冶炼的生铁品种及其成分，确定各种元素或化合物在渣、铁和煤气中的分配比，确定高炉炉尘量及其成分，确定冶炼焦比及炉渣碱度和某些成分的含量。此外，还应该将所有原燃料成分进行整理。

在冶炼炼钢生铁时，生铁成分中 $w[Si]$、$w[S]$ 由生铁质量及冶炼水平确定，$w[Si]$ 在0.3% ~0.8%范围内，$w[S]$ 在0.015% ~0.025%范围内。生铁中的 $w[Fe]$ 通常由100%减去 $w[Si]$、$w[Mn]$、$w[P]$、$w[S]$、$w[C]$ 来确定。$w[C]$ 由下式确定：

$$w[C]_{\%} = 4.3 - 0.27w[Si]_{\%} - 0.329w[P]_{\%} - 0.032w[S]_{\%} + 0.36w[Mn]_{\%} \quad (5-3)$$

不同元素在渣、铁及煤气中的分配比如表5－10所示。S、Si及Ti在渣、铁中的分配比是由冶炼条件控制的，不按分配比计算。当矿石含 TiO_2 时，$w[Ti]$ 通常在0.1% ~0.3%范围内。

表5－10 不同元素在渣、铁及煤气中的分配比 (%)

元 素	Fe	Mn	P	S	V	Cr
生 铁	99.7	50~60	100	—	70~80	45~50
炉 渣	0.3	40~50	0	—	20~30	50~65
煤 气	0	0	0	5	0	0

高炉炉尘量根据高炉的原料条件确定，原料条件好时可以按20~50kg/t选取。

高炉焦比可根据技术规定，参考原燃料条件及冶炼条件选取，先确定综合焦比，然后确定干焦比及燃料喷吹量。目前燃料喷吹量在80~200kg/t范围内。

炉渣成分主要确定碱度 $w(CaO)/w(SiO_2)$，其值通常在1~1.2范围内。最近，在炉渣 Al_2O_3 含量较高、渣量较少时，$w(CaO)/w(SiO_2)$ 也可以达到1.2~1.28。

5.4.1.1 配料数据调整

从工厂获得的原燃料数据有些是元素分析、烧损、挥发分等，而且成分之和往往不是100%。为了正确地进行配料计算，必须对这些数据进行调整和整理，最终将成分之和调整到100%。调整方法如下：

(1) 矿石中的TFe表示矿石的全铁含量，应该转化成 Fe_2O_3 和FeO含量。方法是先用TFe含量减去FeO和FeS中的铁含量，得到 Fe_2O_3 的铁含量，然后折算成 Fe_2O_3 含量。

（2）根据矿石种类及生成条件将元素转化成化合物，如将 P 转化成 P_2O_5，Mn 转化成 MnO。

（3）S 在矿石中通常以 CaS、FeS 形态存在，而实际数据中 CaO、FeO 的含量已经包括了硫化物中铁和钙的含量，由于硫化物按氧化物计算，氧的相对原子质量只是硫的一半，所以 S 不用转化成化合物，只需转化成 S/2 即可。

（4）当所有成分转化成化合物后，加和超过 100% 时，应该折算成 100%。如果加和不到 100%，应该考虑是否有烧损，将差值归入烧损。如果无烧损，但有可能某些成分没化验、无数据，这种情况下可以在成分中增加一项其他，使加和成为 100%，配料计算过程将其归入炉渣中。如果所有成分都有，也可以直接折算成 100%。

（5）生矿中的烧损主要为 CO_2 和 H_2O。通常先按矿石中 CaO、MgO 含量折算成 CO_2 含量，多余的为 H_2O 含量。

（6）焦炭挥发分往往没有成分分析，可根据资料中其他焦炭的挥发分成分折算。

5.4.1.2　配料计算步骤

确定好各种条件和处理好原燃料成分后，配料计算按以下步骤进行：

（1）校正干焦比。进入高炉的焦炭有一部分成为炉尘从高炉炉顶吹出，另外一部分是机械损失，在进行配料计算时必须进行校正。通常机械损失可按 0.8% 计算。单位生铁实际在高炉内参加反应的焦炭量为：

$$\text{实际焦耗量（干）} = \text{设定干焦比}/1.008 - \text{炉尘含焦量}$$

（2）计算矿石配比及需要量和熔剂消耗量。现代高炉炼铁最常采用的是高碱度烧结矿、酸性球团矿和富块矿。计算矿石配比，主要根据要求的生铁成分、矿石成分、燃料成分、熔剂成分、炉渣碱度 $w(CaO)/w(SiO_2)$、炉渣 MgO 含量确定。在生铁有含 Mn 要求、炉渣有含 MgO 要求时，计算矿石配比应该考虑铁平衡、碱度平衡、Mn 平衡和 MgO 平衡，不过这时需要有锰矿石和高 MgO 原料。在生铁无含 Mn 要求、炉渣无含 MgO 要求时，高炉矿石配比主要根据铁平衡、碱度平衡确定。通常固定富块矿配比在 8% ~15% 范围内，根据铁平衡和碱度平衡计算高碱度烧结矿和酸性球团矿的配比。配料中通过调整高低碱度矿石的配比来实现少加和不加石灰石。确定矿石配比后，计算混合矿成分，再次根据铁平衡、碱度平衡确定矿石用量和熔剂用量。在计算碱度平衡时，应该考虑到 Si 还原消耗的 SiO_2 量。

（3）炉渣成分计算及生铁成分校核。根据入炉原燃料成分及元素在渣、铁和煤气中的分配比，计算出生铁成分和炉渣成分，考查生铁成分与目标成分是否符合，借助相图考查炉渣性能是否满足炼铁的需要。

5.4.2　物料平衡计算

在配料计算的基础上，可以进一步进行物料平衡计算，计算出风量、炉顶煤气发生量及其成分，最后编制物料平衡表。主要考查冶炼参数的选取是否合理、配料计算是否正确，为高炉设计提供基础数据。

5.4.2.1　风量的计算

计算风量的步骤是：先求出吨铁由燃料带入高炉的总固定碳量 $m(C)_{总}$，扣除生铁渗碳

量 $m(C)_{渗碳}$ 及生成甲烷消耗的碳量 $m(C)_{甲}$，得到高炉内被氧化的碳量 $m(C)_{氧化}$，用 $m(C)_{氧化}$ 减去铁及各元素直接还原耗碳量 $m(C)_{直}$，即得到风口前燃烧的碳量 $m(C)_{燃}$；由 $m(C)_{燃}$就可以求出冶炼每吨生铁消耗的鼓风 $V_{风}$。计算公式如下：

$$m(C)_{总} = G_{焦}\, w(C)_{焦固} + G_{煤}\, w(C)_{煤} \tag{5-4}$$

式中 $m(C)_{总}$——吨铁由燃料带入高炉的总固定碳量，kg/t；

$G_{焦}$——吨铁干焦量，kg/t；

$w(C)_{焦固}$——焦炭固定碳含量，%；

$G_{煤}$——吨铁喷煤量，kg/t；

$w(C)_{煤}$——煤粉碳含量，%。

$$m(C)_{氧化} = m(C)_{总} - m(C)_{渗碳} - m(C)_{甲} \tag{5-5}$$

式中 $m(C)_{氧化}$——高炉内被氧化的碳量，kg/t；

$m(C)_{渗碳}$——生铁渗碳量，kg/t；

$m(C)_{甲}$——生成甲烷消耗的碳量，kg/t，其可按总固定碳量 $m(C)_{总}$的 0.6% ~ 1.5% 计算。

$$m(C)_{燃} = m(C)_{氧化} - m(C)_{直} \tag{5-6}$$

式中 $m(C)_{燃}$——风口前燃烧的碳量，kg/t；

$m(C)_{直}$——铁及各元素直接还原耗碳量，kg/t，可按下式计算：

$$m(C)_{直} = \frac{240}{28}w[Si]_{\%} + \frac{120}{55}w[Mn]_{\%} + \frac{600}{62}w[P]_{\%} + \frac{120}{56}w[Fe]_{\%} \cdot r_{d} \tag{5-7}$$

式中 r_{d}——铁的直接还原度，根据冶炼条件可取 0.35 ~0.6。

计算鼓风量时，除考虑鼓风中所含氧气和水可以燃烧碳以外，还应该考虑喷吹煤粉中的氧和水也可以消耗风口前的碳。于是，每吨生铁的鼓风量 $V_{风}(m^3/t)$ 按下式计算：

$$V_{风} = \frac{m(C)_{燃} \times \frac{22.4}{24} - G(C)_{煤}\left(w(O)_{煤} + w(H_2O)_{煤} \times \frac{16}{18}\right) \times \frac{22.4}{32}}{[\omega(1-\varphi) + 0.5\varphi](1-\xi) + \xi} \tag{5-8}$$

式中 $w(O)_{煤}$——煤粉氧含量，%；

$w(H_2O)_{煤}$——煤粉含水量，%；

ω——鼓风氧含量，%；

φ——鼓风含水量，%；

ξ——鼓风富氧率，%。

5.4.2.2 煤气量的计算

（1）甲烷量。煤气中甲烷量包括高炉中生成的和焦炭挥发分中带入的，计算公式如下：

$$V_{CH_4} = m(C)_{甲} \times \frac{22.4}{12} + G_{焦}\, w(CH_4)_{焦} \times \frac{22.4}{16} \tag{5-9}$$

式中 V_{CH_4}——煤气中甲烷量，m^3/t；

$w(CH_4)_{焦}$——焦炭甲烷含量，%。

（2）H_2 量。煤气中 H_2 量由所有进入高炉的氢量（包括水、有机物中的氢）扣除氢还原消耗量和生成甲烷消耗的氢量后获得，计算公式如下：

$$V_{H_2}=\left\{V_{风}\varphi(1-\xi)+\left[G_{焦}(w(H)_{焦挥发}+w(H)_{焦有机})+G_{煤}(w(H)_{煤}+\frac{2}{18}w(H_2O)_{煤})\right]\times\frac{22.4}{2}\right\}\times(1-\eta_{H_2})-2\times V_{CH_4} \quad (5-10)$$

式中 V_{H_2}——煤气中 H_2 量，m^3/t；

$w(H)_{焦挥发}$——焦炭挥发分中的氢含量,%；

$w(H)_{焦有机}$——焦炭有机物中的氢含量,%；

$w(H)_{煤}$——煤粉氢含量,%；

$w(H_2O)_{煤}$——煤粉含水量,%；

η_{H_2}——氢在高炉内的利用率，通常为0.3~0.5。

（3）CO_2 量。煤气中的 CO_2 由高炉内 Fe_2O_3 间接还原成 FeO 产生的 CO_2、FeO 间接还原生成的 CO_2、熔剂分解产生的 CO_2、焦炭及煤粉挥发分中的 CO_2 组成。

首先按照下式计算 CO 参加间接还原产生的 CO_2 量：

$$V_{CO_2还}=\Sigma m(Fe_2O_3)_{原料}\times\frac{22.4}{160}+10\times w[Fe]_{\%}(1-r_d)\times\frac{22.4}{56}-V_{H_2还} \quad (5-11)$$

式中 $V_{CO_2还}$——CO 参加间接还原产生的 CO_2 量，m^3/t；

$\Sigma m(Fe_2O_3)_{原料}$——原料中 Fe_2O_3 量，kg/t；

$V_{H_2还}$——H_2 代替 CO 参加间接还原的量，m^3/t，计算公式如下：

$$V_{H_2还}=(V_{H_2}+2V_{CH_4})\frac{\eta_{H_2}}{1-\eta_{H_2}} \quad (5-12)$$

熔剂分解产生的 CO_2 量计算如下：

$$V_{CO_2熔剂}=G_{熔剂}w(CO_2)_{熔剂}\times\frac{22.4}{44} \quad (5-13)$$

式中 $V_{CO_2熔剂}$——熔剂分解产生的 CO_2 量，m^3/t；

$G_{熔剂}$——吨铁熔剂消耗量，kg/t；

$w(CO_2)_{熔剂}$——熔剂中 CO_2 含量,%。

焦炭挥发分产生的 CO_2 量计算如下：

$$V_{CO_2焦}=G_{焦}w(CO_2)_{焦}\times\frac{22.4}{44} \quad (5-14)$$

式中 $V_{CO_2焦}$——焦炭挥发分产生的 CO_2 量，m^3/t；

$w(CO_2)_{焦}$——焦炭 CO_2 含量,%。

综上，煤气 CO_2 量为：

$$V_{CO_2}=V_{CO_2还}+V_{CO_2熔剂}+V_{CO_2焦} \quad (5-15)$$

（4）CO 量。煤气中 CO 量是由高炉内 C 氧化生成的 CO 量加上焦炭挥发分中的 CO 量，减去间接还原消耗的 CO 量获得的，计算如下：

$$V_{CO}=m(C)_{氧化}\times\frac{22.4}{12}+G_{焦}w(CO)_{焦}\times\frac{22.4}{28}-V_{CO_2还} \quad (5-16)$$

式中 V_{CO}——煤气中 CO 量，m^3/t；

$w(CO)_{焦}$——焦炭 CO 含量，%。

（5）N_2 量。煤气中 N_2 量是由鼓风中 N_2 量和燃料中氮量组成的，计算如下：

$$V_{N_2} = V_{风}(1-\varphi)(1-\xi)\times 79\% + (G_{焦}\,w(N)_{焦} + G_{煤}\,w(N)_{煤})\times\frac{22.4}{28} \quad (5-17)$$

式中 V_{N_2}——煤气中 N_2 量，m^3/t；

$w(N)_{焦}$——焦炭的总氮含量，包括挥发分和有机物中的氮含量,%；

$w(N)_{煤}$——喷吹煤粉的总氮含量，包括挥发分和有机物中的氮含量,%。

（6）煤气成分表。根据高炉干煤气的总量及各气体的量，可以计算出高炉干煤气的成分。

5.4.2.3 物料平衡表的编制

在编制物料平衡表时，应该计算出各种气体的质量。在进入高炉的物质中，应该将干焦量折算成湿焦量，进入炉尘的矿石和焦炭也应该考虑。在排出高炉的物质中，应该考虑煤气中的水分和炉尘。

（1）鼓风质量。鼓风质量 $G_{风}$(kg/t) 计算如下：

$$G_{风} = V_{风}\times\frac{32\times(1-\varphi)\omega + 28\times(1-\varphi)(1-\omega) + 18\times\varphi}{22.4} \quad (5-18)$$

（2）干煤气质量。干煤气质量 $G_{煤气}$（kg/t）计算如下：

$$G_{煤气} = V_{煤气}\times\frac{44\varphi(CO_2) + 28\varphi(CO) + 28\varphi(N_2) + 2\varphi(H_2) + 16\varphi(CH_4)}{22.4} \quad (5-19)$$

式中 $V_{煤气}$——吨铁干煤气量，m^3/t；

$\varphi(CO_2)$——煤气中 CO_2 的体积分数,%；

$\varphi(CO)$——煤气中 CO 的体积分数,%；

$\varphi(N_2)$——煤气中 N_2 的体积分数,%；

$\varphi(H_2)$——煤气中 H_2 的体积分数,%；

$\varphi(CH_4)$——煤气中 CH_4 的体积分数,%。

（3）煤气含水量。煤气含水量 $G_{水}$(kg/t) 包括焦炭、熔剂带入的水分量和氢还原产生的水分量，计算如下：

$$G_{水} = G_{焦}\,w(H_2O)_{焦} + G_{熔剂}w(H_2O)_{熔剂} + V_{H_2还}\times\frac{18}{22.4} \quad (5-20)$$

式中 $w(H_2O)_{焦}$——焦炭含水量,%；

$w(H_2O)_{熔剂}$——熔剂含水量,%。

编制物料平衡表后，应该进行计算误差校核，要求误差小于0.3%。误差计算如下：

$$误差 = \frac{进入量 - 排出量}{进入量}\times 100\% \quad (5-21)$$

5.4.3 热平衡计算

热平衡计算的目的在于确定冶炼过程热收入和热支出的分配，考查冶炼过程能量利用是否合理、冶炼参数的选择是否合理。热平衡计算主要采用盖斯定律方法。

5.4.3.1 高炉热收入

高炉热收入包括碳燃烧热、热风物理热、氢氧化放热、甲烷生成热、成渣热及炉料物理热。

（1）碳燃烧热。

1）C 生成 CO_2 的燃烧热 Q_{CO_2}(kJ/t) 计算如下：

$$Q_{CO_2} = V_{CO_2还} \times 33436.2 \times \frac{22.4}{12} \tag{5-22}$$

式中 33436.2——C 氧化为 CO_2 的放热量，kJ/kg。

2）C 生成 CO 的燃烧热 Q_{CO}(kJ/t) 计算如下：

$$Q_{CO} = \left(V_{CO} - G_{焦} w(CO)_{焦} \times \frac{22.4}{28}\right) \times \frac{12}{22.4} \times 9804.6 \tag{5-23}$$

式中 9804.6——C 氧化为 CO 的放热量，kJ/kg。

（2）热风物理热。热风物理热 $Q_{风}$(kJ/t) 计算如下：

$$Q_{风} = V_{干风} q_{干风} + V_{H_2O} q_{H_2O} \tag{5-24}$$

式中 $V_{干风}$——扣除水分的干鼓风量，m^3/t，$V_{干风} = V_{风}[1-\varphi(1-\xi)]$；

V_{H_2O}——鼓风含水量，m^3/t；

$q_{干风}$——给定温度干风（双原子气体）的比焓，kJ/m^3；

q_{H_2O}——水蒸气的比焓，kJ/m^3。

（3）氢氧化放热。氢氧化放热 Q_{H_2}(kJ/t) 计算如下：

$$Q_{H_2} = V_{H_2还} \times \frac{18}{22.4} \times 13454.09 \tag{5-25}$$

式中 13454.09——水的生成热，kJ/kg。

（4）甲烷生成热。甲烷生成热 Q_{CH_4}(kg/t) 计算如下：

$$Q_{CH_4} = m(C)_{甲} \times \frac{16}{12} \times 4709.56 \tag{5-26}$$

式中 4709.6——甲烷的生成热，kJ/kg。

（5）成渣热。成渣热 $Q_{成渣}$(kJ/t) 指熔剂分解出的 CaO、MgO 与 SiO_2 反应成渣时的放热，计算如下：

$$Q_{成渣} = 1131.3 \times G_{熔剂}(w(CaO)_{熔剂} + w(MgO)_{熔剂}) \tag{5-27}$$

式中 1131.3——CaO、MgO 的成渣热，kJ/kg；

$w(CaO)_{熔剂}$，$w(MgO)_{熔剂}$——熔剂中 CaO、MgO 的含量，%。

（6）炉料物理热。高炉使用冷矿后这部分热量很小，常常可以忽略。一般采用下式计算炉料物理热 $Q_{炉料}$(kJ/t)：

$$Q_{炉料} = G_{炉料} C_{p炉料} t_{炉料} \tag{5-28}$$

式中 $G_{炉料}$——炉料的质量，kg/t；

$C_{p炉料}$——炉料的平均热容，其值在 0.67 ~ 0.79kJ/(kg · ℃) 范围内；

$t_{炉料}$——入炉炉料的温度，℃。

5.4.3.2 高炉热支出

（1）氧化物分解热。氧化物分解热 $Q_{分}$ 包括铁氧化物、锰氧化物、硅氧化物和磷氧化物的分解热 $Q_{铁分}$、$Q_{锰分}$、$Q_{硅分}$和 $Q_{磷分}$，单位均为 kJ/t。

1）$Q_{铁分}$。矿石中铁氧化物主要为赤铁矿（Fe_2O_3）、磁铁矿（Fe_3O_4）和硅酸铁。通常矿石中有20%的FeO存在于硅酸铁中，其余的存在于磁铁矿中。

硅酸铁中FeO的量$G_{硅}$(kg/t)：$G_{硅} = G_{矿}\, w(FeO)_{矿} \times 20\%$

磁铁矿量$G_{磁}$(kg/t)： $G_{磁} = G_{矿}\, w(FeO)_{矿} \times (1-20\%) \times \dfrac{232}{72}$

赤铁矿量$G_{赤}$(kg/t)： $G_{赤} = G_{磁}\, w(Fe_2O_3)_{矿} - G_{磁} \times \dfrac{160}{232}$

式中 $w(FeO)_{矿}$，$w(Fe_2O_3)_{矿}$——矿石中FeO、Fe_2O_3的含量，%。

$$Q_{铁分} = G_{硅} \times 4078.25 + G_{磁} \times 4803.33 + G_{赤} \times 5156.59 \tag{5-29}$$

式中 4078.25，4803.33，5156.59——硅酸铁中FeO、磁铁矿、赤铁矿的分解热，kJ/kg。

2）$Q_{锰分}$。计算如下：

$$Q_{锰分} = w[Mn]_{\%} \times 10 \times 7366.02$$

式中 7366.02——由MnO分解产生1kg锰的分解热，kJ/kg。

3）$Q_{硅分}$。计算如下：

$$Q_{硅分} = w[Si]_{\%} \times 10 \times 31102.37$$

式中 31102.37——由SiO_2分解产生1kg硅的分解热，kJ/kg。

4）$Q_{磷分}$。计算如下：

$$Q_{磷分} = w[P]_{\%} \times 10 \times 35782.6$$

式中 35782.6——由P_2O_5分解产生1kg磷的分解热，kJ/kg。

综上：

$$Q_{分} = Q_{铁分} + Q_{锰分} + Q_{硅分} + Q_{磷分} \tag{5-30}$$

（2）脱硫耗热。脱硫耗热$Q_{脱硫}$(kJ/t)即指从FeS脱硫成为CaS消耗的热，计算如下：

$$Q_{脱硫} = G_{渣} w(S) \times 8359.05 \tag{5-31}$$

式中 $w(S)$——渣中硫含量，%；

8359.05——脱除1kg硫消耗的热，kJ/kg。

（3）碳酸盐分解热。熔剂中碳酸盐分解热$Q_{熔剂}$(kJ/t)计算如下：

$$Q_{熔剂} = V_{CO_2熔剂} \times \frac{44}{22.4} \times 2489 + G_{熔剂} w(CaO)_{熔剂} \times \frac{44}{56} \times (4048-2489) \tag{5-32}$$

式中 4048，2489——$CaCO_3$、$MgCO_3$分解为1kg CO_2消耗的热量，kJ/kg。

（4）水分分解热。热风中水分和喷吹物中水分分解热$Q_{水分解}$(kJ/t)计算如下：

$$Q_{水分解} = \left(V_{风}\, \varphi \times \frac{18}{22.4} + G_{煤}\, w(H_2O)_{煤}\right) \times 13454.1 \tag{5-33}$$

式中 13454.1——水分分解热，kJ/kg。

（5）游离水蒸发热。游离水蒸发热$Q_{水气}$(kJ/t)计算如下：

$$Q_{水气} = G_{焦}\, w(H_2O)_{焦} \times 2682 \tag{5-34}$$

式中 2682——水从0℃转化为100℃水蒸气时消耗的热，kJ/kg。

（6）铁水带走热。铁水带走热$Q_{铁水}$(kJ/t)计算如下：

$$Q_{铁水} = 1000 \times 1173$$

式中 1173——铁水的比焓，kJ/kg。

（7）炉渣带走热。炉渣带走热 $Q_{渣}$(kJ/t) 计算如下：

$$Q_{渣}=G_{渣}\times 1760 \tag{5-35}$$

式中 1760——炉渣的比焓，kJ/kg。

（8）喷吹物分解热。喷吹物分解热 $Q_{煤}$(kJ/t) 计算如下：

$$Q_{煤}=G_{煤}\times 1048 \tag{5-36}$$

式中 1048——煤粉分解热，kJ/kg。

（9）煤气带走热。从常温到200℃之间，煤气各组元的平均比热容如表5－11所示。

表5－11 煤气各组元的平均比热容 （kJ/(m³·℃)）

N_2	CO_2	CO	H_2	CH_4	$H_2O_{汽}$
1.284	1.777	1.284	1.278	1.610	1.605

1）干煤气带走热量 $Q_{煤气}$(kJ/t) 计算如下：

$$Q_{煤气}=1.284\times(V_{N_2}+V_{CO})+1.777\times V_{CO_2}+1.278\times V_{H_2}+1.610\times V_{CH_4}\times t_{煤气} \tag{5-37}$$

式中 $t_{煤气}$——炉顶煤气温度,℃。

2）煤气中的水带走热量 $Q_{水}$(kJ/t) 计算如下：

$$Q_{水}=1.605\times G_{水}(t_{煤气}-100)\times\frac{22.4}{18} \tag{5-38}$$

（10）炉尘带走热。炉尘带走热 $Q_{尘}$(kJ/t) 计算如下：

$$Q_{尘}=G_{尘}\times 0.7542\times t_{煤气} \tag{5-39}$$

式中 0.7542——炉尘比热容，kJ/(kg·℃)。

（11）冷却水带走热及其他热损失。冷却水带走热可以由冷却水量和冷却水温差确定。其他热损失很难测定，通常由总热收入减去各项热支出获得。如无冷却水数据，其也可以并入热损失内。冷却水带走热及其他热损失，对于炼钢生铁占3%～8%，对于铸造生铁占6%～10%。如果此项热损失过大或过小，说明高炉焦比或直接还原度等参数选取得不合理。

5.4.3.3 能量利用的评价

在热平衡计算的基础上，可以编制热平衡表，用于分析高炉的能量利用。在热消耗中有一些是高炉冶炼不可缺少的，如氧化物分解热、脱硫耗热、碳酸盐分解热、水分分解和蒸发热以及渣、铁带走热等。这部分热量与高炉总热收入之比称为有效热量利用系数 K_T。一般情况下，K_T 值在75%～85%范围内，个别可以达到90%。其计算公式为：

$$K_T=\frac{总热收入-煤气带走热-冷却水带走热及其他热损失}{总热收入}\times 100\% \tag{5-40}$$

评价高炉能量利用好坏的另一个指标是碳的热能利用系数 K_C。K_C 是炉内碳燃烧生成CO和 CO_2 产生的热量与这些碳全部燃烧成 CO_2 放出的热量之比，即：

$$K_C=\frac{Q_{CO}+Q_{CO_2}}{(V_{CO}+V_{CO_2})\times\frac{12}{22.4}\times 33436.2}\times 100\% \tag{5-41}$$

K_C 值对于中小型高炉，在50%～60%范围内；对于原料较好的大型高炉，可达65%以上。

5.5 高炉本体设计

高炉本体设计包括高炉基础、钢结构、炉衬、冷却设备、风口、渣口、铁口、送风管道以及高炉内型设计等，其中内型设计是基础。内型设计得先进、合理是实现优质、低耗、高产、长寿的先决条件，也是高炉辅助系统设计和选型的依据。高炉本体设计应按照高炉长寿技术的要求，要注重整体的长寿优化设计。

5.5.1 高炉内型设计

5.5.1.1 高炉内型设计方法

高炉内型设计的依据是单座高炉的生铁产量，由生铁产量确定高炉有效容积，再以有效容积为基础计算其他尺寸。高炉内型设计一般都采用经验数据和经验公式，这具有一定的局限性，不能生硬套用，应做具体分析和修正。下面介绍两种高炉内型设计的方法。

A 比较法

比较法是由给定的生铁产量确定炉容，根据建厂的冶炼条件，寻找条件相似、炉容相近、各项生产技术指标较好的合理高炉内型作为设计的基础。首先确定几个主要设计参数，然后选择各部位的比例关系进行容积计算，并与已确定的高炉内型进行比较，经过几次修订参数和计算，确定较为合理的高炉内型。目前，设计高炉多采用此种方法。

B 计算法

高炉内型的计算法即指经验数据的统计法，对一些技术经济指标比较先进的高炉内型进行分析和统计，得到高炉内型中某些主要尺寸与有效容积的关系式以及各部位尺寸之间的关系式。计算时可选定某一关系式算出某一主要尺寸，再根据高炉内型中各部位尺寸之间的关系式进行高炉内型计算，最后校核炉容，修订后确定设计高炉内型。

通过对100多座近代大型和巨型高炉进行分析和统计计算，推导出以下高炉内型计算式：

$$h_0 \geqslant 0.0937 V_u d^{-2} \tag{5-42}$$

$$d = 0.4087 V_u^{0.4205} \tag{5-43}$$

$$h_1 = 1.4206 V_u^{0.159} - 34.8707 V_u^{-0.841} \tag{5-44}$$

$$h_2 = (1.6818 V_u + 63.5879)/(V_u^{0.7848} + 0.719 V_u^{0.8129} + 0.517 V_u^{0.841}) \tag{5-45}$$

$$D = 0.5684 V_u^{0.3942} \tag{5-46}$$

$$h_3 = 0.3586 V_u^{0.2152} - 6.3278 V_u^{-0.7848} \tag{5-47}$$

$$h_4 = (6.3008 V_u - 47.7323)/(V_u^{0.7848} + 0.7833 V_u^{0.7701} + 0.5769 V_u^{0.7554}) \tag{5-48}$$

$$d_1 = 0.4317 V_u^{0.3777} \tag{5-49}$$

$$h_5 = 0.3527 V_u^{0.2446} + 28.3805 V_u^{-0.7554} \tag{5-50}$$

按式（5-42）～式（5-50）（式中各种符号的注解见5.5.1.2节）对各级别高炉进行计算，计算结果误差小于0.25%。计算得到的高炉内型基本符合近代大型高炉内型尺寸结构，体现了近代高炉横向型发展的总趋势。但计算得到的高炉内型只是相似型，没有有效地反映出高炉冶炼统计的差异。因此，考虑到不同地区的高炉冶炼条件及特点，应对计算得到的高炉内型做合理调整。表5－12所示为国内外部分高炉内型尺寸，设计高炉时可作参考。

表5－12 国内外部分高炉内型尺寸

符号	单位	大分	鹿岛	福山	君津	新利佩茨克	宝钢	武钢	本钢	南钢
V_u	m^3	5775	5050	4617	4063	3200	4063	3381	2686	2150
d	mm	15600	15000	14400	13400	12000	13400	12200	11000	10300
D	mm	17200	16300	15900	14600	13300	14600	13900	12880	11800
d_1	mm	11100	10900	10700	9500	8900	9500	9000	8200	7600
H_u	mm	33575	31800	30500	32600	32200	32100	30800	28900	27200
h_1	mm	6050	5100	4700	4900	4600	4900	5000	4300	4500
h_2	mm	4000	4000	4300	4000	3400	4000	3500	3600	3300
h_3	mm	2500	2800	2500	3100	1900	3100	2000	2000	1800
h_4	mm	18400	16900	17000	18100	20000	18100	17900	17000	15600
h_5	mm	2625	3000	2000	2500	2300	2000	2400	2000	2000
h_0	mm	4294	1500	1500	1800	—	1800	2500	1900	2000
α	(°)	78.68	82.42	80.10	81.47	79.17	81.47	76.33	75.35	77.18
β	(°)	80.58	81.40	81.30	81.98	83.72	81.97	82.20	82.15	80.33

5.5.1.2 炉型设计计算举例

A 高炉有效高度和有效容积

高炉有效高度 H_u 取决于高炉有效容积 V_u 和焦炭的质量。高炉越大，焦炭质量越好，则高炉有效高度越高。

有效高度与炉腰直径的比值（H_u/D）是表示高炉“矮胖”或“细长”的一个重要设计指标。一般大中型高炉为2.5～3.5，小型高炉为3.5～4.2。表5－13所示为国内外部分高炉内型及 H_u/D 值。

表5－13 国内外部分高炉内型及 H_u/D 值

国家	乌克兰	日 本			俄罗斯	中 国			
厂别	克里沃罗格	鹿岛	君津	千叶	新利佩茨克	宝钢	武钢	马钢	包钢
炉号	9	3	3	5	5	3	5	1	3
炉容/m^3	5026	5050	4063	2584	3200	4350	3200	2545	2200
H_u/m	33.5	31.8	32.6	30	32.2	31.5	30.6	29.4	27.3
D/m	16.1	16.3	14.6	12.1	13.3	15.2	13.4	12.0	11.6
H_u/D	2.08	1.95	2.23	2.48	2.421	2.072	2.283	2.45	2.353

B 炉缸

（1）炉缸直径（d）。炉缸直径是高炉最重要的设计参数，一般根据高炉冶炼强度 i 和炉缸截面积燃烧强度 j 确定。炉缸截面积燃烧强度 j 一般为1～1.25t/(m^2·h)，燃料可燃性好时可选大一些，国外大型高炉多为1t/(m^2·h)。炉缸直径 d（m）的计算公式为：

$$d = 1.13\sqrt{\frac{iV_u}{24 \times j}} \tag{5-51}$$

式中 i——高炉冶炼强度，$t/(m^3 \cdot d)$；

j——炉缸截面积燃烧强度，$t/(m^2 \cdot h)$。

炉缸直径也可以按下列经验公式确定为：

$$d = 0.32V_u^{0.45} \tag{5-52}$$

计算得到的炉缸直径应该再用 V_u/A（A 为炉缸截面积）值进行校核，根据经验，大型高炉 V_u/A 值一般为 22～30m。

(2) 炉缸高度（h_1）。在有渣口的高炉上，通常先确定渣口高度，然后再确定风口高度的和炉缸高度。渣口高度 h_z(m) 的计算公式如下：

$$h_z = \frac{4 \times V_u \eta b}{\pi d^2 Nc}\left(\frac{1}{\rho_p} + \frac{m\varepsilon}{\rho_s}\right) \tag{5-53}$$

式中 V_u——高炉有效容积，m^3；

η——高炉有效容积利用系数，$t/(m^3 \cdot d)$；

b——生铁产量波动系数，一般取 1.2；

d——炉缸直径，m；

N——出铁次数，根据高炉容积和产量，一般为 8～12 次/d（大高炉取高值）；

c——渣口以下炉缸容积利用系数，一般为 0.55～0.65（炉容大、渣量大时取低值）；

m——渣铁比，t/t；

ε——下渣率，一般取 30%；

ρ_p——铁水密度，一般为 $7.1t/m^3$；

ρ_s——炉渣密度，一般为 $1.4 \sim 1.8t/m^3$。

渣口与风口间距 h_d(m) 为：

$$h_d = \frac{4 \times V_u \eta b m(1-\varepsilon)}{\pi d^2 Nc\rho_s} \tag{5-54}$$

风口中心线高度 h_f(m) 为：

$$h_f = h_z + h_d \tag{5-55}$$

对于没有渣口的大型高炉，可以直接计算风口中心线高度，计算公式为：

$$h_f = \frac{4 \times V_u \eta b}{\pi d^2 Nc}\left(\frac{1}{\rho_p} + \frac{m}{\rho_s}\right) \tag{5-56}$$

炉缸高度 h_1(m) 为：

$$h_1 = h_f + a \tag{5-57}$$

式中 a——风口结构尺寸，一般为 0.35～0.5m。

C 炉腹

(1) 炉腹高度（h_2）。大型高炉炉腹高度通常在 3～4m 范围内。炉腹高度 h_2(m) 的计算公式为：

$$h_2 = \frac{D-d}{2}\tan\alpha \tag{5-58}$$

式中　D，d——炉腰直径和炉缸直径，m；

α——炉腹角，(°)。

大于 2000m^3 的高炉也可以用下式计算：

$$h_2 = 2.7 + 0.00025V_u \tag{5-59}$$

（2）炉腹角（α）。炉腹角过大不利于煤气分布，过小使炉料下降阻力增加而不利于顺行，高炉炉腹角通常取 79°～83°。

D　炉腰

（1）炉腰直径（D）。较大的炉腰直径有利于改善高炉透气性，从而有利于顺行。设计中炉腰直径常根据炉缸直径计算。通常 D/d 值，大型高炉取 1.1～1.15，中型高炉取 1.15～1.25，小型高炉取 1.25～1.5。高炉越大，比值越小。

（2）炉腰高度（h_3）。设计中炉腰高度通常在 1～3m 之间取值，炉容大则取大值。通常用炉腰高度来调整设计炉容。

E　炉身

（1）炉身高度（h_4）。高炉炉身高度通常占高炉有效高度的 50%～60%，对高炉内炉料的传热、还原有很大影响。炉身高度 h_4(m) 根据炉腰直径、炉喉直径及炉身角确定如下：

$$h_4 = \frac{D - d_1}{2}\tan\beta \tag{5-60}$$

（2）炉身角（β）。炉身角通常在 80.5°～85.5°范围内取值，大高炉取小值。

F　炉喉

（1）炉喉直径（d_1）。炉喉直径通常由 d_1/D 值确定。一般高炉 d_1/D 值在 0.64～0.73 范围，高炉越大，比值越大。

（2）炉喉高度（h_5）。炉喉高度应能够保证炉喉布料及料线调节的需要，一般为 1～3m。

G　死铁层厚度（h_0）

目前死铁层总的趋势是谨慎地逐渐加深，大型高炉一般取 1～2.5m，也可按照下列两个经验公式计算 h_0(m)：

$$h_0 \geqslant 0.0937V_u d^{-2}$$

$$h_0 = 0.0436V_u^{0.522} \tag{5-61}$$

H　渣口、铁口及风口数目

1000m^3 以上的高炉设置两个渣口，两个渣口高度往往相差 100～200mm，渣口直径为 ϕ50～60mm。当 4000m^3 以上的高炉设置 3～4 个铁口时，高炉可以不设渣口。

铁口数目根据炉容及产量确定，一般 1000m^3 以下的高炉设置一个铁口，1500～3000m^3 的高炉设置 2～3 个铁口，3000m^3 以上的高炉往往设置 3～4 个铁口。也可以按照每昼夜铁水通过量为 1500～2500t 设置一个铁口。

高炉风口数目主要取决于炉容大小、风口间距和操作空间。风口数目多有利于高炉炉缸部位煤气沿圆周分布均匀，从而有利于活跃炉缸。通常风口数目可按下式计算，计算后往往取整数：

$$n = \frac{\pi d}{S} \tag{5-62}$$

式中 n——风口数目，个；

d——炉缸直径，m；

S——风口中心距，在 1～1.5m 范围内取值，常取 1.1～1.2m。

炉型尺寸设计完毕后，应该对炉容进行校核，容积误差应小于 0.25%。

5.5.2 高炉内衬

5.5.2.1 高炉用耐火材料

高炉常用的耐火材料主要有陶瓷质耐火材料和碳质耐火材料两大类。除成型的耐火材料外，还有不定型耐火材料。高炉耐火材料（炭砖除外）通常制成标准尺寸，矩形砖和楔形砖的长度有 230mm（为一砖）和 345mm（为一砖半）两种。矩形砖的宽度有 115mm 和 150mm 两种；楔形砖一边宽度为 150mm，另一边宽度分为 110mm、120mm、125mm 和 135mm 四种。采用矩形砖和楔形砖可以砌筑各种直径的环行砌体。

（1）碳质耐火材料。碳质耐火材料主要有炭砖（焙烧炭砖、自熔炭砖、热压成型炭砖、半石墨炭砖、微孔炭砖）、石墨炭砖、氮结合碳化硅砖、铝炭砖等。其优点是耐火度高、强度高、导热性好、高温耐磨性好、抗热震性好、热膨胀系数小、热稳定性好、抗渣性好等；不足是抗氧化性能差，易氧化。

（2）陶瓷质耐火材料。陶瓷质耐火材料主要有黏土砖、高铝砖、刚玉砖、刚玉莫来石砖、硅线石砖及硅砖等。其成本低，具有良好的机械强度和耐磨性。陶瓷质耐火材料的基本性能主要考查耐火度、荷重软化点、气孔率和重烧收缩率等。要求其 Al_2O_3 含量要高、Fe_2O_3 含量要低。陶瓷质耐火材料主要用于高炉炉身和炉腰、炉腹部。其中刚玉砖性能最好，其次是高铝砖，黏土砖性能较差。硅砖主要用于热风炉炉顶。

（3）不定型耐火材料。不定型耐火材料主要有捣打料、喷涂料、浇注料、泥浆和填料等，成分有碳质和陶瓷质等。不定型耐火材料成型工艺简单，能耗低，抗热震性好，整体性好，价格较低。一般冷却壁之间用 15mm 锈接料，冷却壁与炭砖之间用 150～200mm 炭捣料，冷却壁与炉壳间用 15～20mm 稀泥浆，炉身砌砖与炉壳之间用 100～150mm 水渣石棉，炉身部位炉壳内喷涂 30～50mm 不定型耐火材料，炉喉与钢砖之间用 75～150mm 耐火泥，炉底炭砖与高铝砖之间用 40mm 炭糊，水冷管中心线以上用 150～200mm 炭捣层，水冷管中心线以下用 150～200mm 耐热混凝土。

5.5.2.2 高炉内衬设计

A 炉缸、炉底

目前，国内外高炉炉缸、炉底结构有以下三种基本形式：大块炭砖砌筑，炉底设陶瓷垫；热压小块炭砖砌筑，炉底设陶瓷垫；大块或小块炭砖砌筑，炉底和炉缸设陶瓷杯。从国内外高炉的生产实践来看，上述三种结构形式都能获得延长高炉寿命的良好效果。

（1）大块炭砖砌筑，炉底设陶瓷垫。日本及我国许多高炉都采用如图 5-3 所示的炉缸、炉底结构。炉缸和炉底上部区域侧墙采用大块炭砖砌筑，而炉底部位用微孔或超微孔大块炭砖砌筑。炉底上部砌筑优质陶瓷耐火材料的衬垫，称为陶瓷垫。我国长寿高炉中，宝钢 1 号、2 号高炉及武钢 5 号高炉的炉缸、炉底采用日本炭砖，炉底设陶瓷垫，炉缸寿命均在10年以上。

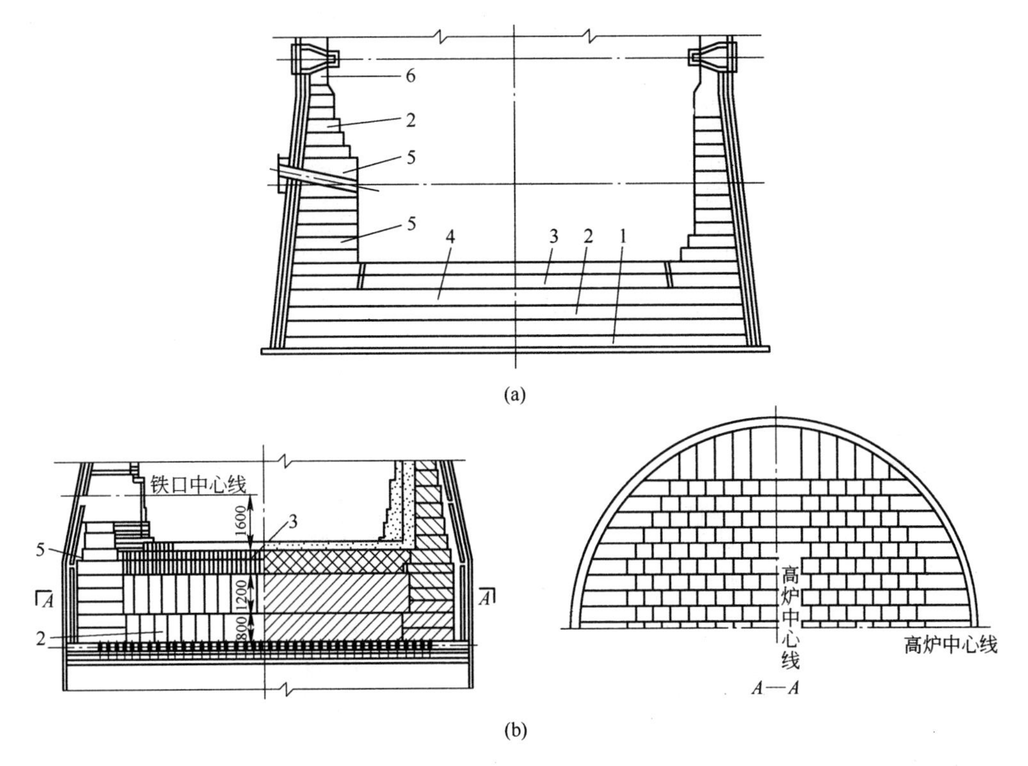

图5－3　大块炭砖炉缸、炉底结构

1—高导热性石墨炭砖；2—炭砖；3—陶瓷垫；4—微孔炭砖；5—环砌炭砖；6—风口砖

(2) 热压小块炭砖砌筑，炉底设陶瓷垫（散热型）。采用小块炭砖取代炉缸和炉底上部区域侧墙的大块炭砖，并使用特殊泥浆吸收温度造成的热应力，使热量能顺利传递到冷却设备，以避免这一部位的炭砖出现环裂。其他部位的砌砖与大块炭砖砌筑相同。热压小块炭砖的炉缸、炉底结构如图5－4所示。我国长寿高炉中，本钢4号和5号高炉、鞍钢10号和新1号高炉、包钢3号高炉采用了热压小块炭砖，炉底设陶瓷垫，使用寿命均在10年以上。

(3) 大块或小块炭砖砌筑，炉缸和炉底设陶瓷杯（隔热保温型）。陶瓷杯炉底结构是提高炉底寿命的一项新技术，它是在炉底炭砖和炉缸炭砖的内缘砌筑一高铝质杯状刚玉砖砌体层。即在炉底炭砖上面砌筑1～2层刚玉莫来石砖；炉缸壁外环为炭砖，内环为刚玉质预制块。其结构如图5－5所示。国内首钢1号高炉、梅山新建高炉、宝钢1号高炉第二代炉役都先后使用了陶瓷杯结构。陶瓷杯的不足之处在于其材料未在炉缸长期工作的温度下烧透，在开炉后的使用过程中内部可能因发生晶形转变而产生膨胀，影响其使用寿命。

B　炉腹

生产实践表明，开炉后不久高炉炉腹部位的耐火砖衬即被侵蚀掉，而靠形成的渣皮来维持工作。因此，炉腹部位通常只砌一层345mm厚的黏土砖或高铝砖，只有少数高炉在炉腹砌筑复合含碳材料。

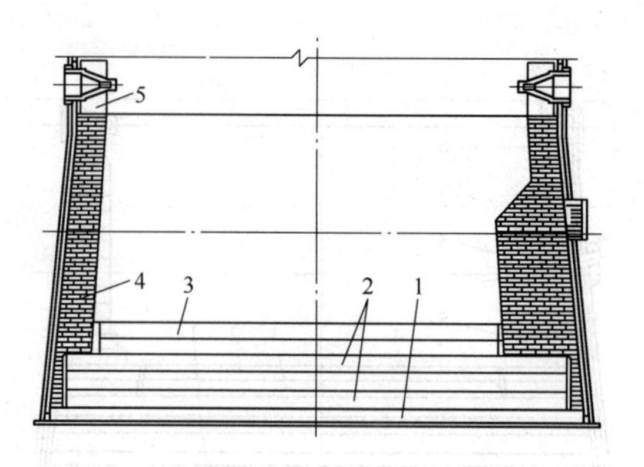

图5－4　热压小块炭砖的炉缸、炉底结构

1—高导热性石墨炭砖；2—大块炭砖；3—陶瓷垫；4—热压小块炭砖；5—风口砖

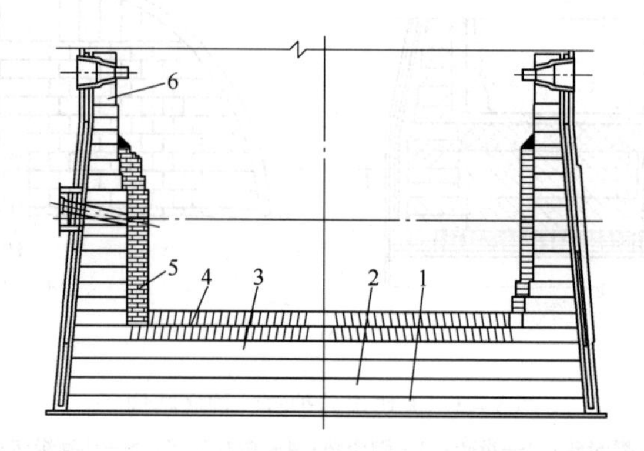

图5－5　大块炭砖的陶瓷杯结构

1—高导热性石墨炭砖；2—普通炭砖；3—微孔炭砖；4—陶瓷垫；5—陶瓷杯；6—风口砖

国外大型高炉提高了对炉腹砌砖的材质要求。日本一些高炉炉腹采用了黏土或氮化硅结合的碳化硅砖、碳化石墨砖，有的高炉还采用了电熔高铝砖、合成莫来石和刚玉砖等。美国和西欧一些国家的高炉炉腹也采用了碳化硅砖等高级耐火材料。由于它们具有导热性能好、抵抗渣铁侵蚀能力强及抗磨损性能好等优点，高炉一代炉龄的炉腹寿命得到了可靠保证。

C　炉腰和炉身下部

高炉炉腰有厚墙炉腰、薄墙炉腰和过渡式炉腰三种结构形式（如图5－6所示）。高炉冶炼过程中煤气沿炉腹斜面上升，在与炉腰交接处其方向转变，煤气流对炉腰部位的耐火炉衬冲刷严重，使其受损，造成炉腹扩大上升、径向尺寸变大。厚墙炉腰有利于这种转化，且热损失少，但侵蚀后操作炉型与设计炉型差别大，相当于炉腹向上延长，对下料不利。薄墙炉腰有固定炉型的作用，但不利于这种转化，而且热损失比较大。过渡式炉腰介于两者之间。

炉身砖衬的厚度趋于薄的方向发展，过去通常为690mm（230mm×3，三层砖）和805mm（230mm×2＋345mm，三层砖）；现在有的炉衬厚度采用575mm（230mm＋345mm，两层砖），也有的高炉炉身厚度与炉腹厚度相同，为345mm。过去较长一段时间

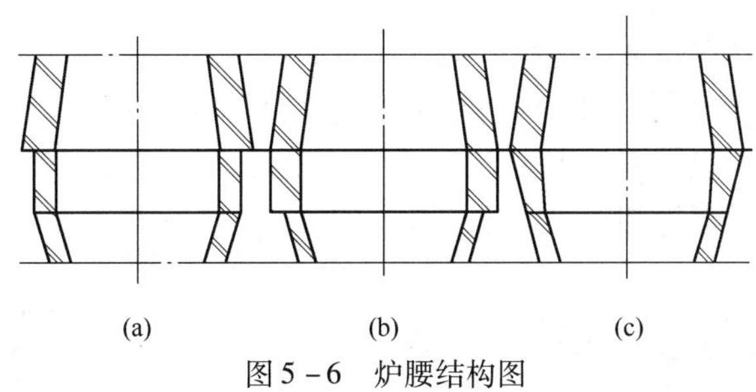

图5－6　炉腰结构图

（a）薄墙；（b）厚墙；（c）过渡式

内，炉腰和炉身下部都采用黏土砖和高铝砖砌筑，现在这些部位常用复合含碳材料。包钢冶炼含氟矿石时，炭砖砌到炉身2/3处；宝钢1号高炉采用刚玉砖；欧美等国家以及鞍钢的高炉采用碳化硅砖砌筑炉身中下部，取得了良好效果。目前国内外一致认为，氮化硅结合或自然结合的碳化硅是高炉炉身下部较理想的耐火材料，但价格很高。

D　炉身上部和炉喉

炉身上部温度较低，主要受煤气流冲刷与炉料摩擦而破损。该部位一般采用高铝砖或黏土砖砌筑，现在有的也采用碳化硅砖砌筑。通常情况下，炉身砖衬砌到炉身高度的2/3处，现在也有全炉身砌筑砖衬的高炉。

炉喉部位通常采用铸铁、铸钢制成炉喉衬板，称为炉喉钢砖或炉喉条状保护板。

5.5.3　高炉冷却

5.5.3.1　高炉冷却方式

根据高炉不同部位的工作条件及冷却要求的不同，所用的冷却介质也不同，一般常用的冷却介质有水、空气和汽水混合物，即高炉冷却方式有水冷、风冷和汽化冷却。

现代高炉冷却方式分为外部冷却和内部冷却两种。外部冷却过去曾用于小型高炉，对于大型高炉仅作为一种辅助性的冷却手段，只在炉役末期冷却设备烧坏的情况下使用，以防止炉壳变形和烧穿。内部冷却是在高炉炉壳内装设冷却设备对高炉本体进行冷却，内部冷却设备包括冷却壁、冷却板、冷却水箱、风口和渣口冷却及炉底冷却等。

5.5.3.2　高炉冷却设备的结构形式

A　喷水冷却装置

炉外喷水冷却的缺点是冷却不能深入炉衬内部，冷却深度浅；但其设备简单，使用方便，一般在不安装冷却器的小高炉上采用。在大中型高炉的炉身最上部或冷却器已损坏的区域，可以采取喷水冷却作为辅助性冷却。国外一些大型高炉由于采用炭砖炉衬，为发挥炭砖导热性能强的特点，炉壳内不设置冷却器而采取炉外喷水冷却，也取得了令人满意的冷却效果。

B　冷却壁

冷却壁是内部铸有无缝钢管的大块金属板冷却件，按其表面镶砖与不镶砖分为镶砖冷却壁和光面冷却壁两种，如图5－7所示。

镶砖冷却壁导热效率低，抗磨损性能强，一般用于炉腹、炉腰及炉身下部，并直接与黏土砖或高铝砖炉衬相接触。镶砖材料现在一般采用SiC砖、Si_3C_4－SiC砖、半石墨化

SiC 砖、铝炭砖等。

光面冷却壁导热性能较强，但抗磨损性能不如镶砖冷却壁强，一般用于炉底四周和炉缸。炉腹以上采用碳质耐火砖砌筑时，也采用光面冷却壁冷却。

过去冷却壁本体一般都采用普通灰口铸铁，现在则发展成为球墨铸铁和铜质。在风口、渣口部位要安装异形冷却壁，以适应开孔的需要。

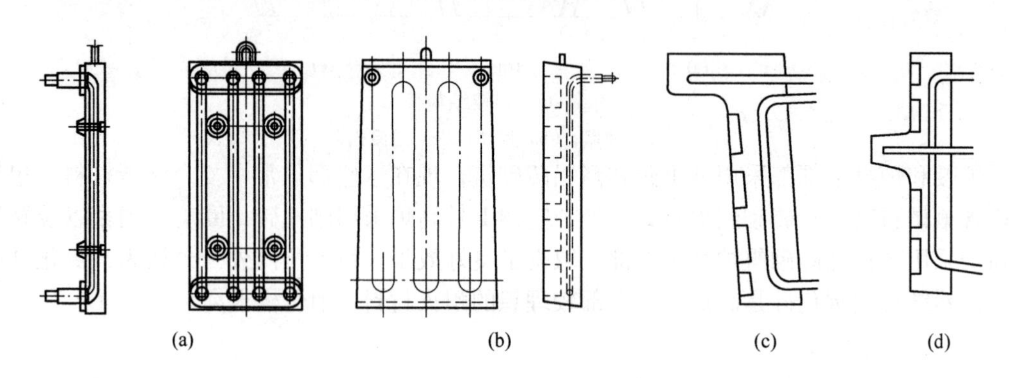

图 5－7 铸铁冷却壁的基本结构

（a）光面冷却壁；（b）镶砖冷却壁；（c）上部带凸台的镶砖冷却壁；（d）中间带凸台的镶砖冷却壁

C 冷却板

冷却板分为铸铜冷却板、铸铁冷却板、埋入式冷却板等。铸铜冷却板在局部需要加强冷却时采用，铸铁冷却板在需要保护炉腰托圈时采用，埋入式铸铁冷却板在需要起支承内衬作用的部位采用。各种形式的冷却板如图 5－8 所示。

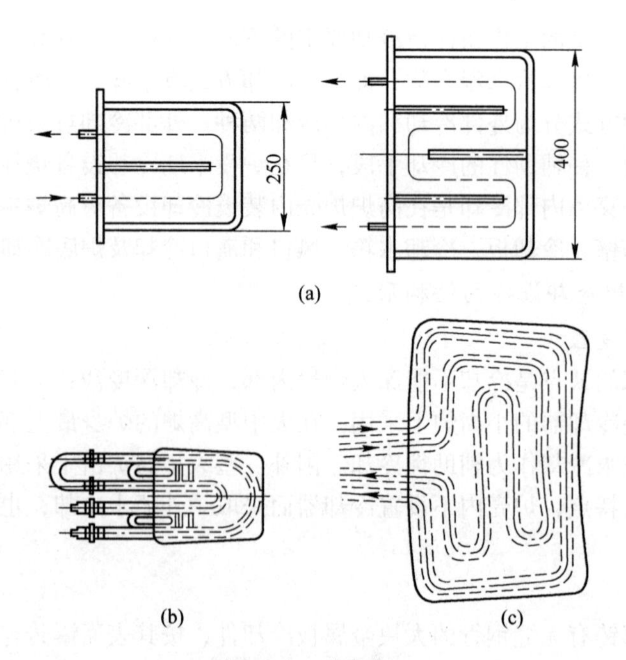

图 5－8 冷却板

（a）铸铜冷却板；（b）埋入式冷却板；（c）铸铁冷却板

冷却板通常用于厚壁炉腰、炉腰托圈及厚壁炉身中下部砖衬的冷却，也有高炉炉腹至炉身均采用密集式铜冷却板冷却。

D 板壁结合冷却结构

全部使用冷却板实现冷却的高炉，冷却板设置在风口部位以上一直到炉身中上部，炉身中上部到炉喉钢砖和风口以下采用炉壳喷水或光面冷却壁。全部使用冷却壁实现冷却的高炉，一般在风口以上直到炉喉钢砖采用镶砖冷却壁，风口以下采用光面冷却壁。

实际使用中，大多数高炉根据冶炼的需要，在不同部位采用各种不同的冷却设备，这种冷却的结构形式称为板壁结合冷却结构。板壁交错布置的结构形式如图5－9所示。

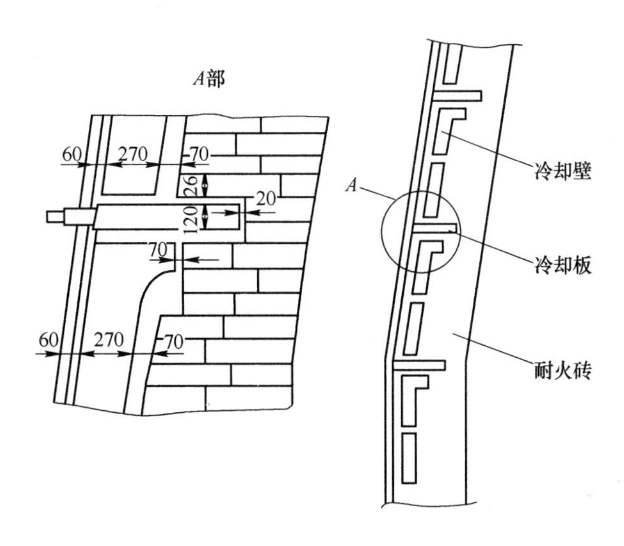

图5－9 板壁交错布置结构

E 支梁式水箱

支梁式水箱一般采用铸铁铸造，目前也有采用铸钢铸造的。支梁式水箱的宽度一般为200～300mm，长度应根据冷却炉衬的厚度确定，一般以700～800mm为宜。水箱前端砌砖厚度一般为460～575mm，有的最薄砌砖厚度只有230mm。此种水箱的构造如图5－10所示。

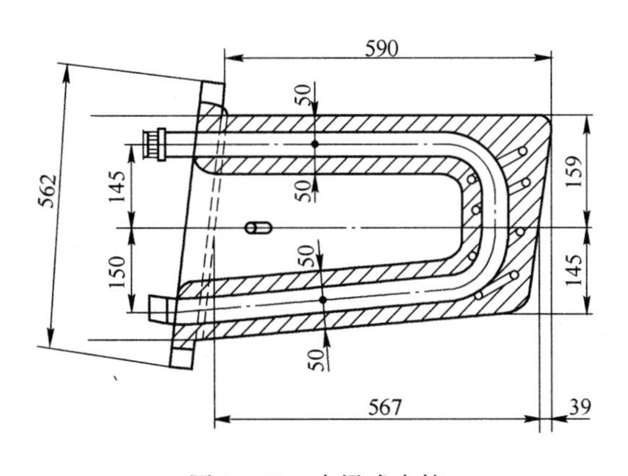

图5－10 支梁式水箱

支梁式水箱一般布置在炉身其他冷却设备的最上面，即紧接着炉身其他冷却设备上面安装2～4层支梁式水箱，用于冷却炉衬及支承上部砖衬。支梁式水箱的布置方式为：相邻上下两层呈棋盘式交错形式，上下两层间距一般为600～1000mm，同层间距为1300～1700mm。

支梁式水箱的主要优点是：冷却深度和强度大，机械强度高；当下部砖衬被侵蚀、破损剥落时，水箱对上部砖衬起支承作用，可避免上部砖衬发生垮塌。其缺点是：为点式布置，冷却砖衬不够均匀；当炉衬被严重侵蚀后，支梁式水箱可能裸露出来，在炉内形成凸台，有碍于炉料的顺利下降；安装时炉壳开孔较大，影响炉壳的机械强度和密封严密性。目前，支梁式水箱有被改进后的凸台式冷却壁所代替的趋向。

F　炉底冷却装置

现在大型高炉炉底中心部位多采用水冷的方法。水冷管中心线以下埋置在炉基耐火混凝土基墩上表面中，中心线以上为炭素捣固层，水冷管的尺寸为ϕ40mm×10mm，炉底中心部位水冷管间距为200～300mm，边缘水冷管较疏，间距为350～500mm，水冷管两端伸出炉壳外50～100mm。炉壳开孔后加垫板加固，开孔处应避开炉壳折点150mm以上。

目前大型高压高炉多采用炉底封板，水冷管可设置在封板以上，这样在炉壳上开孔将降低炉壳强度和密封性，但冷却效果好；水冷管也可设置在封板以下，这样对炉壳没有损伤，但冷却效果差。宝钢1号高炉采用后一种结构。

现代高炉设计推荐炉身上部采用镶砖冷却壁、高炉炉体采用全冷却壁薄的炉衬结构。从炉底至炉喉全部采用冷却器的全炉体冷却，无冷却盲区，可实现高炉各部位的同步长寿。炉腹宜采用铸铁或铜冷却壁，也可采用密集式铜冷却板。炉腰和炉身中下部的冷却设备宜采用强化型铸铁镶砖冷却壁、铜冷却壁或密集式铜冷却板以及冷却板和冷却壁组合的形式。但是在炉腹、炉腰至炉身下部高热负荷区域，安装铜冷却壁是实现长寿的最佳选择，在高利用系数的操作条件下，可确保此区域的高炉寿命达15～20年，而且无需使用价格昂贵的耐火材料，高炉炉体的维护工作大大减少。国外新建或最近大修的高炉在此区域大多选择了铜冷却壁系统；我国最近新建和大修的高炉大多在炉腹、炉腰和炉身下部采用铜冷却壁结构，如武钢1号、2号、5号高炉，本钢5号、6号、7号高炉和鞍钢新2号、3号高炉等。

5.5.4　高炉钢结构

高炉钢结构包括炉壳、炉体框架、炉顶框架、平台和梯子等。高炉钢结构是保证高炉正常生产的重要设施。设计高炉本体钢结构主要是解决炉顶荷载、炉身荷载传递到炉基的方法问题，并且要解决炉壳密封等问题。高炉本体钢结构主要有自立式、炉缸支柱式、炉缸炉身支柱式、炉体框架式等几种形式，如图5－11所示。

近年来，大型高炉设计几乎都采用自立式的框架结构。典型的自立式炉体框架结构如图5－12所示。由于采用铜冷却壁以后炉壳的安全性得到提高，最近世界上已有一批1000m^3级的高炉不设高炉炉体框架。

5.5.5　高炉基础

高炉基础是高炉下部的承重结构，其作用是将高炉全部荷载均匀地传递到地基。高炉基础由埋在地下的基座部分和地面上的基墩部分组成，如图5－13所示。

基墩断面呈圆形，直径与炉底相同，高度一般为2.5～3m，设计时可以利用基墩高度调节铁口标高。

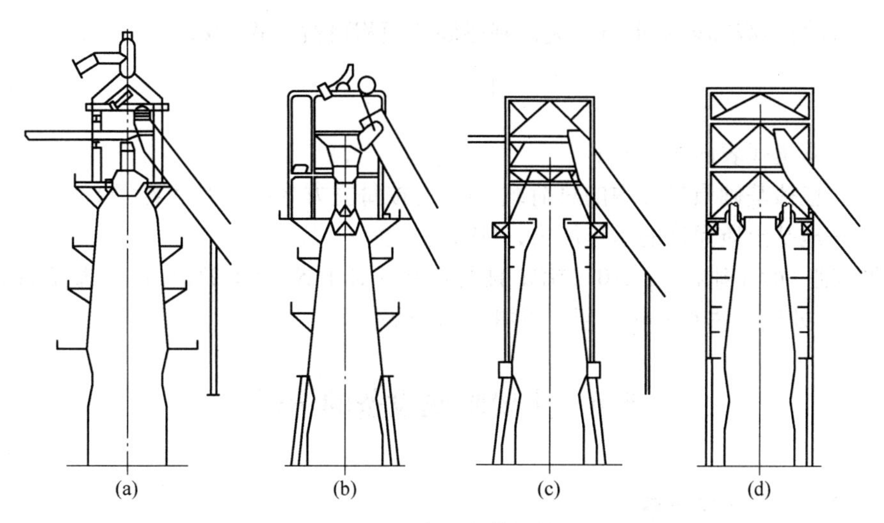

图 5－11 高炉本体钢结构

（a）自立式；（b）炉缸支柱式；（c）炉缸炉身支柱式；（d）炉体框架式

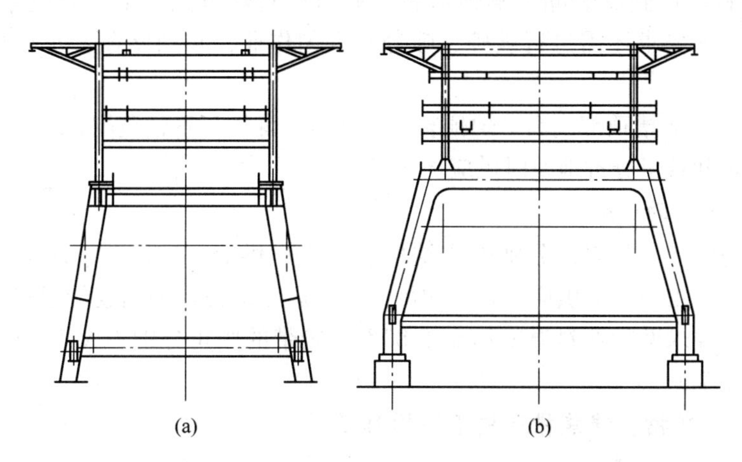

图 5－12 典型的自立式的炉体框架结构

（a）正方形框架结构；（b）矩形框架结构

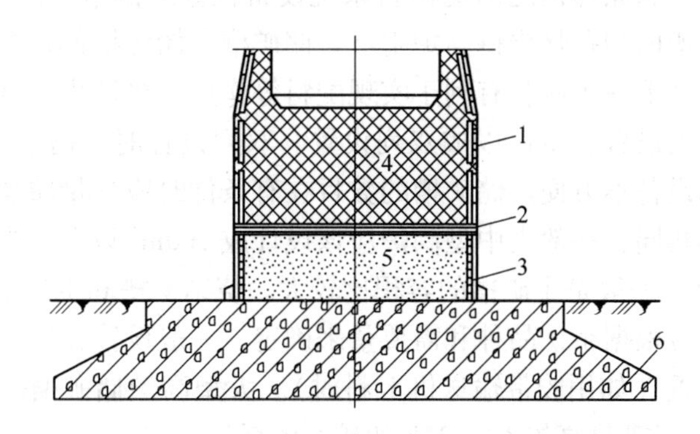

图 5－13 高炉基础

1—冷却壁；2—水冷管；3—耐火砖；4—炉底砖；5—耐热混凝土基墩；6—钢筋混凝土基座

基座直径与荷载和地基土质有关，基座底表面积可按下式计算：

$$A = \frac{P}{100S_{允}} \tag{5-63}$$

式中 A——基座底表面积，m^2；

P——包括基础质量在内的总荷载，t，可按每立方米高炉有效容积 13 ~ 15t 估算；

$S_{允}$——地基土质允许的承压能力，MPa。

高炉基础一般应建在 $S_{允} > 0.2$MPa 的土质上。对于 $S_{允} < 0.2$MPa 的地基应加以处理，视土层厚度，处理方法有夯实垫层、打桩、沉箱等。

5.6 主要附属设备的选择

5.6.1 高炉车间原料供应系统

现代钢铁联合企业中，炼铁原料的供应系统分为两部分：

(1) 从原料进厂到高炉储矿槽顶部属于原料厂管辖范围，主要完成原料的卸、堆、取、运作业，根据要求还需进行破碎、筛分和混匀作业，起到储存、处理并供应原料的作用。

(2) 从高炉储矿槽顶部到高炉炉顶装料设备属于炼铁厂管辖范围，主要负责向高炉按规定的原料品种和数量分批地及时供应。

5.6.1.1 车间的运输

高炉所需烧结矿、焦炭，分别由烧结厂、焦化厂供应。球团矿、块矿、锰矿、石灰石、硅石、萤石等由原料场供应。新建的炼铁厂，运输设备均采用胶带运输机。运输烧结矿和球团矿时，要求两种熟料温度不高于 80℃，胶带的倾角分别不大于 16°和 13°，胶带速度一般不大于 2m/s。

5.6.1.2 储矿槽、储焦槽及槽下运输称量

A 储矿槽、储焦槽

储矿槽和储焦槽位于高炉一侧，起到原料的储存作用，解决高炉连续上料和车间间断供料的矛盾。当储矿槽和储焦槽之前的供料系统设备检修或因事故造成短期间断供料时，可依靠储矿槽和储焦槽内的存量维持高炉生产。储矿槽和储焦槽都是高架式设置，可以利用原料的自重下滑进入下一工序，有利于实现配料等作业的机械化和自动化。

储矿槽可以成单列设置，也可以成双列设置。双列设置时，槽下运输显得比较拥挤，工作条件较差，检修设备不方便。储矿槽的数目在有条件时应尽量减少。单个矿槽的容积可以相同，也可以不相同，一般大中型高炉应该设计成 $100m^3$ 以上。当设置主矿槽和辅助矿槽（备用矿槽）时，一般是主矿槽的容积比较大。烧结矿槽和生矿槽根据条件可以分开设置。杂矿槽的数目应根据杂矿品种和需要量来确定，一般设置在储矿槽列线远离料车坑的末端或单独成列设置（如用胶带输送机上料时）。大型高炉储矿槽的总容积一般为高炉容积的 1.6 ~ 2 倍，可以满足高炉 12 ~ 24h 的矿石消耗量。

储焦槽可以和储矿槽设置在同一列，也可以单独设成一列。储焦槽的总容积可以参照与高炉容积之比选用，$1500m^3$ 以上的高炉，储焦槽容积与高炉容积之比为 0.5 ~ 0.7；也

可根据储存量进行计算，一般储焦槽储存6～8h的焦炭量。

宝钢4063m^3高炉设计的储存时间为：烧结矿10h，球团矿12h，块矿12h，辅助原料（如石灰石、锰矿、硅石、白云石）12h，焦炭6h。储矿槽容积为：烧结矿566m^3×6，球团矿和块矿140m^3×6，辅助原料170m^3×2+60m^3×2；储焦槽容积为450m^3×6。储矿槽容积与高炉容积之比为1.16（宝钢采用较小烧结矿槽容积，是因为成功使用了落地烧结矿），储焦槽容积与高炉容积之比为0.66，可满足日产1万吨生铁的需要。

B　槽下运输称量

在储矿槽下，将原料按品种和数量称量并运到料车（或上料胶带运输机）的方法有两种：一种是用称量车完成称量、运输、卸料等工序；一种是用胶带运输机运输，用称量漏斗称量，我国新建高炉都选用胶带运输机作为槽下运输设备。

在槽下运输称量系统中，焦仓和烧结矿仓下一般设有振动筛，筛上物分别送至焦炭称量漏斗和矿石称量漏斗，筛下物经胶带运输机分别运至粉焦仓和粉矿仓。球团矿、块矿、辅助原料直接经给料机、矿石胶带运输机送到矿石集中漏斗。为了高炉强化，部分厂矿也将球团矿、块矿进行筛分。

胶带运输机的槽下工艺流程可以分为以下三种：

（1）集中筛分，集中称量。

（2）分散筛分，分散称量（储矿槽下多采用此流程，适合大料批、多品种的高炉）。

（3）分散筛分，集中称量（储焦槽下多采用此流程）。

为改善高炉料柱的透气性，大中型高炉要求将入炉焦炭中小于20～25mm的小焦块和粉末及矿石中小于5mm的粉末筛除。近年来，新建高炉都采用振动筛。

5.6.1.3　供料系统设备

储焦槽、储矿槽槽下设备及上料胶带运输机等各设备的能力，根据料批重量和槽下设备的作业时间确定。

A　储焦槽槽下设备及能力的确定

储焦槽槽下设备包括焦炭集中称量漏斗、焦炭胶带运输机、焦炭筛及碎焦胶带运输机等。

宝钢1号高炉选用两个有效容积为40m^3、最大称重量为20t的焦炭称量漏斗。选用原则是按两个焦炭称量漏斗能容纳一批焦炭考虑，当最大焦批重量$W_{C,max}$=35t时，焦炭的堆密度取0.45t/m^3，则：

$$V_C = W_{C,max}/(2\gamma_C) = 35/(2\times0.45) \approx 40\text{m}^3 \tag{5-64}$$

式中　V_C——焦炭称量漏斗容积，m^3；

$W_{C,max}$——最大焦批重量，t/批；

γ_C——焦炭堆密度，t/m^3。

焦炭振动筛是将储焦槽排出的焦炭进行筛分的设备。焦炭筛的能力按3台同时工作满足高炉生产考虑，不考虑低速运转的产量，并考虑富余率为20%。

B　储矿槽槽下设备及能力的确定

储矿槽槽下设备包括矿石集中漏斗、矿石集中称量漏斗、辅助原料称量漏斗、烧结矿振动筛、矿石电动给料器、辅助原料电动给料器、矿石集中胶带运输机及烧结矿粉胶带运输机等。

当槽下采用胶带运输机时，储矿槽槽下各种漏斗的结构形式和要求与焦炭称量漏斗相似。

矿石集中称量漏斗的有效容积小于或等于矿批或矿石小批的容积，可参照焦炭称量漏斗容积计算。

烧结矿槽、块矿槽或球团矿槽槽下设有称量漏斗，按照各矿种使用的配料比例进行称量。

矿石集中胶带运输机是从矿石称量漏斗和辅助原料称量漏斗到矿石集中漏斗之间的运输机械。

宝钢1号高炉每批料的装料时间 $\tau = 420s$，矿批重量 $W_0 = 120t$，富余率 $\xi_2 = 10\%$，则矿石胶带运输机的能力 $Q_{C,O}$ 按下式计算：

$$Q_{C,O} = \frac{W_0(\xi_2 + 1)}{\tau_0} \tag{5-65}$$

$$\tau_0 = \tau - (\tau_{01} - \tau_{02}) \times 2 \tag{5-66}$$

式中 ξ_2——胶带运输机的富余率，可取0.1；

τ_0——矿石胶带运输机向矿石集中漏斗给料的时间，s；

τ_{01}——矿石胶带运输机将矿石从矿石称量漏斗输送到矿石集中漏斗的时间，s；

τ_{02}——溜槽转换及闸门开启时间，s。

选择胶带集中运输机的胶带宽度为1600mm，胶带速度为120m/min。

5.6.1.4 上料设备

将炉料直接送到高炉炉顶的设备称为上料机，主要有料罐式、料车式和胶带运输机上料三种方式。近年来随着高炉大型化的发展，料罐式、料车式上料机已经不能满足高炉要求。

胶带运输机可以连续上料，可以通过增大胶带速度和宽度来满足高炉要求，因此新建的大型高炉和部分中小型高炉都采用了胶带运输机上料系统。

胶带上料的供料系统按是否设有矿石集中漏斗和焦炭集中称量漏斗，主要分为两种形式：一是设有矿石集中漏斗和焦炭集中称量漏斗；二是不设矿石集中漏斗和焦炭集中称量漏斗。

宝钢高炉设有矿石集中漏斗和焦炭集中称量漏斗。图5-14为宝钢1号、2号高炉供料系统示意图。

图5-15所示为宝钢高炉胶带运输机上料工艺流程。储矿槽和输出胶带运输机布置在主胶带运输机的一侧，通称为一翼式布置。这种布置的特点是：槽下的输出胶带运输机运输距离较长，而上料胶带运输机运输距离较短，矿槽标高较低，炼铁厂布置比较灵活，适于岛式或半岛式布置。

此供料系统中，储焦槽和储矿槽分成两排布置，即储焦槽占一排，烧结矿槽、球团矿槽、杂矿槽和熔剂槽占一排，便于施工和检修。当储矿槽内料位下降到槽内高度的1/2～3/5时开始上料。用计算机计算和自动校正称量误差、校正原料含水量、控制矿石料仓的储存量和记录装料量等。

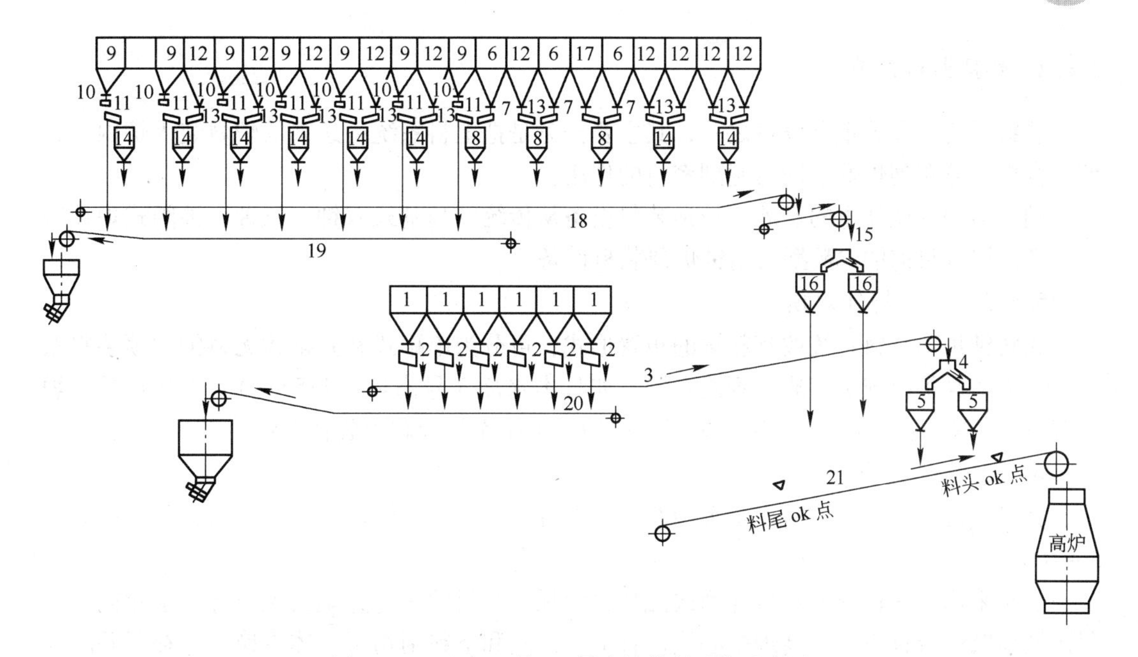

图 5－14　宝钢 1 号、2 号高炉供料系统示意图

1—储焦槽；2—焦炭筛；3—焦炭集中运输胶带；4—焦炭转换溜槽；5—焦炭集中称量漏斗；6—杂矿槽；7—杂矿给料机；8—杂矿称量漏斗；9—烧结矿槽；10—烧结矿给料机；11—烧结矿筛；12—球团矿和精块矿槽；13—球团矿和精块矿给料机；14—矿石漏斗；15—矿石转换溜槽；16—矿石集中漏斗；17—小块焦槽；18—矿石胶带机；19—粉矿胶带机；20—碎焦胶带机；21—上料胶带机

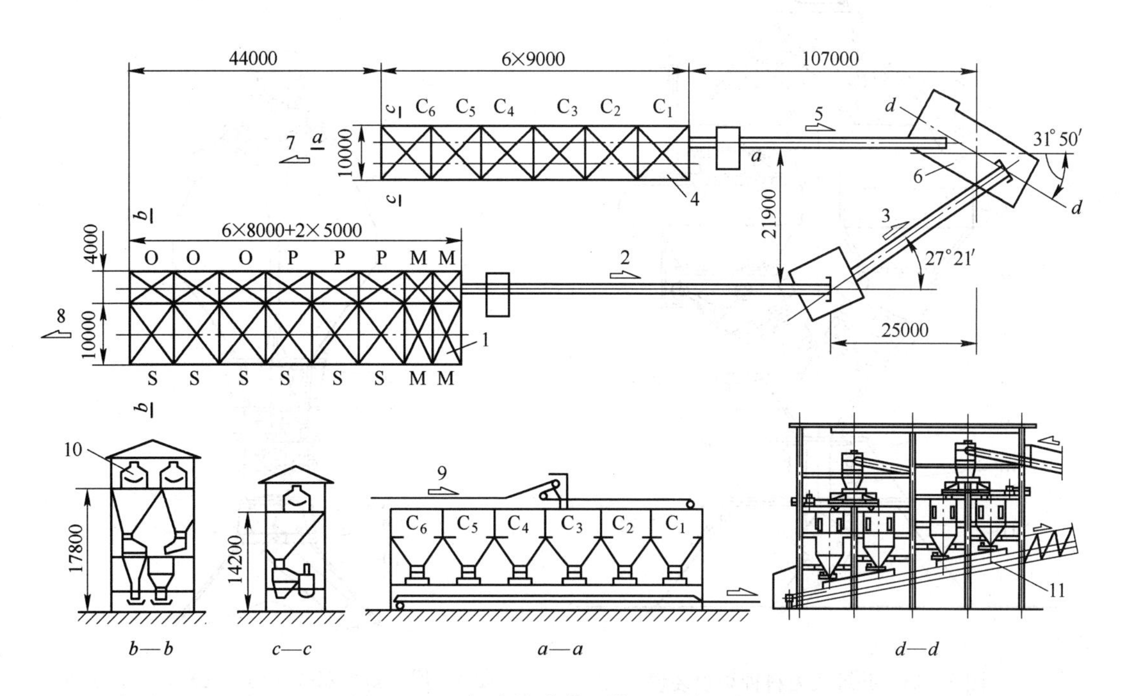

图 5－15　宝钢高炉胶带运输机上料工艺流程

1—储矿槽（S—烧结矿，O—球团矿，P—块矿，M—杂矿）；2，3—输出胶带运输机；4—储焦槽；5—焦炭输出胶带运输机；6—中央称量室；7—粉焦输出胶带运输机；8—粉矿输出胶带运输机；9—焦炭输入胶带运输机；10—矿石输入胶带运输机；11—上料胶带运输机

5.6.2 炉顶装料系统

装料设备是高炉重要设备之一，其主要任务是把上料系统运送来的炉料装入炉内，并使之合理地分布到炉喉，同时起到密封的作用。

随着高炉炼铁技术的发展，炉顶装料设备从传统的马基式双钟、三钟、钟阀式炉顶装料设备发展到目前的PW型无料钟炉顶装料设备。

5.6.2.1 无料钟炉顶

无料钟炉顶装料系统按其料罐的布置形式，可分为串罐式和并罐式无料钟炉顶装料系统。特大型高炉出现了三罐并列式布置，如日本水岛3号高炉（4359m^3）、千叶6号高炉（5153m^3）等。我国新建1000m^{3}级以上高炉均采用无料钟炉顶装料设备。

A 并罐式无料钟炉顶

并罐式无料钟炉顶装料设备采用并列的料罐，交替地向炉内装料和布料，其结构如图5-16所示。

近年来出现一种新型双罐并列式无料钟炉顶，装料顺序与并罐式无料钟炉顶相同。其料流调节阀的布置更靠近高炉中心线，且下密封阀和下料闸均可整体更换，弥补了并罐式无料钟炉顶的一些固有缺陷，使并罐式无料钟炉顶具有更大的灵活性。新型双罐并列式无料钟炉顶装置如图5-17所示。

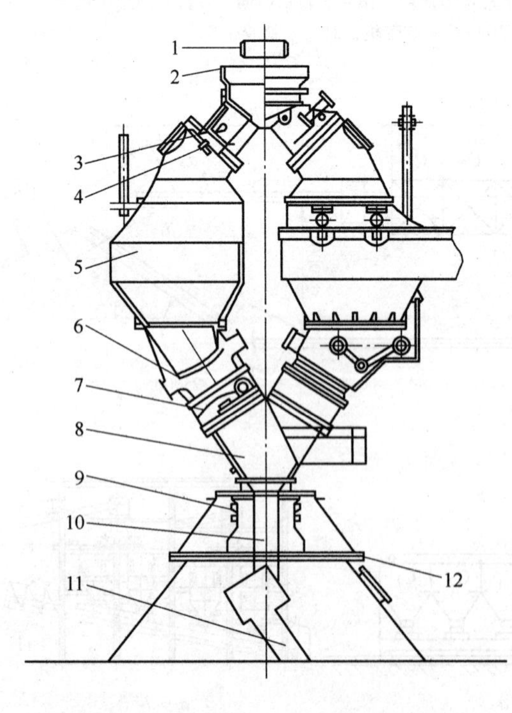

图5-16 并罐式无料钟炉顶装置

1—胶带运输机；2—受料漏斗；3—排料闸阀；4—上密封阀；5—料罐；6—料流调节阀；7—下密封阀；8—叉形管；9—中心喉管；10—布料器；11—旋转溜槽；12—钢圈

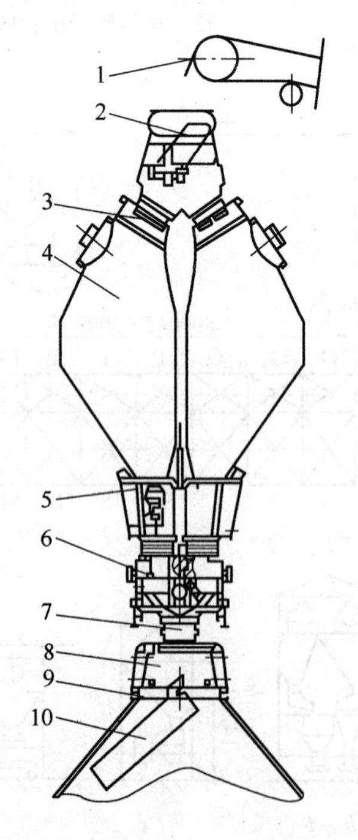

图5-17 新型双罐并列式无料钟炉顶装置

1—胶带运输机；2—受料漏斗；3—上密封阀；4—料罐；5—料流调节阀；6—下密封阀；7—波纹管；8—布料器；9—炉顶钢圈；10—旋转溜槽

三罐并列式无料钟炉顶设备采用三个并列布置的料罐，装料的基本顺序与并罐式无料钟炉顶类似，其上料能力强，炉喉布料偏析较小。三罐并列式无料钟炉顶的发展主要是为了适应烧结矿和焦炭都分级入炉、每个料批分为四个小批的要求，从而增加炉顶的装料能力，减小炉喉布料的偏析，并利用料罐中物料的粒度偏析来控制炉喉的气流分布，达到有效实施高炉上部调剂操作的目的。

B 串罐式无料钟炉顶

生产实践证明，并罐式无料钟炉顶容易发生炉料的偏析，近年来其已被串罐式无料钟炉顶取代。

串罐式无料钟炉顶也称为中心排料式无料钟炉顶，采用上下两个料罐串联的方式，实现分批向炉内装料和布料的功能，其结构如图5-18所示。与并罐式无料钟炉顶相比，串罐式无料钟炉顶具有以下特点：

(1) 投资较低，与并罐式无料钟炉顶相比可减少投资10%。

(2) 在上部结构中所需空间小，从而使得维修操作具有较大的空间。

(3) 设备高度与并罐式无料钟炉顶基本一致。

(4) 极大地保证了炉料在炉内分布的对称性，减小了炉料偏析，这一点对于保证高炉的稳定顺行是极为重要的。

(5) 绝对的中心排料，从而减小了料罐以及中心喉管的磨损，但是旋转溜槽所受炉料的冲击有所增大，从而对溜槽的使用寿命有一定的影响。

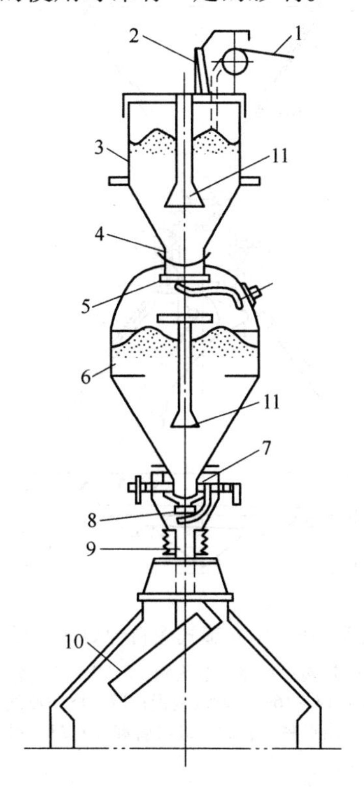

图5-18 串罐式无料钟炉顶示意图

1—上料胶带机；2—挡板；3—受料漏斗；4—上闸阀；5—上密封阀；6—称量料罐；7—料流调节阀；8—下密封阀；9—中心喉管；10—旋转溜槽；11—中心导料管

料罐的有效容积必须满足高炉最大料批的需要并留有余地，由有效容积计算实际容积时，要考虑密封阀开闭所需空间、炉料的堆角及料罐上部的死角等。中心喉管直径视炉容而定，通常为 ϕ600～800mm。喉管长度一般为直径的两倍以上，使炉料通过时垂直向下。

C 串并罐式无料钟炉顶

串并罐式无料钟炉顶由至少两个并列的受料罐与其下一个中心密封的储料罐串联成上下两层储料罐，如图 5－19 所示。

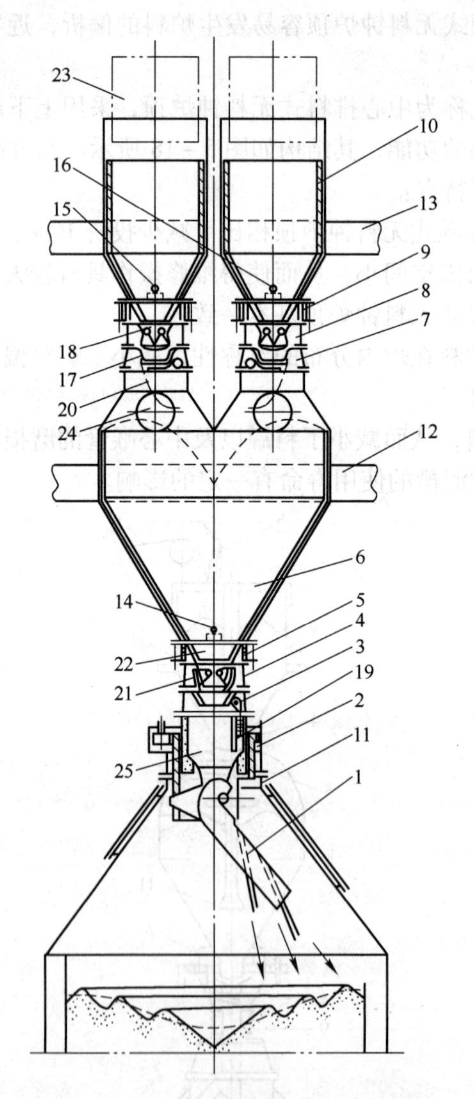

图 5－19 串并罐式无料钟炉顶示意图

1—溜槽；2—传动箱；3，7—密封阀；4，8—节流阀；5，9—波纹管；6—中心料罐；10—受料罐；11—钢圈；12，13—炉顶钢架；14～16—γ 射线装置；17，18—流线型漏斗；19—下密封阀阀盖；20—上密封阀轨迹；21—双扇形料门；22—波纹管漏斗；23—料车；24—人孔；25—空腔

5.6.2.2 炉顶均压系统

高压炉顶操作的高炉为了使料钟或密封阀能顺利打开装料，必须采取炉顶均压措施。无料钟炉顶为了适应高压操作的要求和避免罐内崩料，料罐分别设置了上密封阀和下

密封阀，料罐即为均压室。其工作过程是：当上罐向下罐漏料时，下罐处于常压状态，接近大气压；当下罐向炉内卸料时，罐内处于高压状态，略高于炉顶压力 0.001 ~ 0.002MPa。为此，无料钟炉顶装料时必须进行两次均压。

5.6.3 高炉送风系统

高炉送风系统包括鼓风机、冷风管路、热风炉、热风管路以及管路上的各种阀门等。

5.6.3.1 高炉鼓风机

A 高炉冶炼对鼓风机的要求

高炉冶炼对鼓风机的要求如下：

（1）要有足够的鼓风量。高炉鼓风机要保证向高炉提供足够的空气，以保证焦炭的燃烧。入炉风量可以通过物料平衡计算得到，也可以按照下列公式近似计算：

不富氧时
$$q_v = \frac{PV_0}{1440} \tag{5-67}$$

富氧时
$$q_v = \frac{21PV_0}{1440(21+\xi)} \tag{5-68}$$

式中 q_v——标态入炉风量，即在高炉风口处进入高炉内的标准状态下的鼓风流量，m^3/min；

P——高炉日产生铁量，t/d；

V_0——不富氧时每吨生铁的耗风量（标态），m^3/t。

（2）要有足够的鼓风压力。高炉鼓风机出口风压应能克服送风管路的阻力损失、热风炉的阻力损失和高炉料柱的阻力损失，以保证高炉炉顶压力符合要求。鼓风机出口风压可用下式表示：

$$p_c = p_T + \Delta p_1 + \Delta p_2 \tag{5-69}$$

式中 p_c——鼓风机出口风压（表压），MPa；

p_T——高炉炉顶压力，MPa；

Δp_1——高炉料柱阻力损失，MPa；

Δp_2——送风系统阻力损失，MPa。

不同炉容高炉的料柱和送风系统阻力损失及鼓风机出口压力的推荐值，见表 5-14。

表 5-14 高炉的料柱和送风系统阻力损失及鼓风机出口压力的推荐值

炉容级别/m^3	炉顶压力/MPa	料柱阻力损失/MPa	送风系统阻力损失/MPa	鼓风机出口压力/MPa
1000	0.2	0.12 ~ 0.14	0.025	0.34 ~ 0.37
2000	0.2 ~ 0.25	0.14 ~ 0.16	0.025	0.36 ~ 0.44
3000	0.22 ~ 0.28	0.16 ~ 0.18	0.03	0.4 ~ 0.49
4000	0.25 ~ 0.3	0.18 ~ 0.2	0.035	0.45 ~ 0.54
5000	0.28 ~ 0.3	0.19 ~ 0.23	0.035	0.49 ~ 0.57

在最终确定鼓风机最高出口压力时，还应考虑正常送风时风压的波动值，小于或等于 3000m^3 级的高炉可提高 0.03MPa，4000m^3 及以上的高炉可提高 0.04MPa。

B　高炉鼓风机的选择

a　鼓风机出口风量的计算

(1) 送风系统管路漏风损失风量，计算如下：

$$q_0 = \eta q_v \tag{5-70}$$

式中　q_0——送风管路系统漏风损失风量，m^3/min；

η——漏风系数，正常情况下，大型高炉为0.1，中小型高炉为0.15左右。

(2) 热风炉换炉充风量，计算如下：

$$\Delta q = 2V_s \times 10p_C \frac{273}{(273 + t_a)\tau} \tag{5-71}$$

式中　Δq——热风炉换炉充风量（标态），m^3/min；

V_s——热风炉内空间，m^3；

p_C——鼓风机出口压力（表压），MPa；

t_a——热风炉内空气平均温度；

τ——充风时间，min。

按理论准确计算充风量比较复杂，生产中一般是根据经验公式估算或按下面经验公式取值确定：

$$\Delta q = Cq_v \tag{5-72}$$

式中　C——充风量占高炉入炉风量的百分数,%，大型高炉的 C 值一般取0.1左右。

综上，鼓风机出口风量按下式计算：

$$q_c = q_v + q_0 + \Delta q \tag{5-73}$$

式中　q_c——鼓风机出口风量，m^3/min。

b　鼓风机的选择

高炉鼓风机的选择应充分发挥高炉和鼓风机的能力，要根据高炉要求的风量和风压，还要考虑鼓风机特性曲线和留有适当的富余。高炉操作条件所确定的鼓风机工况区，必须位于鼓风机的安全运行范围以内。同时各工况点，尤其是年平均点，应处于鼓风机的高效运行区域。

选择鼓风机时，应由制造厂提供鼓风机的夏季、冬季和年平均性能曲线。

(1) 大气状况对高炉鼓风机工作的影响。由于各地大气温度、湿度和压力的变化，鼓风机的吸气条件发生了变化，必须用气象修正系数对风量和风压分别加以修正。我国各类地区的风量修正系数 K 和风压修正系数 K' 值见表5-15。

表5-15　我国各类地区的风量修正系数及风压修正系数值

季　节	一类地区		二类地区		三类地区		四类地区		五类地区	
	K	K'	K	K'	K	K'	K	K'	K	K'
夏　季	0.55	0.62	0.7	0.79	0.75	0.85	0.8	0.9	0.94	0.95
冬　季	0.68	0.77	0.79	0.89	0.9	0.96	0.96	1.08	0.99	1.12
全年平均	0.63	0.71	0.73	0.83	0.83	0.91	0.88	1	0.92	1.04

地区分类是按海拔标高划分的，海拔高度约在3000m以上的地区为一类地区，如昌

都、西藏等；海拔高度在1500～2300m的地区为二类地区，如昆明、兰州、西宁等；海拔高度在800～1000m的地区为三类地区，如贵阳、包头、太原等；海拔高度在400m以下的地区为四类地区，如重庆、武汉、湘潭等；海拔高度在100m以下的地区为五类地区，如鞍山、上海、广州等。

（2）鼓风机工况点风量和风压的计算。按下式将设计要求的鼓风机出口风量换算成鼓风机工况点的容积风量：

$$q = \frac{q_c}{K} \tag{5-74}$$

式中 q——鼓风机特性曲线上工况点的容积风量，m^3/min；

q_c——要求鼓风机在标准状态下的容积风量，m^3/min；

K——风量修正系数。

将鼓风机特性曲线上工况点的风压（绝对大气压力）换算为某地区要求鼓风机实际达到的出口风压（绝对大气压力）：

$$p_c = K'p \tag{5-75}$$

式中 p_c——某地区要求鼓风机实际达到的出口风压，MPa；

p——鼓风机特性曲线上工况点的风压（绝对大气压力），MPa；

K'——风压修正系数。

c 鼓风机工况区的确定

高压高炉鼓风机的工况区示意图如图5－20所示。确定鼓风机运行工况区的目的是为了能根据鼓风机的特性曲线来选择高炉鼓风机。鼓风机运行在安全线上的风量称为临界工况。临界工况一般为经济工况的50%～75%。

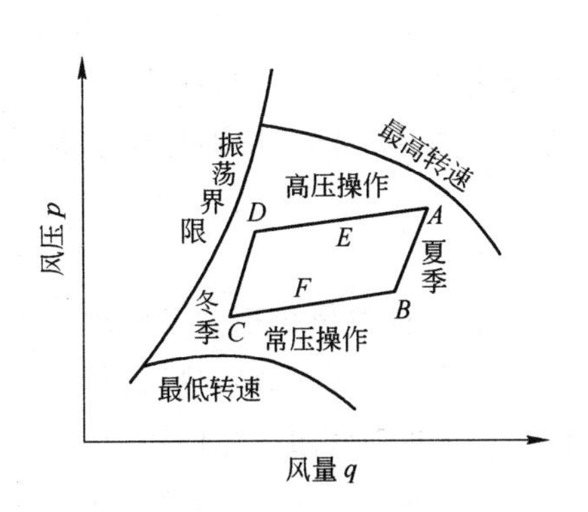

图5－20 高压高炉鼓风机的工况区示意图

选择高炉鼓风机时应考虑以下两点：

（1）高炉鼓风机最大质量鼓风量应能满足夏季高炉最高冶炼强度的要求且有余地；冬季最低冶炼强度工作时，鼓风机应能在经济区域工作，不放风，不飞动。

（2）对于高压操作的高炉，应考虑常压冶炼的可行性和合理性。鼓风机应在$ABCD$区域工作，如图5－20所示。A点是夏季最高气温、高压操作的最高冶炼强度工作点，B点是夏季最高气温、常压操作的最高冶炼强度工作点，C点是冬季最低气温、常压操作的最低冶炼强度工作点，D点是冬季最低气温、高压操作的最低冶炼强度工作点。

5.6.3.2　热风炉的结构形式

现代高炉普遍采用蓄热式热风炉。由于燃烧和送风交替进行，为保证向高炉连续供风，通常每座高炉配置 3～4 座热风炉。目前鼓风温度一般为 1000～1200℃，最高可达 1400℃。

热风炉设计应同时满足加热能力和长寿的要求。通常热风炉的设计风温为 1200～1250℃，设计寿命应达到 25～30 年。热风炉的加热能力用 $1m^3$ 高炉有效容积所具有的蓄热面积表示，一般为 80～$100m^2/m^3$ 或更高。

根据燃烧室和蓄热室布置形式的不同，热风炉分为三种基本结构形式，即内燃式热风炉（传统型和改进型）、外燃式热风炉和顶燃式热风炉。

A　内燃式热风炉

传统的内燃式热风炉在结构上存在很大的缺陷，目前已经被淘汰，取代它的是在此基础上改造的霍戈文式热风炉，其基本结构如图 5－21 所示，平均风温达到 1150～1200℃。

内燃式热风炉的主要特点是：结构简单，钢材及耐火材料消耗较少，占地面积较小，建设费用较低。不足之处是蓄热室烟气分布不均匀，燃烧室隔墙易损坏，送风温度超过 1250℃有困难。

B　外燃式热风炉

外燃式热风炉是为解决传统型内燃式热风炉燃烧室隔墙倾斜掉砖、烧穿短路等问题发展起来的，其工作原理与内燃式热风炉完全相同，只是燃烧室和蓄热室分别在两个圆柱形壳体内，两个室的顶部以一定方式连接起来。根据两个室顶部连接方式的不同，外燃式热风炉分为四种基本结构形式，如图 5－22 所示。

我国目前采用的外燃式热风炉类型有地得式、马琴式和新日铁式三种，应用效果较好的是新日铁式。现在新建的外燃式热风炉多为新日铁式和马琴式。

当前外燃式热风炉在世界上被普遍采用，特别是要求提供 1200℃以上高风温的大型高炉。

C　顶燃式热风炉

顶燃式热风炉是新发展起来的一种热风炉形式，它将燃烧器直接安装在热风炉的顶部，以拱顶空间作为燃烧室，国外称之为无燃烧室热风炉。

顶燃式热风炉存在的问题是拱顶负荷较重，结构较为复杂。由于热风出口、煤气和助燃空气的入口、燃烧器集中于拱顶，给操作带来不便；并且高温区开孔多，也是薄弱环节。当前世界各国提出了各种形式的顶燃式热风炉，现介绍两种有代表性的顶燃式热风炉——卡鲁金式热风炉和球式热风炉。

卡鲁金式热风炉是俄罗斯 Kalugin 公司开发成功的一种顶燃式热风炉，目前已在俄罗斯和乌克兰冶金工厂的 1386～$3200m^3$ 高炉上建造使用，在我国 $1000m^3$ 高炉上也得到了广泛应用，如莱钢 $750m^3$、$1880m^3$ 高炉，济钢 $1750m^3$ 高炉，天钢 $3200m^3$ 高炉，安钢 $2800m^3$ 高炉，唐钢 $3200m^3$ 高炉、首钢曹妃甸 $5500m^3$ 高炉等的热风炉都采用了此结构形式的热风炉。该热风炉属于高温长寿型热风炉，工作后风温维持在 1150～1220℃，寿命维持在 30 年（相当于高炉两代炉龄期 30 年）。

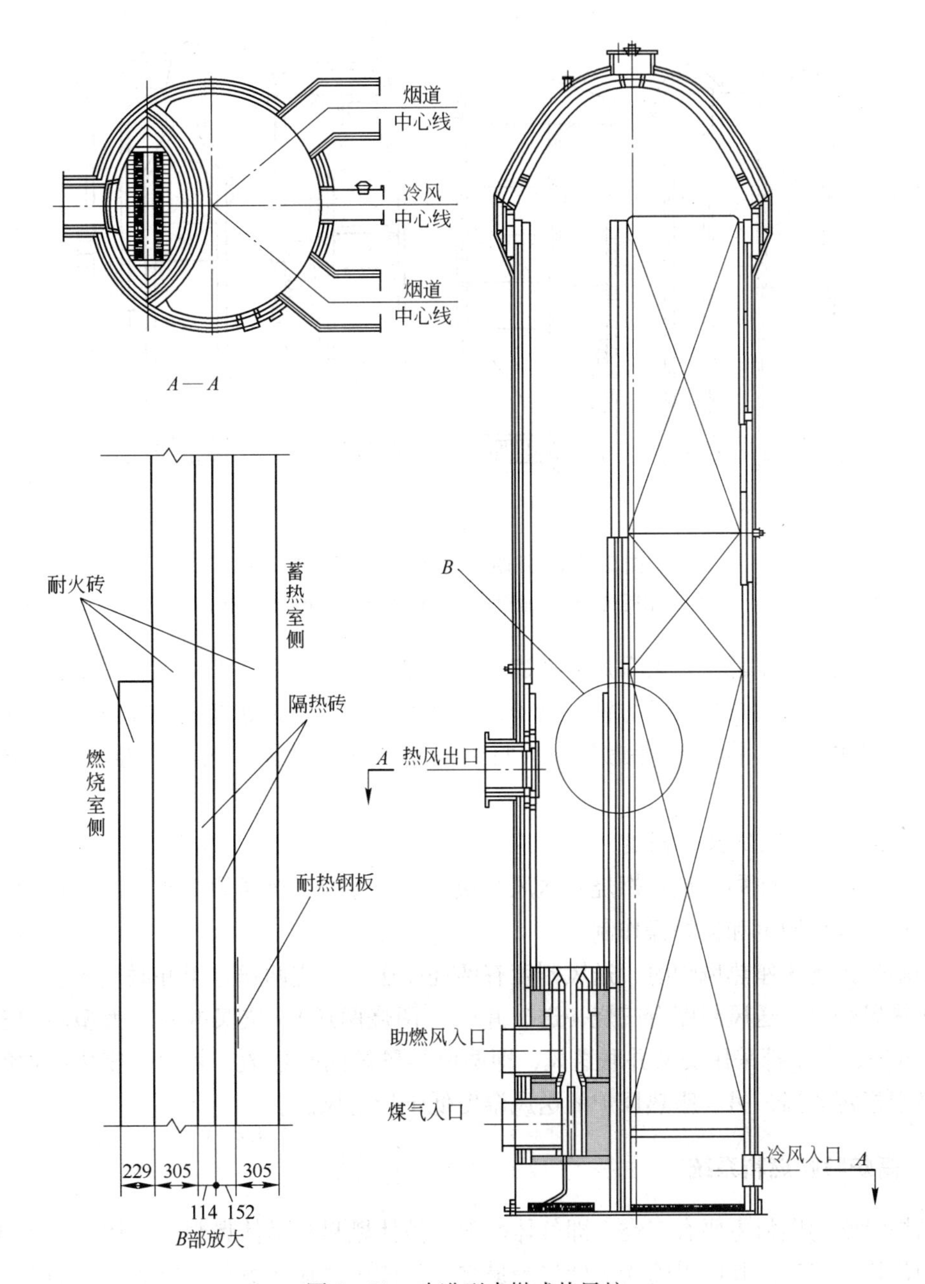

图5-21 改进型内燃式热风炉

球式热风炉的蓄热室是用自然堆积的耐火球代替格子砖。由于球式热风炉需要定期卸球，目前仅用于小型高炉的热风炉。

5.6.3.3 热风炉用耐火材料

热风炉选用耐火材料主要依据炉内温度分布，通常下部采用黏土砖，中部采用高铝砖，上部高温区采用耐高温、抗蠕变的材质，如硅砖、低蠕变高铝砖等。热风炉使用的隔热砖有硅藻土砖、轻质硅砖、轻质黏土砖、轻质高铝砖以及陶瓷纤维砖等。热风炉使用的不定型耐火材料包括耐火砖的泥浆、耐火浇注料、喷涂料和隔热保温材料。

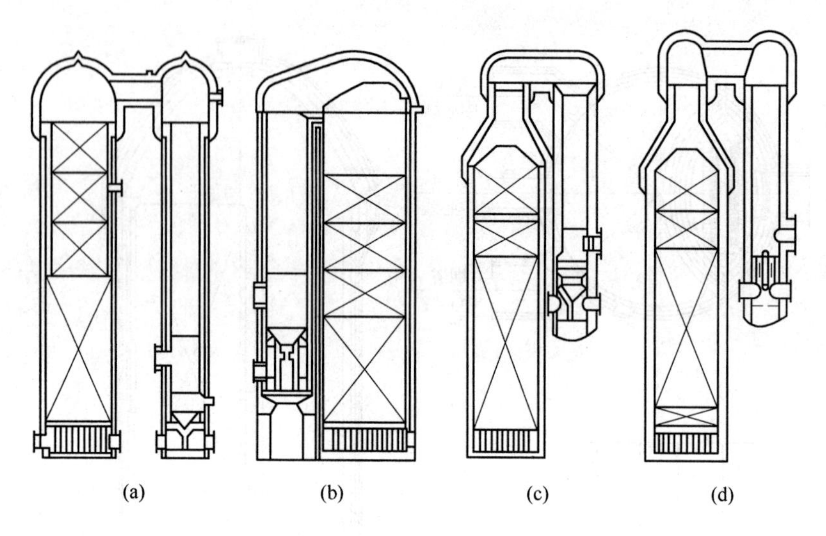

图 5－22　外燃式热风炉结构示意图
（a）科珀斯式；（b）地得式；（c）马琴式；（d）新日铁式

美国热风炉高温部位一般采用硅砖砌筑，蓄热室上部温度高于 1420℃的部位采用抗碱性强、导热性好和蓄热量大的方镁石格子砖。日本热风炉用砖处理得比较细致，不同部位选用不同的耐火砖，同时还考虑到耐火材料的高温蠕变性能，热风炉寿命可达到 15～20 年。

5.6.3.4　*热风炉操作制度*

热风炉一个工作周期包括燃烧、送风和换炉三个过程。热风炉操作制度包括燃烧操作制度、送风操作制度和换炉操作制度。

当高炉配备 3 座热风炉时，送风制度有两烧一送、一烧两送、半并联交叉。当高炉配备 4 座热风炉时，送风制度有三烧一送、并联（两烧两送）、交叉并联。大型高炉多设置 4 座热风炉，几乎都采用交叉并联送风，即两座热风炉同时送风，其中一座热风炉的送风温度高于指定风温，另一座热风炉的送风温度低于指定风温。

5.6.4　高炉喷吹燃料系统

高炉喷吹的燃料主要有三类，即气体燃料、液体燃料和固体燃料。气体燃料主要有天然气和焦炉煤气等，其中以喷吹天然气为最多。气体燃料输送方便，喷吹设备简单，效果良好。液体燃料主要有重油和焦油等。液体燃料发热值高，设备简单，操作简单。固体燃料主要有无烟煤粉和气煤等。煤粉价格低廉，喷煤量大，喷吹效果也好；但灰分含量较高，置换比低。目前我国高炉主要喷吹煤粉。

高炉喷煤系统由原煤储运、煤粉制备、煤粉喷吹、热烟气和供气等几部分组成，工艺流程见图 5－23。

高炉喷吹燃料设备根据煤粉制备和煤粉喷吹的位置，分为直接喷吹和间接喷吹；根据喷吹系统罐体的布置方式，分为串罐喷吹和并罐喷吹；根据喷吹管路的条数，分为单管路喷吹和多管路喷吹；根据煤粉容器承受压力的情况，分为常压和高压。

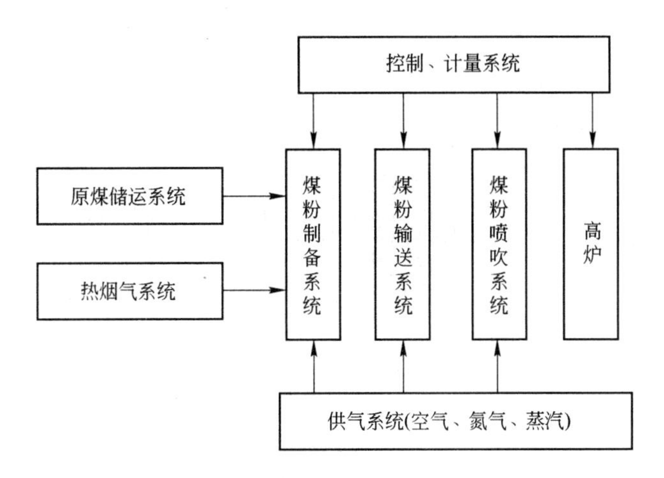

图 5-23 高炉喷煤系统工艺流程

5.6.5 高炉煤气除尘系统

高炉冶炼过程中，从炉顶排出大量含有 CO、H_2、CH_4 等可燃气体的煤气，发热值为 3360～4200kJ/m^3，可以作为热风炉、烧结点火、焦炉、锅炉、加热炉等的燃料。但是由炉顶排出的煤气一般含有 20～40g/m^3 的灰尘，如不经净化处理而直接送至用户使用，会造成管道、燃烧器堵塞及设备的磨损，加快耐火材料的熔蚀，降低蓄热室的效率。因此，必须对高炉煤气进行净化处理，使其成为含尘量小于 5mg/m^3、机械水含量不大于 70g/m^3 的净煤气，然后才能作为燃料使用。

目前国内外大型高炉煤气除尘系统主要分为湿法和干法两大类。

湿法除尘工艺主要有塔文工艺、双文工艺（见图 5-24）和高炉煤气环缝洗涤工艺（也称比肖夫煤气清洗工艺，见图 5-25）等。高炉煤气环缝洗涤技术是一种具有控制高炉炉顶压力功能的煤气清洗工艺，在西欧国家的高炉除尘系统中应用较多。现在国内外大型高炉煤气清洗主要采用串联双文系统和比肖夫洗涤塔系统。

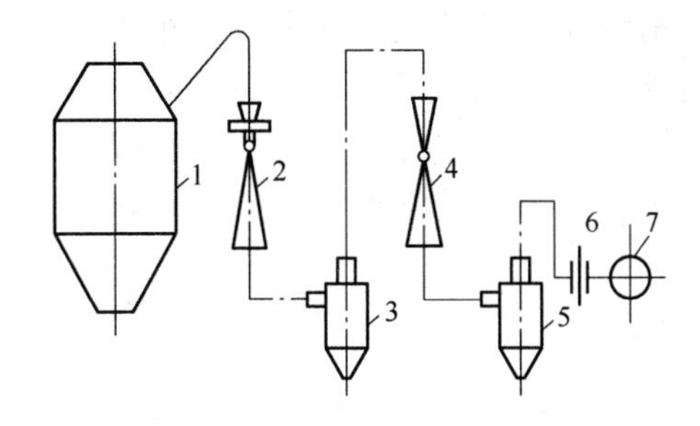

图 5-24 溢流文氏管除尘系统

1—重力除尘器；2—溢流文氏管；3—旋风脱泥器；4—可调文氏管；5—旋风脱水器；6—叶形插板；7—净煤气总管

干法除尘设备主要有两种：一种是布袋除尘器（BDC）；另一种是电除尘器（EP）。为确保 BDC 入口煤气最高温度低于 240℃、EP 入口煤气最高温度低于 350℃，在重力除尘器处加温控装置或在重力除尘器后设蓄热缓冲器。在高炉开炉、休风、复风前后以及干式净化设备出现故障时，需要用并联的湿法系统净化。经过干法净化系统的煤气含尘量可降

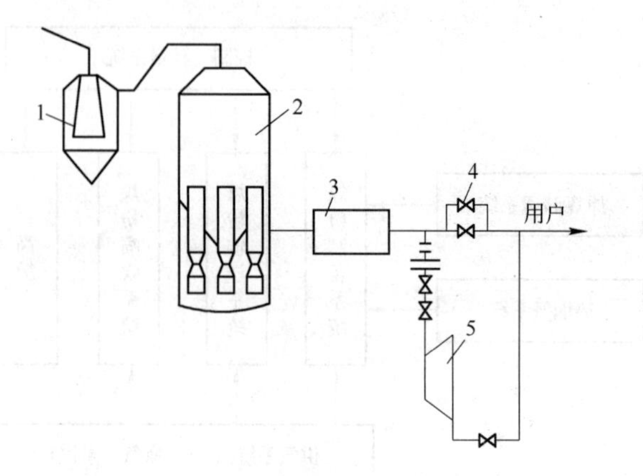

图 5-25 环缝洗涤器清洗系统

1—重力除尘器；2—环缝洗涤器；3—脱水器；4—旁通阀；5—透平机组

到小于 5mg/m³。在干式除尘器后采用水喷雾冷却装置，可使煤气温度降到高炉煤气余压透平发电机组（TRT）入口的允许温度（125～175℃）。TRT 出口煤气需要经过洗净塔脱除煤气中的氯离子，以免腐蚀管道，同时使其温度降至 40℃。干法除尘具有净煤气含尘量低、炉顶煤气能量回收多等优势，因此高炉设计应采用干式除尘装置。

5.6.5.1 煤气除尘设备

煤气除尘设备一般包括粗除尘设备、半精细除尘设备和精细除尘设备。

（1）粗除尘设备。粗除尘设备是能除去粒度为 60～100μm 及以上大颗粒粉尘的除尘设备，主要有重力除尘器和旋风除尘器。粗除尘设备的出口煤气含尘量应小于 10g/m³，除尘效率可达 70%～80%。

（2）半精细除尘设备。半精细除尘设备是能除去粒度大于 20μm 粉尘的除尘设备，主要有洗涤塔、一级文氏管、一次布袋除尘器等。半精细除尘设备的出口煤气含尘量（标态）可降到 500mg/m³ 以下，除尘效率可达 85%～90%。

（3）精细除尘设备。精细除尘设备是能除去粒度小于 20μm 粉尘的除尘设备，主要有二级文氏管、二次布袋除尘器和电除尘器。二级文氏管的出口煤气含尘量（标态）可降到 20mg/m³ 以下，经二次布袋除尘器的净煤气含尘量（标态）可达到 5mg/m³ 以下。

A 湿法除尘设备及原理

炉顶煤气正常温度应低于 250℃，最高温度不超过 300℃，所以炉顶应设打水措施。

a 重力除尘器

重力除尘器是高炉煤气除尘系统中应用最广泛的粗除尘设备，基本结构见图 5-26。

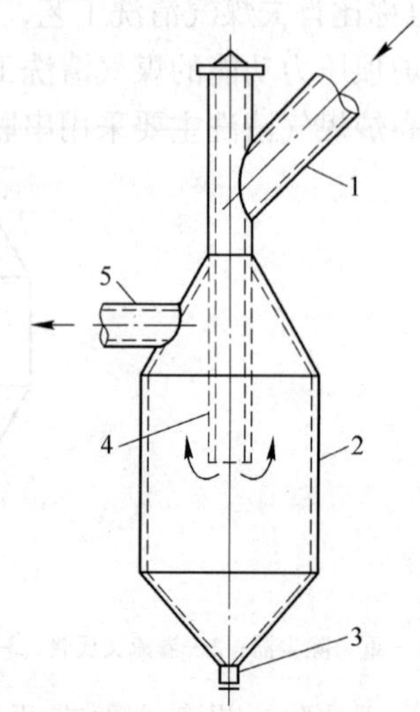

图 5-26 重力除尘器

1—煤气下降管；2—除尘器；3—清灰口；4—中心导入管；5—塔前管

重力除尘器的设计关键是确定圆筒部分直径和高度，圆筒部分直径必须保证煤气在除尘器内的流速不超过 0.6～

1m/s，圆筒部分的高度应保证煤气停留时间达到12～15s。

重力除尘器圆筒部分直径D(m）计算如下：

$$D = 1.13\sqrt{\frac{Q}{v}} \tag{5-76}$$

式中　Q——煤气流量，m^3/s；

v——煤气在圆筒内的速度，为0.6～1m/s，高压操作取高值。

重力除尘器圆筒部分高度H(m）计算如下：

$$H = \frac{Qt}{F} \tag{5-77}$$

式中　t——煤气在圆筒部分停留时间，一般为12～15s，大高炉取低值；

F——除尘器截面积，m^2。

计算出圆筒部分直径和高度后，再校核其高径比$\frac{H}{D}$，其值一般在1～1.5之间，大高炉取低值。

通常高炉煤气粉尘粒度为0～500μm，其中粒度大于150μm的颗粒约占50%。煤气中粒度大于150μm的颗粒都能在重力除尘器中沉积下来，除尘效率一般为60%～80%，出口煤气含尘量可降到6～12g/m^3范围内。增加重力除尘器的直径，减小煤气流在重力除尘器内的流速，可以提高其除尘效率。

b　轴流旋风除尘器

轴流旋风除尘器因能较好地适应高炉煤气可燃、易爆、量大、温度高、含尘颗粒大、易磨损等恶劣的工况条件，除尘效率比重力除尘器高，能分离的粉尘粒度也更小，目前在高炉粗煤气系统中的应用日益广泛。我国武钢、唐钢和本钢等企业采用了这种粗除尘器。

旋风除尘器可以除去大于20μm的粉尘颗粒，压力损失较大，为500～1500Pa。因此，高压操作的高炉一般不用旋风除尘器，只在常压高炉和冶炼铁合金的高炉上采用旋风除尘器。

c　洗涤塔

目前高炉煤气除尘一般采用空心洗涤塔，除尘效率为80%～90%，压力损失为80～200Pa，1000m^3煤气耗水量（标态）为4.0～4.5t，喷水压力为0.1～0.15MPa。塔内煤气流速一般为1.8～2.5m/s，除尘后的煤气温度可降至40℃以下，含尘量应在1g/m^3以下。

d　文氏管

（1）溢流文氏管。溢流文氏管也称一级文氏管，一般安装在重力除尘器后面，作为半精细除尘设备代替洗涤塔工作。与洗涤塔相比，其具有结构简单、体积小、除尘效率高、水耗小等优点，但是压头损失和煤气出口温度较高。为了进一步提高溢流文氏管的除尘效率，可采用调径文氏管。

（2）二级文氏管。二级文氏管的除尘原理与溢流文氏管相同，只是煤气通过喉口的速度更大，水和煤气的扰动也更为剧烈，因此能使更细颗粒的灰尘被润湿而凝聚并与煤气分离，以达到精细除尘的目的。

文氏管在常压高炉上只起到半精细除尘作用，在高压高炉上可以起到精细除尘的效果。其在高压高炉上串联使用时，煤气含尘量（标态）可降至5mg/m^3以下。

B 干法除尘设备及原理

a 干式布袋除尘器

布袋除尘器是利用各种高孔隙率的织布或滤毡捕集含尘气体中尘粒的高效率除尘器，能处理0.1～90μm的尘粒，除尘效率在99%以上，阻损小于1000～3000Pa，净煤气含尘量在5mg/m^{3}以下。

干式布袋除尘器的最大优点是不用水，可减少脱水设备的投资，减轻污染，还能提高煤气的发热值；而且除尘效率高，基本不受高炉煤气压力与流量波动的影响。其缺点是不能在高温下工作，一般织物要求煤气温度不高于100℃，玻璃纤维要求不高于350℃；另外，煤气的温度不能低于70℃，以免水分凝结，堵塞滤孔。

目前我国高炉煤气干法除尘所用布袋有两种形式：一种是内滤式布袋，被大多数高炉采用；另一种是脉冲型布袋，也是高效外滤式除尘布袋。采用布袋除尘器需要解决的主要问题是近一步改进布袋材质、延长布袋使用寿命、准确监测布袋破损情况以及控制进入布袋除尘器的煤气温度和湿度等。

b 电除尘器

在高炉炉顶煤气压力不超过15kPa的高炉上，为了得到含尘量更低的煤气，可用电除尘器作精细除尘设备。电除尘器的除尘效率可达99%以上，阻损小，耗电量少；但设备投资较高，而且对温度很敏感，只能在250℃以下运行。

由于炉顶温度不稳定，我国武钢3200m^{3}高炉和邯钢1260m^{3}高炉采用的电除尘系统不能稳定运行，在温度达到300℃时必须转到备用湿式系统。因此，干法电除尘还需要进一步研究和开发。

5.6.5.2 除尘系统附属设备

除尘系统附属设备主要包括脱水器、煤气清灰搅拌机、各种阀门与煤气管道。

煤气管道是指高炉至重力除尘器之间的煤气管道，包括煤气导出管、上升管、下降管、除尘器出口煤气管道等。

小型高炉设置两根煤气导出管，大中型高炉设置四根，沿炉顶封板对称布置，总截面积大于炉喉截面积的40%，煤气在导出管内的流速为3～4m/s。导出管倾角应大于50°，一般为53°，以防止灰尘沉积而阻塞管道。

导出管上部成对合并在一起的垂直部分称为煤气上升管。上升管总截面积常为炉喉面积的25%～30%，煤气在导出管内的流速为5～7m/s。上升管的高度应能保证下降管有足够大的坡度。

由上升管通向重力除尘器的一段为煤气下降管，煤气在下降管中的流速一般为7～11m/s，或按下降管总截面积为上升管总截面积的80%来考虑，同时应保证下降管倾角大于40°。

日本、英国、法国等常在两个上升管上用一根横管将其连接起来，然后在横管中央用一个单管引至除尘器。这种方法在除尘器位置受到限制时采用，或者在具有两个以上出铁场的大高炉中使用，具有一定的优越性。

5.6.6 高炉渣铁处理系统

高炉渣铁处理系统的设施主要包括风口平台与出铁场、开铁口机、堵铁口机、堵渣口机、换风口机、渣罐车、铁水罐车、铸铁机以及炉渣水淬设施等。

5.6.6.1 风口平台与出铁场设计

A 风口平台和出铁场

在高炉下部沿高炉炉缸周围风口平面以下设置的工作平台，称为风口平台。为了操作方便，风口平台一般比风口中心线低1150～1250mm。风口平台的操作面积随炉容大小和渣沟布置的不同而不同，一般从炉壳外径算起，净空宽度为3～7m。操作人员可以在此平台上通过风口观察炉况、更换风口设备、检查高炉冷却设备、操作部分阀门及更换氧、煤喷枪等。

出铁场是布置铁沟及渣沟、安装炉前设备、进行放渣和出铁操作的炉前工作平台。由于铁口、渣口标高不同，出铁场一般比风口低约1500mm。出铁场长度大中型高炉为40～60m，宽度为15～25m，高度则要求保证任何一个渣铁流嘴下沿不低于5m，以便渣铁罐车通过。出铁场上面布置有铁沟和渣沟。

出铁场布置形式有以下几种：1个铁口，1个矩形出铁场；2个铁口，1个矩形出铁场；3～4个铁口，2个矩形出铁场；4个铁口，圆形出铁场。目前1000～2000m³ 高炉多数设2个铁口；4000m³ 以上的巨型高炉则设多个铁口轮流使用，基本上连续出铁。不同炉容高炉的铁口数目见表5－16。

表5－16 高炉的铁口数目

炉容级别/m³	1000	2000	3000	4000	5000
铁口数目/个	1～2	2～3	3～4	4	4～5

下面介绍几种典型的2个和4个铁口的出铁场及渣铁沟布置形式。

（1）2个铁口、1个矩形出铁场的布置。2个铁口布置在1个矩形出铁场内，如图5－27所示。新建高炉的出铁场内设有2个铁口时，铁口之间的夹角应大于或等于60°。

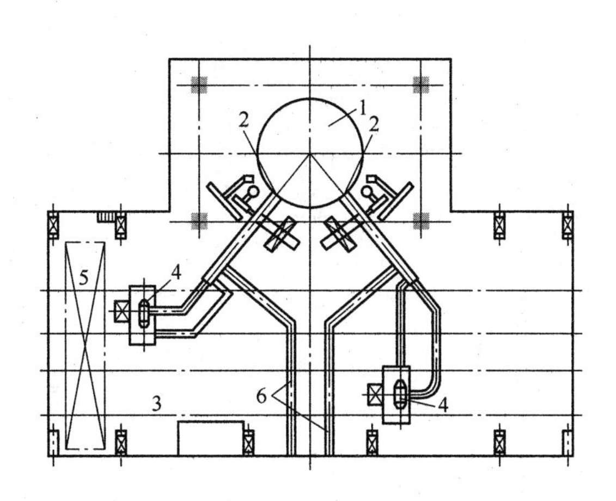

图5－27 2个铁口、1个矩形出铁场的工艺布置

1—高炉；2—铁口；3—出铁场；4—摆动流嘴；5—炉前吊车；6—渣沟

（2）2个铁口、2个矩形出铁场的布置。2个铁口、2个矩形出铁场的工艺布置如图5－28所示。每个铁口设1个出铁场。我国大多数高炉采用矩形出铁场。在一个出铁场上

设置2个铁口时，可以采用矩形框架。有2个以上铁口的高炉，可以采用如图5－28所示的双矩形出铁场或者圆形出铁场，可以保证铁口之间的夹角在40°～120°之间。

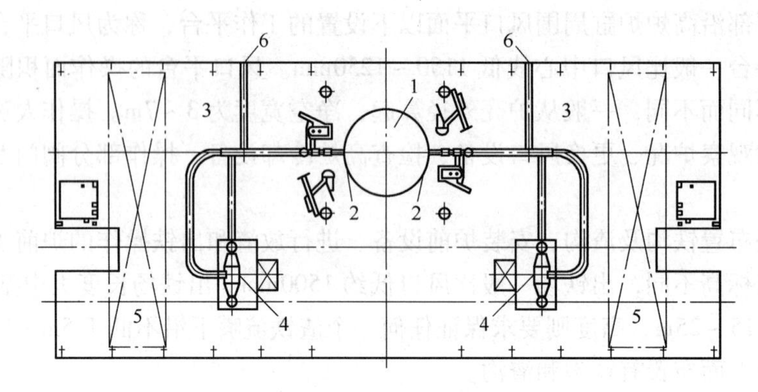

图5－28　2个铁口、2个矩形出铁场的工艺布置

1—高炉；2—铁口；3—出铁场；4—摆动流嘴；5—炉前吊车；6—渣沟

（3）4个铁口、2个矩形出铁场的布置。图5－29所示为4个铁口布置在2个矩形出铁场内。宝钢3号、4号高炉，鞍钢新1号、2号高炉设计为双矩形平坦化出铁场，汽车可直接上出铁平台。共设置4个铁口、4个摆动流嘴、2个出铁场。其中一个出铁场的铁口间夹角为76°，其余相邻铁口之间的夹角为104°。正常工作制度为2个铁口工作，1个备用，1个修理。

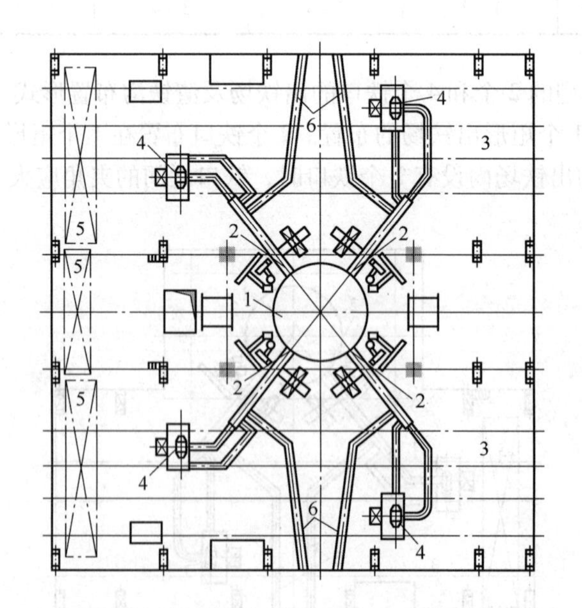

图5－29　4个铁口、2个矩形出铁场的工艺布置

1—高炉；2—铁口；3—出铁场；4—摆动流嘴；5—炉前吊车；6—渣沟

（4）4个铁口、圆形出铁场的布置。图5－30所示为4个铁口、圆形出铁场的工艺布置。圆形出铁场的优点是可以在任何方位布置铁口，其缺点是布置二次防尘有困难、炉体平台较狭窄、难以实现快速大修和扩容。

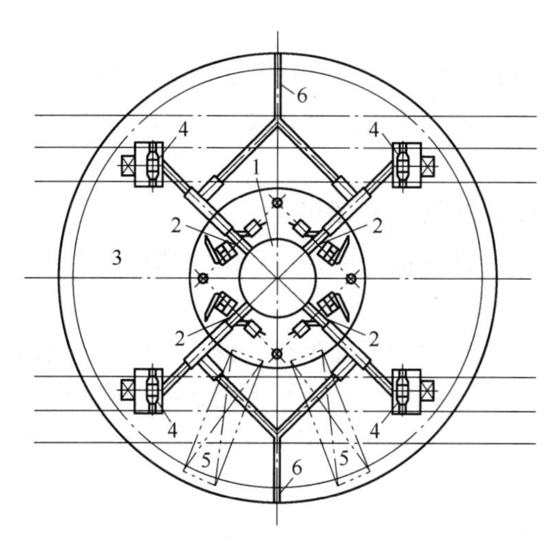

图 5-30 4 个铁口、圆形出铁场的工艺布置
1—高炉；2—铁口；3—出铁场；4—摆动流嘴；5—炉前吊车；6—渣沟

B 渣铁沟和渣铁分离器

从高炉出铁口到渣铁分离器之间的一段铁沟称为主铁沟，目前多采用储铁式主铁沟，主铁沟坡度为5%～9%。大中型高炉的主铁沟净空宽度为1～1.2m，小型高炉的主铁沟长度和宽度应适当减小。主铁沟长度的参考值见表5-17。

表5-17 主铁沟长度的参考值

高炉容积/m^3	1000	1500	2000	2500	4000
主铁沟长度/m	12	12	14	14	19

在主铁沟的端部设置渣铁分离器，如图5-31所示。由于铁水密度大于熔渣密度，铁水能通过大闸板下面的通道流入支铁沟；而熔渣则浮在铁水的上面不能通过，被大闸板撇向渣坝，流入渣沟。

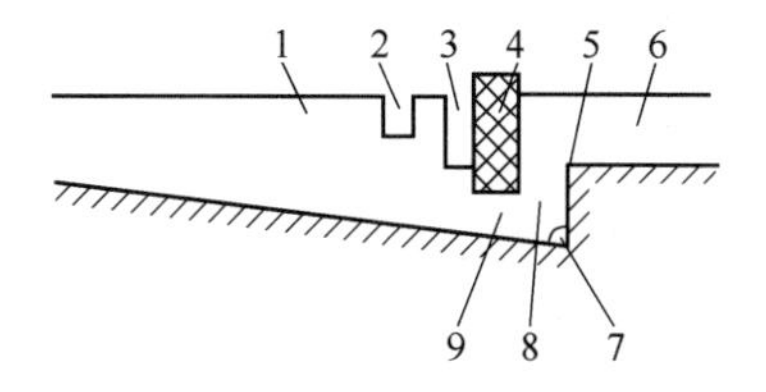

图 5-31 渣铁分离器示意图
1—主铁沟；2—下渣沟砂坝；3—残渣沟砂坝；4—挡渣板；5—沟头；
6—支铁沟；7—残铁孔；8—小井；9—砂口眼

支铁沟是从渣铁分离器后至铁水摆动流嘴的铁水沟，坡度一般为5%～6%，在流嘴处可达10%。应尽量缩短支铁沟的长度。

渣沟的结构是在80mm厚的铸铁槽内捣一层垫沟料，铺上河砂即可，不必砌砖衬，这是因为渣液遇冷会自动结壳。渣沟的坡度在渣口附近较大，为20%～30%，在流嘴处为10%，在其他地方为6%。

C 摆动流嘴

在支铁沟的末端均设有摆动流嘴，其作用是把经铁水沟流来的铁水注入出铁场平台下的任意一个铁水罐中。一般摆动流嘴的摆动角度为30°，摆动时间为12s。采用摆动流嘴时需要有两个铁水罐列。

5.6.6.2 炉前机械设备及铁水处理设备

炉前机械设备主要包括开铁口机、堵铁口泥炮、堵渣口机、换风口机、换弯管机、炉前吊车等。

铁水处理设备包括运送铁水的铁水罐车和铸铁机两种。铁水罐车按铁水罐的外形，分为锥形、梨形和混铁炉式三种。锥形铁水罐车多用于小型高炉。梨形铁水罐车在我国未获得广泛采用。混铁炉式铁水罐车又称鱼雷罐车，容铁量大，可达到200～600t，多在大型高炉上使用，一般一座高炉设置2～3个罐位即可。

5.6.6.3 炉渣处理设备

高炉冶炼每吨生铁副产0.3～0.5t炉渣。炉渣呈熔融状态，经过适当处理后可以作为水泥原料、隔热材料及其他建筑材料等。高炉渣处理方法有水淬渣、放干渣、冲渣棉或生产膨渣。目前，我国高炉普遍采用水淬渣处理方法，特殊情况下采用干渣生产，国外高炉多采用干渣（气冷矿渣）生产，在炉前直接进行冲渣棉或生产膨渣的高炉很少。

根据高炉水淬渣的渣水分离方式不同，其可分为沉淀池法水淬渣、底滤法水淬渣、拉萨法水淬渣、因巴法水淬渣、明特法水渣处理等。

6 电炉炼钢工艺设计

电炉是采用电能作为热源进行炼钢的炉子的统称。按电能转换热能方式的差异，炼钢电炉可分为电渣重熔炉（利用电阻热）、感应熔炼炉（利用电磁感应）、电子束炉（依靠电子碰撞）、等离子炉（利用等离子弧）以及电弧炉（利用高温电弧）等几种，而不包括加热炉、热处理炉等。目前，世界上电炉钢产量的95%以上都是由电弧炉生产的，因此炼钢电炉主要指电弧炉。它是以废钢为主要原料，以三相交流电作电源，利用电流通过石墨电极与金属料之间产生的电弧的高温来加热、熔化炉料。电炉是用来生产特殊钢和高合金钢的主要方法，现在也常用来生产普通钢。

6.1 建厂依据及基本条件

6.1.1 建厂依据

建设电炉钢厂离不开对市场的预测。根据市场的调查分析结果、资金情况及外部条件，确定工厂生产的品种和规模；再根据品种、规模，资源、能源条件和产品质量要求，选择电炉钢厂的类型、工艺流程及其装备。电炉钢厂一般应以接近城市为宜，这样有足够的废钢铁、原材料及电力等。另外，要求交通运输方便，水源的水质、地下水水位等符合要求。

6.1.2 建厂基本条件

新建一电炉钢厂要给出以下几个基本条件或要求：电炉原料、钢种及产品、年产钢量、电炉冶炼周期或电炉容量及当地的电网条件等。

（1）电炉原料。电炉原料主要指钢铁料，包括废钢铁、返回废钢、生铁、铁水（提供铁水温度、成分及其兑入比例）及直接还原铁（含热压铁块）等。钢铁料的种类不仅影响炉型与加料方式、变压器功率水平（变压器容量）、吹氧方式及辅助能源的采用，也影响冶炼周期（年产量或炉容量）、电耗、电极消耗等。

（2）钢种及产品（产品大纲）。设计炼钢厂时首先应制定产品大纲（或称为设计的产品计划），详细地列出如下内容：所要熔炼的钢种，各钢种具有代表性的若干钢号；各钢号的产量及在总产量中所占的比例；各钢号铸成连铸坯（或钢锭）的断面形状和尺寸以及定尺长度等。为了便于了解各钢种的生产流程，还应当说明各种铸坯（或钢锭）送往哪一个后步加工工序，这样就可将炼钢厂的产品品种、产量、所占比例和去向十分清楚地表述出来。

（3）年产钢量（生产规模）。年产钢量即指钢厂每年的产钢能力，这是高层决策者根据市场的需求、本企业的能力（财力、物力及环境条件）及投产后的效益等确定的。年产钢量是确定电炉冶炼周期、炉子吨位（平均出钢量）的重要参数。它是冶炼周期、炉子吨位的函数，与前者成反比，与后者成正比。企业的产品计划（即钢材产品的产量、品种、产品规格等）确定了加工工序和加工设备的类型，再依照加工工序的要求来确定炼钢厂所应提供的铸坯（或钢锭）的质量与断面形状、尺寸，从而计算出按不同钢种所需供应的铸坯（或钢锭）的数量，进而推算出不同钢种所需供应的钢水量。

（4）电炉冶炼周期。电炉冶炼周期的长短反映了生产率的高低，对年产钢量有影响。一般来说，冶炼周期越短，吨钢成本越低。冶炼周期取决于变压器的功率、辅助能源、冶炼品种、冶炼工艺、装备水平及操作人员的素质等。对于“三位一体”短流程来说，冶炼周期的长短应满足连铸的要求，依连铸节奏而定，车间应以连铸为中心，努力实现多炉连浇。若采用100%废钢铁，当电炉设备及其配备水平较高，采用超高功率、强化用氧等技术时，可以实现高效、节能，电炉冶炼周期可以达到50～60min。

（5）电炉容量。电炉容量受用户对年产钢量的要求、产品规格、电网容量等影响，电炉大型化还受电极直径的影响。另外，国家钢铁产业发展政策明确规定钢铁工业建设的准入条件为：电炉公称容量应不小于70t。

（6）电网条件。建厂当地的电网条件，如上级电网的电压、短路容量等，将影响所建电炉的功率水平、变压器容量及无功动态补偿容量等。

6.2 工艺流程的选择

6.2.1 基本原则

工艺流程的选择是一项综合性的技术经济工作。选定的工艺流程合理与否，直接关系到企业的基建投资多少和生产中各项技术经济指标的好坏。因此在选定工艺流程时，必须对市场进行周密的调查，对产品前景进行预测，以确保产品在相当的一段时期内符合市场的供需要求。

炼钢工艺流程的选择必须坚持下列基本原则：

（1）可靠、高效及节能是确定工艺流程的根本原则。在保证同等效益的前提下，选择的流程应力求简化。

（2）工艺流程对原料应有较强的适应性，能适应产品品种的变化。

（3）设计的炼钢工艺流程应杜绝造成公害，能有效地进行“三废”治理，综合回收原料中的有价元素，环境保护符合国家要求。

（4）工艺流程设计在确保产品符合国家和市场需求的前提下，应尽可能采用现代化的先进技术，提高技术含量，减轻劳动强度，改善管理水平，以获得最优的金属回收率、设备利用率和劳动生产率。

（5）投资省，建设快，占地少，见效快，利润高，经济效益和社会效益大。

6.2.2 电炉炼钢工艺流程

经过长期的发展竞争，当今钢铁工业所采用的炼钢流程主要分为两种，即高炉－转炉炼钢流程（长流程）与废钢－电炉炼钢流程（短流程）。后者与前者相比，具有流程短、设备布置和工艺衔接紧凑、投入产出快的特点，故称其为短流程。此外，短流程这种一对一的生产作业线还具有投资省、建设周期短、生产能耗低、操作成本低、劳动生产率高、占地面积小、环境污染小的优点，尤其是二氧化碳的排放量仅为长流程的1/3左右。

因此，在选择建设炼钢厂的炼钢方案时，只要废钢等原材料、电力等建设条件允许，应优先选择电炉炼钢流程。

当主要原料、钢种及产品确定后，炼钢所采用的工艺路线及其主要设备形式就基本确定了，如：

（1）冶炼普通碳结钢、低合金钢，采用电炉（EBT）→LF炉→连铸。

（2）冶炼优质碳结钢、齿轮钢、轴承钢，采用电炉（EBT）→LF炉→VD→连铸，电炉（EBT）→LF炉→RH→连铸。

（3）冶炼不锈钢，采用电炉（EBT/槽出钢）→VOD→（LF炉）→连铸，电炉（槽出钢）→AOD→（LF炉）→连铸，电炉（槽出钢）→AOD→VOD→（LF炉）→连铸。

以废钢铁料为主要原料、产品为连铸坯的现代电炉炼钢工艺流程，如图6－1所示。

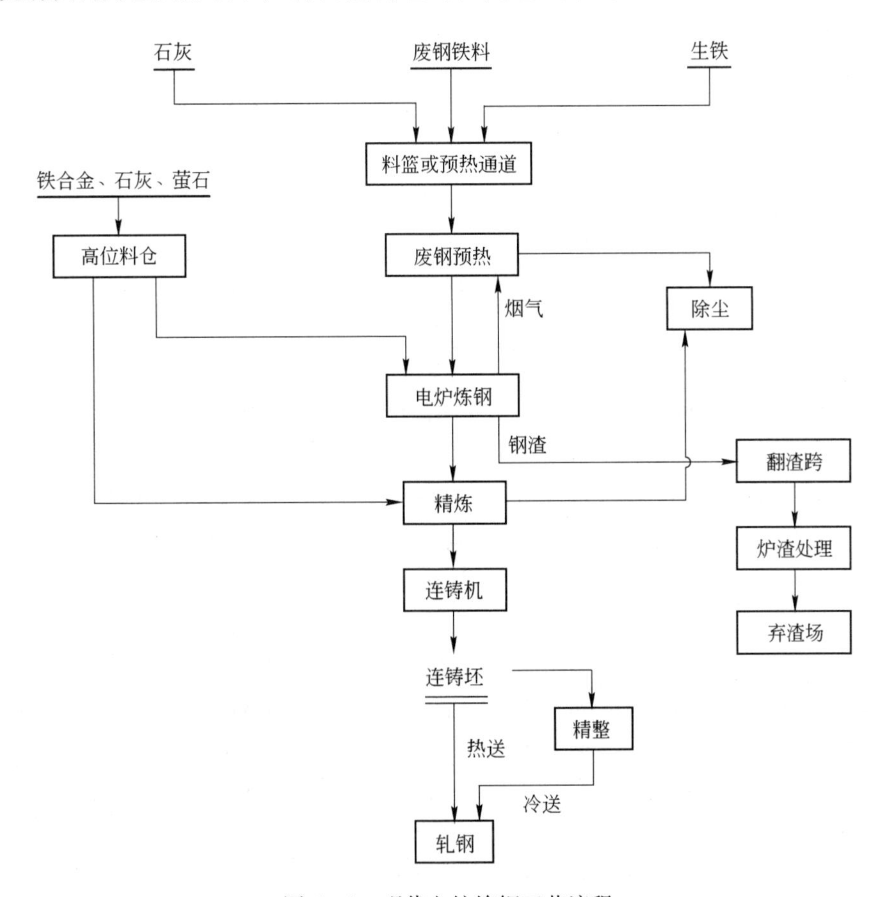

图6－1 现代电炉炼钢工艺流程

6.3 超高功率电炉设计

6.3.1 我国超高功率电炉的发展

超高功率电炉的发展围绕着缩短冶炼周期、提高生产率这一核心，在完善电炉本体的同时注重与炉外精炼等装置相配合，真正使电炉成为“高速熔器”，取代了“老三期”一统到底的落后的冶炼工艺，形成废钢预热→超高功率电炉炼钢→炉外精炼→连铸、连轧这一高效节能的短流程优化生产线。即相当于把熔化期的一部分任务分出去，采用废钢预热，再把还原期的任务移到炉外，并且采用熔化期与氧化期合并的熔氧合一的快速冶炼工艺。电炉作用的改变——“功能分化”给电炉炼钢带来明显的效果，其中扮演重要角色的是超高功率电炉，它的出现使功能分化成为现实，它的完善和发展促进了“三位一体”、“四个一”电炉工艺流程的进步。

近20年，我国已建成一批超高功率电炉车间，其中电炉容量为50～150t，主体设备均为引进，同时引进或部分引进一些配套技术，包括废钢预热、水冷炉壁和水冷炉盖、氧－燃烧嘴、偏心炉底出钢（EBT）、高阻抗技术、长弧泡沫渣冶炼、排烟除尘、炉底吹氩搅拌、计算机控制以及炉外精炼技术等，使当今的电炉更加完善。我国引进的超高功率电炉情况见表6－1。

表6－1 我国引进的超高功率电炉情况

厂 名	电炉容量/t	变压器/MVA	电炉炉型	炉外精炼	产品及连铸机	投产日期/年份
舞阳钢铁公司	90	60	交流炉	LF/VD	单流板坯	1991
天津钢管公司	150	90	料篮预热	LF/VD	4流圆坯	1992
抚顺特钢公司	50	35	料篮预热	LF/VD	模铸/连铸	1992
成都钢管公司	90	54	交流炉	LF	圆坯	1994
沙钢集团公司	90	65	竖炉	LF/VD	5流方坯	1995
上海浦东钢铁公司①	100	72	直流炉	LF/VD	单流板坯	1995
上海浦东钢铁公司①	100	72	直流炉	LF/VD	单流板坯	1995
淮阴钢铁公司	70	60	高阻抗炉	LF	5流方坯	1995
南京钢铁公司	70	60	高阻抗炉	LF/VOD	5流方坯	1996
江苏锡钢公司	70	54	交流炉	LF/VD	4流方坯	1996
沿山钢铁公司①②	60	52	直流炉	LF/VD	5流方坯	1996
宝山钢铁公司	150	99	直流双壳炉	LF/VD	6流圆坯/方坯	1997
宝钢特钢公司①	100	76	直流炉	LF/VD	5流方坯	1997
兴澄特钢公司	100	90	直流炉	LF/VD	5流方坯	1997
大冶特钢公司	60	56	直流炉	LF/VD	4流方坯	1997
苏钢集团公司	100	100	直流炉	LF/VD	5流方坯	1998
广州钢铁公司	60	52	直流炉	LF	4流方坯	1998

续表 6-1

厂 名	电炉容量/t	变压器/MVA	电炉炉型	炉外精炼	产品及连铸机	投产日期/年份
珠江钢铁公司①	150	120	交流指式竖炉	LF	单流薄板坯	1999
杭州钢铁公司	80	80	直流炉	LF	3 流方坯	1999
安阳钢铁公司	100	72	指式竖炉、高阻抗炉	LF/VD	单流板坯	1999
新疆八一钢铁	70	60	直流炉	LF	4 流方坯	2000
西宁特钢公司	60	36	康斯迪炉	LF/VD	圆坯/方坯	2000
贵阳特钢公司	60	36	康斯迪炉	LF/VD	3 流方坯	2000
沙钢集团公司	100	65	指式竖炉	LF/VOD		2002
沙钢集团公司	100	65	指式竖炉	LF/VOD	5 流方坯	2002
韶关钢铁集团公司	90	60	康斯迪炉	LF/VD	4 流方坯	2000
抚顺特钢公司	60	35	指式竖炉	LF/VOD	4 流方坯	2001
无锡雪丰钢铁公司	70	45	康斯迪炉	LF/VD	4 流圆坯/方坯	2001
山东石横特钢公司	60	35	康斯迪炉	LF	4 流方坯	2001
北满特钢公司	90	85	交流炉	LF/VD	方坯	2002
鄂城钢铁公司	60	36	康斯迪炉	LF	方坯	2002
中天钢铁集团公司	90	70	交流炉	LF	6 流圆坯/方坯	2003
珠江钢铁公司①	150	120	交流炉	LF/VOD	单流薄板坯	2003
宝钢特钢公司	60	55	交流炉	LF/AOD/VOD	5 流方坯	2003
张家港浦项不锈钢公司	150	140	交流炉	LF/AOD	不锈钢板	2003
通化钢铁公司	65	36	康斯迪炉	LF/VD	方坯	2004
宝钢不锈钢公司	100	80	交流炉	LF/AOD/VOD	不锈钢板坯	2004
宁夏恒力集团公司①	75	45	康斯迪炉	LF	方坯	2005
宝钢不锈钢公司	100	95	交流炉	LF/AOD	不锈钢板坯	2005
湖南衡阳钢管公司	90	70	交流炉	LF/VD	圆坯	2005
新疆八一钢铁①	110	80	交流炉	LF	板坯	2006
沙钢集团公司	110	65	交流炉	LF/VD	6 流方坯	2007
太原钢铁公司	90	90	交流炉	LF/AOD	不锈钢板	2007
联众（广州）不锈钢公司	150	140	交流炉	LF/AOD	不锈钢板	2007
宝山钢铁公司	150	110	交流炉	LF/VD	6 流圆坯/方坯	2008
太原钢铁公司	150	140	交流炉	LF/AOD	板坯	2006
太原钢铁公司	150	140	交流炉	LF/AOD	板坯	2006
酒钢榆中钢铁	100		交流炉	LF/AOD		2007
天津钢管公司	100	90	交流炉	LF/VD	圆坯/方坯	2009
天津钢管公司	100	80	交流炉	LF/VD		2009
天津钢铁公司	110		交流炉	LF/VD		2009
天津钢铁公司	110		交流炉	LF/VD		2009

续表 6－1

厂　名	电炉容量/t	变压器/MVA	电炉炉型	炉外精炼	产品及连铸机	投产日期/年份
大连金牛特钢公司	50	50	交流炉	LF/VOD/AOD	小方坯	2009
大连金牛特钢公司	100	90	交流炉		大方坯	2011
江苏华菱锡钢公司	90					2010
联众（广州）不锈钢公司	150	140	交流炉	LF/AOD	不锈钢板	2010
中冶东方江苏重工公司[3]	220	140	康斯迪炉	LF/VD	板坯/铸件	2011
马鞍山钢铁公司	110		交流炉	LF/RH		2011
福建福欣特钢公司	160	155	交流炉	LF/AOD	薄板坯	2013
莱芜钢铁集团公司	120	90	交流炉	LF/VD	5 流圆坯	2013
总容量/t	5270					

①其电炉现已停产；

②归江阴华润制钢有限公司，并且其电炉已改成 90t 交流电炉；

③变压器是长春三鼎变压器有限公司产品。

据表 6－1 的不完全统计，到目前为止我国引进 50t 以上的超高功率电炉超过 60 座，除去 7 座已停产的电炉，合计容量达到 5270t，如平均冶炼周期按 60min（实际大多数电炉的冶炼周期已经达到 50min 以下）计，年作业天数为 300 天，则年生产能力约为 3800 万吨。

随着现代电炉炼钢技术的进步，在 2000 年以后，尤其是最近几年，70t 以上电炉设备的引进与国产可以说是平分秋色，即有少数钢厂的电炉完全由国外引进或者是引进国外技术、国内分包及配套，多数厂家开始考虑国产电炉。至今，国内制造、投产及在建的 70t 以上大型超高功率电炉超过 60 座，均为交流炉。近年来国内制造、投产的大型超高功率电炉，主要业绩见表 6－2。

表 6－2　近年来国内制造、投产的大型超高功率电炉

厂　名	电炉容量/t	变压器/MVA	炉壳直径/mm	电炉炉型	炉外精炼	投产日期/年份
冀南特钢公司	70	45	5600	水平加料、高阻抗炉	LF/VD	2007
山东寿光巨能特钢公司	70		5600	交流炉	LF/VD	2007
舞阳钢铁公司	100	90	6500	水平加料炉	LF/VD	2008
山东西王钢铁公司	80	60	5800	水平加料炉	LF/VOD	2008
烟台金澄公司	70	45	5600	高阻抗炉	LF/VOD	2008
中冶京诚营口公司	120	90	6500	高阻抗炉	LF/VOD	2009
天重江天公司	120	90	6500	高阻抗炉	LF/VD	2009
邢台钢铁公司	70		5600	交流炉	LF/VD	2010

续表 6-2

厂　名	电炉容量/t	变压器/MVA	炉壳直径/mm	电炉炉型	炉外精炼	投产日期/年份
河北达力普特型装备公司	80	60	5800	高阻抗炉	LF/VOD	2011
南通宝钢公司	100	80	6100	高阻抗炉	LF/VD	2011
唐海文丰公司	100	65	6100	高阻抗炉	LF/VD	2011
苏南重工机械公司	100	80	6500	高阻抗炉	LF/VOD	2011
唐山泰宇重工公司	80	56	6000	水平加料、高阻抗炉	LF/VD	2011
徐州金虹钢铁公司	70	50	5600	水平加料、高阻抗炉	LF	2011
江阴华润制钢公司	90	65	5800	交流炉	LF	2012
寿光宝隆石油器材公司	90	60	6100	水平加料、高阻抗炉	LF/VOD	2012
山东广富集团公司	100			交流炉		2012
福建三宝特钢公司	70	36	5400	交流炉	LF	2012
福建鼎信镍业公司	120×2	90	6500	交流炉	LF/AOD	2013
山东鲁丽钢铁公司	100×2	80	6100	交流炉	LF/VD	2013
吴航不锈钢公司	70	40	5600	交流炉	LF/AOD	2013
西宁特钢公司	70	36	5600	水平加料	LF/VD	2013
其他公司	~1050					
总容量/t	~3500					

据表 6-2 的不完全统计，近年来国内制造 70t/5500mm 以上的超高功率电炉超过 60 座，合计容量约为 3500t，如平均冶炼周期按 60min（实际大多电炉冶炼周期在 50~70min 范围）计，年作业天数为 300 天，则年生产能力约为 2500 万吨。考虑 70t 以下电炉约为 70 座，年生产能力超过 2700 万吨。据不完全统计，目前我国电炉总容量超过 12000t，合计年生产能力接近 9000 万吨。

上述超高功率大型电炉编者基本上都参与了技术方案的讨论，有的参与了技术方案的制定，有的进行了工艺技术参数设计，无论从讨论、研究还是从电炉设备的投产运行方面，均说明超高功率大型电炉国产化是没有问题的。

但是其中的几个关键部分存在如下问题：

（1）液压系统。其比例阀（或伺服阀）、变量泵及主要液压缸密封垫等需要采用进口优质产品。

（2）变压器和电抗器。国产电炉变压器容量为 90MVA 的已有几台在运行，140MVA 的电炉变压器也投入使用；电抗器设计、制造技术也没问题，容量为 16.5Mvar、22.5Mvar 的电抗器均在运行。但其中大容量（如 50MVA 以上容量）的变压器有载调压开关要采用进口优质产品。

（3）高压控制系统。35kV 及以下容量高压控制系统的设计、生产没有问题，其中真空断路器采用进口优质产品，其使用寿命可成倍提高。

（4）低压电控设备（包括低压配电、电极调节器及其他自动化控制系统）。其要采用施耐德、正泰等优质的元器件。

（5）自动化控制系统。其 CPU 及 PLC 等要采用进口优质产品。

6.3.2　超高功率电炉容量的选择与计算

6.3.2.1　电炉容量与年产钢量

电炉容量的大小可以用电炉熔池的额定容钢量来表示，常称为额定容量、公称容量或标准容量，也用炉壳直径表示。小容量的电炉难以实现超高功率化，生产效率低，难以和精炼、连铸相匹配。在经济发达国家，小于 30t 的电炉已逐渐被淘汰（我国也在 2011 年底淘汰了 30t 及以下电炉），50～60t 以上的电炉已占主导地位。

在国际电炉流程向着“三位一体”、“四个一”发展的今天，考虑到总体效益，以废钢为原料炼钢电炉的合适吨位范围应为 70～120t，相应能力在 50～100 万吨/年之间。

年产钢量分为钢水量、钢坯量和钢材量，其在用户要求中均常见。三者之间简单的换算关系如下：

$$钢水量 = 钢坯量/\eta_1 = 钢材量/(\eta_1\eta_2)$$

式中　η_1——钢水成坯率，一般为 94%～96%；

η_2——钢坯成材率，一般为 92%～98%。

电炉车间的年产钢水量 A（万吨）与电炉容量 G 的关系如下：

$$A = \frac{24 \times 60 \times BGN}{t} \times 10^{-4} \tag{6-1}$$

式中　B——电炉的年作业天数，超高功率电炉的年作业日为 290～300 天，对于超高功率电炉及其流程，为了实现高功率、高效率，必须保证有充足的维修时间；

G——电炉容量，即电炉平均出钢量，t；

N——电炉车间的电炉数，座，目前国际上电炉流程的发展趋势是“三位一体”或“四个一”，常采用 1 座电炉；

t——冶炼周期或出钢周期，min，它取决于变压器的功率、辅助能源、冶炼品种、冶炼工艺、装备水平及操作人员的素质等。

当车间为一座电炉、年作业日为 300 天时，年产钢水量与冶炼周期的关系如下：

$$A = \frac{24 \times 60 \times 300 \times G \times 1}{t} \times 10^{-4} = \frac{43.2G}{t}$$

冶炼周期确定后，其与年产钢量的关系见表 6－3。

表 6－3　年产钢量与冶炼周期的关系

冶炼周期/min	43.2	57.6	61.7	66.5	72
年产钢量/万吨	$1 \times G$	$0.75 \times G$	$0.7 \times G$	$0.65 \times G$	$0.6 \times G$

当冶炼周期为43.2min时，电炉每吨炉容量年产钢水达到1万吨，这就是所说的世界最先进水平，但对于用废钢炉料的电炉来说是非常难实现的。虽然电炉的冶炼周期与变压器输入功率（容量）成反比，提高变压器输入功率可缩短冶炼周期，但对于采用100%废钢铁炼钢的电炉，冶炼周期过短、单位时间功率负荷过大会造成炉衬寿命大幅度降低、电耗提高、设备损坏严重等恶果，使得热停工时间过长及作业率过低等，从而造成运行成本提高、企业效益降低。

当冶炼周期为60min（24炉/天）、72min（20炉/天），年作业日按300天计时，借用ABB电炉样本，电炉出钢量与年产钢量的大致关系如图6－2所示。

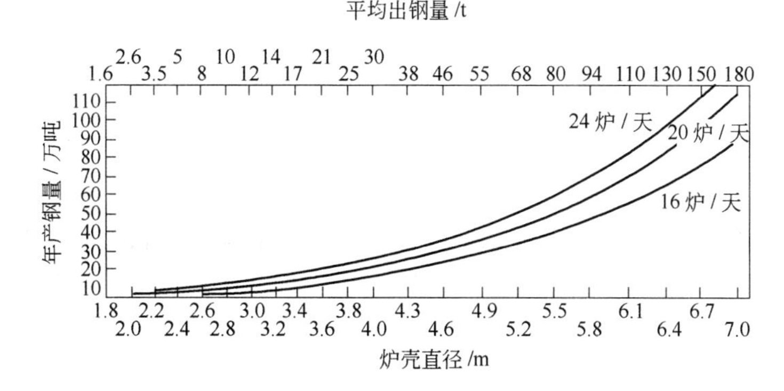

图6－2　电炉的炉壳直径、出钢量与年产钢量的关系

6.3.2.2　变压器额定容量及其技术参数

变压器额定容量可以根据电炉功率水平（见表6－4）的高低加以估算，但极不准确，也不负责任。功率水平用于对电炉及其变压器装置进行分析与比较，可作为设计参考，不能作为设计依据，因为影响变压器容量的因素很多也很复杂。

表6－4　电炉功率水平的分类

类　别	普通功率	高功率	超高功率
功率水平/$kVA \cdot t^{-1}$	<400	400～700	>700

A　变压器额定容量关系式

对于一具体的电炉，不但要根据出钢量，还要根据原料条件、用氧情况、电耗、年产钢量或冶炼周期，以及是否为高阻抗来确定变压器的额定容量。

按电耗平衡原则推导给出的变压器视在功率（额定容量）P_n 表达式如下：

$$P_n \cos\varphi t_{on} C_2 / 60 = WG \qquad (kW \cdot h)$$

$$P_n = \frac{60 \times WG}{t_{on} \cos\varphi C_2} \qquad (kVA) \qquad (6-2)$$

式中　$\cos\varphi$——功率因数，一般为0.78～0.83，受电炉回路电抗值、电炉供电制度（电压、电流的高低）影响，当采用低电压粗短弧冶炼时功率因数为0.76～0.8，当采用高电压长弧冶炼时功率因数为0.8～0.83；

t_{on}——总通电时间，min，$t_{on} = tT_u$（T_u 为变压器时间利用率，取0.7～0.75）；

C_2——变压器功率利用率，取0.75～0.8；

W——电能单耗，kW·h/t；

G——平均出钢量，t。

B 冶炼周期及其组成

当采用100%废钢铁、EBT电炉氧化性钢水出钢，考虑连铸节奏，电炉冶炼周期控制在60min以内时，按废钢铁2~3次装料设计，补炉、装料（接电极）、出钢等非通电时间为15min，通电时间为45min，此时变压器时间利用率取0.75。冶炼周期与非通电时间的关系见表6-5。

表6-5 冶炼周期与非通电时间的关系

冶炼周期/min	55	60	65	70	75
非通电时间/min	14	15	16	17	18

C 吨钢电耗

当采用100%废钢铁、以氧化法冶炼合结钢时，配碳量为1.5%，渣量为3%（30kg/t），炉料在电炉中熔化并加热精炼至出钢温度（1630℃）所需要的实际平均能耗约为610kW·h/t。采用炉壁多功能氧枪强化供氧（40~45m^3/t（标态））及石墨电极氧化等提供的能量，合计210~230kW·h/t。实际吨钢电耗可以控制在380~400kW·h/t范围内。

D 变压器容量的确定

采用100%废钢铁，电炉冶炼周期控制在60min以内时（其中通电时间为45min），计算确定该电炉的设计功率水平约为800kVA/t或变压器视在功率为800×*G* kVA。对于公称容量为100t的电炉，平均出钢量取100t，该电炉变压器额定容量确定为80MVA。

该100t电炉的功率水平为800kVA/t，达到超高功率水平，应按超高功率电炉来配置，如大面积水冷炉壁、水冷炉盖等。另外，变压器额定容量超过30000kVA，大容量交变电流将对电网造成强大的冲击，为了减少电压闪烁或无功动态补偿装置（SVC）的补偿容量、降低电耗及电极消耗等，应考虑采用高阻抗技术。

借用ABB公司的电炉样本，电炉平均出钢量与变压器额定容量的大致关系如图6-3所示。

E 电抗器容量的确定

按电弧功率平衡原则，以80MVA变压器及100t电炉短网阻抗为基础进行高阻抗计算，100t电炉的电气特性量值见表6-6。

表6-6 电抗器容量计算——100t电炉的电气特性参数值

电气特性参数	单位	A组	B组	C组	D组	E组	F组	G组
最高二次电压	V	750	776.2	801.6	826.3	850.3	875.7	900.5
短路电抗	mΩ	4	4.35	4.7	5.05	5.4	5.78	6.16
电弧电流	kA	61.584	59.508	57.621	55.899	54.318	52.743	51.294
表观功率	MVA	80	80	80	80	80	80	80
电弧功率	MW	56.398	56.398	56.398	56.398	56.398	56.398	56.398
有功功率	MW	65.793	65.303	64.872	64.491	64.151	63.822	63.528

续表 6-6

电气特性参数	单位	A组	B组	C组	D组	E组	F组	G组
电损失功率	MW	7.396	6.905	6.474	6.093	5.753	5.424	5.131
功率因数		0.822	0.816	0.811	0.806	0.802	0.798	0.794
电效率		0.888	0.894	0.9	0.906	0.91	0.915	0.919
电弧电压	V	316.1	327.1	337.8	346.2	356.4	369.1	379.5
电弧长度	mm	276.1	287.1	297.8	306.2	316.4	329.1	339.5
短路电流	kA	106.9	101.9	97.5	93.7	90.3	86.9	83.9
电流波动	kA/V	0.2927	0.2682	0.2474	0.2295	0.214	0.1993	0.1864
电抗器容量	kvar	0	3716.2	6972.4	9842.7	12382.1	14854.8	17049.5

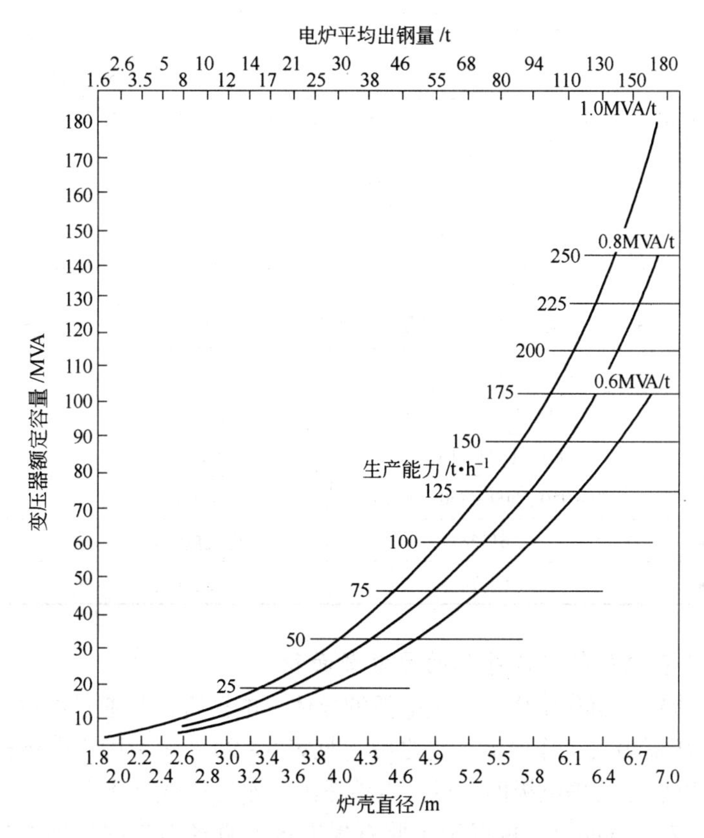

图 6-3 炉壳直径、电炉平均出钢量与变压器额定容量的关系

表 6-6 中的电流波动是指电流随电弧电压的变化率。增加电抗后电弧功率不变、阻抗提高、电压上升（由 750V 增加至 900V）、电流下降（由 61.584kA 降低至 51.294kA），尤其是短路电流大幅度降低（由 106.9kA 降低至 83.9kA），使得电耗和电极消耗降低，电流波动减小（由 0.2927kA/V 降低至 0.1864kA/V，减小了 36.3%），这样可大幅度降低电压闪烁，降低对电网的要求，减少无功动态补偿的容量。考虑到该 100t 电炉采用 100% 废钢铁，强化吹氧、全程造泡沫渣及全程高阻抗操作等，选择表 6-6 中的 G 组设计，其电抗器容量与抽头的关系见表 6-7。

表6-7 电抗器容量与抽头的关系

电抗器型号	电抗器容量/Mvar	电抗器抽头	控制方式
XKSSP-17000/35	17（+10%）	17/15/12.5/10/7/0	无载调节

该电抗器为一外附电抗器，串联在变压器一次侧，为无载调节，具有连续过载10%的能力，应装有隔离开关与接地开关。

F 高阻抗电炉变压器的技术性能参数

根据表6-6和表6-7，以G组二次电压与电抗器容量（900/17Mvar）为依据，增加两档富裕电压925V、950V，确定的变压器、电抗器主要操作参数见表6-8。该变压器为有载调节，共19级电压，其主要技术性能参数见表6-9。

表6-8 电炉变压器、电抗器的主要操作参数

参 数	恒功率段（7级）						恒电流段（12级）					
二次电压/V	950	925	…	…	800	775	750	725	700	…	525	500
二次电流/kA	46.62	49.93	…	…	57.74	59.6	61.58					
视在功率/MVA	80						80	77.3	74.7	…	56	53.3
电抗器容量/Mvar	17/15/12.5/10/7/0						0					
操作情况	高阻抗						甩抗					

表6-9 电炉变压器的主要技术性能参数

参数名称	要 求	参数名称	要 求
变压器型号	HSSPZ-80000/35	阻抗压降/%	~7.5
额定容量/MVA	80（长期+10%）	冷却方式	OFWF
二次电压/V	750~950、500~750，共19级	调压方式	有载调节
二次额定电流/kA	61.58	二次绕组接线方式	三角形内封
最大工作电流/kA	67.74	进出线方式	顶进侧出

6.3.2.3 石墨电极等二次导体的导电截面积

电极是将电流输入熔化室内并产生电弧的导体。电极直径与通过的电流及电阻系数成正比，当电炉变压器最大工作电流确定之后（见表6-9），参考国产电极样本及标准（见表6-10）就可以确定石墨电极的直径。再参考国产水冷电缆样本及标准（在最大工作电流下，电流密度取5A/mm^2），可以确定此石墨电极的直径与二次导体的导电截面积，见表6-11。其他二次导体的截面积按最大工作电流进行设计、制造。

表6-10 几家炭素厂电极直径与许用电流负荷的关系

公称直径/mm	超高功率电极许用电流负荷/kA			
	推荐的上限值	吉林	开封	南通
350（0.085）	30	20~30		22~39
400（0.1）	40	25~40	25~40	28~47

续表 6－10

公称直径/mm	超高功率电极许用电流负荷/kA			
	推荐的上限值	吉　林	开　封	南　通
450（0.1）	45	32～45	32～45	34～55
500（0.11）	55	36～55	38～55	41～63
550（0.12）	65	45～65	42～64	48～70
600（0.125）	75	50～75	50～76	55～80
650（0.13）	85			69～89
700（0.135）	95	60～100	67～100	80～100

注：表中括号内的数据为电极公称直径与电极许用电流负荷的大致关系。

表 6－11　石墨电极直径、水冷电缆截面积的选择

变压器额定容量/MVA	最大工作电流/kA	电极公称直径（mm）/种类	水冷电缆截面积/根 × mm^2
80	67.7	600/UHP	4 × 3500

6.3.3　超高功率电炉炉型及其设计

近 20 多年来，随着超高功率电炉及其相关装备与工艺技术的发展，电炉的炉体结构也发生了很大的变化，这包括超高功率电炉必配的水冷炉壁、水冷炉盖及炉外精炼所需的无渣出钢（如偏心底出钢）等。对于采用超高功率、水冷炉壁、水冷炉盖及偏心底出钢的电炉设计来说，确定电炉炉型尺寸的传统方法仍然适用，但若干影响因素需要考虑到。对于炉体外形尽管前几年有很多变化，尤其是炉身部分，如采用截锥形、倒截锥形、腰鼓形及变径的圆桶形等，但随着超高功率电炉及其相关技术的发展，炉体形状向着制造简便、结构坚固、砌筑容易及散热量少的方向发展，即炉盖为圆拱形、炉底为球形、炉身为圆桶形等。

6.3.3.1　电炉基本炉型

炼钢电炉内部结构由炉缸及熔化室两部分组成，熔池是炉缸组成的主要部分。

A　炉缸

电炉的炉缸由熔池（钢水、炉渣）及一定的自由空间组成。

a　熔池形状

以公称容量为 G(t) 的电炉为例，将炉体剖开，向炉门方向看，电炉熔池形状如图 6－4 所示，呈由倒锥台与球缺组成的锥球形。

熔池钢液面直径 D 与钢液深度 H 之比 D/H 是确定电炉炉型的基本参数，根据计算经验，$D/H=3\sim5$。传统三相交流电炉炉内熔池的传热仅为传导传热，熔池搅拌微弱，故常将熔池设计成浅碟形。浅碟形熔池 D/H 值较大，有利于渣－钢间的化学反应，但这种形状的熔池散热面积大、散热快。随着直流电弧炉、底吹技术的采用以及熔池搅拌的加强，熔池有加深的趋势，即 D/H 值减小，未来电炉熔池形状将向转炉炉型发展，D/H 值将小于 3。对于 70t/5500mm 及以上的超高功率电炉，取 $D/H=4\sim5$，比值随炉容量的增加而加大；而对于用返回料冶炼不锈钢的电炉，为改善熔池钢水的温度差，减小熔池深度，

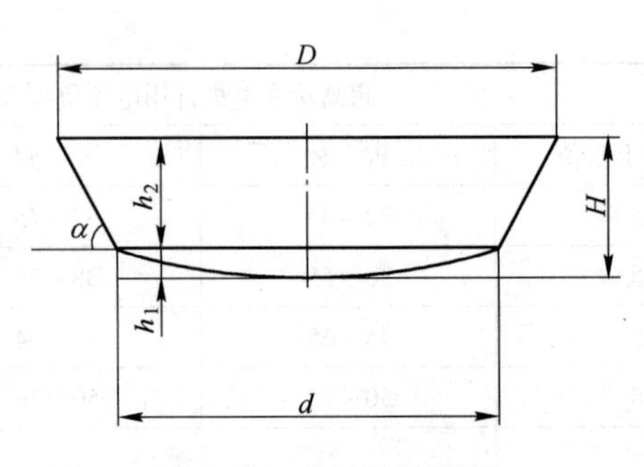

图 6－4　电炉熔池形状

D—钢液面直径；H—钢液深度；h_1—球缺高度；h_2—锥台高度；d—球缺直径；α—锥台倾角

D/H值可能要在 5 以上。

炉底采用球形底部便于在熔化初期聚集一定的钢液，既可保护炉底，又有利于吹氧助熔、加速熔化，一般球缺高度取 $h_1=H/5$。因镁砂的自然堆角为 45°，为了便于人工修补炉坡，以往锥台倾角 α 取 45°，在操作过程中熔池的形状也易于保持；对于超高功率电炉，渣线以下采用合成捣打料（烧结好、寿命高），而且采用机械喷补，除炉门处、EBT 出钢口附近外，α 常取 50°～60°。

b　钢液面直径

对于额定容量为 G(t) 的钢液，其占有的体积 V_g(m^3) 为：

$$V_g = G/\rho_g$$

式中　ρ_g——钢液的密度，t/m^3，对于碳素钢、低合金钢或初炼电炉中的钢液（合金化前的钢液），$\rho_g=7t/m^3$。

由倒锥台与球缺组成的锥球形熔池的钢液体积 V(m^3) 为：

$$V = V_{台} + V_{球} = V_g$$
$$= \frac{\pi h_2}{3}\left(\frac{D^2+d^2+Dd}{4}\right) + \pi h_1\left(\frac{d^2}{8}+\frac{h_1^2}{6}\right) \qquad (6-3)$$

式中　V_g——钢液体积，m^3；

h_1——球缺高度，m，一般取 $h_1=H/5$；

h_2——锥台高度，m，$h_2=H-h_1=4H/5$；

D——钢液面直径，m；

d——球缺直径，m。

取锥台倾角 $\alpha=55°$，当取 $D/H=5$ 时，$d=D-2h_2/\tan\alpha=5H-1.6H/\tan\alpha=3.8797H$，代入式（6－3）中整理得：

$$V_g = 4.3446\pi H^3 = 0.0348\pi D^3 \qquad (6-4)$$

当取 $D/H=4.5$ 时，$d=3.3797H$，类似的有：

$$V_g = 3.4123\pi H^3 = 0.0374\pi D^3$$

当取 $D/H=4$ 时，$d=2.8797H$，类似的有：

$$V_g = 2.5961\pi H^3 = 0.0406\pi D^3$$

c　熔池直径

电炉熔池直径 D_r 即指渣面直径，钢液面上很薄的一层炉渣可近似看作呈圆柱形，其

厚度 h_z(m) 为：

$$h_z \approx \frac{4V_z}{\pi D^2} = \frac{4G_z}{\pi D^2 \rho_z} \tag{6-5}$$

式中 V_z——炉渣的体积，m^3；

G_z——炉渣的重量，t；

ρ_z——炉渣的密度，一般取 $\rho_z \approx 2.5t/m^3$。

电炉氧化期渣量最大，占钢液重量的5% ~7%，占钢液体积的15% ~20%，即 V_z = (5% ~7%) G_z/ρ_z 或 V_z = (15% ~20%) V_g。泡沫渣操作虽然使炉渣体积成倍增加（泡沫渣的密度取 $\rho_z \approx 1.25t/m^3$），但从提高渣线炉衬的寿命及氧化后期炉渣体积减少等方面考虑，取上述的中上限即可。

考虑炉渣厚度，熔池直径 D_r(m) 为：

$$D_r = D + 2h_z/\tan\alpha \tag{6-6}$$

对于70t 电炉，额定出钢量为70t，渣层厚度为0.12 ~0.135m；对于本例100t 电炉，额定出钢量为100t，渣层厚度为0.135 ~0.15m。*D/H* 值不同对熔池形状参数的影响见表6 -12。

表6 -12 *D/H* 值不同对熔池形状参数的影响

额定出钢量/t	炉坡倾角/(°)	*D/H*	钢液容积/m³	钢液深度/m	钢液面直径/m	熔池直径/m	炉壳直径/m
70	55	5	10	0.902	4.5	4.7	5.7
70	55	4.5	10	0.977	4.4	4.6	5.6
70	55	4	10	1.07	4.28	4.5	5.5
100	55	5	14.3	1.016	5.08	5.3	6.3
100	55	4.5	14.3	1.101	4.95	5.2	6.2
100	55	4	14.3	1.206	4.82	5.1	6.1

注：由表中例子可以看出，熔池直径 D_r 与炉壳直径 D_k 的大致关系是 $D_r = D_k - 1$。

考虑到超高功率电炉实施泡沫渣埋弧操作，炉门坎平面要高于熔池，即要高于渣面100mm 以上。

B 熔化室

熔化室的大小决定废钢的一次装入量，也影响电弧在炉内的热交换。熔化室直径即指炉缸直径，也是熔化室与炉缸的分界面。

a 熔化室直径

考虑到避免炉渣冲刷炉壁砖，减轻炉渣对炉壁与炉坡接触处的侵蚀，炉缸平面高于炉门坎平面约100mm，熔化室直径 D_{rh}(m) 为：

$$D_{rh} = D_r + 2 \times (0.1 + 0.1)/\tan\alpha = D + 2(h_z + 0.2)/\tan\alpha \tag{6-7}$$

超高功率电炉采用大面积的水冷炉壁，一般水冷炉壁的外径与炉壳内径相切，而水冷炉壁的厚度则取决于所采用的形式，当采用管式水冷炉壁时，其厚度在100mm 左右，熔化室直径近似等于水冷炉壁的内径。为了进一步增加熔化室的容积、多加废钢及减少加料次数，近年来国内外还有将上炉体水冷炉壁直径增加，使其内径与下炉体炉壳外径相切。

b 熔化室高度

熔化室高度 H_1 应根据炉内的热交换情况来确定，高度增加，炉顶热负荷减少，但炉顶对熔池非高温区的辐射功率也减小。另外，当熔化室直径确定后，熔化室高度决定了炉膛的容积，即影响废钢装料次数、电极长短及车间厂房的高度等。

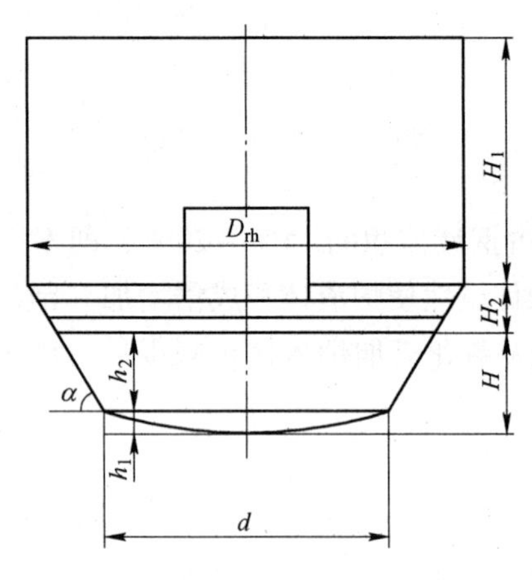

图 6-5 电炉炉内结构示意图

当炉容量为 5~250t 时，熔化室直径与熔化室高度的比值 $D_{rh}/H_1=2\sim2.5$；美国的电炉 $D_{rh}/H_1=2\sim2.1$，即炉子越大，炉壁相对越矮。但考虑到废钢轻薄料日益增多、堆密度降低，在设计熔化室高度时，应能保证堆密度为 $0.7t/m^3$ 的废钢能两次装入，第一次按 60% 废钢计算或按 55% 废钢 + 占料重 2% 的石灰计算。当废钢堆密度不能保证时，可适当提高炉壳高度，使电炉成为高炉壳电炉。电炉炉内结构示意图如图 6-5 所示。

C 炉衬厚度及炉壳

a 炉衬厚度

炉衬厚度是按耐火材料的热阻计算确定的，不是越厚越好，也不是越厚寿命越高。设计条件是电炉在炉役末期，其外表面被加热温度不能超过 100~150℃。

（1）炉底厚度。对小于 15t 的电炉，炉底厚度不应小于钢液深度，即 $\delta_{底}\geqslant H$；而对 15t 以上的电炉，$\delta_{底}<H$。美国 3~350t 电炉的炉底厚度范围 $\delta_{底}=230\sim900$mm，对于 5t 以下电炉，$\delta_{底}\geqslant H$；对于 10~70t 电炉，$\delta_{底}<H$；对于 70t 以上的电炉，$\delta_{底}=700\sim900$mm。

（2）炉壁厚度。炉壁（根部）厚度 $\delta_{壁}$ 即指熔池渣线平面处炉衬的厚度，也有用炉缸平面处炉衬厚度表示的，一般取 $\delta_{壁}>400\sim600$mm。美国小于 10t 的电炉，$\delta_{壁}\leqslant300$；10t 以上电炉，$\delta_{壁}=350\sim400$mm。对于炉壁采用耐火材料的普通功率电炉，炉壁上部炉口处的厚度小于炉壁根部厚度，其所形成的倾角为 5°~6°，以有利于废钢加料及炉衬修补；对于采用水冷炉壁的超高功率大型电炉，炉壁厚度取决于水冷构件的形式、材质及炉内热负荷等。

（3）炉盖厚度。普通功率电炉炉盖常采用耐火材料制成，如采用高铝砖或用可塑料进行捣制，其厚度为 200~400mm。超高功率电炉采用水冷炉盖的，水冷炉盖厚度小于或等于水冷炉壁的厚度，中心耐火材料小炉盖的厚度一般为 250~350mm。

b 炉壳

（1）炉壳钢板材质。炉壳采用的钢板材质一般是 Q235、20、20g、16Mn 等，钢板厚度为炉壳直径的 1/200，工程上取钢板厚度不大于 $D_k/200$，见表 6-13。

表 6-13 炉壳钢板厚度与炉壳直径的关系 （mm）

炉壳直径	<3000	3000~4000	4000~6000	>6000
钢板厚度	≤15	15~20	20~30	≥30

（2）炉壳直径。对于有完整的钢板炉壳、水冷炉壁采取内装式的电炉，以炉壳钢板内径作为炉壳直径，或称炉壳内径；对于没有完整的钢板炉壳、水冷炉壁采取框架悬挂式的电炉，则以偏心底出钢电炉下炉壳的钢板内径作为炉壳直径。考虑到熔池平面处耐火材料炉衬的厚度，炉壳直径 D_k（m）等于熔池直径加上两倍的炉衬厚度（见表6－12），即：

$$D_k = D_r + 2\delta_{壁} \tag{6-8}$$

（3）炉壳高度。炉壳高度取决于熔化室高度，主要由耐火材料炉底厚度、炉缸深度及熔化室高度组成。

（4）炉壳底部形状。炉壳底部形状有锥台形和球缺形，后者用于大型电炉。

D 电极分布圆直径

电极分布圆直径也称电极极心圆直径，用于表示电极在炉内的分布，其大小影响耐火材料炉壁的寿命、废钢炉料的熔化、熔池温度的均匀性、炉盖中心耐火材料的强度等。电极分布圆直径的确定，要考虑熔池直径、电极直径及炉壁是否采用氧枪或烧嘴。一般电极分布圆直径是随熔池直径（炉壳直径）及电极直径的增加而加大，当炉壁采用氧枪或烧嘴时电极分布圆直径可以减小。

电极分布圆直径小一些，有利于尽早形成熔池及提高炉衬寿命。电极分布圆直径过小或炉壳直径过大，虽然电极距离炉壁较远，对提高耐火材料炉壁的寿命有利，但易造成炉壁冷区明显，炉壁附近及炉壁冷点区废钢熔化得慢，尤其易使偏心底出钢电炉的偏心区出现挂钢现象。这种挂钢现象，轻者影响熔化速度，延长冶炼时间，影响钢水温度、成分的均匀性；重者影响偏心底出钢电炉的出钢及钢的质量。

当熔池直径确定后，电极分布圆直径 d（mm）可以按下列经验式确定：

$$d_{极心} = (0.25 \sim 0.35) D_r \tag{6-9}$$

式（6－9）中的系数随电炉容量（熔池直径）的增加而减小。对于本例100t电炉，熔池直径约为5100mm，电极分布圆直径为1300mm（系数采用0.26），考虑到本例拟采用三支炉壁氧－燃枪，所以电极分布圆直径小一些有利于尽早形成熔池及提高炉衬寿命，确定采用1250mm；对于前述70t电炉，熔池直径约为4500mm，电极分布圆直径为1200mm（系数采用0.27），考虑到拟采用三支炉壁氧－燃枪，电极分布圆直径可以减小至1150mm。不同容量超高功率电炉的电极分布圆直径见表6－14。

表6－14 不同容量超高功率电炉的主要技术参数

出钢量/t	变压器额定功率/MVA	炉壳直径/mm	石墨电极直径/mm	电极分布圆直径/mm
10	6	2800	250	700
15～20	16	3600	350	950
20～30	24	4000	450	1100
30～40	35	4300	450	1150
40～50	40	4600	450	1150
50～55	44	4900	500	1150
60～70	54	5200	500	1200
70～80	64	5500	550	1200

续表 6-14

出钢量/t	变压器额定功率/MVA	炉壳直径/mm	石墨电极直径/mm	电极分布圆直径/mm
85~95	75	5800	550	1200
100~110	88	6100	600	1250
115~130	104	6400	600	1250
130~150	120	6700	600	1300
150~180	144	7000	600	1300

6.3.3.2 偏心底出钢电炉

为了改善炉外精炼的冶金效果，电炉采取了无渣出钢，其中效果最好、应用最广泛的是偏心底出钢法（Eccentric Bottom Tapping，简称 EBT）。近年来，不但新建的电炉采用无渣出钢技术，而且许多槽式出钢的电炉也改造成偏心底出钢电炉（见图 6-6）。

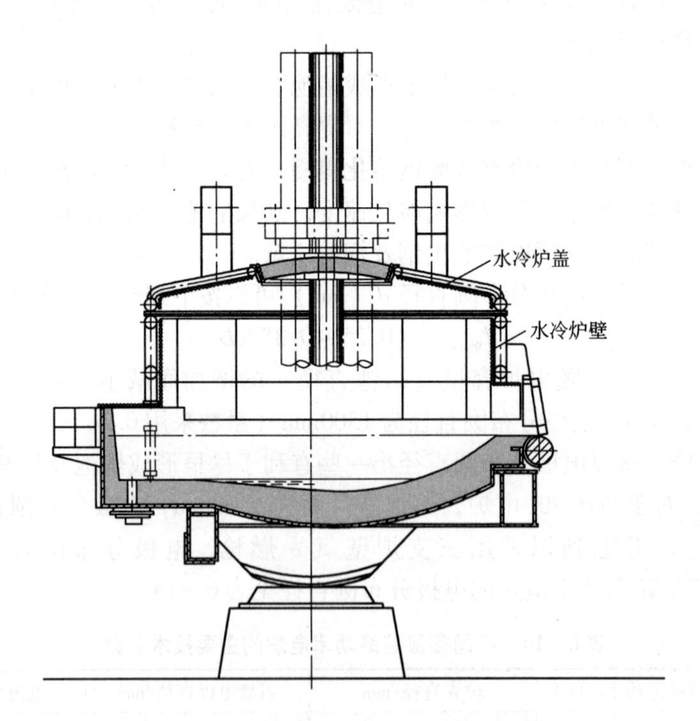

图 6-6 偏心底出钢电炉结构示意图

偏心底出钢电炉的设计内容包括具体留钢量的多少、出钢口偏心距的大小、出钢口的粗细及出钢箱的高低等，以下给出偏心底出钢电炉的设计原则。

A 留钢量的设计

偏心底出钢电炉是通过留钢操作实现留渣及无渣出钢的，或者说无渣出钢是通过留有一定钢水而实现的，同时还具有提前成渣、早脱磷等优越性。

从传统槽出钢电炉改造成偏心底出钢电炉的经验来看，偏心底出钢电炉的熔池钢水量恰好多出 10% ~15%，以此作为偏心底出钢电炉的留钢量，可以使 95% 以上的炉渣留在炉内，实现了无渣出钢。这样使得电炉熔化室结构尺寸的确定方法及原则基本不变，传统电炉炉壳直径与容量的关系基本不变。

而对于炉料连续预热电炉，由于其废钢的加热熔化方式发生变化，整个冶炼过程是电弧加热熔池、熔池熔化废钢，因此要求冶炼一开始就有现成的一定大小的熔池，这只有多留钢水才能保证。所以，它要求大留钢量，一般要求保证留有占出钢量30%～40%的钢水。此时，金属熔池的设计就要考虑所增加的20%～25%钢水量对熔池体积的影响（按最大钢水量来进行设计）。

综上，对于不同形式的电炉应有合适的留钢量，过多留钢没有好处，将影响电炉操作、恶化炉型结构，最主要是增加能耗、延长冶炼周期；而且留得越多越不好，数吨钢水的温度由出钢时的1600℃以上降低至1500℃以下，而且周而复始，这将大大增加热量损失、降低炉子热效率。

B　出钢口偏心距

出钢口偏心距（或称偏心度）即指出钢口中心到炉体中心的距离，用E表示；也有用偏心率来表示的，即指出钢口中心到炉体中心的距离与炉壳半径之比，用η表示，$\eta = 2E/D_k$。

在满足出钢口填料和维护操作方便的条件下，出钢口偏心距应尽量小。这主要出于两点考虑：一是减少出钢箱（小熔池）内与炉体（大熔池）内钢水温度与成分的不均匀性，有利于冶炼操作；二是减少炉体的偏重。

C　出钢口水平面的高度

出钢口水平面的高度即指出钢箱底部的位置，它的高低应能保证出完钢炉子摇正后，炉中留下的炉渣（约95%）与钢水（10%～15%）均不溢出。在这种情况下，出钢口水平面的高度应最小，以使出钢箱内钢水深度h足够大（静压力大，$p = hd$）、提高自动开浇率及改善卷渣现象。

D　出钢箱高度

为了防止超装、熔池氧化沸腾炉体后倾及出钢不顺炉体后倾时，钢水较长时间接触水冷过桥与出钢箱水冷盖板而造成危险，希望出钢箱高度适当大些，但过高则对出钢口的填料与维护操作及炉体的偏重等不利。

E　出钢口直径

考虑到钢水的温降、生产率、卷渣及出钢操作等，常以出钢时间$\tau = 120 \sim 150\text{s}$作为设计出钢口直径的依据之一。出钢量与钢流流速的关系为：

$$G = Sv\tau\rho_g = \frac{\pi d^2}{4}\sqrt{2gh}t\rho$$

代入已知数据，整理得：

$$d^2 = 0.04\frac{G}{t\sqrt{h}} \tag{6-10}$$

式中　G——出钢量，t；

S——钢流面积，即出钢口截面积，m^2；

v——钢流流速，m/s；

τ——出钢时间，s；

ρ_g——钢水密度，t/m^3；

d——出钢口直径，m；

h——出钢口上方钢水深度，m。

计算中认为，出钢过程中出钢口上方钢水深度变化不大（出钢过程的大部分时间应控制出钢口上方钢水深度大致相同，以便正常开浇和防止卷渣）。

偏心底出钢电炉的出钢口一般与炉体轴线平行，过去也曾采取向炉体轴线方向倾斜3°~5°。其倾斜的目的是在出钢倾炉后，使出钢口与垂线保持平行，以利于使出钢钢流不发散，提高出钢口耐火材料的使用寿命。但运行结果表明，这种方式的使用效果不明显，而且增加了砌筑、维护及出钢口填料操作的难度，故不建议采用。

F 实现无渣出钢、减少下渣的保证

为了实现无渣出钢，减少下渣量，一是出钢口水平面的高度应最小，出钢口不易过大；二是出钢后的回倾速度要快，应达到4~5°/min，这点尤为重要，否则将因虹吸现象而卷渣下渣。

上述方法不仅适合超高功率的大电炉，也适合普通功率的小电炉。特别是对那些几经改造扩容的小电炉，其原本生产率低、能耗高，为了盲目追求产量而增加炉直径、提高炉门坎等，使得炉子严重不规范，造成操作不正常、技术指标恶化的后果，更需要进行规范设计。

不同容量超高功率电炉的主要技术参数见表6-14。

6.4 炉外精炼设备工艺设计

6.4.1 产品对炉外精炼功能的要求

炉外精炼技术的出现和迅速发展不仅是为了扩大产品品种和提高产品质量，同时其也是电炉与连铸机之间不可缺少的缓冲器。炉外精炼方法多种多样，如何选择能与电炉优化组合的炉外精炼方法，如何根据用户对品种和质量的要求来经济合理地选择炉外精炼手段，在工艺设计时应认真分析和比较。

从产品的角度来讲，不同产品对炉外精炼的功能有不同的要求，见表6-15。

表6-15 不同产品对炉外精炼的功能要求

产　品	对炉外精炼功能的要求
轴承钢	脱氧，减少氧化物夹杂，脱硫，改变硫化物形态
不锈钢	脱碳保铬，脱氢，减少夹杂物，降低成本
管　材	脱硫，减少氧化物夹杂
薄　板	脱碳，脱氧
厚　板	脱硫，脱氢，减少氧化物夹杂
钢轨钢	脱氢
轮箍钢	脱氢，去除夹杂物

几种常用的炉外精炼方法的冶金功能比较见表 6－16，炉外精炼工艺及成分控制指标见表 6－17。

表 6－16 几种常用的炉外精炼方法的冶金功能比较

项 目	LF	LF/VD、VAD、ASEA－SKF	VD	RH	VOD	AOD
脱氧/$\times 10^{-6}$	20～40	20～40	20～40	20～40	30～60	50～150
脱硫/$\times 10^{-6}$	20	20	可脱硫	可脱硫	60	60
去夹杂物/%	～50	～50	40～50	50～70	40～50	略减
脱氢/$\times 10^{-6}$	—	1～3	1～3	1～3	1～3	略降
脱碳/$\times 10^{-6}$	可增碳	100	100	30	20	150
微调成分	可以	可以	可以	精确微调	可以	不能
钢水温度变化	升温 3～5℃/min	升温 3～5℃/min	降温	降温	升温	升温
均匀成分和温度	有效	有效	有效	有效	有效	有效
合金收得率/%	≥95	≥95	≥95	≥97	≥97	≥98

表 6－17 几种常用的炉外精炼工艺及成分控制指标

功 能		工 艺					
		EBT	LF	VD	RH－OB	VOD	AOD
熔 化		○					
钢水升温		○	○		○	○	○
均匀化			○	○	○	○	○
合金微调			○	○	○	○	○
非铝脱氧			○	○	○	○	○
增加产能			○	○	○	○	○
钢水净化			○	○	○	○	○
成分控制/$\times 10^{-6}$	w[C]	<300	—	VE	<35	<10	<50
	w[O]	>E	<E	<20	<20	<20	<40
	w[S]	<250	<10	<20	<10	<20	<20
	w[P]	<200	—	—	—	—	—
	w[N]	R，<150	I+，20	<40	<40	w[C]＋w[H]<100	<100
	w[H]	R	I+，<1	<2	<2	<2	<3

注：○—拥有功能；I+—吸收；E—平衡状态；VE—真空平衡状态；R—取决于所用原料。

其中，LF 炉因其设备简单、操作灵活、精炼效果好及投资费用低等而受到普遍重视，并得到了广泛的应用。以下重点介绍 LF 炉的设备组成、容量设计、工艺技术及其车间工艺布置。

6.4.2 LF 炉设备组成及分类方法

6.4.2.1 LF 炉设备组成

LF 炉设备（见图 6－7）相对电炉设备要简单些，同样分为机械设备与电气设备，电气设备又分为主电路设备及低压电控设备。

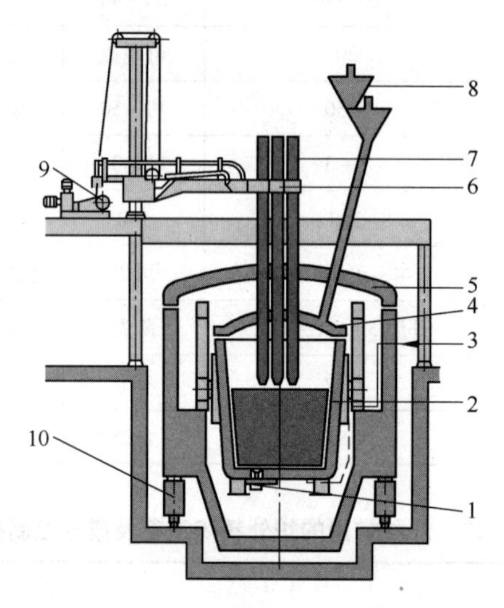

图 6－7 车载罐式 LFV 设备结构示意图

1—滑动水口；2—钢包；3—吹氩透气砖；4—防溅包盖；5—真空罐；6—电极夹头；7—电极；8—合金料斗；9—电极升降机构；10—真空罐车

（1）机械设备。机械设备由三大机构、五个介质系统、四个辅助系统及排烟除尘系统等组成。

1）三大机构，包括钢包炉体装置、电极升降机构、炉盖升降机构，有的还要同时考虑高位加料系统。

2）五个介质系统，包括液压系统、水冷系统、吹氩系统、气动系统及润滑系统。

3）四个辅助系统，包括钢包车装配系统、电极接长装置、喂丝系统及测温取样系统。

（2）主电路设备。主电路设备包括含有高压隔离开关、高压断路器在内的高压柜，变压器及短网等。

（3）低压电控设备。低压电控设备分为炉体动作控制、电极升降调节、过程监控、过程优化控制及车间管理等设备。

6.4.2.2 LF 炉分类方法

LF 炉有以下几种分类方法：

（1）按加热方式，分为交流、直流及等离子枪加热 LF 炉。

（2）按炉盖及其移动方式，分为桥架式和第四根立柱式。后者炉上空间大，便于 LF 炉辅助设备的布置。

（3）按 LF 炉与初炼炉的布置方式，分为在线布置和离线布置。前者钢包运输不用天车，节省钢包运输时间；后者节奏调节灵活，有利于浇注事故钢水返回加热工位。

（4）按接受钢包的数量，分为单工位和双工位（离线布置）。后者节省钢包运输等工序时间，有利于浇注事故钢水返回加热工位。

(5) 按 LF 炉加热工位的数量，分为单加热工位和双加热工位。后者减少 LF 炉设备占地面积，节省钢包运输等工序时间，有利于浇注事故钢水返回加热工位。

(6) 按 LF 炉钢包到位方式，分为天车吊运固定式、回转台旋转式及台车运输移动式。

6.4.3 LF 炉容量的选择及计算

6.4.3.1 LF 炉钢包容量及其自由空间

A LF 炉钢包容量

根据电炉平均钢水量及最大钢水量来确定 LF 炉的设计容量及处理钢水量的范围，LF 炉电极最大行程的设计还应考虑最小钢水量（一般按平均钢水量的 80% 计），变压器容量及钢包大小的设计应考虑最大钢水量，而钢包的砌筑要按照处理钢水量的范围来确定渣线的宽窄。

如电炉平均出钢量为 100t，最大出钢量为 110t，则 LF 炉容量（即处理钢水量）按 110t 设计。

B 钢包自由空间

视所生产的钢种、流程的匹配不同，即依据处理钢水是否需要经过 VD 或 VOD 处理，钢包自由空间有所不同。根据工艺需要，钢包自由空间在最大钢水量时，钢水仅经 LF 炉处理的应能达到 350 ~ 400mm，钢水经 VD 处理的应能达到 700 ~ 800，钢水经 VOD 处理的应能达到 1100 ~ 1200mm。目前由于强化精炼操作，钢包自由空间有增加的趋势。

6.4.3.2 变压器额定容量及其技术参数

A 变压器额定容量关系式

根据精炼工艺及生产节奏（实现多炉连浇）所要求的 LF 炉处理周期，由升温期所要求的钢水升温与加热时间（即钢水的升温速度），来确定 LF 炉变压器额定容量及其有关技术参数。一般 LF 炉的功率水平为 150 ~ 200kVA/t，有的达到 300kVA/t 以上。

根据 LF 炉的工作特点，由焦耳 - 楞次定律推导出 LF 炉变压器视在功率（额定容量）与钢水升温速度的关系为：

$$P_n = \frac{60vcG}{\cos\varphi\eta_e\eta_h} = \frac{60vcG}{\cos\varphi\eta} \tag{6-11}$$

式中 P_n——变压器视在功率（额定容量），kVA；

v——钢水平均升温速度，℃/min，当钢包传热稳定时钢水温升与所需时间之比，即 $v = \Delta T/\tau$（τ 为钢水升温阶段的通电时间，min），一般范围为 4 ~ 6℃/min，其大小取决于初炼炉及流程节奏的要求；

c——钢水的比热容，kW · h/(t · ℃)，$c = 0.23$kW · h/(t · ℃)；

G——LF 炉处理钢水量，t；

$\cos\varphi$——钢水升温期的功率因数，$\cos\varphi = P/P_n$，一般取值为 0.78 ~ 0.8；

η_e——钢水升温期的 LF 炉电效率，$\eta_e = P_{arc}/P$（P、P_{arc} 分别为 LF 炉有功功率和电弧功率），一般取值为 0.8 ~ 0.9；

η_h——钢水升温期的钢包本体热效率，其值为 0.45 ~ 0.55；

η——钢水升温期的LF炉总效率（或LF炉热效率），$\eta \approx \eta_e \eta_h = 0.4 \sim 0.5$，其大小与LF炉装备及控制水平有关，如钢包的状况（钢包大小、包衬结构、炉役期、烘烤状况等）、LF炉热损失（包衬绝热、水冷、排烟等）、短网阻抗等，还与造渣及其操作、热停工时间及其处理周期等工艺操作水平有关。

分析式（6－11）可以看出，LF炉变压器额定容量与处理钢水量和所需要的升温速度成正比，与功率因数和LF炉热效率成反比。当LF炉热效率一定时，LF炉变压器额定容量主要是钢水升温速度和处理钢水量的函数，代入已知数据后整理如下式：

$$P_n = \frac{60vcG}{\cos\varphi \eta_e \eta_h} = \frac{60vcG}{\cos\varphi \eta} = (35, 39, 43)vG \tag{6-12}$$

式中 43——换算系数，为60t以下，设备热效率较低、管理和操作水平较差的情况；

39——换算系数，为70～100t，设备热效率较高、管理和操作水平较好的情况；

35——换算系数，为100t以上，设备热效率很高（如采用进口、优质绝热毡及优质耐火材料）、管理和操作水平良好的情况。

换算系数的物理意义为单位升温速度下的功率水平。当换算系数取40、要求钢水的升温速度为4～5℃/min时，LF炉功率水平为160～200kVA/t。

B LF炉处理周期与钢水升温速度

以合结钢为例，根据其冶炼工艺及工艺流程特点，考虑到LF炉与电炉、连铸节奏的匹配，应发挥LF炉的调节功能，实现多炉连浇。当一座电炉配备一座LF炉时，该LF炉与电炉采用离线布置，LF炉采用双钢包车双进双出操作。LF炉的平均处理周期要求小于电炉冶炼周期10～15min，如电炉冶炼周期为60min，LF炉的平均处理周期要能够控制在45～50min。LF炉处理周期组成及操作程序见表6－18。

表6－18 LF炉处理周期组成及操作程序

序号	冶炼阶段	工序时间/min	累计时间/min	备 注
1	座包后的1号钢包车开至加热工位	3	3	1号钢包车运行中接通氩气，2号钢包车开出后喂丝、加保温剂、软吹
2	包盖、电极下降	2	5	加精炼渣料
3	通电化渣	8	13	加发泡剂、调渣
4	测温、取样	3	16	
5	通电加热	18	34	加脱氧剂、加合金微调
6	加热保温	6～11	40～45	
7	测温、取样	3	43～48	
8	包盖、电极上升	2	45～50	1号钢包车开出后喂丝、加保温剂、软吹，座包后的2号钢包车开至加热工位
合计	精炼周期		45～50	

电炉配备LF炉，一般要求钢水在LF炉中升温70～80℃。可以看出，要保证LF炉处理周期为45～50min，纯钢水升温时间约为18min，则钢水的平均升温速度为4.5℃/min

即可。

C LF炉变压器额定容量及其技术参数的确定

当LF炉处理钢水量为110t、钢水的平均升温速度为4.5℃/min时，计算变压器视在功率为19.3MVA，考虑LF炉在流程中的调节功能及变压器的样本，确定变压器额定容量为20MVA。

根据LF炉精炼工艺的特点、炉渣的发泡效果及LF炉内衬的工作条件等，在选择LF炉变压器的最高二次电压及二次电压的范围时要特别谨慎。其原则是：

(1) 炉渣能将电弧遮蔽。这是一个相对概念，即要保证渣量适当大或使炉渣发泡，也可使电弧长度短些。

(2) 钢水尽量少增碳。LF炉精炼过程中钢水极易增碳，为了防止石墨电极使钢水增碳，电弧长度不能太短。

LF炉造渣操作情况，如精炼渣发泡的状况、炉渣可能达到的厚度等，可作为确定最大二次电压的依据（因电弧长度随二次电压的增加而增大）。为了防止石墨电极使钢水增碳，电弧电压宜高于70V，尤其在处理低碳、超低碳钢水时，可将此时对应的二次电压作为确定最低二次电压的参考依据。

根据上述二次电压确定原则，该LF炉20MVA变压器的主要操作参数见表6-19，变压器的主要技术性能参数见表6-20。该LF炉变压器具有连续过载10%的能力，采用9级有载调压，设有恒功率段以满足钢水快速升温的要求，并设有恒电流段以适应精炼工艺及钢水保温的要求。

表6-19 LF炉变压器的主要操作参数

参　数	恒功率段（3级）			恒电流段（6级）					
二次电压/V	340	320	300	280	260	240	220	200	180
二次电流/kA	33.962	36.084	36.490	41.239					
视在功率/MVA	20			20	16.57	17.14	15.71	14.29	12.86

表6-20 变压器的主要技术性能参数

参　数	要　求	参　数	要　求
变压器型号	HJSSPZ-20000/35	阻抗压降/%	~7.5
额定容量/MVA	20（长期+10%）	冷却方式	强迫油循环
二次额定电压/V	280~340、180~280，共9级	调压方式	有载调压
二次额定电流/kA	41.239	二次绕组接线方式	三角形内封
最大工作电流/kA	45.363	进出线方式	顶进侧出

6.4.3.3 石墨电极等二次导体的导电截面积

由表6-20并参考国产的电极样本及标准（见表6-10），可以确定石墨电极的直径与二次导体的导电截面积，见表6-21。其他二次导体的截面积按最大工作电流进行设计、制造。

表6-21 石墨电极直径、水冷电缆截面积的选择

变压器额定容量/MVA	最大工作电流/kA	电极公称直径（mm）/种类	水冷电缆截面积/根 × mm^2
20	45.363	450/UHP	2 × 4500

6.5 电炉炼钢车间工艺设计

现代电炉炼钢厂冶炼周期短、操作环节多、品种质量要求严格、工艺技术复杂，再加上精炼炉、连铸机和其他新技术、新工艺、新设备的采用，使电炉炼钢工艺布置相应地发生了很大变化。

6.5.1 工艺设计原则

现代电炉炼钢车间工艺布置的原则如下：

（1）工艺设计应结合建厂条件，根据产品纲领、生产工艺要求，注意同时考虑工艺流程的顺畅、经济、安全及环保，并要注意整齐、美观。

（2）充分吸收前人在炼钢厂设计上的特点及优点，进行多方案的比较，特别要注意保证冶炼、连铸和轧钢之间的衔接配合。

（3）金属物料（钢铁料、钢水及钢坯）从进入车间至运出车间应保持单向流程，并尽可能减少倒运装卸，避免与其他物料交叉流程，以保证车间内部的生产流程合理。

（4）其他物料（散状材料、渣料及耐火材料等）和辅助生产系统（钢包准备、各种维修设施）的流向应各行其道、互不交叉干扰。

（5）为保证工艺流程的顺畅，提高工艺装备的作业率，车间工艺布置中应考虑必要的维修设施及其作业面积。另外，要充分考虑留有发展余地和尽可能利用现有条件节约投资。

（6）不需要天车或很少用天车的辅助工段与设施，要设置在车间的端部（跨的端部）或布置在两跨之间，即“藏起来”；生产辅助用房，如化验室、变电所及通风机房等，应尽量靠近其服务工段，且避免占用主厂房的高大空间，即应布置于吊钩极限以外或厂房外。

由于电炉→精炼→连铸的生产节奏协调配合，现代电炉炼钢车间一般只设一座电炉，最多设两座容量相同的电炉，以“三位一体”布置为最佳选择。炉外精炼装置的选择必须根据钢种、产品质量要求及总体生产节奏来确定。连铸机则必须根据电炉容量及轧机的类型、能力和产品来定，并以全连铸为目标。

6.5.2 电炉、精炼设备及连铸机的布置

6.5.2.1 电炉设备布置

电炉设备的布置在垂直方向上分为高架式、半高架式及地坑式布置，在水平方向上有横向布置及纵向布置之分。

A 垂直方向的布置

（1）高架式布置。除改造的车间及特殊情况外，现代偏心底出钢电炉均采用高架式布

置，电炉设备的基础基本在地平面以上，出钢车轨道敷设在正负零标高，电炉操作平台标高均在5m以上，而且随着电炉容量的增加而加大。高架式布置不仅炉前操作条件好，适合炉下渣车出渣或水泼渣，炉下检修设备方便，有利于采用偏心底出钢，便于与炉外精炼和连铸设备配合，而且具有车间布局合理、宽敞、明亮、安全、畅通的优点。但这种布置要求天车轨面提高，提高了厂房高度，因而也相应增加基建费用。

（2）地坑式布置。传统的槽出钢小型电炉多采用地坑式布置，电炉操作平台设在正负零标高，电炉设备的基础、出钢坑均在地平面以下。地坑式布置车间厂房高度低，投资省，炉前操作比较方便。

（3）半高架式布置。半高架式布置的高度介于高架式与地坑式布置之间，适用于受厂房高度限制的老厂房的改造。

B 水平方向的布置

（1）纵向布置。电炉出钢方向与炼钢车间长度方向一致，冶炼、精炼与浇注均在同一跨，称为纵向布置。对于仅设一座小型电炉（如40t及以下的电炉）的情况，当不考虑将来有增加电炉的要求时，可以采用纵向布置，这种布置也常见于铸钢车间。纵向布置因冶炼、精炼与浇注在同一跨，使得车间长度增加，冶炼、精炼与浇注操作条件差，天车作业繁忙，相互干扰严重，因而要求精炼与电炉最好在线布置，同时应保证车间有良好的生产条件。但紧凑式布置的电炉车间使得纵向布置得到了发展。

（2）横向布置。电炉出钢方向与炼钢车间长度方向垂直，冶炼、精炼及浇注不在同一跨，称为横向布置。对于大中型电炉（如40t以上的现代电炉）或两座以上电炉，应采用横向布置，电炉、精炼、连铸等跨采用多跨平行布置。这种布置将冶炼、精炼及浇注作业分别设在不同跨间进行，车间作业条件好，流程易于顺行，更适合新设备和新工艺的采用。虽然横向布置适合于布置多座电炉，但因电炉短流程“三位一体”的优势，故也常用来布置一座电炉。欲缩短车间长度或增大电炉容量，可采用这种布置方式，但跨间相应增多（即多跨平行布置），因而也相应增加基建费用。

几种不同形式的高架式电炉设备布置如图6-8~图6-11所示，不同容量电炉设备布置尺寸见表6-22~表6-24。其中图6-9所示为长春电炉成套设备有限责任公司（简称CCDL公司）最近几年推出的、世界上流行的整体平台轴承旋转式电炉。

表6-22 ABB公司电炉（EBT）设备布置尺寸

出钢量/t	炉壳直径/mm	布置尺寸/mm								
		A	*B*	*C*	*D*	*E*	*F*	*G*	*H*	*J*
30~40	4300	8400	11000	7000	12700	4150	3100	5400	11000	10600
40~50	4600	8800	11550	7100	12900	4300	3250	5500	12100	11200
50~55	4900	9200	12150	7200	13100	4450	3500	5600	12500	11700
60~70	5200	9400	12500	7400	13400	4600	3650	5700	12800	12100
70~80	5500	9800	13050	7600	13700	4800	3900	5800	12800	12600
85~95	5800	10100	13550	7700	13900	4950	4000	6000	12900	12800

续表 6－22

出钢量/t	炉壳直径/mm	布置尺寸/mm								
		A	*B*	*C*	*D*	*E*	*F*	*G*	*H*	*J*
100～110	6100	10600	14200	7800	14200	5150	4250	6400	13000	13000
115～130	6400	10900	14650	7900	14800	5300	4400	6500	14000	13200
130～150	6700	11200	15100	7900	14800	5500	4450	6700	14200	13400
150～180	7000	11500	15600	8000	15000	5650	4600	7000	14500	13600

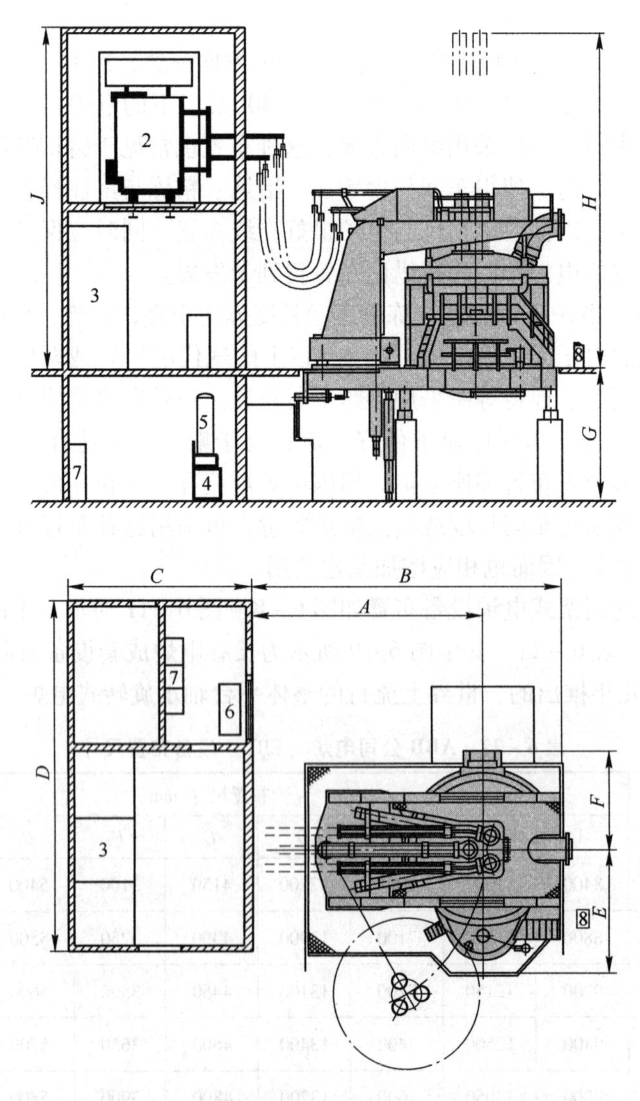

图 6－8　ABB 公司电炉（EBT）设备布置图

1—整体大平台导轨式电炉；2—变压器；3—高压柜；4—液压装置；
5—蓄能器；6—主操作台；7—低压配电柜；8—倾炉控制台

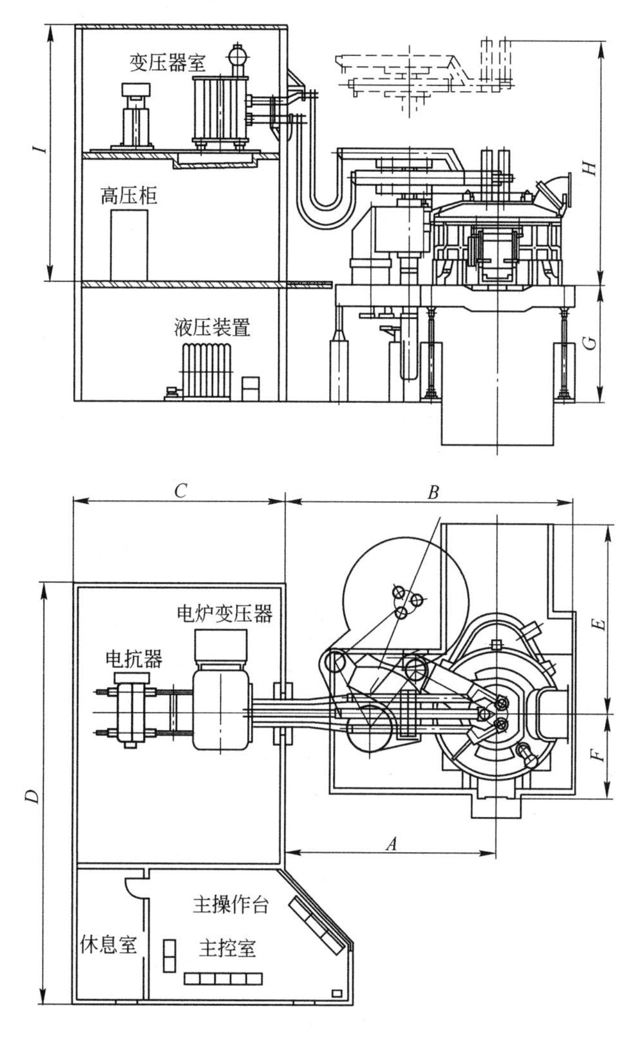

图 6-9 CCDL 公司电炉（EBT）设备布置图

表 6-23 IHI 公司电炉（槽出钢）设备布置尺寸

公称容量/t	炉子和变压器室主要尺寸/mm										废钢料篮尺寸/mm				天车参数/t	
	A	*B*	*C*	*D*	*E*	*F*	*G*	*H*	*I*	*J*	容积/m^3	*K*	*L*	*M*	浇注	装料
40	3250	6400	3200	3600	8000 ~ 9000	10000	12000	9990	11900	8810	29	3400	3700	5650	80/20	50/20
50	3500	6500	3300	3950	8000 ~ 9000	10000	12000	9990	11900	9100	35	3700	3800	5900	100/30	63/25
60	3550	7200	3600	4250	8500 ~ 9500	10000	12000	10000	12000	9510	41	3950	3950	6200	120/30	85/25
70	3700	7200	3800	4450	9000 ~ 10000	10000	12000	10100	12100	9870	47	4200	4050	6450	150/40	80/30
80	3900	7400	4000	4650	9500 ~ 10000	11000	12000	10100	12200	10180	55	4500	4200	6650	150/40	100/40
100	4100	7500	4100	4750	10000 ~ 10500	11000	12000	11000	13200	10700	63	4600	4350	7000	200/50	125/50
125	4300	7600	4200	4850	10000 ~ 11000	11000	12000	11400	13500	10900	72	5000	4400	7300	200/50	125/50
200	4500	8500	4500	5450	10500 ~ 12000	12000	13000	12100	14400	11790	100	5600	4700	8150	300/80	160/60

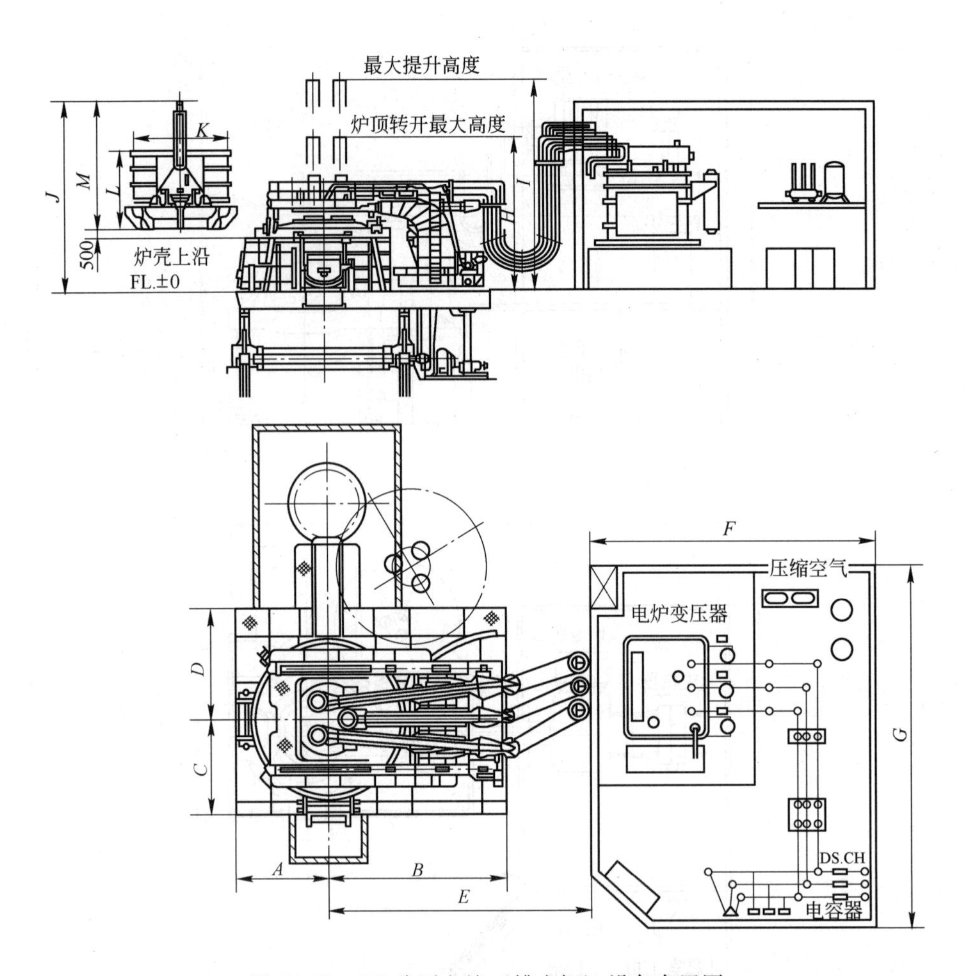

图 6－10　IHI 公司电炉（槽出钢）设备布置图

表 6－24　CLECIM 公司电炉（EBT）设备布置尺寸

出钢量/t	变压器/MVA	电极直径/mm	布置尺寸/mm							
			A	*B*	*C*	*D*	*E*	*F*	*G*	*H*
30～35	24	450	4300	1950	2600	4500	8000	5000	15000	16540
35～42	32	450	4600	1950	2750	4700	8400	5500	15500	17140
42～53	40	500	4900	2000	2900	4900	8800	5500	16000	17660
53～65	48	500	5200	2150	3050	5200	9200	6000	16900	18570
65～75	56	500	5500	2300	3200	5500	9600	6000	17200	18820
75～88	64	550	5800	2400	3350	5800	10000	6500	18000	19700
85～100	76	550	6100	2400	3500	6100	10400	6500	18000	19900
100～118	88	600	6400	2400	3650	6400	10800	7000	19000	20790
115～133	100	600	6700	2450	3800	6700	11200	7000	19200	21270
130～155	112	600	7000	2600	3950	7000	11600	8000	20500	22730
150～170	128	600	7300	2600	4200	7300	12000	8000	20600	23160

注：表中 *A* 为炉壳内径。

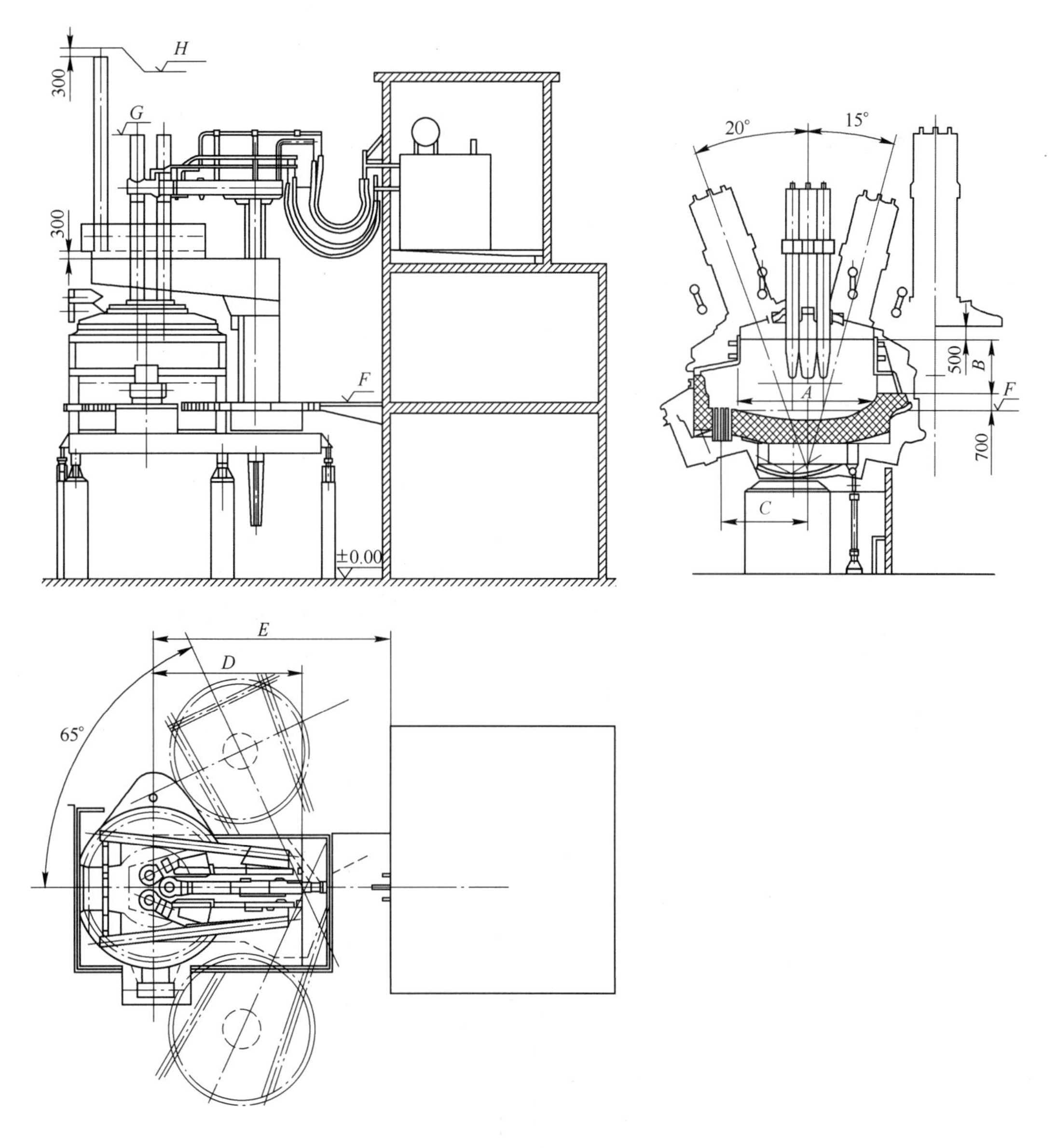

图6-11 CLECIM公司电炉（EBT）设备布置图

6.5.2.2 LF炉设备布置

LF炉设备的布置常受电炉布置、流程匹配及车间工艺布置的影响，分为在线布置、离线布置，高架式布置、半高架式布置，车载钢包式布置、回转台载钢包式布置，单钢包车式布置、双钢包车式布置，单加热工位式布置、双加热工位式布置等。

（1）在线布置。LF炉与电炉采用在线布置，即LF炉布置在电炉出钢线上，电炉出钢后车载钢包可直接运到LF炉加热工位，无需天车吊运，电炉出钢不受天车限制；如在出钢线上设置钢包在线烘烤装置，还可以保证红包出钢。十几年前LF炉与电炉大多采用在线布置。

（2）离线布置。LF炉与电炉采用离线布置，即LF炉布置偏离电炉出钢线，电炉出钢后用天车将钢包吊至钢包车（或加热工位、回转台）上。离线布置解决了前一炉钢水在LF炉工位进行精炼处理时不影响下一炉电炉出钢的问题，还解决了浇注事故钢水或VD处理后钢水能返回到LF炉精炼工位进行处理的问题。离线布置除增加一次吊运外，流程更加灵活，不但使得处理事故钢水成为可能，更容易实现连铸的多炉连浇及大铸件的多炉合浇。

（3）高架式布置、半高架式布置。因LF炉对天车轨面标高的要求远低于电炉，所以LF炉在垂直方向上的布置大多采用高架式布置。尤其当电炉采用高架式布置、LF炉与电炉为在线布置时，LF炉一定是高架式布置，此时LF炉钢包车轨道敷设在正负零标高。只有当电炉采用半高架式布置、LF炉与电炉又为在线布置时，LF炉才采用半架式布置。

（4）车载钢包式布置、回转台载钢包式布置，单钢包车式布置、双钢包车式布置，单加热工位式布置、双加热工位式布置。LF炉采用上述布置形式主要取决于车间炼钢流程的匹配及车间工艺布置的情况，常用几种形式的LF炉设备布置如图6－12～图6－14所示。图6－12所示为车载钢包式布置，有单钢包车及双钢包车的形式。采用单钢包车时，LF炉与电炉可以是在线布置，也可以是离线布置。采用在线布置时，LF炉作业将影响电炉出钢；采用离线布置时，LF炉作业不影响电炉出钢，但需要设置钢包临时存放的位置。双钢包车的形式适合于LF炉与电炉采用离线布置的情况，双钢包车双进双出，不影响电炉出钢，也不需要设置钢包临时存放的位置，并且节省了钢包运输时间，有利于调整流程节奏，容易实现连铸的多炉连浇及大铸件的多炉合浇。图6－13所示为回转台载钢包式布置，其不但取代了双钢包车，而且具有省时、减少布置空间的优点，尤其适合需要钢包过

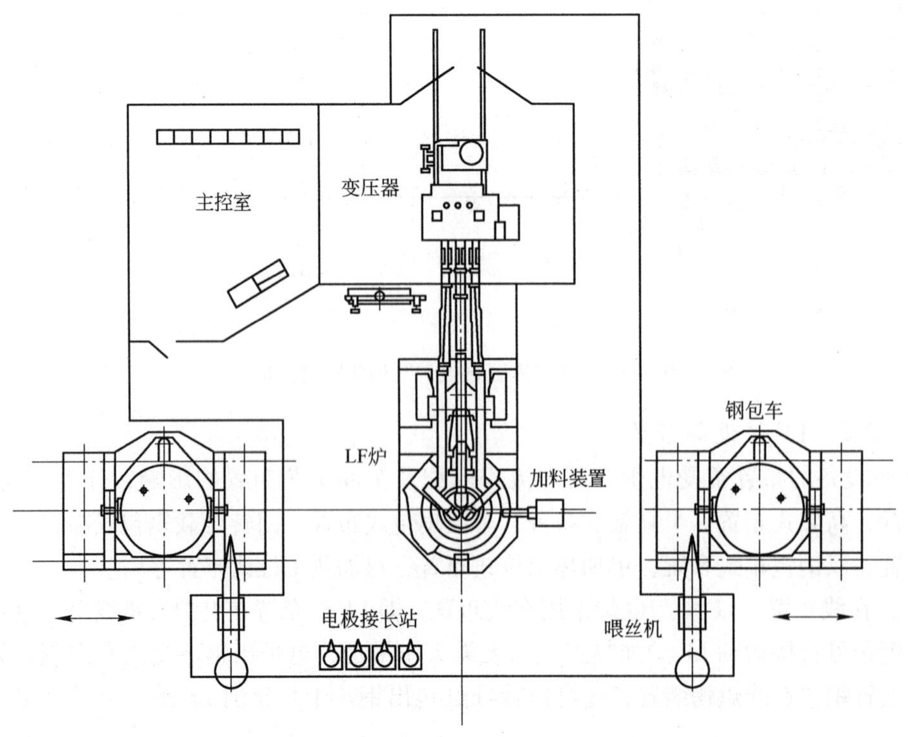

图6－12　车载钢包式的设备布置形式

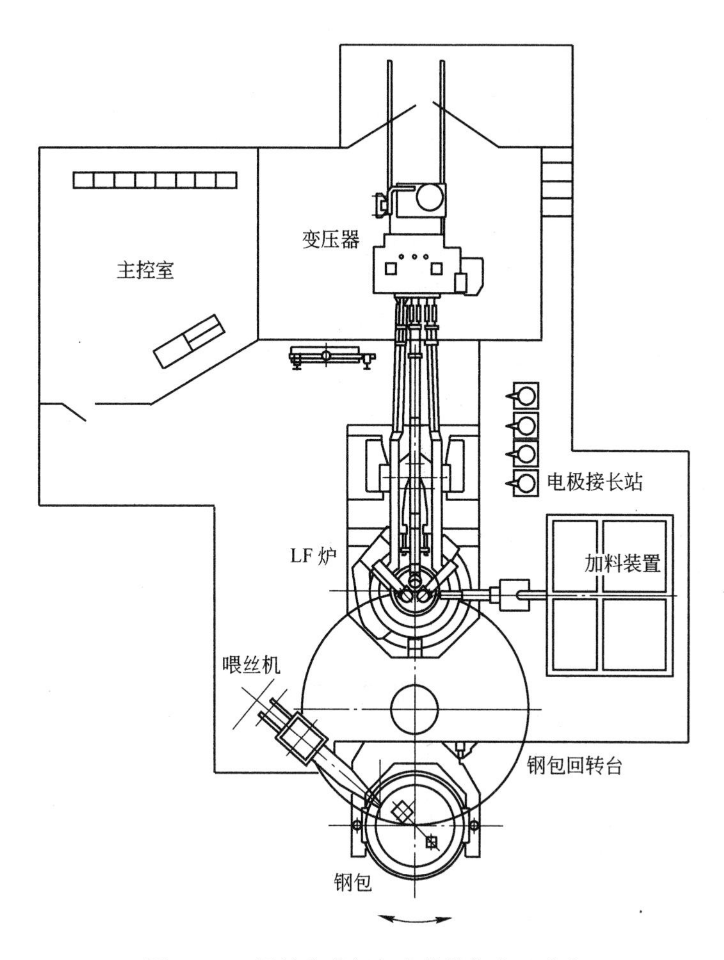

图 6－13 回转台载钢包式的设备布置形式

跨的情况，有利于调整流程节奏、实现连铸的多炉连浇。图 6－14 所示为车载钢包、双加热工位式布置，采取双钢包车双进双出。这种形式采用双钢包盖、双辅助系统（如吹氩系统、加料系统、测温取样系统、喂丝系统等），不但要求电极及横臂系统能够旋转，而且还要求其能够提升出包盖外。车载钢包、双加热工位式布置有利于调整流程节奏、实现多炉连浇，但增加了设备复杂性，车间高度有所增加。

另外，还有一种形式是固定钢包、单加热工位式布置，要求电极及横臂系统能够旋转。此种布置形式大大减少布置空间，但钢包交替时耽搁时间较长，目前很少采用。

6.5.2.3 VD/VOD 炉设备布置

VD/VOD 炉是一种双联的真空脱气与真空吹氧脱碳炉。VD/VOD 炉设备的布置主要是指真空罐（或真空室）的布置，分为高架式布置、地坑式布置，与 LF 炉有在线布置、离线布置之分。

（1）高架式、地坑式布置。因 VD/VOD 炉对天车轨面标高的要求远低于电炉、与 LF 炉差不多，所以 VD/VOD 炉在垂直方向上的布置大多采用高架式布置，炉子操作平台标高在 4m 以上。真空罐采用高架式布置时，真空罐底部中心位置设置用薄铝板封闭的溢口，而事故漏钢池采用外置式。考虑到炉子操作平台高度降低以及与 LF 炉的布置配合，也可

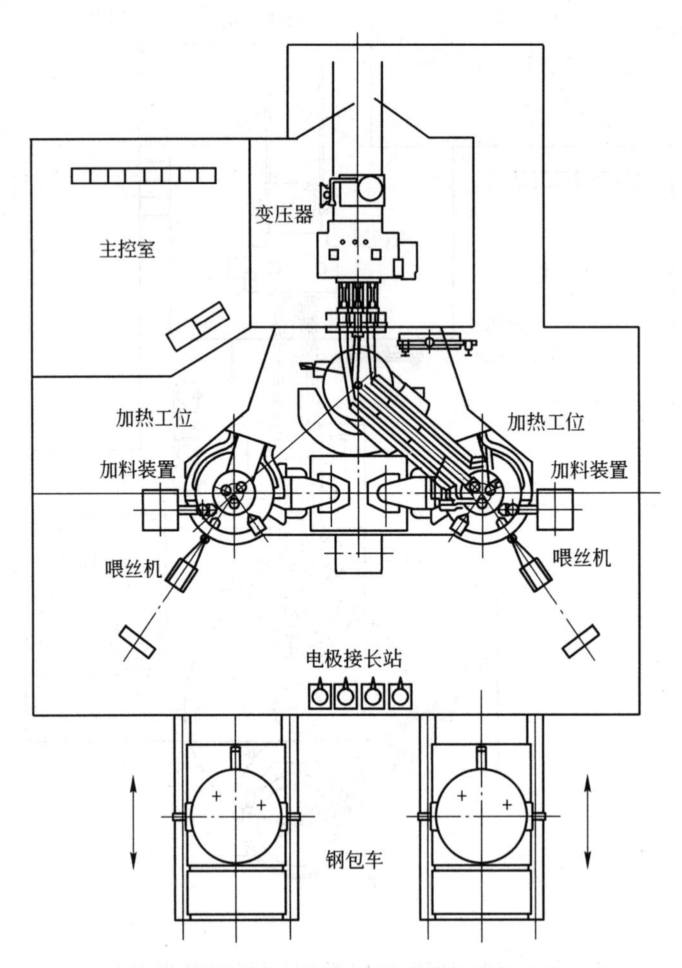

图6－14　车载钢包、双加热工位式的设备布置形式

采用地坑式布置，此时事故漏钢池采用真空罐内置式。

（2）在线布置。在线布置是指VD/VOD炉与LF炉一起组成LFV多功能精炼炉，类似于ASEA－SKF炉或VAD炉，常采取车载真空钢包或真空罐的形式。这种车载真空钢包或真空罐的形式对于大部分钢水均要求采用真空处理（经过VD/VOD炉），仅具有免吊一次的好处，尤其不利于连铸的多炉连浇及大铸件的多炉合浇。

（3）离线布置。离线布置是指VD/VOD炉采用独立固定式真空室的罐式结构，采用一盖双罐、双工位（兼作保温工位）的结构形式。对于电炉炼钢“短流程”和电炉铸钢来说，这种形式流程节奏灵活，有利于实现连铸的多炉连浇和大铸件的多炉合浇。

6.5.2.4　连铸机设备布置

连铸机应尽量靠近精炼炉。连铸机采用钢包回转台，便于多炉连浇，在钢水精炼接受跨用天车将盛满钢水的精炼包吊至回转台座，旋转到连铸跨浇注。

连铸机设备的布置要根据产品大纲、生产能力来确定机型、流数，还要考虑物流合理以及维修、更换、搬运方便。

连铸机在电炉车间内的布置一般有如下三种形式：

（1）纵向布置。连铸机布置在电炉车间内的电炉跨或浇注跨里，出坯方向与车间跨平行，称为纵向布置（见图6－15(a)、(b)）。这种布置跨间数量少、钢水运输距离短、周转环节少，是一种比较常见的布置方式。

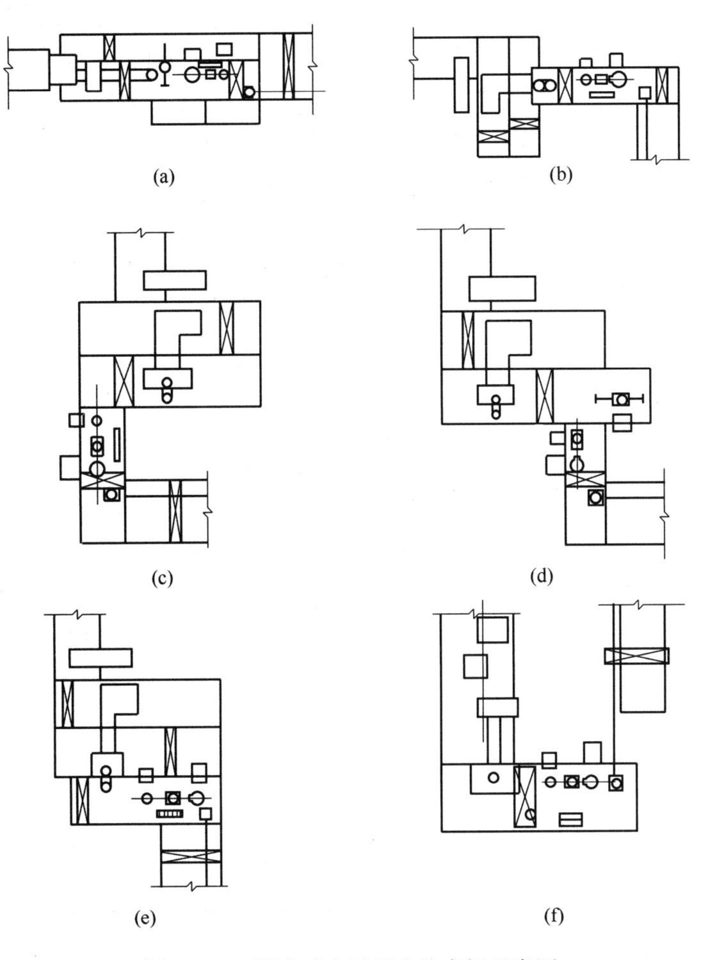

图6－15 紧凑式布置型电炉车间示意图

(a) 一字形布置；(b) 丁字形布置；(c) [形布置；(d) 阶梯布置；(e) 横向布置；(f) 垂直布置

(2) 横向布置。连铸机与电炉布置在多跨的厂房内，连铸部分通常由钢水精炼接受跨、连铸跨、出坯跨、精整跨组成，跨间多与电炉跨平行，连铸机出坯方向与跨间垂直，故称为横向布置（见图6－15(e)）。这种布置可容纳多台电炉和连铸机，车间生产能力大。

(3) 连铸机厂房独立设置。老厂改造时，若炼钢部分已建成，新增连铸机可采用这种布置形式。

6.5.3 电炉炼钢车间工艺布置

6.5.3.1 废钢车间布置

废钢车间的布置主要有如下两种形式：

(1) 废钢车间布置在炼钢车间内的第一个跨间里，紧靠着电炉跨或散状料跨。这种形式的优点是布置紧凑、废钢运输距离短，适合于中小型电炉。

(2) 废钢车间与炼钢主厂房分开，独立布置在另一跨间。这种布置方式不受主厂房结构和形式的影响，可完全根据工艺需要进行设计，如厂房轨面标高可低一些、可以设计成露天栈桥等。

废钢车间主要承担废钢分类堆放和配料的任务，一般在厂区条件允许时，应尽可能与主厂房平行布置。为了保证为电炉及时供料和供电炉“吃精料”，要有必要的堆放场地，使运进运出无干扰，便于配料作业；应既能直接将车皮上的废钢装入料篮，也能将废钢卸下后再吊入料篮，按炼钢要求运至炉前待用。料篮通常通过带电子秤的料篮运输车运入。料篮车的布置要便于配料和靠近电炉，要能开至加料跨，利用加料系统直接向料篮加料。

6.5.3.2　电炉主厂房布置

以多跨平行布置为例，电炉主厂房由电炉跨、加料跨、钢水精炼接受跨、连铸跨、精整跨等组成，见表6－25。

表6－25　100t超高功率电炉车间厂房多跨平行布置情况

跨间名称	厂房尺寸				天车配置（吨位×台数）/t×台
	跨度/m	长度/m	面积/m²	轨面标高/m	
主厂房：					
电炉跨	27	126	3402	28	200/60/5×1，20/5×1，
加料跨	12	126	1512	34	15/3×1
钢水精炼接受跨	27	144	3888	28	200/60/16×1，75/20×1
连铸跨	27	144	3888	24.5	75/20×1
切割跨	30	144	4320	10	50/10×1
精整跨	30	144	4320	10	30×1（夹钳）
合　计			21330		
废钢间	2×30	180	10800	14	20/5×6（磁盘、吊钩）
翻渣间	24	132	3168	12	75/20×1，15/5×1（磁盘、抓斗）

这种依照炼钢工序平行排列的布置方案又分为两种：一种是将加料跨布置在电炉跨和钢水精炼接受跨之间，电炉靠出钢方向一侧布置；另一种是将加料跨布置在废钢间与电炉跨之间，电炉靠出渣方向一侧布置。现代电炉多采用前一种布置方案，其主要优点如下：

（1）可以集中布置电炉、LF炉及VD/VOD炉的加料系统，便于集中管理，也便于分别向电炉炉内、炉后钢包及LF炉精炼过程加料，如采用移动式的称量车与上料系统互相配合，则更为灵活可靠。

（2）便于布置VD/VOD炉用的蒸汽喷射泵组或机械泵组，真空管道短，安装和检修方便。

（3）便于设置电炉的密闭罩排烟除尘和隔音装置。

（4）便于电炉料篮加料。

（5）炉前操作面积大、条件好。

（6）便于布置在线喂丝、喷粉等系统。

炼钢车间不考虑加工和大量储存散状料，而只设中间料仓和向电炉供料的给料系统。

散状料加入方式有两种，即炉门加料和炉顶加料。炉门加散状料所用的专门加料小车经料槽加入炉内，这种加料方式不需要特殊布置，只需在炉前留出操作场地即可。现代电炉炼钢车间都采用炉顶加料，各种渣料和合金料可以通过地下料仓、皮带机或通过斗式提升机经布料小车运入炉上高位料仓，有的也用天车吊运底开式料钟加入高位料仓。

每座电炉、LF 炉及 VD/VOD 炉均配有加料系统，整个称量和加料过程都应采用计算机自动控制。使用这种储料和供料方式时，原料一般不用烘烤。近几年有采用料仓在线烘烤的，但使用效果有待于进一步考证。在设计炉顶加料系统时，应考虑留有采用直接还原铁或热压块铁从炉顶连续加料的可能性。

依照炼钢工序采取多跨平行布置方式的优点如下：

（1）各跨布置符合工艺过程和生产流程，其设备基本上按各个相应工序来布置。

（2）分区明确，各生产工序互不干扰，设备选型一般可按专业化生产考虑，操作比较单一。

（3）留有扩建的可能性，便于车间发展，如需增加车间生产能力，只需延长各跨间即可。

（4）各跨间可通过运输车联系，甚至一个过跨车就可穿过多个跨间，工艺简单可靠。

（5）劳动条件好，生产安全。

其缺点是跨间多、运输距离长、基建费用较高，有豪华车间之“美称”。

6.5.3.3 紧凑式布置型电炉车间

随着超高功率电炉技术的发展，十几年前国际上出现了紧凑式布置型电炉车间，如图 6－15 所示。这种紧凑式布置方式可避免上述多跨式布置的缺点，其布置原则是：最紧凑地将炼钢生产的各种工艺设备布置在最少跨间内，尽量压缩各跨间的距离，在保证流畅的物料流程条件下，最大限度地削减运输环节，只使用少量的提升和运输设备，达到占地面积小、节省投资、降低经营费用、获得更高劳动生产率的目的。

可以看出，这样的电炉炼钢车间综合了许多现代化技术和装备，其平面布置包括废钢和配料区、废钢高温预热装置、超高功率电炉、合金化系统、炉外精炼设备、连铸机等生产工序和设备。这些先进设备连成一排，前后有序，不强求传统式排列，只要求有最佳的物料流程。从原料开始到浇注成坯，没有任何中间干扰，车间运输距离压缩到最短，而且只考虑必要的提升和运输设备。电炉通过无渣出钢将钢水注入钢包，运至精炼炉处理，随后将钢水吊至连铸机。这种紧凑式布置所需空间只是一般电炉车间的 25%，厂房大大简化，基建费用大幅度减少。

6.5.3.4 炼钢炉渣的运输

电炉车间的炉渣运输方式有两种，即炉前操作平台上吊渣罐运输和操作平台下渣罐车运输。

渣罐车运输方式被现代炼钢高架式电炉普遍采用，炉渣满罐后运到炉渣跨或渣场进行处理，空渣罐再返回炉前待用。这种布置方式不影响其他工序，且可改善现场操作环境。

现代电炉炼钢车间均采用泡沫渣操作，炼钢渣量大，冶炼周期短，流程节奏快。采用炉下热泼渣（或称水泼渣）技术取代渣罐车运输处理法，可减少渣罐及其消耗成本，减少渣处理所需的占地面积，降低吨钢成本，提高经济效益。但这种方式对不连续生产、铸钢场合以及电炉出渣侧布置在车间中间跨的情况不适合，而且水泼渣所产生的大量高温蒸汽会污染车间环境，降低车间设备及金属设施的使用寿命。另外，国内水泼渣引起的数起设备损坏及人员烧伤事故也应引起足够的重视。

6.5.3.5 大型电炉炼钢车间工艺布置

作为典型案例，下面介绍几个大型电炉炼钢车间工艺布置情况，主要特征见表6－26。

表6－26 几个大型电炉炼钢车间工艺特征

工　厂	电炉容量/t	电炉形式	主 原 料	主 钢 种
湖南衡阳钢管公司	90	交流炉	80%废钢＋20%DRI	石油套管、结构管
无锡雪丰钢铁公司	70	交流＋连续预热炉	80%废钢＋20%生铁	结构钢
宝钢股份公司	150	直流＋双壳炉预热	70%废钢＋30%铁水	油井管、弹簧钢、硬线钢
安阳钢铁公司	100	交流＋竖炉预热	65%废钢＋35%铁水	结构钢、锅炉钢、桥梁钢
珠江钢铁公司	150	交流＋竖炉预热	40%废钢＋60%DRI	结构钢
宝钢特殊钢公司	60	交流炉	35%废钢＋30%不锈废钢＋35%合金	不锈钢
宝钢南通钢铁公司	100	交流炉	65%废钢＋35%铁水	油套管、锅炉管、结构管

A　湖南衡阳钢管公司90t电炉炼钢车间

（1）电炉流程。设置1座90t交流电炉、1座100t LF炉、1座100t VD炉，采用80%废钢＋20%DRI，生产石油套管、管线钢、锅炉管等，设计年产62.5万吨合格钢水，其中约30%的钢水经VD处理。此流程中的电炉引自意大利DANIELI公司，其他为国内配套。

（2）主要工艺特点。采用DRI解决了废钢不足的问题，提高了钢的质量。此车间设备的主要技术参数及技术经济指标见表6－27，车间工艺布置见图6－16。

表6－27 湖南衡阳钢管公司电炉炼钢车间设备的主要技术参数及技术经济指标

序号	项目/单位	数值/说明	序号	项目/单位	数值/说明
	电　炉		13	变压器容量/MVA	18
1	钢铁料配比/%	80废钢＋20DRI	14	处理周期/min	50
2	座数/座	1/交流炉	15	电极公称直径/mm	450
3	公称容量/t	90	16	钢水升温速度/℃·min^{-1}	5
4	平均出钢量/t	100		VD炉	
5	最大出钢量/t	120	17	座数/座	1
6	变压器容量/MVA	70（＋10%）	18	平均处理钢水量/t	100
7	冶炼周期/min	58	19	最大处理钢水量/t	120
8	炉壳直径/mm	6100	20	处理周期/min	40
9	电极公称直径/mm	600	21	抽气能力/kg·h^{-1}	400
	LF炉		22	极限真空度/Pa	13
10	座数/座	1	23	电炉年产钢水量/万吨	62.5
11	平均处理钢水量/t	100	24	LF炉年产钢水量/万吨	62.5
12	最大处理钢水量/t	120	25	VD炉年产钢水量/万吨	16.75

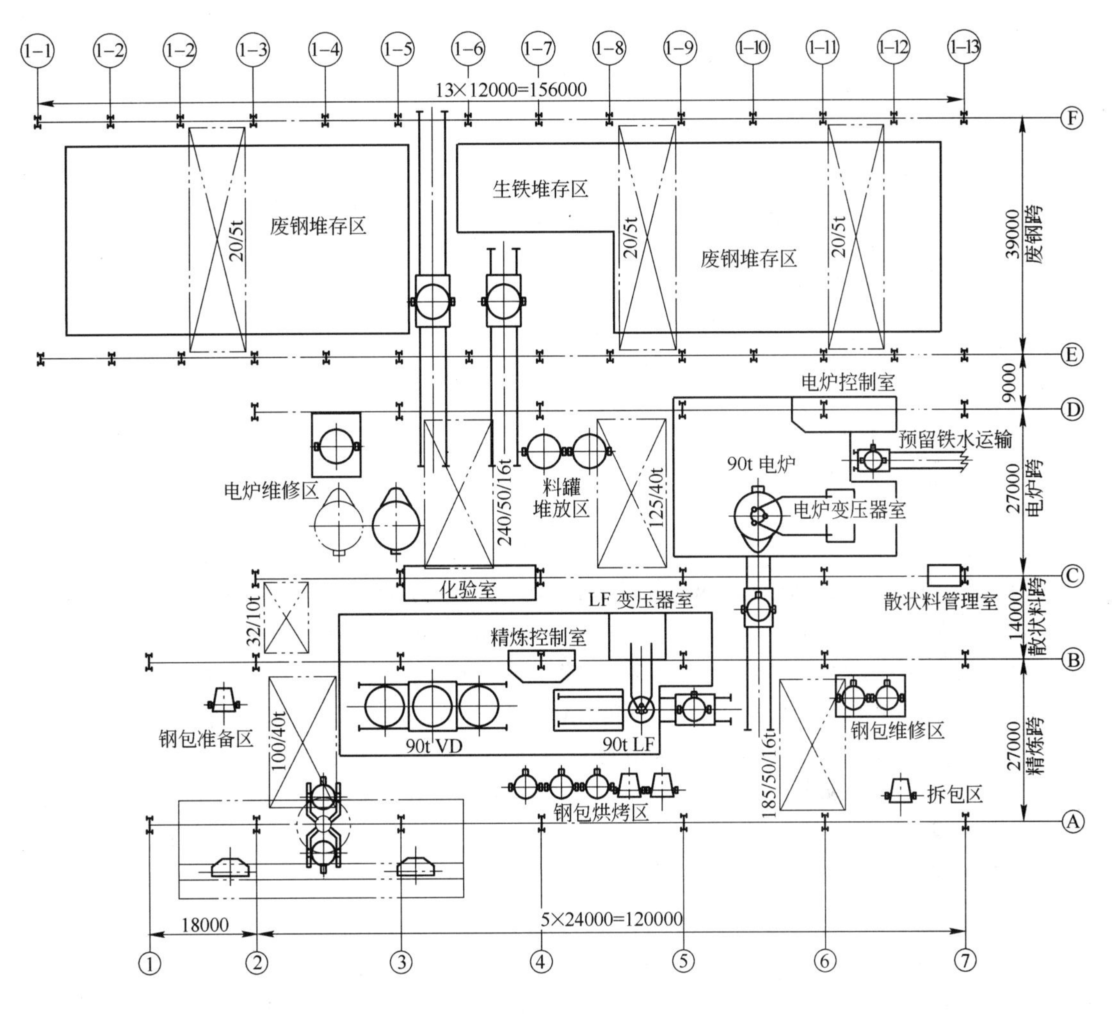

图 6-16 湖南衡阳钢管公司 90t 电炉炼钢车间工艺布置图

B 无锡雪丰钢铁公司 70t 电炉炼钢车间

(1) 电炉流程。设置 1 座 70t 交流炉料连续预热电炉、1 座 70t LF 炉、1 座 70t VD 炉，采用 100% 废钢，生产碳素结构钢和低合金结构钢等，设计年产 51.5 万吨合格钢水。此流程中的电炉引自意大利 TECHINT 公司，其他为国内配套。

(2) 主要工艺特点。采用废钢炉料连续预热技术，可回收能量、降低能耗；采用炉下热泼渣技术，可简化操作、降低运行成本。此车间设备的主要技术参数及技术经济指标见表 6-28，车间工艺布置见图 6-17。

表 6-28 无锡雪丰钢铁公司电炉炼钢车间设备的主要技术参数及技术经济指标

序号	项目/单位	数值/说明	序号	项目/单位	数值/说明
电 炉			4	平均出钢量/t	70
1	钢铁料配比/%	80 废钢 + 20 生铁	5	最大出钢量/t	70
2	座数/座	1/交流炉 (Consteel)	6	变压器容量/MVA	45
3	公称容量/t	70	7	冶炼周期/min	55

续表 6－28

序号	项目/单位	数值/说明	序号	项目/单位	数值/说明
8	炉壳直径/mm	5600		VD 炉（后配的）	
9	电极公称直径/mm	500	17	座数/座	1
	LF 炉		18	平均处理钢水量/t	70
10	座数/座	1	19	最大处理钢水量/t	70
11	平均处理钢水量/t	70	20	处理周期/min	
12	最大处理钢水量/t	70	21	抽气能力/kg·h^{-1}	
13	变压器容量/MVA	15	22	极限真空度/Pa	
14	处理周期/min	50	23	电炉年产钢水量/万吨	51.5
15	电极公称直径/mm	400	24	LF 炉年产钢水量/万吨	51.5
16	钢水升温速度/℃·min^{-1}	4	25	VD 炉年产钢水量/万吨	

C 宝钢股份公司 150t 电炉炼钢车间

（1）电炉流程。设置1座150t直流双壳电炉、1座150t LF炉、1座150t VD炉，采用70%废钢+30%铁水，生产油井管、锅炉管、弹簧钢、低合金结构钢及硬线钢等，设计年产100万吨合格钢水，其中约62.6%的钢水经VD处理。此流程中的电炉引自法国CLECIM公司，LF炉及VD炉引自意大利DANIELI公司。

（2）主要工艺特点。采用直流供电技术，使生产平稳；采用废钢预热技术，可回收能量、降低能耗；采用热装铁水技术，可改善钢的质量、减少能耗；废钢采用地坑式受料，无轨道运输线，节省投资。此车间设备的主要技术参数及技术经济指标见表6－29，车间工艺布置见图6－18。

表 6－29 宝钢股份公司电炉炼钢车间设备的主要技术参数及技术经济指标

序号	项目/单位	数值/说明	序号	项目/单位	数值/说明
	电 炉		13	变压器容量/MVA	22
1	钢铁料配比/%	70 废钢+30 铁水	14	处理周期/min	52
2	座数/座	1/直流双壳炉	15	电极公称直径/mm	450
3	公称容量/t	150	16	钢水升温速度/℃·min^{-1}	4
4	平均出钢量/t	150		VD 炉	
5	最大出钢量/t	160	17	座数/座	1
6	变压器容量/MVA	99	18	平均处理钢水量/t	150
7	冶炼周期/min	60	19	最大处理钢水量/t	160
8	炉壳直径/mm	7300	20	处理周期/min	50
9	电极公称直径/mm	700	21	抽气能力/kg·h^{-1}	300
	LF 炉		22	极限真空度/Pa	20
10	座数/座	1	23	电炉年产钢水量/万吨	100
11	平均处理钢水量/t	150	24	LF 炉年产钢水量/万吨	100
12	最大处理钢水量/t	160	25	VD 炉年产钢水量/万吨	62.5

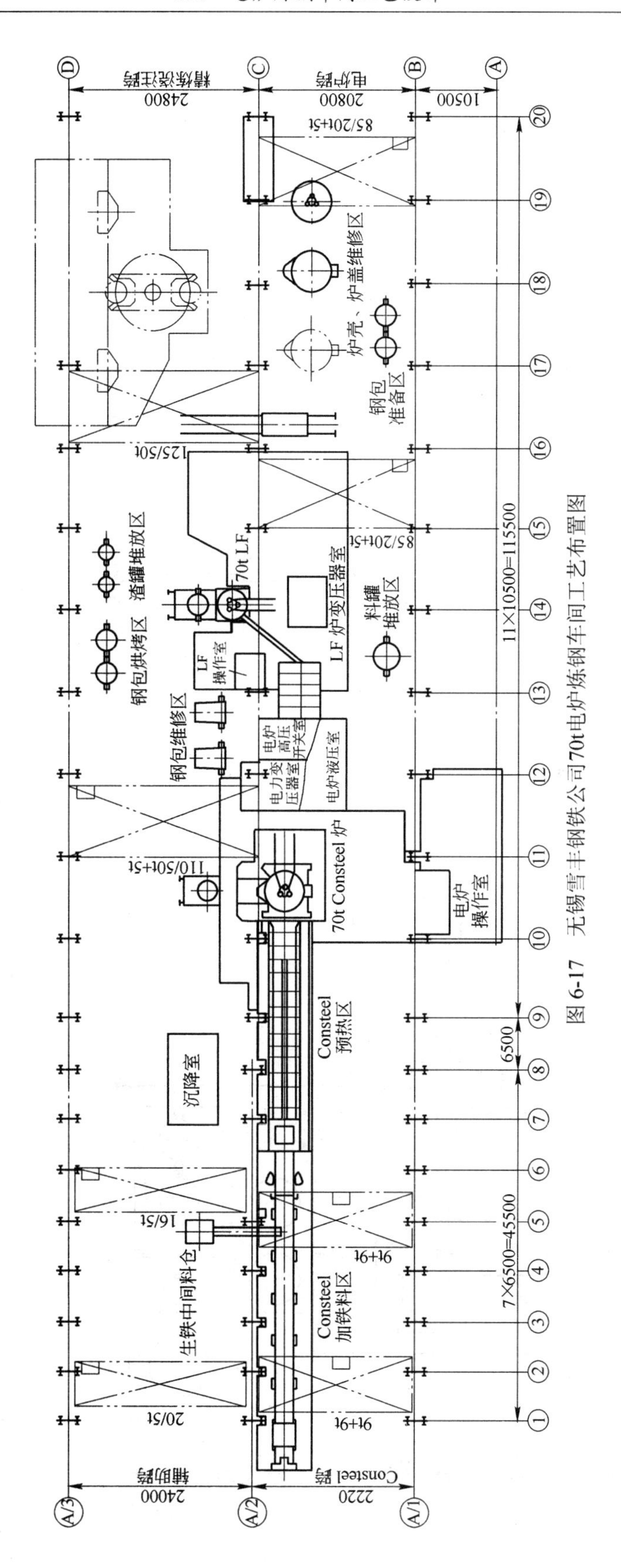

图 6-17　无锡雪丰钢铁公司70t电炉炼钢车间工艺布置图

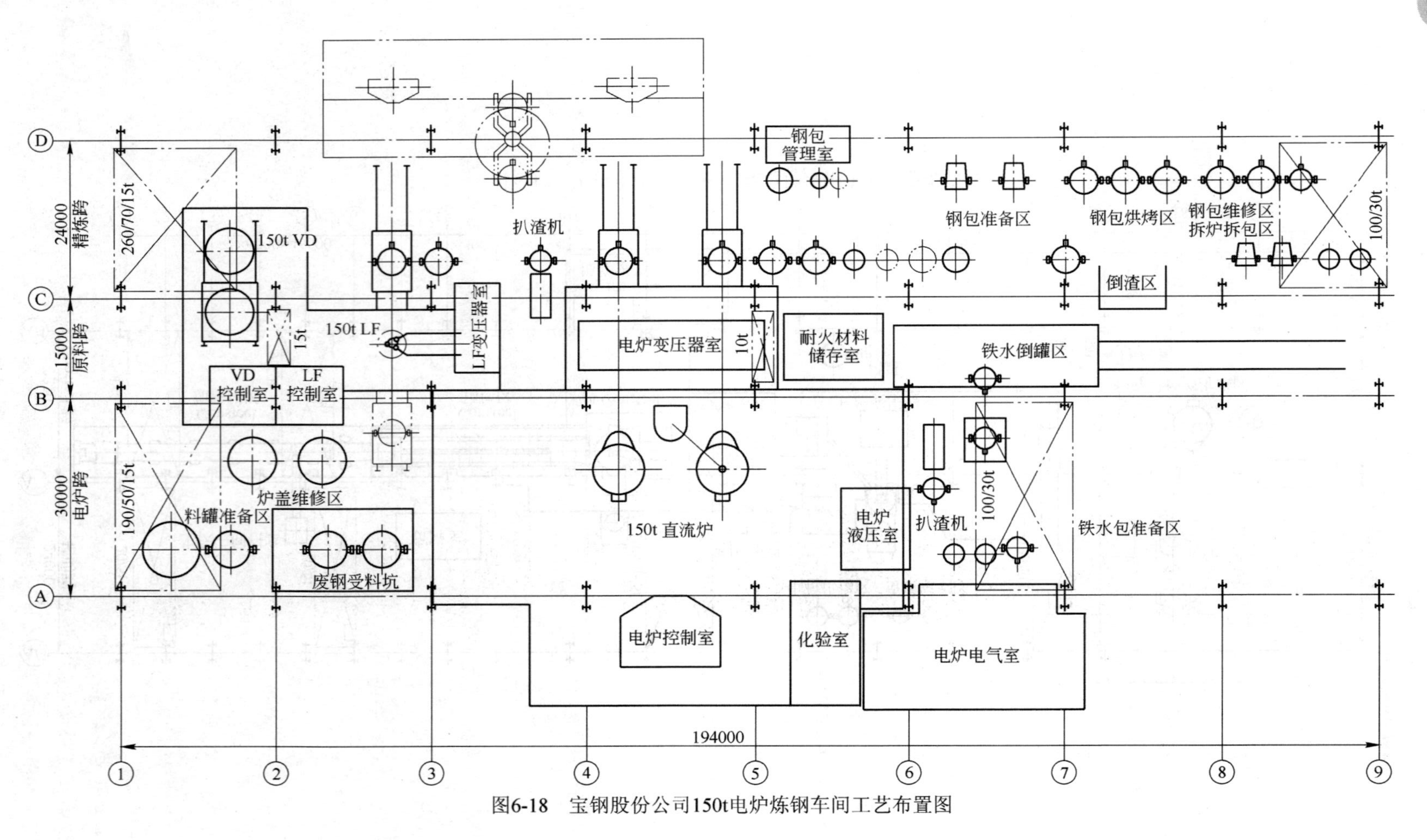

图6-18 宝钢股份公司150t电炉炼钢车间工艺布置图

D 安阳钢铁公司100t电炉炼钢车间

(1) 电炉流程。设置1座100t交流竖式电炉（竖炉）、1座100t LF炉、1座100t VD炉，采用65%废钢+35%铁水，生产结构钢、锅炉钢、压力容器钢、低合金结构钢及桥梁钢等，设计年产66.8万吨合格钢水，其中约40%的钢水经VD处理。此流程中的电炉及LF炉分别引自德国FUCHS公司和奥地利VAI公司。

(2) 主要工艺特点。采用废钢炉料连续预热技术，可回收能量、降低能耗；采用热装铁水技术，可改善钢的质量、减少能耗；采用炉壁氧枪，强化冶炼。此车间设备的主要技术参数及技术经济指标见表6-30，车间工艺布置见图6-19。

表6-30 安阳钢铁公司电炉炼钢车间设备的主要技术参数及技术经济指标

序号	项目/单位	数值/说明	序号	项目/单位	数值/说明
电 炉			13	变压器容量/MVA	18
1	钢铁料配比/%	65废钢+35铁水	14	处理周期/min	40
2	座数/座	1/交流竖炉	15	电极公称直径/mm	450
3	公称容量/t	100	16	钢水升温速度/℃·min^{-1}	4
4	平均出钢量/t	100	VD炉		
5	最大出钢量/t	125	17	座数/座	1
6	变压器容量/MVA	72	18	平均处理钢水量/t	100
7	冶炼周期/min	49	19	最大处理钢水量/t	125
8	炉壳直径/mm	6400	20	处理周期/min	40
9	电极公称直径/mm	600	21	抽气能力/kg·h^{-1}	300
LF炉			22	极限真空度/Pa	20
10	座数/座	1	23	电炉年产钢水量/万吨	66.8
11	平均处理钢水量/t	100	24	LF炉年产钢水量/万吨	66.8
12	最大处理钢水量/t	125	25	VD炉年产钢水量/万吨	27.5

E 珠江钢铁公司150t电炉炼钢车间

(1) 电炉流程。珠江钢铁公司150t电炉炼钢车间分两期投产：

1) 一期电炉流程。设置1座150t交流竖炉、1座150t LF炉，采用40%废钢+60% DRI，生产碳素结构钢、低碳深冲钢和低合金结构钢等，设计年产82万吨合格钢水。此流程中的电炉及LF炉分别引自德国FUCHS公司和奥地利VAI公司。

2) 二期电炉流程。设置1座150t交流电炉、1座150t LF炉、1座150t双工位VD/VOD炉，采用40%废钢+60% DRI，生产结构钢、低碳深冲钢、集装箱用钢、汽车大梁钢、管线钢、高强耐候钢及不锈钢等，年产100万吨合格钢水、96万吨合格薄板坯，其中约30%的钢水经VD/VOD处理。此流程中的电炉、LF炉和VD/VOD炉均引自意大利DANIELI公司。

(2) 主要工艺特点。采用DRI解决了废钢不足的问题，提高了钢的质量；采用废钢预热技术，可回收能量、降低能耗；采用炉壁氧枪，强化冶炼。此车间设备的主要技术参数及技术经济指标见表6-31，车间工艺布置见图6-20。

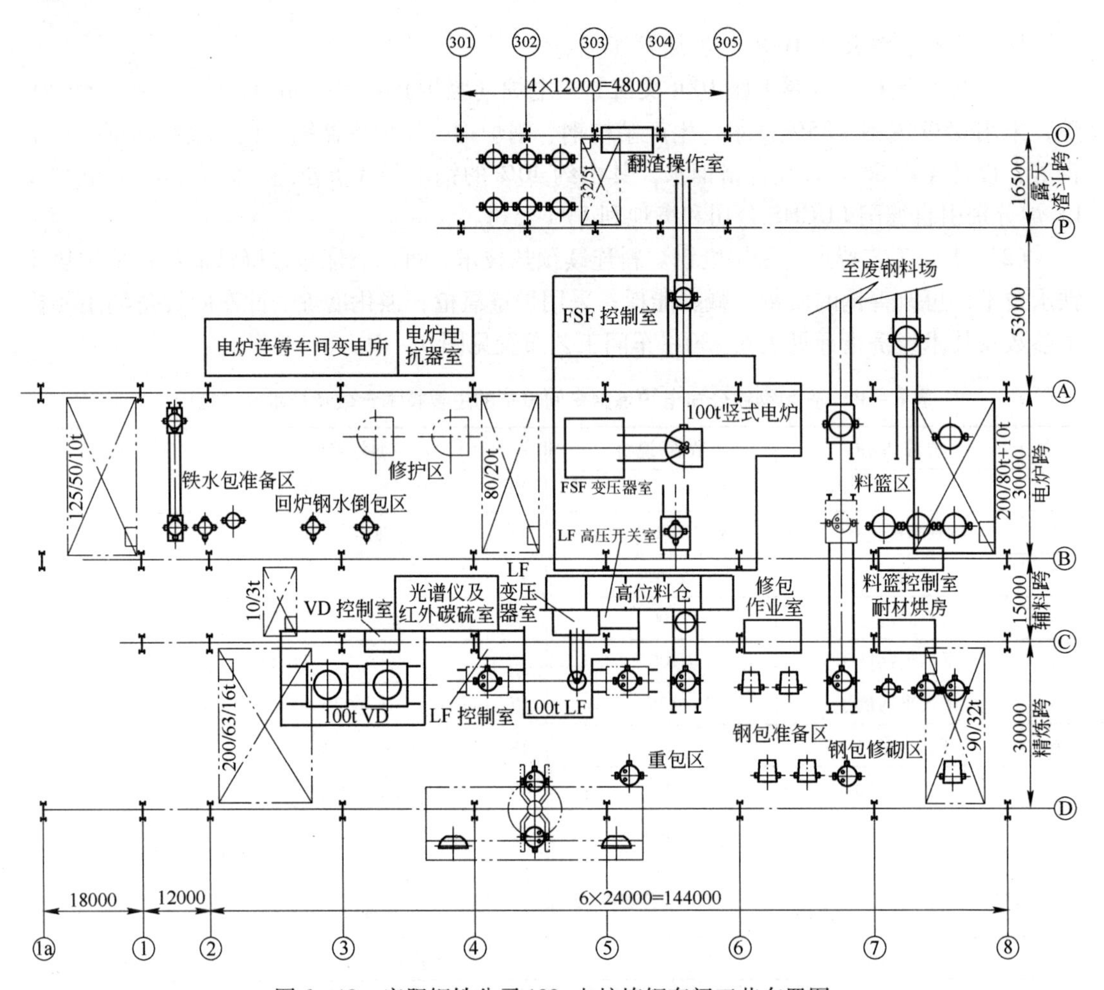

图 6－19　安阳钢铁公司 100t 电炉炼钢车间工艺布置图

表 6－31　珠江钢铁公司电炉炼钢车间设备的主要技术参数及技术经济指标

序号	项目/单位	数值/说明	序号	项目/单位	数值/说明
	电　炉		13	变压器容量/MVA	24
1	钢铁料配比/%	40 废钢 +60DRI	14	处理周期/min	50
2	座数/座	一期：1/交流竖炉；二期：1/交流炉	15	电极公称直径/mm	450
3	公称容量/t	150	16	钢水升温速度/℃ · min^{-1}	4
4	平均出钢量/t	150		VD/VOD 炉	
5	最大出钢量/t	180	17	座数/座	二期：1
6	变压器容量/MVA	120	18	平均处理钢水量/t	150
7	冶炼周期/min	60	19	最大处理钢水量/t	180
8	炉壳直径/mm	7000	20	处理周期/min	45
9	电极公称直径/mm	600	21	抽气能力/kg · h^{-1}	450
	LF 炉		22	极限真空度/Pa	35
10	座数/座	一期：1；二期：1	23	电炉年产钢水量/万吨	一期：82；二期：100
11	平均处理钢水量/t	150	24	LF 炉年产钢水量/万吨	一期：82；二期：100
12	最大处理钢水量/t	180	25	VD/VOD 炉年产钢水量/万吨	二期：30

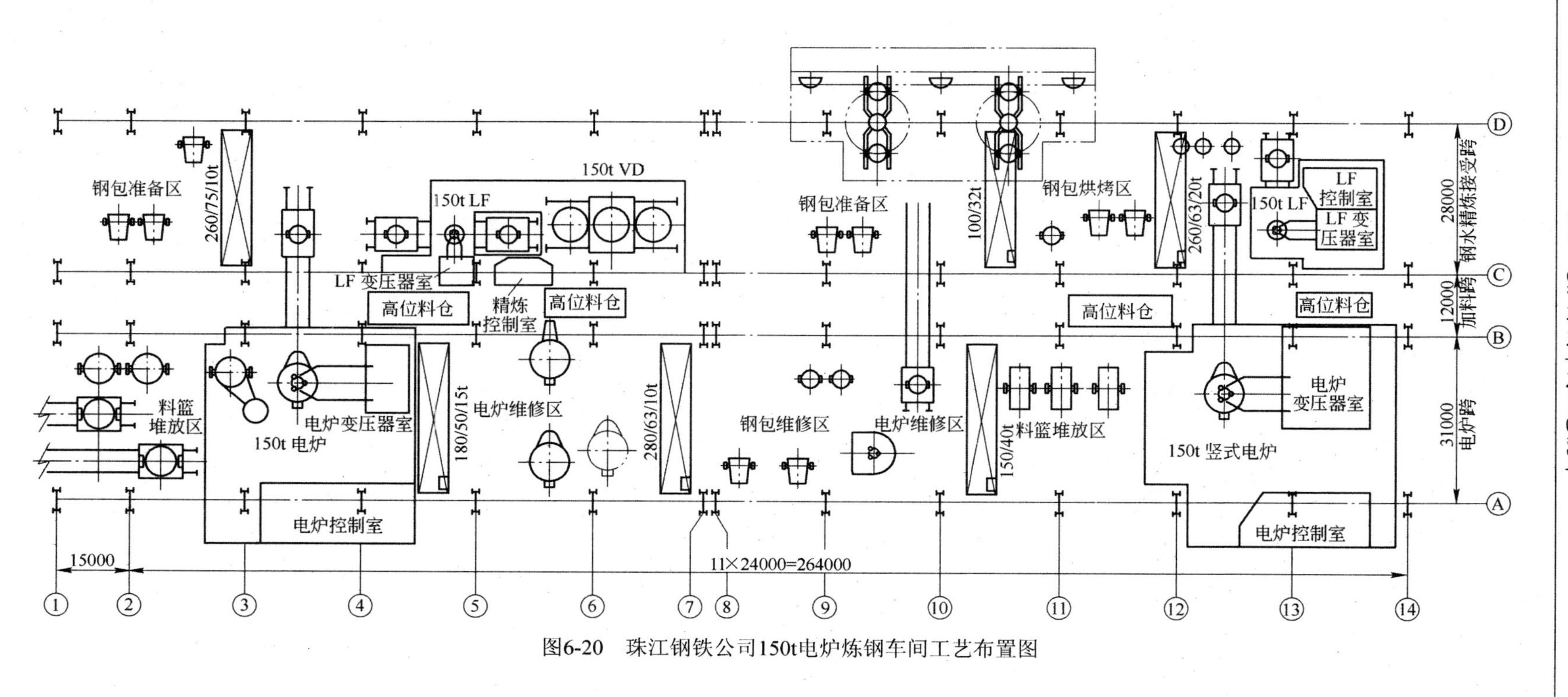

图6-20 珠江钢铁公司150t电炉炼钢车间工艺布置图

F 宝钢特殊钢公司60t电炉炼钢车间

（1）电炉流程。设置1座60t交流电炉、1座60t LF炉、1座60t AOD－L炉、1座60t双工位VD/VOD炉，采用35%废钢＋30%不锈废钢＋35%合金，生产300系列和400系列不锈钢、不锈阀门钢等，设计年产14.4万吨合格不锈钢钢水、11.1万吨合格不锈钢小方坯、2.3万吨合格不锈钢钢锭。此流程中的电炉、LF炉及VD/VOD炉引自意大利DANIELI公司，AOD－L炉引自美国PRAXIAR公司。

（2）主要工艺特点。电炉采用炉底搅拌技术，可提高合金收得率、降低生产成本；AOD炉采用计算机智能控制系统，使氧/氩（氮）自动调节、顶枪吹氧，自动进行工艺计算，并能自动跟踪和控制熔池的化学成分和温度，从而使AOD炉冶炼过程更合理、消耗更低。此车间设备的主要技术参数及技术经济指标见表6－32，车间工艺布置见图6－21。

表6－32 宝钢特殊钢公司电炉炼钢车间设备的主要技术参数及技术经济指标

序号	项目/单位	数值/说明	序号	项目/单位	数值/说明
电 炉			17	座数/座	1（带顶枪）
1	钢铁料配比/%	35废钢＋30不锈废钢＋35合金	18	公称容量/t	60
2	座数/座	1/交流炉	19	平均出钢量/t	60
3	公称容量/t	60	20	最大出钢量/t	60
4	平均出钢量/t	58	21	冶炼周期/min	二步法：49；三步法：37
5	最大出钢量/t	60	22	炉壳直径/mm	4500
6	变压器容量/MVA	55（＋15%）	23	风口数量/个	5
7	冶炼周期/min	64	VD/VOD炉		
8	炉壳直径/mm	5400	24	座数/座	1（双工位）
9	电极公称直径/mm	500	25	平均处理钢水量/t	60
LF炉			26	最大处理钢水量/t	60
10	座数/座	1	27	处理周期/min	60
11	平均处理钢水量/t	60	28	抽气能力/$kg \cdot h^{-1}$	250
12	最大处理钢水量/t	60	29	极限真空度/Pa	20
13	变压器容量/MVA	10（＋20%）	30	电炉年产钢水量/万吨	13.9
14	处理周期/min	30	31	LF炉年产钢水量/万吨	4.75
15	电极公称直径/mm	350	32	AOD－L炉年产钢水量/万吨	14.4
16	钢水升温速度/$℃ \cdot min^{-1}$	5	33	VD/VOD炉年产钢水量/万吨	9.65
AOD－L炉					

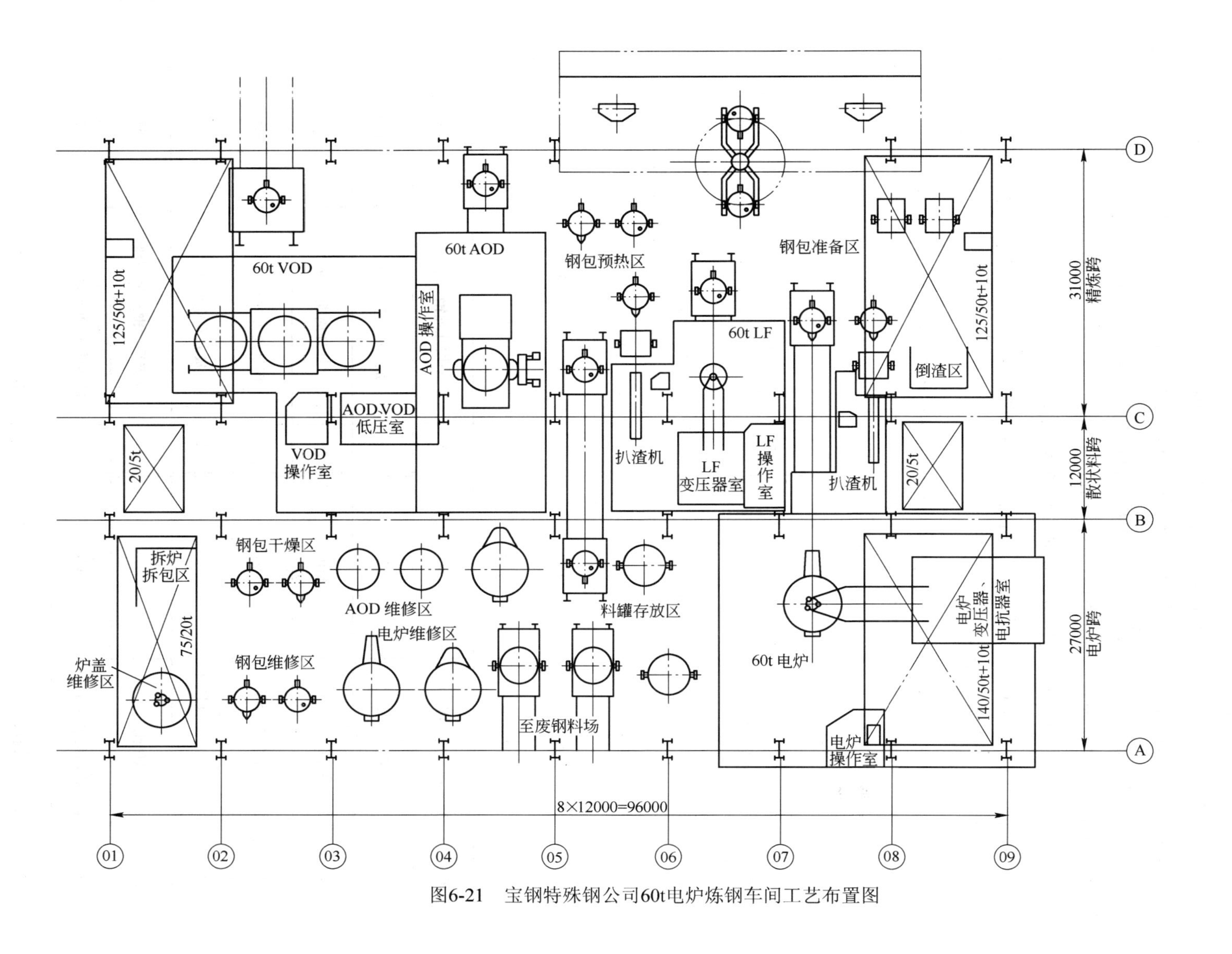

图6-21 宝钢特殊钢公司60t电炉炼钢车间工艺布置图

G 宝钢南通钢铁公司100t电炉炼钢车间

（1）电炉流程。设置1座100t交流电炉、1座100t LF炉（利旧）、1座100t VD炉、1套4机4流的圆坯连铸机，采用65%废钢+35%铁水，生产油套管、高压锅炉管以及机械、管线及石化用管钢等，设计年产60万吨合格连铸圆坯，连铸比达100%。该电炉车间已于2011年投产，流程中的电炉采用长春电炉成套设备有限责任公司的产品。

（2）主要工艺特点。采用电炉炉顶第四孔余热回收、强化用氧及热装铁水技术，可改善钢的质量、减少能耗及强化冶炼。此车间设备的主要技术参数及技术经济指标见表6-33，车间工艺布置见图6-22。

表6-33 宝钢南通钢铁公司电炉炼钢车间设备的主要技术参数及技术经济指标

序号	项目/单位	数值/说明	序号	项目/单位	数值/说明
电炉			13	变压器容量/MVA	16
1	钢铁料配比/%	65废钢+35铁水	14	处理周期/min	45
2	座数/座	1/交流炉	15	电极公称直径/mm	400
3	公称容量/t	100	16	钢水升温速度/$℃ \cdot min^{-1}$	3~4
4	平均出钢量/t	100	VD炉		
5	最大出钢量/t	110	17	座数/座	1
6	变压器容量/MVA	80	18	平均处理钢水量/t	100
7	冶炼周期/min	52	19	最大处理钢水量/t	110
8	炉壳直径/mm	6100	20	处理周期/min	40
9	电极公称直径/mm	600	21	抽气能力/$kg \cdot h^{-1}$	400
LF炉			22	极限真空度/Pa	20
10	座数/座	1	23	电炉年产钢水量/万吨	67
11	平均处理钢水量/t	100	24	LF炉年产钢水量/万吨	67
12	最大处理钢水量/t	110	25	VD炉年产钢水量/万吨	

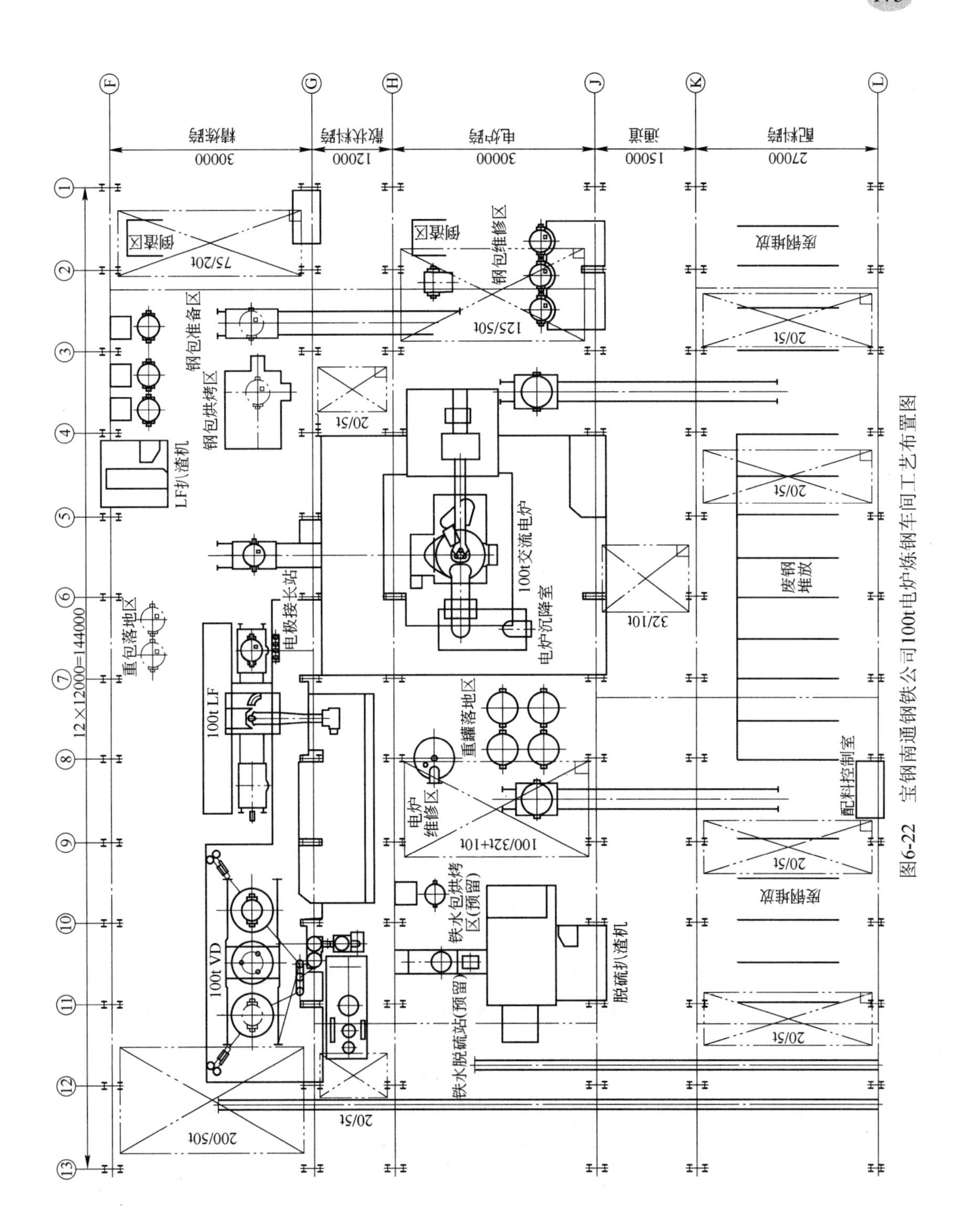

图6-22 宝钢南通钢铁公司100t电炉炼钢车间工艺布置图

7 转炉炼钢工艺设计

7.1 概　　述

氧气转炉炼钢在钢铁企业中处于整个钢铁生产流程的中间环节，起到承上启下的作用，炼钢是决定钢材品种、质量、产量的关键所在。炼钢环节中任何延误或成分、质量、产量的变化都会影响前后生产工序的协调运转，这些都与转炉炼钢的设备、工艺、组织管理等因素有关。所以在设计转炉炼钢车间时，应当处理好各种设计问题，如前后工序的产能配合、设备的布置等，为正常生产、保持良好的生产秩序打下基础。

氧气转炉炼钢自1952年在奥地利问世以来，因其具有生产率高、建设费用低、节省劳动力、不需外加能源、生产成本低、钢质量好、耐材消耗少、易与连铸配合等优点而得到迅速发展。氧气转炉炼钢在发展过程中，经历了转炉大型化、铁水预处理、炉外精炼、连铸、顶底复合吹炼、吹炼自动控制、溅渣护炉等一系列重大技术进步。

随着国民经济各部门对钢的质量要求日益提高，优质钢和洁净钢的需求量不断增长；另外，在炼钢流程上，钢水连铸技术的出现和发展对钢水成分（如硫、氧、氮、碳和其他合金元素）和温度的控制要求提高，为了满足这些要求，在炼钢炉和钢水浇注之间出现了炉外精炼工艺。它是在钢包或专用精炼设备中对炼钢炉的钢水进行再次精炼，包括对钢水的温度、成分进行调整，进一步去除有害元素与夹杂物，使钢水洁净、均匀和稳定。炉外精炼可以提高钢的质量，扩大品种，缩短冶炼时间，提高生产率，调节转炉与连铸的生产节奏。

因此，科技进步和社会需求促进了转炉炼钢生产工艺不断发展和完善，形成了“铁水预处理→大型顶底复吹转炉吹炼→炉外精炼→连铸”这一高效、紧凑、连续化生产的现代化转炉炼钢生产流程，如图7－1所示。

铁水预处理的主要任务是降低入炉铁水的硫、磷含量。在铁水包或鱼雷罐中进行铁水预处理脱磷时，为了降低石灰消耗、减少脱磷渣量，在脱磷前需要降低铁水中的硅含量。另外，由于在铁水包或鱼雷罐内脱磷存在一些问题，比如铁水脱磷的反应容器小，无法提高铁水预处理脱磷的供氧强度，不利于渣－金反应的进行，反应时间长；鱼雷罐的死区大，脱磷反应的动力学条件不好；铁水预处理脱磷的处理场所分散，处理过程时间长；处理过程温降大，处理后温降大于100℃；铁水中硅、磷氧化的热量没有被完全利用，于是在20世纪90年代开始利用复吹转炉开发铁水预处理脱磷的工艺——转炉双联法脱磷工艺。

转炉双联法脱磷是在转炉内对不脱硅的铁水同时进行脱硅、脱磷预处理，脱磷结束后，将脱磷渣与脱磷后的铁水分离，然后在同一座转炉或另一座转炉进行脱碳。在转炉内进行脱磷预处理的优点是：转炉的容积大，可以采用比铁水包或鱼雷罐预处理脱磷工艺大的供氧强度，反应速度快，脱磷效率高，可节省造渣剂的用量，即使吹氧量较大时也不易

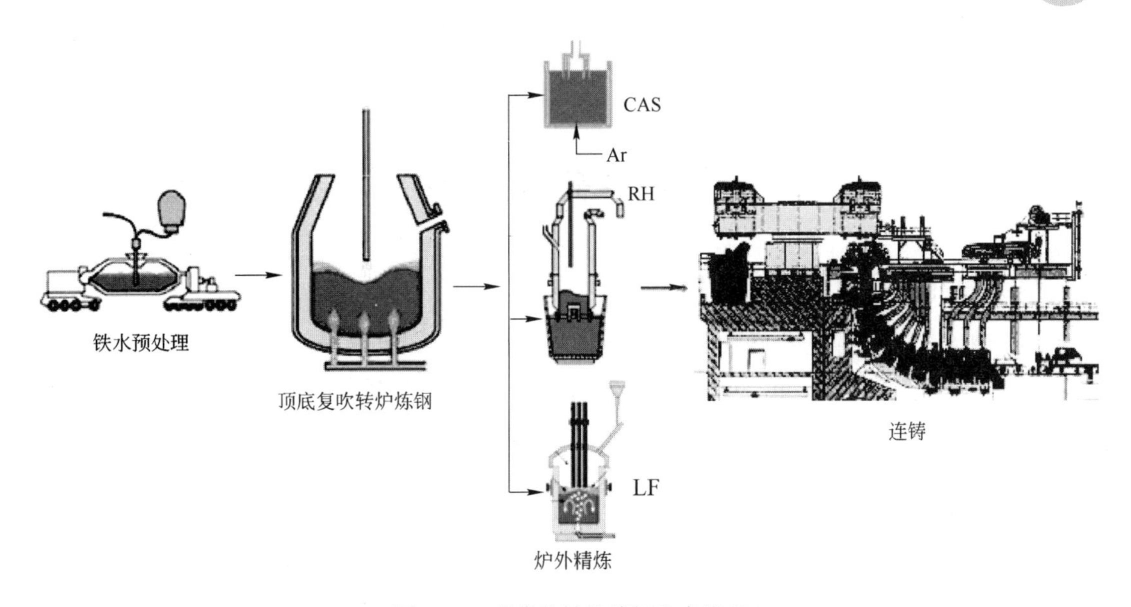

图7－1　现代化转炉炼钢生产流程

发生严重的喷溅现象，有利于生产超低磷钢。

采用转炉双联法脱磷工艺的炼钢生产流程如图7－2所示。根据是否采用同一转炉进行铁水脱磷预处理，其又可分为同炉双联和异炉双联工艺。

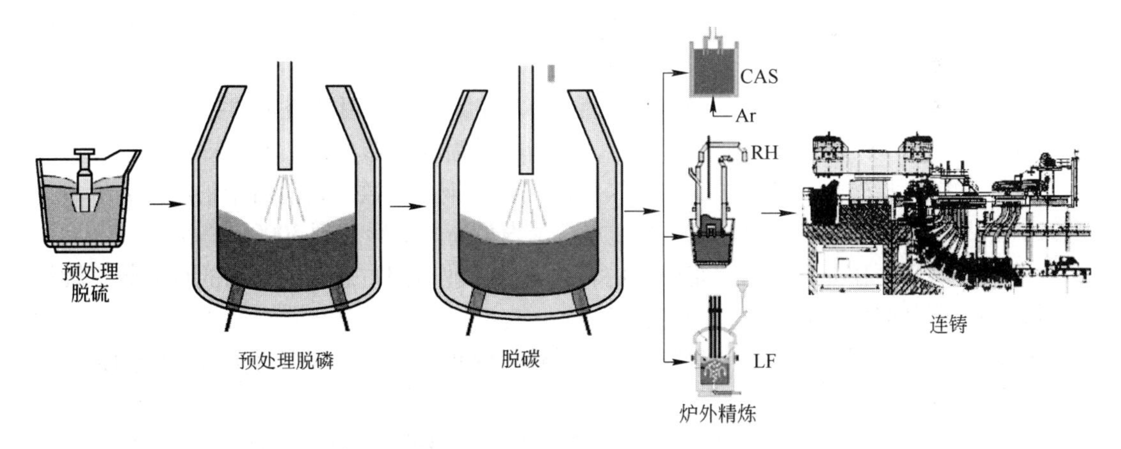

图7－2　采用转炉双联法脱磷工艺的炼钢生产工艺流程

在进行转炉炼钢车间的设计时，应充分考虑上述转炉炼钢工艺流程的科技进步，使转炉炼钢车间在设备、工艺方面处于先进的水平，以适应产品需求。目前，随着环境保护意识的增强，考虑到钢铁企业的可持续发展，在设计中要注意转炉炼钢的烟气净化与回收、炉渣处理等技术的应用，减少排放物，甚至实现零排放的目标。

氧气转炉炼钢车间的设计涉及炼钢原材料供给、冶炼、连铸、铸坯向下一步工序输送等主体专业的设计，以及为保证正常生产所需的各种辅助专业，如供电、供水、通风、建筑、环保等的设计。所以，一个建设项目的设计需要各种专业的设计人员共同协作完成。在转炉炼钢车间的设计中，钢铁冶金专业（主体专业）设计人员所负责完成的任务是根据设计任务书进行转炉炼钢厂的工艺设计，主要包括制定产品大纲、针对所生产的钢种制订生产工艺路线、进行炼钢主体设备的设计与选择、设计并绘制炼钢车间的工艺布置平面图和剖面图、提出其他辅助专业设计所需要的设计工艺要求和资料等。

7.2 技术经济指标

7.2.1 氧气转炉炼钢技术经济指标

（1）钢铁料消耗量，指转炉生产1t钢水所需的铁水和废钢量。该指标与铁水成分和温度、冶炼钢种、转炉容量、吹炼工艺及操作水平等因素有关。一般生产1t钢水需要1.05～1.08t钢铁料。

（2）废钢比，指转炉炼钢中消耗的废钢量占钢铁料消耗量的比例。该指标主要与铁水成分、温度和冶炼钢种有关，一般为10%～30%。

（3）钢水收得率，指单位重量钢铁料所能生产的合格钢水重量。该指标即为钢铁料消耗量的倒数的百分数，一般为95%左右。

（4）渣量，指生产1t钢水所产生的炉渣量。该指标主要与铁水中［Si］、［P］、［S］的含量以及冶炼钢种有关。转炉吹炼一般的低磷铁水，渣量一般为10%左右。

（5）耗氧量，指生产1t钢水所需的氧气体积。该指标与铁水成分和冶炼钢种有关，一般为（标态）55～60m^3/t。

（6）石灰消耗量，指生产1t钢水所消耗的石灰量。该指标与铁水成分和冶炼钢种有关，一般为45～60kg/t。

（7）炉衬侵蚀量，指生产1t钢水所消耗的炉衬量。在采用溅渣护炉技术之前，该指标一般为1～3kg/t；采用溅渣护炉技术后，该指标大幅度下降，为0.5～1kg/t。

（8）炉龄，指转炉从开新炉到停炉换新炉衬的炼钢总炉数。目前由于采用溅渣护炉技术，炉龄大幅度提高，一般为10000炉左右，国内最高的炉龄达到30000炉以上。

（9）转炉日历作业率，指一定时期内转炉有效作业时间占总日历时间的百分数。转炉年作业率一般为80%～90%。

（10）转炉日历利用系数，指转炉在日历时间内每公称吨每日所生产的合格钢产量，单位为t/(t·d)。

（11）冶炼周期，指平均冶炼一炉钢所需的时间。该指标与操作水平、转炉容量、铁水条件、设备条件和吹炼工艺等有关，通常冶炼周期为25～40min。

（12）铁水消耗量，简称铁耗，指生产每吨合格钢水所消耗的铁水重量。该指标与铁水成分、吹炼水平、冶炼钢种等有关，一般为800～950kg/t。

7.2.2 连铸生产技术经济指标

（1）连铸坯产量，指连铸机在一定时间内生产的合格连铸坯重量，单位为t。

（2）连铸比，指合格连铸坯产量占总钢产量的百分比，单位为%。

（3）连铸坯合格率，指合格连铸坯产量占连铸坯总检验量的百分比，一般为99.5%～99.9%。

（4）钢水收得率，指浇注的铸坯量占合格钢水量的百分数，一般为98%左右。

（5）连铸坯收得率，又称为金属收得率、连铸钢水收得率，指合格连铸坯产量占连铸钢水量的百分比。其值等于钢水收得率与连铸坯合格率的乘积，一般为97%～98%。

（6）连铸机作业率，指连铸机实际作业时间占总日历时间的百分比，一般为85%～90%。

（7）平均连浇炉数，指浇注钢水炉数与连铸机开浇次数之比，一般为8～12炉。

（8）浇注周期，指浇注一包钢水所需的时间。该指标与转炉容量、铸坯断面以及拉坯速率有关，要与转炉冶炼周期相匹配，一般为30～40min。

（9）液芯长度，通常指结晶器液面至铸坯凝固末端的长度，单位为m。

（10）冶金长度，指连铸机按最大拉速计算的液芯长度，单位为m。

（11）连铸机生产能力，指一台连铸机在单位时间内的铸坯产量，单位为t/年、t/h。

（12）浇注温度，一般是指中间包内的钢水温度。为简便起见，通常以中间包内钢水的过热度来度量，板坯连铸的过热度为20～30℃，方坯连铸的过热度为15～25℃。

（13）拉坯速度，指单位时间内铸坯行走的距离。该指标与浇注钢种和铸坯断面有关，常规断面板坯的拉坯速度为1～2m/min，小方坯的拉坯速度为1.5～4m/min，大方坯的拉坯速度为0.4～1.2m/min。

7.3 物料平衡与热平衡计算

物料平衡与热平衡计算是氧气转炉冶炼工艺设计的一项基本计算，是建立在物质与能量守恒基础上的。其以氧气转炉作为对象，根据装入转炉内参与炼钢过程的全部物料数据和炼钢过程的全部产物数据，进行物料的质量和热量平衡计算。物料平衡与热平衡计算的主要目的是比较整个冶炼过程中物料、能量的收入项和支出项，为改进操作工艺制度、确定合理的设计参数和提高炼钢技术经济指标提供某些定量的依据。应当指出，由于炼钢是复杂的高温物理化学过程，加上测试手段有限，目前还难以做到精确取值和计算，尤其是热平衡，只能近似计算。尽管如此，其对指导转炉炼钢设计和生产仍具有重要的意义。

物料平衡和热平衡计算一般有两种方案：一种方案是为了设计转炉及其氧枪以及相应的转炉炼钢车间而进行的计算；另一种方案是为了校核和改善已投产转炉的冶炼工艺参数及其设备参数或者采用新工艺、新技术等，而由实测数据进行的计算。后者侧重于实测，本节计算是采用第一种方案。

7.3.1 物料平衡计算

7.3.1.1 基本数据

（1）铁水和废钢的成分及温度，见表7－1。

表7－1 铁水和废钢的成分及温度

元　素	含量/%					温度/℃
	C	Si	Mn	P	S	
铁　水	4.1	0.4	0.5	0.1	0.05	1360
废　钢	0.18	0.25	0.55	0.03	0.03	25

（2）造渣剂及炉衬的成分，见表7－2。目前为了环境保护，转炉炼钢已不采用萤石化渣，一些钢厂采用铁矾土代替萤石造渣。另外，转炉采用溅渣护炉工艺后，多数钢厂采用镁球造渣。所以，本计算也用铁矾土、镁球进行物料平衡和热平衡计算。

表7－2 造渣剂及炉衬的成分 （%）

原料	CaO	SiO_2	MgO	Al_2O_3	Fe_2O_3	FeO	P_2O_5	S	CO_2	H_2O	C	TiO_2
石灰	91	1.5	1.6	1.5	0.5	—	0.1	0.06	3.64	0.1	—	—
矿石	1	5.61	0.52	1.1	61.8	29.4	—	0.07	—	0.5	—	—
铁矾土	7.2	28.6	2.01	48.99	11.39	—	0.06	0.06	—	—	—	1.69
镁球	6	3	75	—	1	—	—	—	15	—	—	—
炉衬	1	0.92	79.8	0.28	1.6	—	—	—	—	—	16.4	—

（3）冶炼钢种及其成分，见表7－3。

表7－3 Q235钢种的成分 （%）

元素	C	Si	Mn	P	S
含量	0.14～0.22	0.12～0.3	0.3～0.7	≤0.045	≤0.045

（4）铁合金的成分，见表7－4。铁合金中元素Mn的收得率为80%，Si的收得率为75%，C的收得率为90%，其中10%的C被氧化成CO_2。P、S、Fe全部进入钢中。

表7－4 铁合金的成分 （%）

元素	C	Si	Mn	P	S	Fe
硅铁		70	0.7	0.05	0.04	29.21
锰铁	7.5	2.5	75	0.38	0.03	14.59

（5）操作实测数据，见表7－5。

表7－5 操作实测数据

名称	参数	名称	参数
终渣碱度	$R = w(CaO)/w(SiO_2) = 3$	喷溅铁损	为铁水量的0.1%～0.3%，取0.2%计算
铁矾土加入量	为铁水量的0.4%	渣中铁损（铁珠）	为渣量的1%～2.5%，取2%计算
矿石加入量	为铁水量的1%	氧气纯度	99.5% O_2，0.5% N_2
炉衬侵蚀量	为铁水量的0.1%～0.3%，取0.1%计算	炉气中自由氧含量	为炉气体积的0.5%
终渣TFe含量	取13%计算，其中炉渣 $w(FeO) = 1.35w(Fe_2O_3)$	气化脱硫量	占总脱硫量的1/3
烟尘量	为铁水量的1.3%～1.5%，取1.5%计算（其中FeO占75%，Fe_2O_3占20%）	金属中C的氧化	80%～85%的C氧化成CO，取80%计算，则20%的C氧化成CO_2

7.3.1.2 计算过程

下述计算过程以100kg铁水为基础。

A 炉渣量及成分

炉渣来自金属料元素氧化和还原的产物、加入的造渣剂以及炉衬侵蚀物等。

a 铁水中各元素的氧化量

终点钢水的成分是根据同类转炉冶炼Q235钢种的实际数据选取的。

(1) 碳含量。应根据冶炼钢种碳含量和预估的脱氧剂增碳量来确定终点钢水的碳含量，本计算取转炉吹炼终点钢水 $w[C]=0.1\%$。

(2) 硅含量。在碱性氧气转炉炼钢法中，铁水中的硅几乎全部被氧化进入炉渣。

(3) 锰含量。终点钢水残锰量一般为铁水中锰含量的50%~60%，本计算取50%。

(4) 磷含量。采用低磷铁水冶炼，铁水中的磷有80%~90%氧化进入炉渣。在此取脱磷率为85%。

(5) 硫含量。氧气转炉内脱硫率不高，采用未经铁水脱硫预处理的铁水吹炼时，一般转炉的脱硫率在30%~50%范围内。目前，转炉炼钢经常采用铁水脱硫预处理后的铁水，这时铁水中硫含量较低，转炉的脱硫率与铁水中硫含量有关，当铁水中硫含量非常低时，转炉没有脱硫能力，甚至原料中的硫还要进入最终的钢水中。对于经过脱硫预处理的铁水，应根据实际的转炉冶炼数据，统计得出转炉炼钢脱硫率与铁水中硫含量的关系。由某转炉冶炼实际数据统计得到的脱硫率 η_S 与铁水中硫含量 $w[S]_{\%}$ 的关系如下：

$$\eta_S = \begin{cases} 0 & (w[S]_{\%} < 0.015) \\ -8.784 + 1237.838w[S]_{\%} & (0.015 \leqslant w[S]_{\%} \leqslant 0.03) \\ 40 & (w[S]_{\%} > 0.03) \end{cases}$$

本计算中铁水硫含量高，脱硫率按40%计算。

铁水中各元素的氧化量见表7-6，其中，氧化成CO的C质量为4×80%=3.2kg，氧化成 CO_2 的C质量为4×20%=0.8kg；氧化成 SO_2 的S质量为0.02×1/3=0.0067kg，还原成CaS的S质量为0.02×2/3=0.0133kg。

表7-6 铁水中各元素的氧化量 (kg)

元 素	C	Si	Mn	P	S	合 计
铁 水	4.1	0.4	0.5	0.1	0.05	
终点钢水	0.1	痕迹	0.25	0.015	0.03	
氧化量	4.0	0.4	0.25	0.085	0.02	4.755

b 铁水中各元素的氧化耗氧量及氧化产物量

铁水中各元素的氧化耗氧量及氧化产物量见表7-7，其中铁水中S生成CaS消耗的CaO量为0.0133×56/32=0.023kg。

表7-7 铁水中各元素的氧化耗氧量及氧化产物量 (kg)

元 素	反应产物	耗氧量	产物量	备 注
C	[C] → {CO}	3.2×16/12=4.267	3.2×28/12=7.467	进入炉气
	[C] → $\{CO_2\}$	0.8×32/12=2.133	0.8×44/12=2.933	进入炉气

续表 7－7

元　素	反应产物	耗氧量	产物量	备　注
Si	[Si] → (SiO_2)	0.4 × 32/28 = 0.457	0.4 × 60/28 = 0.857	进入炉渣
Mn	[Mn] → (MnO)	0.25 × 16/55 = 0.073	0.25 × 71/55 = 0.323	进入炉渣
P	[P] → (P_2O_5)	0.085 × 80/62 = 0.110	0.085 × 142/62 = 0.195	进入炉渣
S	[S] → (SO_2)	0.0067 × 32/32 = 0.0067	0.0067 × 64/32 = 0.013	进入炉气
	[S] → (CaS)	−0.0133 × 16/32 = −0.0067	0.0133 × 72/32 = 0.03	进入炉渣
Fe	[Fe] → (FeO)	0.552 × 16/56 = 0.158	0.710	进入炉渣（见表 7－8）
	[Fe] → (Fe_2O_3)	0.368 × 48/112 = 0.158	0.526	进入炉渣（见表 7－8）
合　计		7.356		

c　造渣剂加入量及其各组元质量

（1）矿石、铁矾土、炉衬带入炉渣中的各组元质量。由矿石、铁矾土加入量和炉衬侵蚀量以及其中各组元的成分可计算出各组元的质量，见表 7－8 和表 7－9。其中，矿石中 S 生成（CaS）的量为 1 × 0.07% × 72/32 = 0.0016kg，消耗（CaO）的量为 1 × 0.07% × 56/32 = 0.0012kg，生成 [O] 的量为 1 × 0.07% × 16/32 = 0.0004kg；炉衬中 C 的氧化量为 0.1 × 16.4% = 0.016kg，消耗的氧量为 0.1 × 16.4% × (16 × 80%/12 + 32 × 20%/12) = 0.026kg，生成的 CO 量为 0.1 × 16.4% × 0.8 × 28/12 = 0.031kg，生成的 CO_2 量为 0.1 × 16.4% × 0.2 × 44/12 = 0.012kg；铁矾土中 S 反应生成的 CaS 量为 0.4 × 0.06% × 72/32 = 0.0005kg，消耗的 CaO 和生成的氧量忽略不计。

表 7－8　终渣量及成分

组　元	产物量	石灰	矿石	镁球	炉衬	铁矾土	合计	比例/%
CaO/kg		3.243	0.01	0.036	0.001	0.029	3.319	46.87
MgO/kg		0.057	0.005	0.45	0.08	0.008	0.600	8.47
SiO_2/kg	0.857	0.054	0.056	0.018	0.001	0.114	1.100	15.53
Al_2O_3/kg		0.054	0.011		0.0003	0.196	0.261	3.69
MnO/kg	0.323						0.323	4.56
P_2O_5/kg	0.195	0.004				0.0002	0.199	2.81
CaS/kg	0.030	0.005	0.0016			0.0005	0.037	0.52
TiO_2/kg						0.007	0.007	0.10
FeO/kg	0.710		(0.294)				0.710	10.03
Fe_2O_3/kg	0.526	(0.018)	(0.618)	(0.006)	(0.002)	(0.046)	0.526	7.43
合　计							7.082	100.00

注：造渣剂中的 FeO、Fe_2O_3 被还原成铁进入钢中，带入的氧消耗于元素氧化。假定括号中的铁氧化物被还原进入钢水中。

表 7－9　气体来源及质量、体积

来　源	铁水	炉衬	镁球	石灰	矿石	合计	体积/m^3
CO/kg	7.467	0.031				7.498	5.998

续表 7－9

来　源	铁水	炉衬	镁球	石灰	矿石	合计	体积/m^3
CO_2/kg	2.933	0.012	0.090	0.130		3.165	1.611
SO_2/kg	0.013					0.013	0.005
H_2O/kg				0.004	0.005	0.009	0.011
合计							$V_1=7.625$

注：气体体积＝气体质量×22.4/气体相对分子质量。

（2）镁球带入炉渣中的各组元质量。为了提高转炉炉衬的寿命，在加入石灰造渣的同时添加镁球造渣，其目的是提高炉渣中 MgO 的含量，有利于提高炉衬寿命。渣中（MgO）含量为6%～10%时，效果较好。经试算后，100kg 铁水中镁球加入量为 0.6kg，其各组元质量见表 7－8 和表 7－9。其中，烧减为（$MgCO_3$）分解产生的 CO_2 质量。

（3）炉渣碱度和石灰加入量。根据铁水中［P］、［S］的含量，取终渣碱度 $R=3$。未计石灰带入的 SiO_2 量时，渣中现有的 SiO_2 量为（见表 7－7 和表 7－8）：

$$\begin{aligned}\Sigma m(SiO_2) &= m(SiO_2)_{铁水} + m(SiO_2)_{炉衬} + m(SiO_2)_{矿石} + m(SiO_2)_{铁矾土} + m(SiO_2)_{镁球} \\ &= 0.857 + 0.001 + 0.056 + 0.114 + 0.018 = 1.046\text{kg}\end{aligned}$$

渣中现有的 CaO 量为：

$$\begin{aligned}\Sigma m(CaO) &= m(CaO)_{矿石} + m(CaO)_{镁球} + m(CaO)_{炉衬} + m(CaO)_{铁矾土} - \Sigma m(CaO)_{S消耗} \\ &= 0.01 + 0.036 + 0.001 + 0.029 - 0.023 - 0.0012 = 0.052\text{kg}\end{aligned}$$

则石灰加入量为：

$$\begin{aligned}W_{石灰} &= (R\Sigma m(SiO_2) - \Sigma m(CaO))/(w(CaO)_{石灰} - Rw(SiO_2)_{石灰}) \\ &= (3\times1.046 - 0.052)/(91\% - 3\times1.5\%) = 3.568\text{kg}\end{aligned}$$

石灰中 S 生成的 CaS 量为 3.568×0.06%×72/32＝0.005kg，生成的氧量为 3.568×0.06%×16/32＝0.001kg，消耗的 CaO 量为 3.568×0.06%×56/32＝0.004kg，则石灰带入的 CaO 量为 3.568×91%－0.004＝3.243kg。石灰带入的各组元质量见表 7－8 和表 7－9。

d　终渣 TFe 含量

终渣 TFe 含量与吹炼终点钢水碳含量、终渣碱度和终点温度有关，根据生产数据，本计算终渣 $w(TFe)$ 取 13% 计算。渣中存在（FeO）和（Fe_2O_3），按照关系式 $w(FeO)=1.35w(Fe_2O_3)$ 和 $w(TFe)=56\times w(FeO)/72+112\times w(Fe_2O_3)/160$，求得 $w(FeO)=10.03\%$ 和 $w(Fe_2O_3)=7.43\%$。

e　终渣量及成分

终渣量及成分列于表 7－8 中，表中 FeO 和 Fe_2O_3 质量的计算过程如下。

不计（FeO）和（Fe_2O_3）在内的炉渣质量为：

$$\begin{aligned}W_s &= m(CaO) + m(MgO) + m(SiO_2) + m(Al_2O_3) + m(MnO) + m(P_2O_5) + m(CaS) + m(TiO_2) \\ &= 3.319 + 0.6 + 1.1 + 0.261 + 0.323 + 0.199 + 0.037 + 0.007 = 5.846\text{kg}\end{aligned}$$

那么，总渣量为：

$$W_{s\Sigma} = 5.846/(100\% - 10.03\% - 7.43\%) = 7.083\text{kg}$$

其中，（FeO）质量为 7.083×10.03%＝0.710kg，其中铁量为 0.710×56/72＝0.552kg；

(Fe_2O_3) 质量为 7.083 × 7.43% = 0.526 kg，其中铁量为 0.526 × 112/160 = 0.368kg。将 FeO 和 Fe_2O_3 的质量记入表 7-8 中，铁量记入表 7-7 中。

B 造渣剂、炉衬、烟尘中的铁量及氧量

假定造渣剂、炉衬中的 FeO 和 Fe_2O_3 全部被还原成铁，则由表 7-8，造渣剂和炉衬带入的铁量和氧量分别为：

$$0.294 \times 56/72 + (0.018 + 0.618 + 0.006 + 0.002 + 0.046) \times 112/160 = 0.712\text{kg}$$

$$0.294 \times 16/72 + (0.018 + 0.618 + 0.006 + 0.002 + 0.046) \times 48/160 = 0.272\text{kg}$$

烟尘带走的铁量和消耗的氧量分别为：

$$1.5 \times (75\% \times 56/72 + 20\% \times 112/160) = 1.085\text{kg}$$

$$1.5 \times (75\% \times 16/72 + 20\% \times 48/160) = 0.34\text{kg}$$

C 炉气成分、质量及体积

(1) 当前炉气体积 V_1。由元素氧化和造渣剂、炉衬带入的气体的质量和体积见表 7-9。

(2) 当前消耗的氧气质量及体积。当前消耗的氧气质量见表 7-10。

表 7-10 当前消耗的氧气质量 (kg)

项目	元素氧化	烟尘中铁氧化	炉衬中碳氧化	造渣剂带入氧	石灰中硫还原出氧	矿石中硫还原出氧	合计
耗氧量	7.356	0.340	0.026	-0.272	-0.001	-0.0004	7.449

则当前氧气消耗的体积 $V_{O_2} = 7.449 \times 22.4/32 = 5.214\text{m}^3$。

(3) 炉气总体积。炉气总体积 V_g (m^3) 为：

V_g = 当前炉气体积 V_1 + 炉气中自由氧体积 + 炉气中氮气体积

即：

$$V_g = V_1 + \varphi\{O_2\}_{炉气} V_g + \frac{(V_{O_2} + \varphi\{O_2\}_{炉气} V_g)\varphi\{N_2\}_{氧气}}{\varphi\{O_2\}_{氧气}}$$

式中 $\varphi\{O_2\}_{炉气}$ ——炉气中自由氧含量，取 0.5%；

$\varphi\{N_2\}_{氧气}$ ——氧气中氮气成分；

$\varphi\{O_2\}_{氧气}$ ——氧气中氧气成分。

整理得：

$$V_g = \frac{V_1 + V_{O_2}\varphi\{N_2\}_{氧气}/\varphi\{O_2\}_{氧气}}{1 - \varphi\{O_2\}_{炉气} - \varphi\{O_2\}_{炉气}\varphi\{N_2\}_{氧气}/\varphi\{O_2\}_{氧气}}$$

$$= \frac{7.625 + 5.214 \times 0.5\%/99.5\%}{1 - 0.5\% - 0.5\% \times 0.5\%/99.5\%} = 7.690\text{m}^3$$

(4) 炉气中自由氧的体积及质量。炉气中自由氧体积 V_f 及其质量 W_f 计算如下：

$$V_f = 0.5\% \times 7.69 = 0.038\text{m}^3$$

$$W_f = 32 \times 0.038/22.4 = 0.054\text{kg}$$

(5) 炉气中氮气的体积及质量。炉气中氮气体积 V_{N_2} 及其质量 W_{N_2} 计算如下：

$$V_{N_2} = (5.214 + 0.038) \times 0.5\%/99.5\% = 0.026\text{m}^3$$

$$W_{N_2} = 28 \times 0.026/22.4 = 0.033\text{kg}$$

炉气中各组分的质量和体积见表 7-11。

表 7-11 炉气中各组分的质量和体积

炉气组元	CO	CO_2	SO_2	O_2	N_2	H_2O	合计
质量/kg	7.498	3.165	0.013	0.054	0.033	0.009	10.772
体积/m^3	5.998	1.611	0.005	0.038	0.026	0.011	7.689
体积分数/%	78.01	20.95	0.07	0.49	0.34	0.14	100.00

D 总氧气消耗量及体积

总氧气消耗量为当前氧气消耗量、炉气中氧气量和氮气量之和，即：

$$W_{O_2\Sigma} = 7.449 + 0.054 + 0.033 = 7.536\text{kg}$$

$$V_{O_2\Sigma} = 22.4 \times (7.449 + 0.054)/32 + 22.4 \times 0.033/28 = 5.280\text{m}^3$$

E 钢水质量

吹炼中铁水的各项损失见表 7-12。

表 7-12 吹炼中铁水的各项损失 (kg)

吹 损	元素氧化	烟尘	渣中铁珠	喷溅铁损	带入铁	合计
质 量	4.755+0.552+0.368=5.675	1.085	7.082×2%=0.142	100×0.2%=0.2	-0.712	6.39

则钢水质量 W_m 为：

$$W_m = 100 - 6.39 = 93.610\text{kg}$$

即钢水收得率为 93.61%。

F 未加废钢时的物料平衡

综上，未加废钢时的物料平衡见表 7-13。

表 7-13 未加废钢时的物料平衡表

收 入			支 出		
项 目	质量/kg	比例/%	项 目	质量/kg	比例/%
铁 水	100.000	88.336	钢 水	93.610	82.617
石 灰	3.568	3.152	炉 渣	7.082	6.250
铁矾土	0.400	0.353	炉 气	10.772	9.507
镁 球	0.600	0.530	喷溅金属	0.200	0.177
矿 石	1.000	0.883	烟 尘	1.500	1.324
炉 衬	0.100	0.088	渣中铁珠	0.142	0.125
氧 气	7.536	6.657			
合 计	113.204	100.000	合 计	113.306	100.00

计算误差 ε 为：

$$\varepsilon = [(113.306 - 113.204)/113.306] \times 100\% = 0.09\%$$

7.3.2 热平衡计算

7.3.2.1 基本数据

（1）物料平均比热容及熔化潜热，见表 7-14。

表 7-14 物料平均比热容及熔化潜热

物料名称	生铁	钢	炉渣	矿石	烟尘	炉气
固态平均比热容/kJ·(kg·℃)$^{-1}$	0.745	0.699	1.045	1.047	0.996	—
熔化潜热/kJ·kg^{-1}	218	272	209	209	209	—
液态或气态平均比热容/kJ·(kg·℃)$^{-1}$	0.837	0.837	1.248	—	—	1.137

（2）入炉物料及产物的温度，见表 7-15。

表 7-15 入炉物料及产物的温度

名称	入炉物料			产物		
	铁水	废钢	其他原料	炉渣	炉气	烟尘
温度/℃	1360	25	25	比出钢温度高 10~15，取 10 计算	1450	1450

（3）溶入铁水中元素使铁熔点降低的值，见表 7-16。

表 7-16 溶入铁水中元素使铁熔点降低的值

元素	C							Si	Mn	P	S
溶入 1% 元素使铁熔点降低的值/℃	65	70	75	80	85	90	100	8	5	30	25
使用含量范围/%	<1	1	2	2.5	3	3.5	4	≤3	≤15	≤0.7	≤0.08

另外，O、H、N 共使铁水熔点降低 6℃。采用最小二乘法确定碳含量与铁水熔点降低值的关系，可得铁水中碳元素使铁熔点降低的值 Δt_C（℃）为：

$$\Delta t_C = 2.381 \times w[C]_{\%}^2 - 2.191 \times w[C]_{\%} + 69.929$$

（4）炼钢反应热效应，见表 7-17。

表 7-17 炼钢反应热效应

组元	化学反应	热效应/kJ·kmol^{-1}	热效应/kJ·kg^{-1}	物质
氧化反应	$[C] + \frac{1}{2}\{O_2\} = \{CO\}$	-139420	-11639	C
	$[C] + \{O_2\} = \{CO_2\}$	-418072	-34834	C
	$[Si] + \{O_2\} = (SiO_2)$	-817682	-29202	Si
	$[Mn] + \frac{1}{2}\{O_2\} = (MnO)$	-361740	-6594	Mn
	$2[P] + \frac{5}{2}\{O_2\} = (P_2O_5)$	-1176563	-18980	P
	$[Fe] + \frac{1}{2}\{O_2\} = (FeO)$	-238229	-4250	Fe
	$2[Fe] + \frac{3}{2}\{O_2\} = (Fe_2O_3)$	-722432	-6460	Fe
成渣反应	$(SiO_2) + 2(CaO) = (2CaO \cdot SiO_2)$	-97133	-1620	SiO_2
	$(P_2O_5) + 4(CaO) = (4CaO \cdot P_2O_5)$	-693054	-4880	P_2O_5
分解反应	$CaCO_3 = (CaO) + \{CO_2\}$	169050	3019	CaO
	$MgCO_3 = (MgO) + \{CO_2\}$	118020	2951	MgO

7.3.2.2 计算过程

下述计算过程以100kg铁水为基础。

A 热收入

(1) 铁水物理热。已知纯铁的熔点为1536℃，则根据表7-1、表7-14和表7-16中的数据，得铁水熔点 t_t 为：

$$t_t = 1536 - (4.1 \times 100 + 0.4 \times 8 + 0.5 \times 5 + 0.1 \times 30 + 0.05 \times 25) - 6 = 1110.05℃$$

则铁水物理热 Q_{hm} 为：

$$Q_{hm} = 100 \times [0.745 \times (1110.05 - 25) + 218 + 0.837 \times (1360 - 1110.05)] = 123557.04\text{kJ}$$

(2) 元素氧化热及成渣热。由铁水中元素氧化量和反应热效应（见表7-17）计算可得元素氧化热及成渣热 Q_y，其结果列于表7-18中。

表7-18 元素氧化热和成渣热 (kJ)

反　应	氧化热或成渣热	反　应	氧化热或成渣热
$C \longrightarrow CO$	3.2×11639=37244.800	$Fe \longrightarrow Fe_2O_3$	0.368×6460=2377.280
$C \longrightarrow CO_2$	0.8×34834=27867.200	$P \longrightarrow P_2O_5$	0.085×18980=1613.300
$Si \longrightarrow SiO_2$	0.4×29202=11680.800	$P_2O_5 \longrightarrow 4CaO \cdot P_2O_5$	0.199×4880=971.120
$Mn \longrightarrow MnO$	0.25×6594=1648.500	$SiO_2 \longrightarrow 2CaO \cdot SiO_2$	1.100×1620=1782.000
$Fe \longrightarrow FeO$	0.552×4250=2346.000	合计 Q_y	87538.614

(3) 烟尘中铁的氧化热。由表7-5中的烟尘量和表7-17中的反应热效应可计算出烟尘中铁的氧化热 Q_c 为：

$$Q_c = 1.5 \times (75\% \times 4250 \times 56/72 + 20\% \times 6460 \times 112/160) = 5075.350\text{kJ}$$

(4) 炉衬中碳的氧化热。根据炉衬侵蚀量及其碳含量确定炉衬中碳的氧化热 Q_l 为：

$$Q_l = 0.1 \times 16.4\% \times (80\% \times 11639 + 20\% \times 34834) = 266.959\text{kJ}$$

故热收入总值 Q_{in} 为：

$$\begin{aligned} Q_{in} &= Q_{hm} + Q_y + Q_c + Q_l \\ &= 123557.040 + 87538.614 + 5075.350 + 266.959 = 216437.963\text{kJ} \end{aligned}$$

B 热支出

(1) 钢水物理热。

1) 钢水液相线温度。根据纯铁熔点和终点钢水成分以及元素使铁熔点降低的值，可计算出钢水液相线温度 t_m 为：

$$t_m = 1536 - (0.1 \times 65 + 0.25 \times 5 + 0.015 \times 30 + 0.03 \times 25) - 6 = 1521℃$$

式中，0.1、0.25、0.015、0.03分别为终点钢水中C、Mn、P和S的质量百分数。

2) 出钢温度。出钢温度 t_c 由下式计算：

$$t_c = t_m + \Delta t_G + \Delta t_1 + \Delta t_2 + \Delta t_3 + \Delta t_4 + \Delta t_5$$

式中 Δt_G——连铸中间包钢水过热度，主要是根据经验确定，其大小与钢种、中间包状况、铸坯断面及浇注速度等因素有关，碳素钢一般为15~25℃，取20℃计算；

Δt_1——出钢过程温降，主要与出钢时间、钢包状况、加入合金的种类和数量等因素有关，一般为20～60℃，取50℃计算；

Δt_2——炉后吹氩温降，主要与吹氩时间、氩气流量及喂丝情况等有关，一般为10～30℃，取20℃计算；

Δt_3——吹氩后至精炼工位的运输过程温降，主要与运输时间、钢包状况等因素有关，一般在10℃左右；

Δt_4——精炼工序温降或温升，主要与精炼方法、精炼时间、合金及渣料加入情况、真空处理情况等因素有关，对Q235钢种，经过LF精炼处理，温度升高15～40℃，取20℃计算；

Δt_5——钢包中钢水精炼出站至钢液注入中间包的温降，一般为20～60℃，取40℃。

代入数据得：

$$t_c = 1521 + 20 + 50 + 20 + 10 - 20 + 40 = 1641℃$$

则钢水物理热 Q_m 为：

$$\begin{aligned} Q_m &= 93.61 \times [0.699 \times (1521 - 25) + 272 + 0.837 \times (1641 - 1521)] \\ &= 132752.460\text{kJ} \end{aligned}$$

（2）炉渣物理热 Q_s。炉渣温度 $t_s = 1641 + 10 = 1651℃$；炉渣熔化性温度一般为1300～1400℃，取1350℃计算，则7.082kg炉渣带走的热量为：

$$Q_s = 7.082 \times [1.248 \times (1651 - 1350) + 209 + 1.045 \times (1350 - 25)] = 13946.391\text{kJ}$$

（3）炉气、烟尘、渣中铁珠和喷溅金属的物理热。炉气、烟尘、铁珠和喷溅金属的物理热根据其数量、相应的温度和比热容来确定，见表7－19。

表7－19　炉气、烟尘、铁珠和喷溅金属的物理热　（kJ）

项　目	参　数	备　注
炉气物理热	10.772×［1.137×（1450－25）］＝17453.064	1450℃为炉气和烟尘的温度，1521℃为钢水熔点
烟尘物理热	1.5×［0.996×（1450－25）＋209］＝2442.450	
渣中铁珠物理热	0.142×［0.699×（1521－25）＋272＋0.837×（1651－1521）］＝202.565	
喷溅金属物理热	0.2×［0.699×（1521－25）＋272＋0.837×（1651－1521）］＝285.303	
合　计	20383.381	

（4）镁球分解热。假定镁球中的烧减全部是由 $MgCO_3$ 分解而来，则由 $MgCO_3$ 的分解反应 $MgCO_3 = MgO + CO_2$ 和镁球的烧减量（15%）以及镁球加入量（0.6kg），可计算得到与分解出来的烧减量相对应的MgO含量，即：

$$w(\text{MgO}) = 15\% \times \frac{M(\text{MgO})}{M(\text{CO}_2)} = 15\% \times \frac{40}{44} = 13.64\%$$

则加入的镁球的分解热 Q_b 为：

$$Q_b = 0.6 \times 13.64\% \times 2951 = 241.510\text{kJ}$$

（5）矿石分解吸热。矿石分解吸热 Q_k 计算如下：

$$Q_k = 1 \times (29.4\% \times 4250 \times 56/72 + 61.8\% \times 6460 \times 112/160) = 3766.429\text{kJ}$$

（6）热损失。吹炼过程中转炉通过热辐射、对流、传导所传热量以及水冷炉口冷却水等带走的热量，与炉容量大小、操作因素等有关，一般占总热收入的3%～8%，本计算取

6%，则得热损失 Q_q 为：

$$Q_q = 6\% \times Q_{in} = 6\% \times 216437.963 = 12986.278\text{kJ}$$

（7）无废钢时的热支出。综上无废钢时的热支出 Q_{out} 为：

$$Q_{out} = 132752.460 + 13946.391 + 20383.381 + 241.510 + 3766.429 + 12986.278 = 184076.449\text{kJ}$$

（8）废钢加入量。转炉的剩余热量为热收入减去热支出，即废钢吸热 Q_f 为：

$$Q_f = Q_{in} - Q_{out} = 216437.963 - 184076.449 = 32361.514\text{kJ}$$

废钢熔点 t_{ms} 为：

$$t_{ms} = 1536 - (0.18 \times 65 + 0.25 \times 8 + 0.55 \times 5 + 0.03 \times 30 + 0.03 \times 25) - 6 = 1512℃$$

故废钢加入量 W_f 为：

$$W_f = 32361.514/[0.699 \times (1512 - 25) + 272 + 0.837 \times (1641 - 1512)] = 22.800\text{kg}$$

废钢比 η 为：

$$\eta = [22.800/(100 + 22.800)] \times 100\% = 18.57\%$$

C　热平衡表

热平衡表见表7－20。

表7－20　热平衡表

收　入			支　出		
项　目	热量/kJ	比例/%	项　目	热量/kJ	比例/%
铁水物理热	123557.040	57.09	钢水物理热	132752.460	61.34
元素氧化热及成渣热	87538.614	40.45	炉渣物理热	13946.391	6.44
其中：$C \longrightarrow CO$	37244.800		炉气物理热	17453.064	8.06
$C \longrightarrow CO_2$	27867.200		烟尘物理热	2442.450	1.13
$[Si] \longrightarrow (SiO_2)$	11680.800		渣中铁珠物理热	202.565	0.09
$[Mn] \longrightarrow (MnO)$	1648.500		喷溅金属物理热	285.303	0.13
$[P] \longrightarrow (P_2O_5)$	1613.300		镁球分解热	241.510	0.11
$Fe \longrightarrow FeO$	2346.000		矿石分解热	3766.429	1.74
$Fe \longrightarrow Fe_2O_3$	2377.280		热损失	12986.278	6.00
$SiO_2 \longrightarrow 2CaO \cdot SiO_2$	1782.000		废钢吸热	32361.514	14.95
$P_2O_5 \longrightarrow 4CaO \cdot P_2O_5$	971.120				
烟尘中铁的氧化热	5075.350	2.34			
炉衬中碳的氧化热	266.959	0.12			
合　计	216437.963	100.00	合　计	216437.964	100.00

热效率 = [（钢水物理热 + 废钢吸热 + 炉渣物理热）/ 总热收入] × 100%

$$= [(132752.46 + 32361.514 + 13946.391)/216437.963] \times 100\% = 82.73\%$$

7.3.3　加入废钢以及脱氧和合金化后的物料平衡计算

7.3.3.1　加入废钢后的物料平衡

（1）废钢中各元素的氧化量，见表7－21。

表 7－21 废钢中各元素的氧化量 (%)

元 素	C	Si	Mn	P	S
废钢成分	0.18	0.25	0.55	0.030	0.03
终点钢水成分	0.10	痕迹	0.25	0.015	0.03
氧化量	0.08	0.25	0.30	0.015	0

（2）废钢中各元素的氧化量、耗氧量及产物量，见表 7－22。

表 7－22 22.800kg 废钢中各元素的氧化量、耗氧量及产物量 (kg)

元素	反 应	元素氧化量	耗氧量	产物量
C	[C] ⟶ {CO}	22.800×0.08%×80%＝0.015	0.015×16/12＝0.020	0.015×28/12＝0.035
	[C] ⟶ {CO_2}	22.800×0.08%×20%＝0.004	0.004×32/12＝0.011	0.004×44/12＝0.015
Si	[Si] ⟶ (SiO_2)	22.800×0.25%＝0.057	0.057×32/28＝0.065	0.057×60/28＝0.122
Mn	[Mn] ⟶ (MnO)	22.800×0.3%＝0.068	0.068×16/55＝0.020	0.068×71/55＝0.088
P	[P] ⟶ (P_2O_5)	22.800×0.015%＝0.003	0.003×80/62＝0.004	0.003×142/62＝0.007
S	[S] ⟶ (SO_2)	0	0	0
	[S]＋(CaO)→(CaS)＋[O]	0	0	0
合 计		0.147	0.120	
成渣量				0.217

则进入钢水中的元素质量 W_{f1} 为：

$$W_{f1} = 22.800 - 0.147 = 22.653\text{kg}$$

进入炉气中的气体质量 W_{g1} 为：

$$W_{g1} = 0.035 + 0.015 = 0.050\text{kg}$$

（3）加入废钢后的物料平衡。将表 7－22 中的有关数据与表 7－13 中的相应数据合并，可得加入废钢后的物料平衡，见表 7－23 和表 7－24。

表 7－23 加入废钢后的物料平衡表（以 100kg 铁水为基础）

收 入		支 出	
项 目	质量/kg	项 目	质量/kg
铁 水	100.000	钢 水	93.610＋22.653＝116.263
废 钢	22.800	炉 渣	7.082＋0.217＝7.299
石 灰	3.568	炉 气	10.772＋0.050＝10.822
铁矾土	0.400	喷溅金属	0.200
镁 球	0.600	烟 尘	1.500
矿 石	1.000	渣中铁珠	0.142
炉 衬	0.100		
氧 气	7.538＋0.120＝7.658		
合 计	136.126	合 计	136.266

表 7－24 加入废钢后的物料平衡表（以100kg铁水＋钢水为基础）

收入			支出		
项目	质量/kg	比例/%	项目	质量/kg	比例/%
铁水	81.433	73.46	钢水	94.677	85.35
废钢	18.567	16.75	炉渣	5.944	5.36
石灰	2.906	2.62	炉气	8.813	7.94
铁矾土	0.326	0.29	喷溅金属	0.163	0.15
镁球	0.489	0.44	烟尘	1.221	1.10
矿石	0.814	0.73	渣中铁珠	0.116	0.10
炉衬	0.081	0.07			
氧气	6.236	5.63			
合计	110.852	100.00	合计	110.933	100.00

计算误差 ε_1 为：

$$\varepsilon_1 = [(110.852 - 110.933)/110.852] \times 100\% = -0.07\%$$

7.3.3.2 脱氧和合金化后的物料平衡

（1）锰铁、硅铁加入量。先根据钢种成分中限（见表7－3）和铁合金成分（见表7－4）及其收得率，算出锰铁和硅铁的加入量。

锰铁加入量 W_{Fe-Mn} 为：

$$W_{Fe-Mn} = [(w(Mn)_{钢种中限} - w[Mn]_{终点})/(w(Mn)_{锰铁} \times Mn\text{的收得率})] \times 钢水量$$
$$= [(0.55\% - 0.25\%)/(75\% \times 80\%)] \times 94.677 = 0.473\text{kg}$$

硅铁加入量 W_{Fe-Si} 为：

$$W_{Fe-Si} = [(w[Si]_{钢种中限} - w[Si]_{终点}) \times 加入锰铁后的钢水量 - W_{Fe-Mn}w(Si)_{锰铁} \times Si\text{的收得率}]/(w(Si)_{硅铁} \times Si\text{的收得率})$$
$$= [(0.25\% - 0) \times (94.677 + 0.396) - 0.473 \times 2.5\% \times 75\%]/(70\% \times 75\%)$$
$$= 0.436\text{kg}$$

铁合金中元素的烧损量和产物量见表7－25。

表 7－25 铁合金中元素的烧损量及产物量 （kg）

类别	元素	烧损量	脱氧量	成渣量	炉气量	进入钢中量
锰铁	C	0.473×7.5%×10%＝0.004	0.009		0.013	0.473×7.5%×90%＝0.032
	Mn	0.473×75%×20%＝0.071	0.021	0.092		0.473×75%×80%＝0.284
	Si	0.473×2.5%×25%＝0.003	0.003	0.006		0.473×2.5%×75%＝0.009
	P					0.473×0.38%＝0.002
	S					0.473×0.03%＝0.0001
	Fe					0.473×14.59%＝0.069
	合计	0.078	0.034	0.098	0.013	0.396

续表 7－25

类别	元素	烧 损 量	脱氧量	成渣量	炉气量	进入钢中量
硅铁	Mn	0.436×0.7%×20%＝0.001	0.0002	0.001		0.436×0.7%×80%＝0.002
	Si	0.436×70%×25%＝0.076	0.087	0.164		0.436×70%×75%＝0.229
	P					0.436×0.05%＝0.0002
	S					0.436×0.04%＝0.0002
	Fe					0.436×29.21%＝0.127
	合计	0.077	0.087	0.164		0.359
总计		0.154	0.121①	0.262	0.013	0.755

①0.121kg 的脱氧量为脱氧剂总脱氧量。达到平衡时终点钢水氧含量可根据终点 $w[C]=0.1\%$ 和 $w[C]_{\%}\times w[O]_{\%}=0.0024$ 得出，即 $w[O]=(0.0024/0.1)\times100\%=0.024\%$。则出钢时氧的质量为 $0.024\%\times94.677=0.023$kg。此氧含量远不能满足脱氧剂的耗氧量，产生差值的原因是钢水中碳与氧未达到平衡而造成氧量高于平衡值以及出钢时钢水二次氧化获得氧。

（2）脱氧和合金化后的钢水成分。脱氧和合金化后的钢水成分计算如下，计算中忽略转炉出钢下渣引起的回磷量。

$$w[C]_{脱氧后}=0.10\%+0.032/(94.677+0.755)\times100\%=0.13\%$$

$$w[Si]_{脱氧后}=[(0.009+0.229)/(94.677+0.755)]\times100\%=0.25\%$$

$$w[Mn]_{脱氧后}=0.25\%+[(0.284+0.002)/(94.677+0.755)]\times100\%=0.55\%$$

$$w[P]_{脱氧后}=0.015\%+[(0.002+0.0002)/(94.677+0.755)]\times100\%=0.017\%$$

$$w[S]_{脱氧后}=0.03\%+[(0.0001+0.0002)/(94.677+0.755)]\times100\%=0.030\%$$

可见，钢水碳含量尚未达到钢种要求的设定范围。为此，需在钢包内加焦粉增碳。焦粉成分如表 7－26 所示，其中碳的收得率为 75%。

表 7－26 焦粉成分 （%）

组 元	C	灰 分	挥发分	H_2O
含 量	81.5	12.4	5.52	0.58

焦粉加入量 W_j 为：

$$W_j=(w[C]_{钢种中限}-w[C]_{脱氧后})\times钢水量/[焦粉碳含量\times C的收得率]$$

$$=(0.18\%-0.13\%)\times(94.677+0.755)/(81.5\%\times75\%)=0.078\text{kg}$$

加入 0.078kg 的焦粉后，钢水的含碳量可达到 0.18%。焦粉生成的产物量如表 7－27 所示。

表 7－27 焦粉生成的产物量 （kg）

碳烧损量	耗氧量	气体量①	成渣量	碳入钢量
0.078×81.5%×25%＝0.016	0.016×32/12＝0.043	0.016×44/12＋0.073×(0.58%＋5.52%)＝0.063	0.078×12.4%＝0.010	0.078×81.50%×75%＝0.048

①表中气体量为 CO_2、H_2O 和挥发分的总量（未计挥发分燃烧的影响）。

（3）脱氧和合金化后的总物料平衡。将以上结果合并，可得脱氧和合金化后的总物料平衡，见表 7－28。

表 7-28 脱氧和合金化后的总物料平衡表

收入			支出		
项目	质量/kg	比例/%	项目	质量/kg	比例/%
铁水	81.433	72.71	钢水	95.480 (94.677 +0.755 +0.048)	85.19
废钢	18.567	16.58	炉渣	6.216 (5.944 +0.262 +0.010)	5.55
石灰	2.906	2.59	炉气	8.889 (8.813 +0.013 +0.063)	7.93
铁矾土	0.326	0.29	喷溅金属	0.163	0.15
镁球	0.489	0.44	烟尘	1.221	1.09
矿石	0.814	0.73	渣中铁珠	0.116	0.10
炉衬	0.081	0.07			
氧气	6.400 (6.236 +0.121 +0.043)	5.71			
硅铁	0.436	0.39			
锰铁	0.473	0.42			
焦粉	0.078	0.07			
合计	112.003	100.00	合计	112.085	100.00

计算误差 ε_2 为:

$$\varepsilon_2 = [(112.003 - 112.085)/112.003] \times 100\% = -0.07\%$$

7.4 主要设备设计

在氧气转炉炼钢中，关键的炼钢设备有顶底复吹转炉和氧枪。转炉用于盛装高温金属液和熔渣，氧枪将炼钢反应需要的氧气吹入金属液中，在转炉内产生一系列的气－金、渣－金反应，最终将铁水和废钢冶炼成为成分和温度合格的钢液。转炉在炼钢过程中需要向炉前倾动一定角度，进行兑铁、加废钢、倒渣操作，向炉后倾动可实现出钢操作。氧枪在吹炼过程中需要上下升降，以进行不同枪位的吹炼以及将氧枪提升到转炉炉口上方。因此，转炉要有倾动机构，氧枪需要升降系统。转炉及其倾动机构、氧枪及其升降系统如图 7-3 所示。

7.4.1 氧气转炉设计

转炉是转炉炼钢车间的主体设备，合理的转炉设计要满足转炉炼钢吹炼过程平稳、有利于渣－金反应、金属收得率高等要求。目前，转炉已经大型化和采用顶底复合吹炼工艺。

7.4.1.1 转炉座数及公称容量

A 车间转炉座数

传统的转炉炼钢车间按“二吹一”或“三吹二”来选择车间内的转炉座数，即车间内装备 2～3 座转炉，经常 1～2 座转炉进行生产，另外 1 座转炉处于修炉或备用状态。由于转炉采用溅渣护炉技术，其寿命大幅度提高，所以出现了“一吹一”、“二吹二”或“三吹三”的转炉炼钢车间。

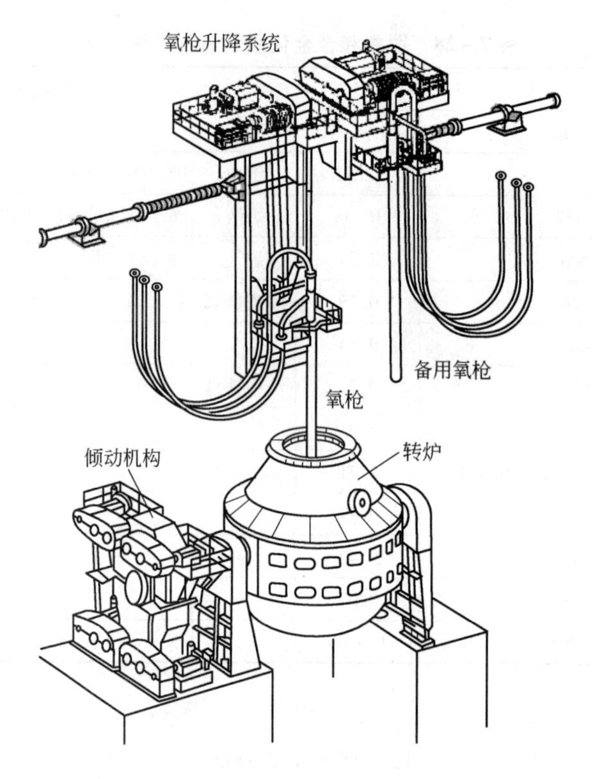

图7－3 转炉及氧枪系统

B 转炉公称容量

转炉公称容量有三种表示方法，即以平均金属装入量（t）表示、以平均出钢量（t）表示、以平均炉产良坯量（t）表示。通常认为以转炉平均出钢量表示较为合理。转炉炼钢车间的转炉公称容量，可以根据该车间的年产良坯量 $W_{坯}$ 来确定。

（1）车间年产钢水量。对于全连铸车间有：

$$W_m = \frac{W_{坯}}{\eta_{坯}} \tag{7-1}$$

式中 W_m——车间年产钢水量，t；

$\eta_{坯}$——连铸坯收得率，一般为97%～98%。

对于部分连铸、部分模铸的炼钢车间，设车间的钢水连铸比为 α，则：

$$W_m = \frac{W}{\alpha\eta_{坯} + (1-\alpha)\eta_{锭}} \tag{7-2}$$

式中 W——年产良坯量与良锭量之和，t；

$\eta_{锭}$——钢锭收得率，一般为97%～99%。

（2）车间年出钢炉数。计算如下：

$$m = n \times 365 \times \beta \times 24 \times 60/\tau \tag{7-3}$$

式中 m——车间年出钢炉数，炉；

n——车间转炉的工作模式，三吹三时 $n=3$，二吹二或三吹二时 $n=2$，一吹一或二吹一时 $n=1$；

β——转炉的作业率，一般为80%～90%；

τ——转炉炼钢平均冶炼周期，min。

转炉炼钢各种作业时间及不同容量转炉的冶炼周期见表 7-29 和表 7-30。

表 7-29 转炉炼钢各种作业时间 (min)

操 作	装废钢	兑铁水	吹炼	出钢	溅渣护炉	倒渣
时 间	2~3	2~3	12~20	4~7	3~4	2~3

表 7-30 不同容量转炉的冶炼周期

转炉容量/t	50~100	>100	120	150	300
平均冶炼周期/min	32~38	38~45	38	38	38
吹氧时间/min	11~16	16~20	15	15	18

C 转炉平均出钢量

转炉平均出钢量 G(t) 按下式计算：

$$G = \frac{W_m}{m} \tag{7-4}$$

转炉公称容量可根据计算的 G 值大小，按表 7-31 所示的容量系列选定。

表 7-31 转炉公称容量、最大出钢量、钢包容量及浇注起重机的参数 (t)

转炉公称容量	50	100	120	150	200	250	300
转炉最大出钢量	60	120	150	180	220	275	320
钢包容量	60	120	150	180	220	275	320
浇注起重机（主钩/副钩/小钩）	100/32	180/63/20	225/63/20	280/80/20	360/100/20	400/100/20	450/100/20

7.4.1.2 转炉炉型及主要参数设计

由于转炉炼钢过程复杂多变，进行高温热模拟实验很困难，目前尚无成熟的理论来确定转炉的炉型及各主要参数。对转炉的设计主要是通过总结现有的转炉生产情况，结合一些经验公式或冷态模拟实验，来确定新炉的炉型及主要参数。

A 转炉炉型

转炉炉型是指炉膛的几何形状，亦即用耐火材料砌成的炉衬内形。目前国内外转炉炉型主要有筒球型、截锥型和锥球型三种。氧气转炉常用炉型及主要尺寸如图 7-4 所示。筒球型转炉的熔池由球缺体炉底和直筒体炉身两部分组成。这种炉型形状简单，砌砖方便，熔池直径较大，有利于渣-金反应的进行。锥球型转炉也是采用比较多的一种炉型，其熔池由一个倒截锥体和一个球缺体炉底组成，倒锥角一般为 12°~13°。这种炉型比较符合钢渣环流的要求，与同容量的筒球型转炉相比，若熔池深度相同，则其熔池直径比筒球型大。国内外大型转炉采用上述两种炉型，目前采用锥球型的转炉较多。截锥型转炉的熔池形状为一倒截锥体。在容量和熔池直径相同的情况下，其熔池最深。这种炉型适用于小转炉，随着转炉向中型、大型化方向发展，小型转炉被淘汰，这种炉型也已退出历史舞台。

B 转炉炉型的主要参数设计

转炉炉型的主要参数包括熔池直径和深度、炉身尺寸、炉帽尺寸、炉容比和高宽比等。

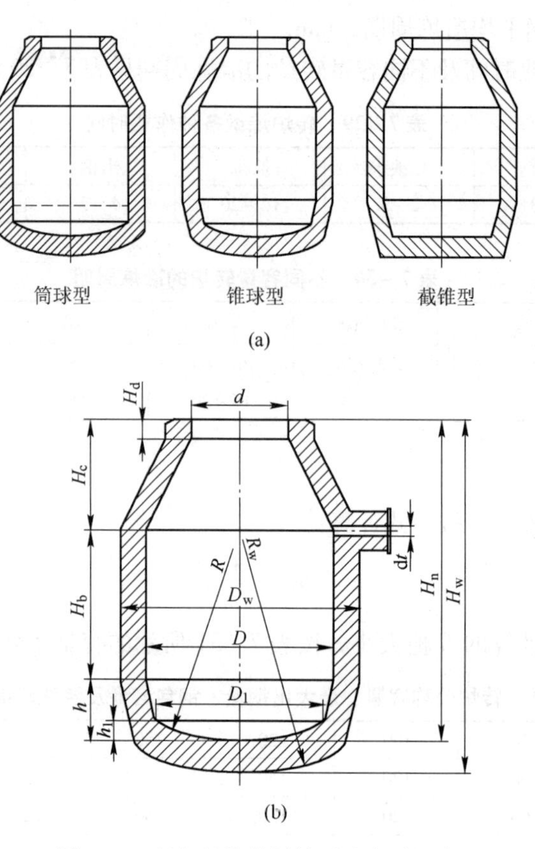

图 7－4 氧气转炉常用炉型及主要尺寸

(a) 氧气转炉常用炉型；(b) 转炉主要尺寸

a 转炉的炉容比及有效体积

炉容比 η 是指转炉炉内的有效体积 V_e 与转炉的公称容量 G 之比，单位为 m^3/t。炉容比的确定应考虑原材料条件和转炉的操作条件。当铁水装入比例较大、铁水磷和硅含量较高、采用较大的供氧强度、氧枪喷头的孔数少、使用铁矿石或氧化铁皮作为冷却剂时，炉容比要选择大一些；反之，则选择小一些。我国推荐顶吹转炉新砌炉衬的炉容比为 0.9～0.95m^3/t，大容量转炉取下限，小容量转炉取上限。对于复吹转炉，由于吹炼过程平稳、喷溅程度小，其炉容比可略小于顶吹转炉，一般为 0.85～0.95m^3/t。我国不同容量转炉的炉容比见表 7－32。为了增大供氧强度，缩短吹炼时间，必须有适当大的炉容比，因此，近年来投产的大型氧气转炉的炉容比都在 0.9～1.05 之间。

表 7－32 不同容量转炉的炉容比及高径比（H_w/D_w）

转炉容量/t	50	80	80	120	150	210	250	300
$\eta/m^3\cdot t^{-1}$	0.93～0.97	0.87	0.805	0.9～1.01	0.86	0.92～0.97	1	1.05
H_w/D_w	1.42	1.46	1.42	1.46	1.31	1.3	1.3	1.35

由选定的炉容比和转炉的公称容量，可确定转炉的有效体积为：

$$V_e = G\eta \tag{7-5}$$

b 熔池直径

熔池直径是指熔池处于平静状态时金属液面的直径。它与炉型、供氧强度、喷头类型、金属装入量等有关。熔池直径常用以下经验公式计算：

$$D = K\sqrt{\frac{G_1}{\tau_{O_2}}} \tag{7-6}$$

式中 D——熔池直径，m；

K——比例常数，对于 50～100t 的转炉 $K = 1.85 \sim 2.1$，对于大于 100t 的转炉 $K = 1.5 \sim 1.75$；

G_1——新炉金属加入量，可近似取转炉的公称容量，t；

τ_{O2}——吹氧时间，min，取值见表 7－30。

计算得到的 D 值应当与已投产的公称容量相近、生产条件相似的转炉的熔池直径相比较，并可做适当调整。

c 熔池深度

熔池深度 h 指熔池平静时金属液面至炉底最低处的距离。对于一定容量的转炉，在炉型和熔池直径确定后，可利用金属熔池的体积和几何关系求出熔池深度。

对于球缺体炉底的转炉，球缺体炉底的半径 R 一般为熔池直径的 1.1～1.25 倍，即：

$$R = (1.1 \sim 1.25)D \tag{7-7}$$

金属熔池内液体的体积可用下式计算：

$$V_m = \frac{G}{\rho_m} \tag{7-8}$$

式中 V_m——金属熔池体积，m^3；

ρ_m——钢水密度，一般为 $6.8 \sim 7t/m^3$。

对于筒球型转炉的熔池，当 $R = 1.1D$ 时，则球缺体高 $h_1 = 0.12D$，其熔池深度为：

$$h = \frac{V_m + 0.046D^3}{0.79D^2} \tag{7-9}$$

对于锥球型转炉的熔池，当 $R = 1.1D$，取球缺体高 $h_1 = 0.09D$、倒锥体底部直径 $D_1 = 0.895D$ 时，其熔池深度为：

$$h = \frac{V_m + 0.0363D^3}{0.7D^2} \tag{7-10}$$

对于截锥型转炉的熔池，通常倒锥体底部直径 $D_1 = 0.7D$，则其熔池深度为：

$$h = \frac{V_m}{0.574D^2} \tag{7-11}$$

在设计熔池深度时，要避免炉底直接受到氧气射流的冲击，即要保证熔池深度大于最低枪位操作时氧气射流对金属熔池的穿透深度 h_t。一般两者关系应满足 $h_t \leqslant 0.7h$。关于 h_t 的计算可参考有关资料，也可以将计算得到的熔池深度与已投产的容量相近、操作条件相似的转炉的熔池深度相比较，做适当调整。

d 炉帽尺寸

转炉一般都采用正口对称炉帽，形状为上小下大的截圆锥体。

（1）炉口直径。炉口直径应满足兑铁水、加废钢、出渣等的操作要求以及副枪的应用条件。在满足这些操作的前提下，应适当减小炉口直径，以利于减少热损失和喷溅。一般炉口直径为：

$$d = KD \tag{7-12}$$

式中 d——炉口直径，m；

K——比例系数，一般 $K=0.43\sim0.53$，大炉子取下限，小炉子取上限。

（2）炉帽倾角。炉帽倾角过小，容易引起炉帽砌砖倒塌；炉帽倾角过大，出钢时易从炉口下渣。一般炉帽倾角 $\theta=60°\sim68°$，大炉子取下限，小炉子取上限。

（3）炉口直线段高度。对称型炉口的直径因内衬受到侵蚀而迅速扩大，为了防止这种现象出现，在炉口处设有直线段，其高度 $H_d=300\sim400$mm。

（4）炉帽高度。由几何关系得炉帽高度为：

$$H_c = \frac{D-d}{2}\tan\theta + H_d \tag{7-13}$$

式中 H_c——炉帽高度，m；

H_d——炉口直线段高度，m。

（5）炉帽有效容积。由截锥体的容积公式得炉帽有效容积为：

$$V_c = \frac{\pi}{12}H_c(D^2 + d^2 + Dd) + \frac{\pi}{4}d^2H_d \tag{7-14}$$

式中 V_c——炉帽有效容积，m^3。

e 炉身尺寸

转炉在熔池以上和炉帽以下之间的容积为炉身容积 V_b，其高度为 H_b，计算公式为：

$$V_b = V_e - V_c - V_m \tag{7-15}$$

$$H_b = \frac{4V_b}{\pi D^2} \tag{7-16}$$

f 出钢口直径和角度

出钢口通常位于炉帽和炉身交界处，以使出钢时出钢口处于最低位置，将钢水出净。出钢口过大，出钢时间短，不利于铁合金混合，钢流分散，炉渣易进入钢包；出钢口过小，也不利于混合，易造成二次氧化严重以及吸气与散热。出钢口直径按如下经验公式确定：

$$d_t = \sqrt{63 + 1.75G} \tag{7-17}$$

式中 d_t——出钢口直径，cm。

出钢口角度指出钢口中心线与水平线的夹角。为了缩短出钢口长度，便于维修，减少出钢过程钢流的二次氧化与热损失，大型转炉的出钢口角度 α 一般为 $0\sim10°$。不同容量转炉的出钢口直径和出钢时间见表7－33。

表7－33 不同容量转炉的出钢口直径和出钢时间

转炉容量/t	60	120	150	250	300
出钢口直径/mm	120	150	150	180	200
出钢时间/min	2～3	3～4	3～4	4～5	5～7

g 复吹转炉底部供气元件及其布置

复吹转炉底部供气元件又称为底枪，主要有两大类：一类为从底部吹入非氧化性气体（如 N_2、Ar）所用的环缝管型、狭缝砖型、直孔透气砖型和细钢管多孔型供气元件，其中，狭缝砖型和直孔砖型底部供气元件因其阻力大、不抗气体冲刷已被淘汰；另一类为从底部吹入氧化性气体（如 O_2、CO_2）所用的同心圆双层套管型供气元件，中心管通入氧化性气体，环缝通入碳氢化合物冷却介质。复吹转炉底部供气元件如图 7－5 所示。目前我国的复吹转炉主要吹入非氧化性气体对熔池进行搅拌，多采用前一类底部供气元件，并以细钢管多孔型、环缝管型供气元件为主。细钢管多孔型底部供气元件由许多埋在母体耐火材料中的内径为 1.5～4mm 的细金属管组成，它综合了直孔透气砖和环缝管型供气元件的优点，在生产中表现出良好的效果。近年来，国内不少复吹转炉采用环缝型底部供气元件，也得到了很好的效果。

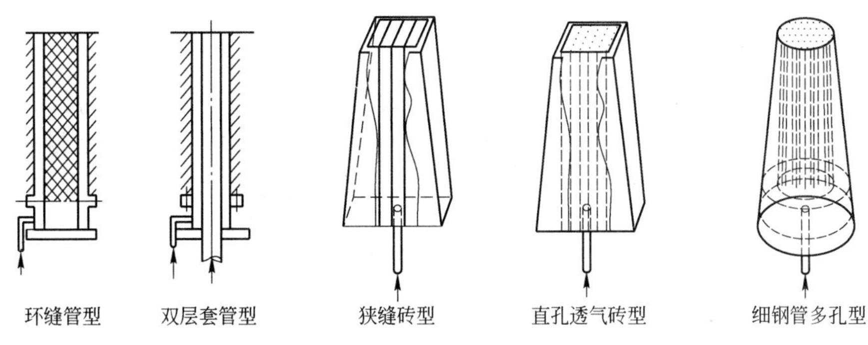

图 7－5 复吹转炉底部供气元件

复吹转炉熔池搅拌的关键是底吹技术，包括底枪支数、底枪布置、底吹供气强度、底吹供气模式以及底枪寿命。表 7－34 所示为国内一些钢厂复吹转炉的底吹参数。根据复吹转炉容量的不同，一般底枪支数在 4～16 支之间。底部供气强度（标态）一般为 0.02～0.2m³/(t·min)。通常复吹转炉采用的底吹供气模式为：在吹炼前期，为了提高脱磷效果，采用大的底吹供气强度，加强搅拌；在脱碳期，由于 CO 气体排出，转炉熔池得到很好的搅拌，此时的底吹供气强度可以减小；在吹炼后期，根据冶炼钢种碳含量的高低，采用不同的底吹供气强度。冶炼低碳钢或超低碳钢时，可以采用大的底吹供气强度；冶炼高碳钢时，可以采用较小的底吹供气强度。

表 7－34 国内一些钢厂复吹转炉的底吹参数

厂名	转炉容量/t	底枪支数/支	底枪布置位置及方式	底吹供气强度（标态）$/m^3\cdot(t\cdot min)^{-1}$
太钢	80	4	0.45*D*，对称	0.03～0.08
三钢	100	6	非对称	0.04～0.2
济钢	120	8	非对称	0.02～0.09
通钢	120	8	4 支 0.61*D*、4 支 0.32*D*，对称	0.02～0.1
三钢	120	6	非对称	0.04～0.2
梅钢	150	8（1 号、2 号炉）；10（3 号炉）	0.63*D*（1 号、2 号炉），对称；4 支 0.23*D*、6 支 0.63*D*（3 号炉），对称	0.01～0.1

续表 7－34

厂名	转炉容量/t	底枪支数/支	底枪布置位置及方式	底吹供气强度（标态）$/m^3 \cdot (t \cdot min)^{-1}$
南钢	150	10	6 支 0.6D、4 支 0.29D，对称	0.04～0.08
沙钢	180	10	6 支 0.61D、4 支 0.27D，对称	0.04～0.08
鞍钢	180	8	0.625D，对称	0.025～0.08
包钢	210	4	0.6D，对称	0.03～0.09
迁钢	210	12	对称	0.025～0.15
涟钢	210	12	0.51D，对称	
武钢	250	16	0.6D，对称	

底部供气元件在炉底的布置位置对熔池搅拌效果影响很大。供气元件的数量和布置位置不同，得到的冶金效果也不同。根据转炉容量的不同，底部供气元件的数量通常为 4～16 支，目前趋于向采用多支底部供气元件的方向发展。一般将底部供气元件布置在耳轴连接线附近，在（0.4～0.6）D 范围内布置。图 7－6 为国内一些复吹转炉底部供气元件的布置示意图。

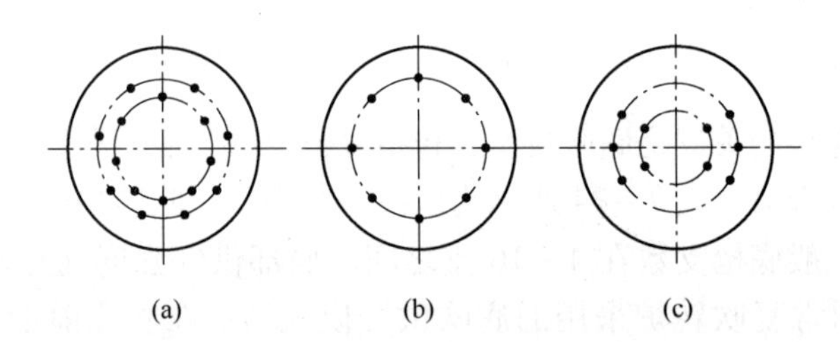

图 7－6　国内一些复吹转炉底部供气元件的布置示意图

7.4.1.3　转炉炉衬及炉壳设计

过去的转炉炉衬由永久层、填充层和工作层组成。有的转炉在永久层和炉壳钢板之间夹有绝热层。绝热层为石棉板，其厚度为 10～20mm。目前转炉的炉衬只有永久层和工作层。

永久层一般是侧砌标准型镁砖。炉身的永久层为一层镁砖，厚度为 113mm 或 115mm；炉帽的永久层也为一层镁砖，厚度为 65mm；大型转炉炉底的永久层采用三层镁砖砌筑，厚度为 339mm 或 345mm；一些转炉采用四层镁砖，每层厚 65mm，总厚度为 260mm。永久层在炼钢中不损耗，修炉时一般不拆除。无绝热层的转炉，其永久层紧贴炉壳。

工作层是与金属液、炉渣、炉气接触的内层炉衬，工作环境十分恶劣。因此，要求工作层耐火度高、抗侵蚀、耐热震性好。目前工作层采用镁炭砖砌筑，厚度为 500～800mm。不同部位的工作层厚度不同，一般炉底工作层厚些，炉帽工作层薄些。转炉各部分炉衬厚度设计参考值如表 7－35 所示。

表 7-35 转炉各部分炉衬厚度设计参考值

炉衬各部位名称		转炉容量/t		
		<100	100~200	>200
炉 帽	永久层厚度/mm	60~115	65~150	115~150
	工作层厚度/mm	400~600	550~650	550~650
炉身（加料侧）	永久层厚度/mm	115~150	115~200	115~200
	工作层厚度/mm	550~700	650~750	750~850
炉身（出钢侧）	永久层厚度/mm	115~150	115~200	115~200
	工作层厚度/mm	500~600	600~700	650~750
炉 底	永久层厚度/mm	240~450	260~450	350~450
	工作层厚度/mm	550~650	600~700	600~750

转炉炉壳包括炉帽、炉身和炉底三部分，各部分用钢板成型后再焊成整体。对于采用下修法的转炉，炉底与炉身不能焊死，采用丁字形和斜楔连接。各部位炉壳的钢板厚度按经验确定，如表 7-36 所示。炉壳主要采用焊接性能好、抗蠕变性高的耐压锅炉钢板或低合金钢板（如 Q345）来制造。

表 7-36 转炉炉壳各部位钢板厚度

转炉容量/t	50	100	120、150	200	250	300
炉帽/mm	45	60	60	60	65	70
炉身/mm	55	60	70	75	80	85
炉底/mm	45	60	60	60	65	70

7.4.1.4 转炉高径比校核

转炉高径比指转炉炉壳总高度 H_w 和炉壳外径 D_w 之比（H_w/D_w）。它是衡量炉型设计是否合理的重要参数之一，可作为炉型设计的校核数据。从转炉大型化和复吹技术应用的发展趋势来看，转炉的高径比趋向于减小。我国推荐的高径比为 1.35~1.5，大型转炉取下限。不同容量转炉的高径比见表 7-32。

表 7-37 所示为国内外一些转炉的主要尺寸。

表 7-37 国内外一些转炉的主要尺寸

国 别	中 国				日本		美国	比利时	法国
容量/t	50	120	250	300	300	330	265	150（底吹）	240（底吹）
全高/mm	7380	9750	11285	11575	12000	12500	10100	8660	9600
外径/mm	5110	6670	8500	8670	8000	8200	7950	7470	7950
高径比	1.44	1.46	1.327	1.335	1.43	1.53	1.27	1.23	1.21
炉膛内高/mm	6123	8150	9793	10458	10685	11578	9250	6960	8400
炉膛内径/mm	3500	4900	6250	6832	6030	6520	5950	5900	6200
炉口直径/mm	1850	2200	3565	3600	3900	4138	4120	2800	3000

续表 7 - 37

国　别	中　国				日　本		美国	比利时	法国
炉膛容积/m^3	49.40	129.0		315	256	325	215	137	214
炉容比/$m^3 \cdot t^{-1}$	0.99	1.075		1.05	0.853	0.985	0.85	0.91	0.89
熔池深度/mm	960	1474	约 2000	约 2100	2395	约 2000	1690	1300	1450
炉帽倾角/(°)	35	28	30	28	约 30	约 30	约 17	约 35	约 40
熔池锥角/(°)	0	0	22.5	15	约 15	约 15	0	约 35	约 25
熔池锥底直径/mm	3500	4900	5113	5834	约 4500	5250	5950	3800	4200
炉帽衬厚/mm	555	683	780	475	550	435	约 700	750	750
直筒衬厚/mm	750	815	865	924	1050	840	1000	785	800
炉底衬厚/mm	985	970	1142	1002	1315	922	920	1200	1200
筒身钢板厚/mm	55	70	85	85	80	80			
出钢口直径/mm	120	170	180	200		200		140	170
耳轴高度/mm	3510	4490	5560	5680	6300	5680	4705		4240

7.4.2　转炉氧枪设计

氧枪是转炉供氧的关键设备，它由喷头、枪身和枪尾三部分组成。氧枪总体结构如图 7 - 7(a) 所示。喷头常用锻造紫铜经机加工或铸造等方法制成。枪身由三根不同直径的无缝钢管套装而成。氧枪尾部结构应该方便输氧管、进水和出水软管与氧枪连接，保证二层套管之间密封、水流畅通以及便于吊装氧枪。氧枪设计的内容包括喷头设计、水冷系统设计、枪身和尾部结构系统设计。

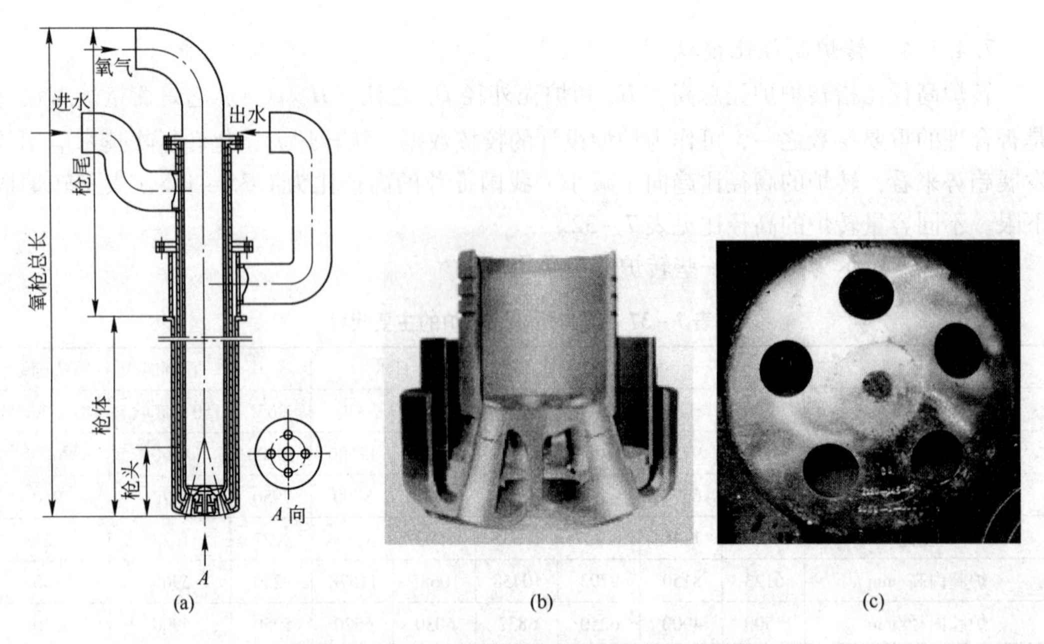

图 7 - 7　氧枪总体结构示意图和氧枪喷头结构

(a) 氧枪总体结构示意图；(b) 六孔喷头；(c) 五孔喷头

7.4.2.1 喷头的类型及其选择

喷头在氧枪中是一个极为重要的构件，从炼钢的角度来说，要求喷头能正确合理地供氧，使熔池能够获得强烈而均匀的搅拌，达到快速化渣和强化熔池元素氧化的目的。

喷头按喷孔形状可分为拉瓦尔型和直筒型喷头，按喷孔数目又可分为单孔和多孔喷头。多孔拉瓦尔型喷头结构如图 7－7(b)、(c) 所示。

单孔拉瓦尔型喷头供氧强度低，冲击面积小，只适合小型转炉使用。大中型转炉采用三孔～六孔的多孔拉瓦尔型喷头。多孔喷头将集中供氧变为分散供氧，增大了冲击面积，可以减少喷溅，提高金属收得率，使枪位稳定，成渣速度快，供氧强度大，可提高生产率。

我国推荐 100t 以下转炉采用三孔或四孔拉瓦尔型喷头，100t 以上转炉采用四孔、五孔或六孔拉瓦尔型喷头。

7.4.2.2 喷头尺寸设计

合理的喷头结构是氧气转炉合理的供氧制度的基础。氧枪喷头设计的关键在于正确选择喷头参数，目前主要根据可压缩流体理论进行喷头参数的计算。

（1）氧气流量。氧气流量是氧枪设计的重要参数。当喷孔出口马赫数和操作氧压选定后，喷孔的喉口面积就取决于氧气流量。氧气流量计算公式为：

$$Q = \frac{V_{O_2} G}{\tau_{O_2}} \tag{7-18}$$

式中 Q——氧气流量，m^3/min；

V_{O_2}——吨钢耗氧量，可由物料平衡与热平衡计算求得（见表 7－24，计算得到的吨钢耗氧量为 $46m^3/t$），一般吹炼低磷铁水时吨钢耗氧量为 50～$55m^3/t$，吹炼高磷铁水时吨钢耗氧量为 60～$69m^3/t$，吹炼经铁水预处理后杂质 [Si]、[P] 含量低的铁水时吨钢耗氧量约为 $48m^3/t$；

τ_{O_2}——吹氧时间，min，可参照表 7－30 中的数据选取。

（2）喷孔出口马赫数。喷孔出口马赫数 Ma 的大小决定了喷孔氧气出口速度，也决定了氧气射流对熔池的冲击搅拌能力。目前国内外氧枪喷孔出口马赫数多数在 1.95～2.2 之间，大型转炉喷头孔数多，可取上限。

（3）炉膛压力与设计工况氧压。炉膛压力指氧枪喷头在炉膛内的环境压力。在设计中通常不考虑泡沫渣对喷头施加的压力，而只考虑炉膛炉气的压力。一般炉膛压力可选为 0.09～0.102MPa，且选取喷孔出口压力等于炉膛压力。

设计工况氧压又称理论计算氧压，是喷头进口处的氧气压力，在忽略流动过程的压力损失时，其近似等于氧气的滞止压力。由选定的喷孔出口马赫数和出口压力 p_e，利用可压缩气体等熵流动公式，可计算出设计工况氧压 p_0 为：

$$\frac{p_e}{p_0} = \left(1 + \frac{k-1}{2} Ma^2\right)^{-\frac{k}{k-1}} \tag{7-19}$$

式中 k——氧气的比热容比，$k = 1.4$。

整理得：

$$p_0 = p_e (1 + 0.2 Ma^2)^{3.5} \tag{7-20}$$

（4）喷孔夹角与喷孔间距。喷孔夹角是多孔喷头设计的重要参数之一。喷孔夹角指喷孔中心线和喷头中轴线之间的夹角，其大小影响了氧气射流对熔池的冲击半径和各氧气流股之间的相互作用。喷孔夹角和喷头孔数之间的关系如表7－38所示。

表7－38　喷孔夹角和喷头孔数之间的关系

孔　数	3	4	5	>5
夹角/(°)	9～11	10～13	13～15	15～17

喷孔间距指喷孔出口中心点与喷头中轴线之间的距离。若喷孔间距过小，各氧气射流之间相互吸引，射流向中心偏移，从而造成射流中心速度衰减过快。为避免这种现象，喷头设计从原则上来讲应尽可能增大喷孔间距，而不应轻易增大喷孔夹角。但增大喷孔间距又往往受到喷头尺寸的限制。根据三孔喷头冷态测定结果，在喷头端面，当喷孔间距保持在（0.8～1）d_e（喷孔出口直径）时，喷孔间距不会对射流的速度衰减产生明显影响。

（5）喷孔形状及尺寸。目前氧枪喷头的喷孔形状基本上都采用拉瓦尔型。它由收缩段、喉口和扩张段组成。为了便于加工制造，一般将拉瓦尔型喷孔的收缩段和扩张段设计成截圆锥体。

1）喉口直径及喉口长度。喉口直径可根据流过的氧气流量 Q 来计算。设喷头孔数为 n，则流过单个喷孔的氧气流量 q 为：

$$q = Q/n \tag{7-21}$$

根据可压缩气体等熵流动理论，并考虑氧气的实际流动，喉口直径的计算式为：

$$d^* = [0.715 \times q\sqrt{T_0}/(C_D p_0)]^{0.5} \tag{7-22}$$

式中　d^*——喷孔喉口直径，m；

T_0——氧气的滞止温度，K，$T_0 = 273 + (30 \sim 40)$；

C_D——喷头流量系数，对于单孔喷头 $C_D = 0.95 \sim 0.96$，对于多孔喷头 $C_D = 0.9 \sim 0.96$；

p_0——氧气的滞止压力（即设计工况氧压），Pa。

喉口长度的作用是稳定气流，还可使收缩段和扩张段加工方便。一般喉口长度 $l^* = 5 \sim 10$mm 较为合适。

2）收缩段长度、半锥角及入口直径。喷孔收缩段长度 l_1 一般为（0.8～1.5）d^*。收缩段半锥角 β 一般为18°～23°，可允许达到30°。对于大型转炉采用的多孔喷头（5孔或6孔），为了将所有的喷孔放入氧枪的内层管中，可以将喷孔的收缩段长度设计得小一些，$l_1 = 20 \sim 30$mm；收缩段半锥角设计得大一些，$\beta = 30° \sim 45°$。根据这两个参数和喉口直径，收缩段入口直径 d_1 为：

$$d_1 = d^* + 2l_1\tan\beta \tag{7-23}$$

3）喷孔出口直径及扩张段长度。喷孔出口马赫数和喉口直径确定后，喷孔出口直径 d_e 按下式计算：

$$d_e = d^*\left[\frac{(1 + 0.2Ma^2)^3}{1.728Ma}\right]^{0.5} \tag{7-24}$$

扩张段长度 l_2 可由下式计算：

$$l_2 = \frac{d_e - d^*}{2\tan\alpha} \tag{7-25}$$

式中　α——扩张段的半锥度，一般为4°～6°。

扩张段长度也可由经验数据选定，即：

$$l_2 = (1.2 \sim 1.5)d_e \tag{7-26}$$

（6）喷头氧气进口直径。喷头氧气进口直径 D_1 可根据总喉口直径 d_{Σ}^* 计算如下：

$$D_1 = (1.5 \sim 2)d_{\Sigma}^* \tag{7-27}$$

总喉口直径由下式计算：

$$d_{\Sigma}^* = \sqrt{n}d^* \tag{7-28}$$

计算得到的喷头进口直径还应与氧枪枪身内层管直径相比较，做适当调整。

7.4.2.3 氧枪枪身设计

氧枪枪身由三层同心圆无缝钢管组成，内层管通氧气；内层管与中层管的环缝是冷却水的进水通道，冷却水进水断面要大，水的流速要低，通常为 4 ~ 5m/s，尽量减少冷却水的阻力损失；中层管与外层管之间的环缝是回水通道，冷却水回水断面要小，水的流速要高，要达到 6m/s 以上，以加强氧枪的水冷强度。枪身的外层管和中层管通过焊接法或焊接加丝扣连接法与喷头连接在一起，内层管通过胶圈紧配合连接。

（1）内层管内径。氧气在内层管中的流速 v_1 一般为 40 ~ 60m/s，我国推荐设计氧气在内层管中的最大流速不超过 50m/s。若流速高，则管径小，但阻力损失增大。内层管内径 D_{1i} 通常等于或略大于喷头氧气进口直径，其计算公式为：

$$A_1 = \frac{p_{atm}Q}{p_0 v_1} \tag{7-29}$$

$$D_{1i} = \sqrt{\frac{4A_1}{\pi}} \tag{7-30}$$

式中 A_1——内层管截面积，m^2；

p_{atm}——绝对标准大气压，$p_{atm} = 1 \times 10^5 Pa$；

p_0——设计工况氧压，Pa；

Q——氧气流量，m^3/s。

内层管壁厚 δ_1 一般为 6 ~ 10mm。计算出内层管的内径后，其外径应按照国家钢管产品目录选择相近的尺寸。

（2）中层管内径。冷却水从中层管内侧进入，经喷头顶部转弯 180°后再经中层管外侧流出。中层管内径应保证中层管与内层管之间的环缝有足够的流通截面积，以通过一定流速和足够水量的冷却水，使喷头和枪体得到良好的冷却。不同容量转炉的氧枪冷却水进口流量如表 7－39 所示。

表 7－39 不同容量转炉的氧枪冷却水进口流量

转炉容量/t	50	120	150	200	300
高压冷却水流量/$t \cdot h^{-1}$	70 ~ 80	100 ~ 120	140 ~ 160	180 ~ 220	250 ~ 300

中层管内径 D_{2i} 的计算公式为：

$$A_2 = \frac{Q_w}{v_w} \tag{7-31}$$

$$D_{2i} = \sqrt{D_{1o}^2 + \frac{4A_2}{\pi}} \tag{7-32}$$

式中 A_2——进水环缝截面积，m^2；

Q_w——冷却水进口流量，m^3/s；

v_w——中层管内侧冷却水流速，一般取5m/s；

D_{1o}——内层管外径，m。

中层管厚度 δ_2 一般为6～8mm，同样要按照国家钢管产品目录确定中层管外径。

中层管除控制进水流速外，还要控制其端部与喷头端面的间隙，以保证喷头端面处的冷却水流速 v_{wh} 达到8m/s，使喷头有较大的冷却强度。因此，中层管端部与喷头端部的间隙 h_2 为：

$$F_2 = \frac{Q_w}{v_{wh}} \tag{7-33}$$

$$h_2 = \frac{F_2}{\pi D_{2i}} \tag{7-34}$$

式中 F_2——冷却水在端部与喷头端部的流通面积，m^2。

（3）外层管内径。外层管供冷却水流出用，冷却水经过喷头后温度升高10～15℃，使水的体积略有增大，一般从外层管内壁流出的冷却水流速选用6～7m/s。外层管内径 D_{3i} 的计算方法与中层管相同。通常外层管的壁厚 δ_3 为8～12mm。外层管的内径求出后，也要按照国家钢管产品目录选择相应的钢管规格。

（4）氧枪全长及有效行程。氧枪全长包括枪身下部长度和枪尾长度。氧枪尾部装有氧枪把持器、冷却水进、出管接头、氧气管接头和吊环，故枪尾长度取决于布置上述装置所需要的长度。图7-8为氧枪行程及全长示意图，由图可得氧枪全长 H_L 的计算公式为：

$$H_L = h_1 + h_2 + h_3 + h_4 + h_5 + h_6 + h_7 + h_8 \tag{7-35}$$

式中 h_1——氧枪喷头端面最低位置至炉口距离，其等于炉役后期钢液面至炉口距离减去钢液面至氧枪喷头端面距离 h_0，一般 h_0=0.2～0.4m；

h_2——炉口至活动烟罩固定段下沿的距离，一般为0.35～0.55m；

h_3——活动烟罩固定段下沿至斜烟道拐点的距离，为3～4m；

h_4——斜烟道拐点至氧枪密封口上缘的距离，其与烟道直径 D_x 和斜烟道倾角 β_x 有关，通常 D_x =（1.2～1.4）d（d 为炉口直径），β_x = 50°～60°，则 $h_4 = \frac{D_x/2}{\sin(90° - \beta_x)} + (0.4 \sim 0.5)$，m；

h_5——氧枪密封口上缘至氧枪喷头上升到最高点位置时的距离，一般为0.8～1m，其主要考虑氧枪提出密封口后进行清渣和更换氧枪所需要的高度，如果采用机械化清渣，还需在上述尺寸的基础上加一清渣器高度，清渣器高度为0.75～0.85m；

h_6——氧枪把持器下段要求的距离，一般为0.5m左右；

h_7——把持器两个卡座中心线的间距，可取1～2m；

h_8——把持器上段至氧枪吊环中心线的距离，一般取0.8～1m。

氧枪行程 H_s 为氧枪喷头端面在炉内的最低点至氧枪喷头提出密封口后上升到操作最高点位置的距离，即：

$$H_s = h_1 + h_2 + h_3 + h_4 + h_5 \tag{7-36}$$

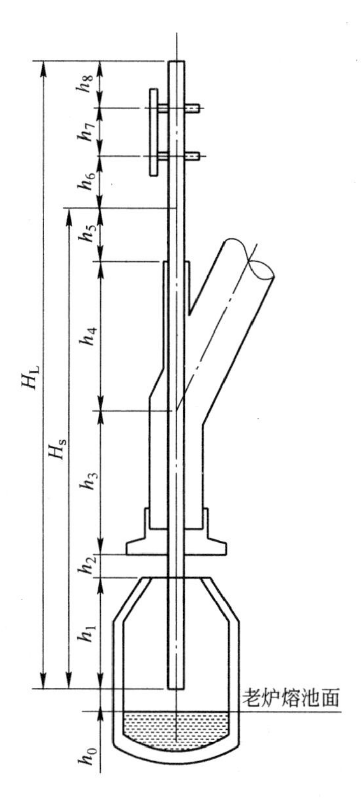

图 7－8　氧枪行程及全长示意图

不同转炉公称容量与对应的氧枪喷头孔数及枪管尺寸见表 7－40，不同容量转炉的相关尺寸见表 7－41。

表 7－40　转炉公称容量与对应的氧枪喷头孔数和枪管尺寸

转炉公称容量/t	喷头孔数/孔	内层管外径×壁厚 /mm×mm	中层管外径×壁厚 /mm×mm	外层管外径×壁厚 /mm×mm
250～350	5、6	245×10	351×8	420×12
220～250	5、6	219×10	299×8	351×12
200～220	5、6	203×6	273×8	325×12
150～200	4、5	194×6	245×7	299×12
120～150	4、5	168×6	219×6	273×12
100～120	4、5	159×6	203×6	245×10
80～100	4、5	133×6	180×6	219×10
60～80	4	121×6	159×6	194×8
50～60	4	114×6	152×6	180×8

表 7－41　不同容量转炉的相关尺寸

容量/t	h_2+h_3/mm	h_4/mm	h_5/mm	h_6/mm	h_7/mm	H_s/mm	H_L/m
50	3330	3680	1138	1650	1500	11950	
120	4600	2500	1200		1800	15100	20.038

续表 7－41

容量/t	h_2+h_3/mm	h_4/mm	h_5/mm	h_6/mm	h_7/mm	H_s/mm	H_L/m
150	3800	3650	780	2215		15250	
180	3900	4170	2122	1650	1800	17000	
250	5585	5417	1560	550		20550	
300	4680	4900	800	1700		18200	

7.4.3 铁水包、废钢槽、钢包尺寸

7.4.3.1 铁水包尺寸

在转炉炼钢车间，铁水包用于接受炼铁厂运送过来的铁水并向转炉兑入铁水。铁水包的主要外形尺寸可根据图 7－9 和表 7－42 选取。通常铁水包还用作铁水脱硫预处理的反应器，要求铁水包有一定的净空，一般净空高度应大于400mm。

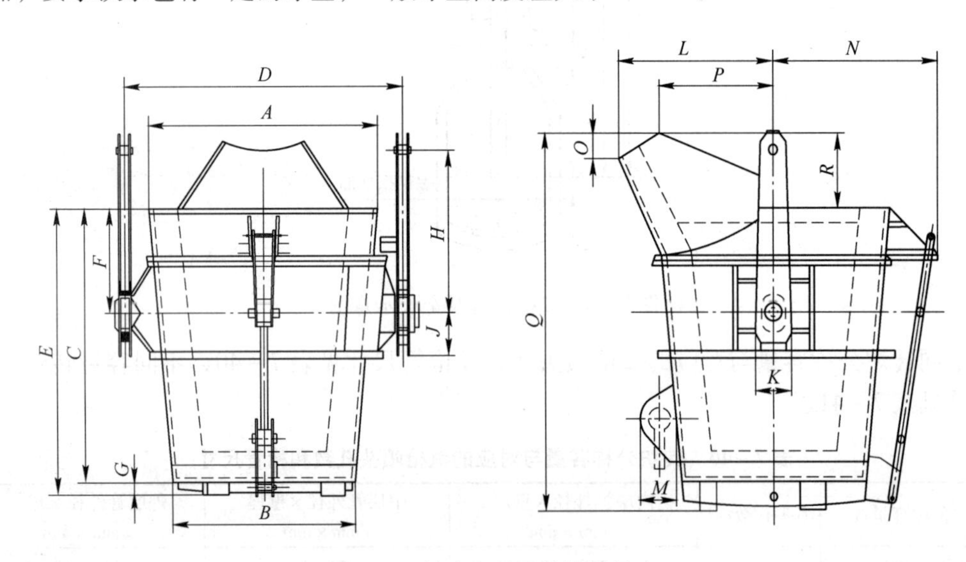

图 7－9 铁水包外形结构及尺寸

表 7－42 铁水包外形各部分尺寸 (mm)

容量/t	A	B	C	D	E	F	G	H	J	K	L	M	N	O	P	Q	R
50	2705	2500	2700	3200	2950	970	230	1250	680	1780	1780	300	1880	260	1330	3410	460
60	2810	2600	2900	3350	3150	1050	230	1300	700	1880	1880	300	1980	260	1420	3650	500
80	3110	2900	3105	3750	3360	1115	260	1500	760	2040	2040	300	2090	280	1560	3900	540
100	3310	3100	3255	3950	3440	1175	260	1550	830	2220	2220	300	2200	320	1670	4140	600
125	3520	3200	3680	4200	3970	1330	260	1700	930	2320	2320	350	2300	320	1800	4620	650
150	3720	3400	3780	4450	4070	1360	260	1750	960	2470	2470	350	2400	350	1870	4750	680
175	3950	3600	4060	4700	4390	1460	300	1800	1030	2620	2620	350	2510	370	1980	5090	700
200	4150	3750	4160	5000	4540	1500	350	1850	1100	2740	2470	400	2610	380	2100	5290	750
225	4250	3800	4390	5100	4770	1580	350	1950	1140	2800	2800	400	2700	400	2150	5550	780
250	4450	4000	4410	5300	4790	1590	350	2000	1240	2900	2900	400	2800	400	2250	5590	800
300	4750	4250	4665	5600	5100	1700	400	2200	1380	3100	3100	450	2950	420	2400	5950	850

7.4.3.2 废钢槽尺寸

废钢槽用于盛装一炉的废钢，通过天车将废钢加入转炉内。废钢槽的容积 V 用下式计算：

$$V = \frac{W_{sc}}{\alpha_{sc}\rho_{sc}}$$

式中 W_{sc}——冶炼一炉钢所用的废钢量，t；

α_{sc}——装满系数，取0.8；

ρ_{sc}——废钢堆密度，取2t/m^3。

图7－10示出废钢槽的结构，表7－43示出国内外一些转炉的废钢槽尺寸。一座转炉通常配备1～2个废钢槽。

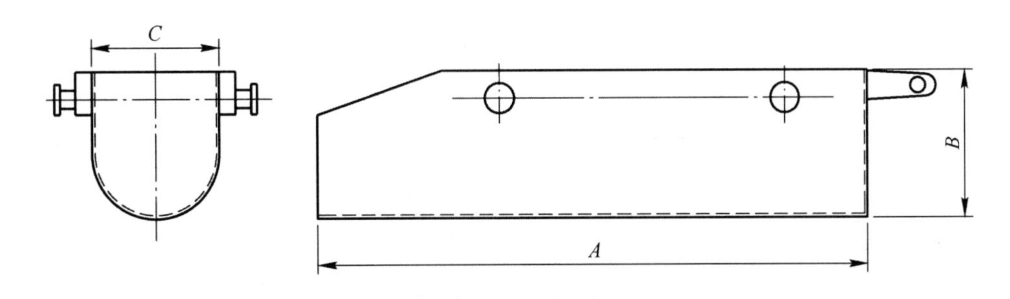

图7－10 废钢槽结构

表7－43 国内外一些转炉的废钢槽尺寸

国别	转炉容量/t	炉口直径/mm	A/mm	B/mm	C/mm
中国	50	1850	4000	1100	1200
	120	2200	9200	2000	2000
	250	3565	13000	2410	2820
	300	3600	15000	3000	3000
日本	90	2950	13000	1960	1980
	150	2950	12500	2900	2900
	200	3300	13600	2600	2280
	250	3200	13000	3000	1760
	300	3400	15000	3000	2900
德国	210	2400	6500	1300	1640
	220	2620	8000	1750	1750
	350	3450	12500	2400	2330

7.4.3.3 钢包结构及尺寸

钢包各部位尺寸可按图7－11和表7－44所示进行计算，表7－44中的公式为简易计算式。钢包的净空高度 H_0 与炉外精炼方法有关，采用VD真空处理方法处理钢液时，钢包净空高度要大些，通常 H_0＝500～800mm。

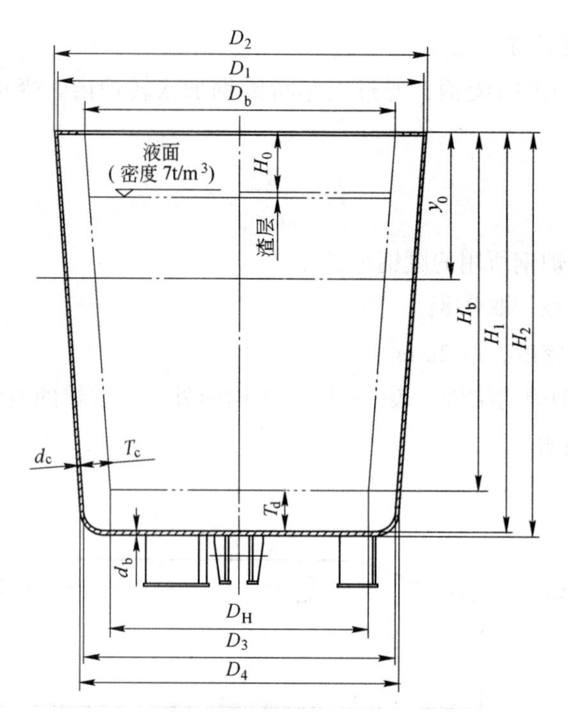

图 7－11 钢包各部位尺寸

表 7－44 钢包各部位尺寸的简易计算式 (mm)

$H_b = 700\sqrt[3]{P}$	$D_H = 576\sqrt[3]{P}$	$V = 0.673D_b^3$
$D_b = 0.9H_b$	$H_1 = 1.1D_b$	$d_c = 0.01D_b$
$D_1 = 1.14D_b$	$H_2 = 1.112D_b$	$d_b = 0.012D_b$
$D_2 = 1.16D_b$	$T_c = 0.07D_b$	$W_1 = 0.535D_b^3$
$D_3 = 0.99D_b$	$T_d = 0.1D_b$	$W_2 = 0.384D_b^3$
$D_4 = 1.01D_b$	$Q = 0.273P + W + W'$	$Q' = 1.538P + W + W'$

注：P—钢包公称容量，t；V—总体积，mm^3；Q—空钢包重量，t；Q'—钢水超载 10% 和渣量为 15% 时钢包总重量，t；W_1—包衬重量，t；W_2—外壳钢板重量，t；W—注流控制机械重量，t；W'—腰箍及耳轴重量，t。

7.4.4 连铸机设计

连铸机的构成如图 7－12 所示，它主要由钢包回转台、中间包及其小车、结晶器及其振动机构、二冷段、拉矫机、引锭杆、切割机等设备组成。冶炼得到的成分、温度合格的钢水，通过钢水接受跨的吊车送到连铸机，将钢液浇注成为具有一定几何形状的合格铸坯。

连铸机主要设计参数的确定是设计过程中最重要的一个环节，也是最基础的环节。若设计参数选择不合适，则连铸机与生产需求不匹配，连铸机达不到生产实际需要的参数指标，或设备运行参数不在最佳区间内，从而达不到最优生产指标。

7.4.4.1 铸坯断面尺寸与连铸机工作拉速

铸坯断面应根据生产的产品大纲要求和轧机规格来确定。表 7－45 所示为不同轧机规格及其对应的铸坯断面。

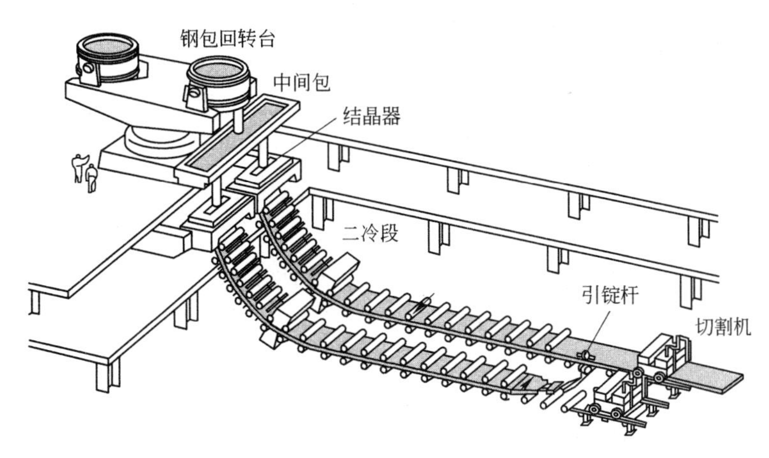

图 7－12　连铸机的构成示意图

表 7－45　不同轧机规格及其对应的铸坯断面

轧机规格	产品规格/mm	铸坯断面/mm × mm	铸坯长度/mm
高速线材轧机	ϕ5～26	100×100～150×150	7000～12000
400/250 轧机		90×90～120×120	
550/350 轧机		120×120～150×150	
650 轧机		140×140～200×200、160×280	
2300 中板轧机	（5～20）×（1500～1800）×（5000～9000）	（120～300）×（700～1000）	
3800 中厚板轧机	（14～100）×（1500～3600）	（250、300、350、400、420）×（1800～2700）	3600～11500
4200 中厚板轧机	（20～250）×（1500～3900）×（3000～18000）	300×（1900～2200）	
4800 中厚板轧机		350×2400	
1420 热连轧机		（210、230）×（900～1320）	8000～9500
1700 热连轧机		（210、230、250）×（900～1650）	8000～12000
1780 热连轧机		（210、230、250）×（750～1650）	9800～11000
2050 热连轧机		（210、230、250）×（900～1930）	
2250 热连轧机		（210、230、250）×（900～2150）	4500～11000

连铸机工作拉速的确定主要有两个决定因素，即铸机参数和铸坯质量要求。铸机参数包括连铸机弧形半径、结晶器长度、连铸机冶金长度、矫直曲线参数等。基于铸机参数进行冶金计算，可以算出连铸机的允许最大拉速，这个拉速仅是基于铸机条件的限制。为了保证铸坯质量合格，防止缺陷产生，拉速不能过高也不能过低，任何一个断面、钢种都有一个合适的拉速范围，在这个合适拉速范围内能保证铸坯质量优良。连铸机工作拉速与铸坯断面尺寸和浇注钢种有关，可以用如下经验公式估算：

$$v = f\frac{l}{S} \tag{7-37}$$

式中，v 为拉坯速度，m/min；l 为铸坯断面周长，mm；S 为铸坯断面面积，mm^2；f 为系数。方坯、圆坯：120×120、ϕ200 断面 $f=85\sim120$；150×150、ϕ250 断面 $f=80\sim110$；

200×200、ϕ250 断面 $f=60\sim95$。大方坯：250×250 断面 $f=50\sim70$；300×300 断面 $f=45\sim60$；320×420 断面和 360×450 断面 $f=50\sim60$；380×490 断面 $f=45\sim55$。板坯：200×1650 断面 $f=110\sim160$；250×2050 断面 $f=90\sim155$。大圆坯：ϕ300 断面 $f=70\sim90$；ϕ350 断面 $f=55\sim75$；ϕ450 断面 $f=48\sim60$；ϕ500 断面 $f=46\sim55$；ϕ600 断面 $f=45\sim50$；ϕ800 断面 $f=38$。普碳钢、低合金钢取上限，中碳钢取中限，高碳钢、合金钢取下限。

7.4.4.2 连铸机的流数

为了使一个钢包的钢水能在规定时间内浇完，往往需要一台连铸机浇注 1 流或多流铸坯。一台连铸机浇注的流数 n 计算如下：

$$n = \frac{W}{tSv\rho} \tag{7-38}$$

式中 W——一炉钢水重量，t/炉；

t——一炉钢水浇注时间，min/炉；

S——铸坯断面面积，m^2；

v——工作拉速，m/min；

ρ——铸坯密度，$\rho=7.6t/m^3$。

若是一台连铸机浇注多种断面，应分别计算各断面的流数，取计算结果中的最大流数为该连铸机的流数。目前，方坯连铸机的流数多为 4～8 流，板坯连铸机的流数多为 1～2 流，矩形坯连铸机的流数多为 2～4 流。

7.4.4.3 连铸机的生产能力及台数

（1）浇注周期。浇注周期计算如下：

$$\tau = \tau_1 + Nt \tag{7-39}$$

式中 τ——浇注周期，min；

τ_1——平均准备时间，即两次连浇之间的时间间隔，min；

N——平均连浇炉数，炉；

t——一炉钢水平均浇注时间，min/炉。

（2）连铸机理论小时产量。连铸机理论小时产量计算如下：

$$W_h = 60nSv\rho \tag{7-40}$$

式中 W_h——连铸机理论小时产量，t/h。

（3）连铸机平均年产量。连铸机平均年产量计算如下：

$$W_y = \frac{365 \times 1440}{\tau} NG\eta_{坯}\eta_c$$

式中 W_y——连铸机平均年产量，t/年；

1440——一天的分钟数；

$\eta_{坯}$——连铸坯收得率，%；

η_c——连铸机作业率，%；

G——每炉平均出钢量，t。

（4）连铸机台数。由年产良坯量 $W_{坯}$ 和一台连铸机平均年产量就可以计算需要的连铸机台数 m，即：

$$m = \frac{W_{坯}}{W_y} \tag{7-41}$$

最后得到的连铸机台数应取整数。

7.4.4.4 连铸机最大拉速和冶金长度

连铸机最大拉速用下式计算：

$$v_{max} = \left(\frac{K_m}{\delta_{min}}\right)^2 L_m \tag{7-42}$$

式中 v_{max}——连铸机最大拉速，m/min；

K_m——结晶器内钢水的凝固系数，$mm/min^{0.5}$，不同断面铸坯的凝固系数见表7-46；

δ_{min}——铸坯出结晶器时坯壳的最小安全厚度，mm；

L_m——结晶器内钢水的高度，m。

表7-46 不同断面铸坯的凝固系数 ($mm/min^{0.5}$)

断 面	板坯	大方坯	小方坯	大圆坯	小圆坯
K_m	26~29	25~28	27~30	28~30	30~32

利用连铸机最大拉速可得到其冶金长度为：

$$L = \left(\frac{D}{2K_m}\right)^2 v_{max} \tag{7-43}$$

式中 L——铸机的冶金长度，m；

D——浇注的铸坯厚度，mm。

式（7-42）、式（7-43）是在保证铸坯出结晶器时不拉漏的条件下所设计的连铸机最大拉速和最大液芯长度（即冶金长度），但不能保证在该条件下铸坯不产生内裂纹。为了保证铸坯在带液芯单点矫直时不出现内裂纹，连铸机最大拉速必须满足铸坯内弧表面的伸长率ε小于或等于铸坯允许的伸长率ε_{max}，即：

$$\varepsilon \leqslant \varepsilon_{max} \tag{7-44}$$

7.4.4.5 连铸机弧形半径

弧形半径是指连铸机铸坯外弧的曲率半径。它影响到铸坯质量和连铸机高度，还是标志能浇注的最大铸坯厚度的一个重要参数。连铸机弧形半径的确定方法有以下几种。

A 按矫直时铸坯允许的表面伸长率计算

如图7-13所示，取CE段铸坯，矫直后其内弧表面延伸段为AA_1，外弧表面压缩段为A_2A_3，$AA_1=A_2A_3$。设连铸机弧形半径为R，铸坯厚度为D，则可写出内弧表面AB的伸长率ε为：

$$\varepsilon = \frac{AA_1}{AB} \times 100\% \tag{7-45}$$

由$\triangle OAB$与$\triangle AA_1E$相似，得：

$$\varepsilon = \frac{AA_1}{AB} \times 100\% = \frac{A_1E}{OB} \times 100\% = \frac{0.5D}{R-D} \times 100\%$$

由于$R \gg D$，则：

$$\varepsilon = \frac{0.5D}{R-D} \times 100\% = \frac{0.5D}{R} \times 100\%$$

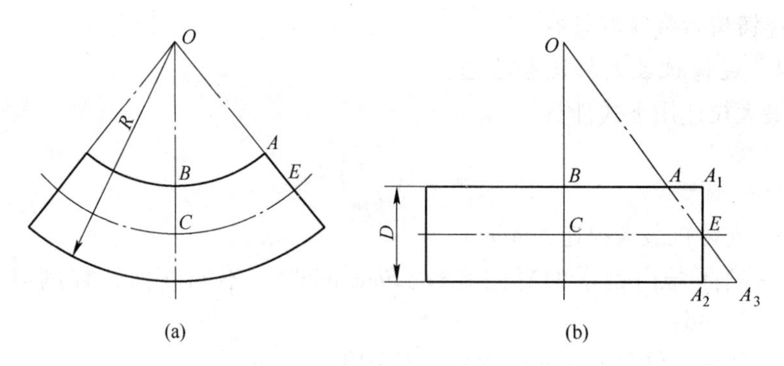

图 7－13　铸坯矫直示意图

（a）矫直前；（b）矫直后

为了保证铸坯内弧侧不出现横裂纹，在铸坯矫直时，其内弧侧的伸长率 ε 必须小于铸坯允许的伸长率 ε_{max}，即：

$$\varepsilon = \frac{0.5D}{R} \times 100\% \leqslant \varepsilon_{max} \tag{7-46}$$

或

$$R \geqslant \frac{0.5D}{\varepsilon_{max}} \tag{7-47}$$

铸坯表面允许的伸长率 ε_{max} 主要取决于钢种、铸坯温度及对铸坯表面质量的要求等。根据经验，对于碳素钢和低合金钢，$\varepsilon_{max} = 1.5\% \sim 2.0\%$。

B　按矫直前铸坯完全凝固计算

对于直弧形连铸机，从结晶器液面至拉矫机第一个拉矫辊中心线的弧长 L_s 如图 7－14 所示。它由直线段长度 h 和以 α 为圆心角、半径为 $R-0.5D$ 的圆弧长度组成，即：

$$L_s = \frac{\pi\alpha(R-0.5D)}{180} + h \tag{7-48}$$

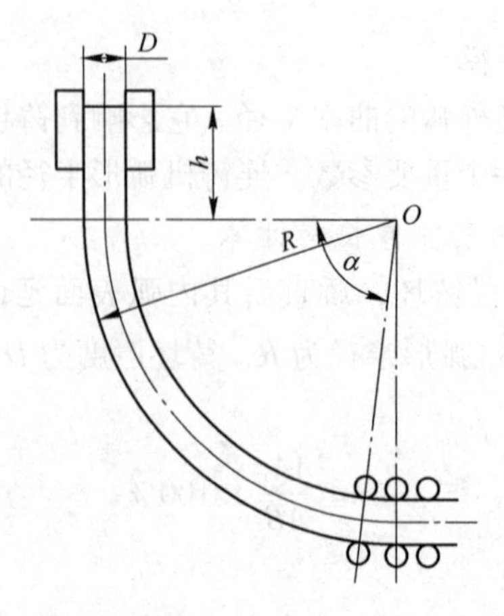

图 7－14　从结晶器液面至拉矫机第一个拉矫辊中心线的弧长

按照连铸机的工作拉速计算铸坯的液芯长度 L_1 为：

$$L_1 = \left(\frac{D}{2K_m}\right)^2 v \tag{7-49}$$

按要求，铸坯进入拉矫机第一个拉矫辊时完全凝固，则有：

$$L_s = \left[\frac{\pi\alpha(R-0.5D)}{180} + h\right] \times 10^{-3} \geqslant L_1 \tag{7-50}$$

整理得连铸机的弧形半径为：

$$R \geqslant \frac{(L_1 \times 10^3 - h) \times 180}{\pi\alpha} + 0.5D \tag{7-51}$$

对于大断面的铸坯和高拉速进行连铸的情况，按照矫直前铸坯完全凝固的要求所计算得到的连铸机弧形半径较大，这时连铸机的高度高。为了降低高度，往往需要采用液芯拉矫技术。在拉矫区内包含的液芯段长度设为 L_0，则连铸机弧形半径为：

$$R \geqslant \frac{(L_1 \times 10^3 - h - L_0) \times 180}{\pi\alpha} + 0.5D \tag{7-52}$$

C　按经验式计算

连铸机圆弧半径还可按下式初步估算：

$$R = KD \tag{7-53}$$

式中，K 为系数，一般取 $K=35\sim45$。中小型铸坯取 $K=35\sim40$，大型板坯取 $K=40\sim45$。碳素钢取下限值，特殊钢取上限值。

连铸机圆弧半径通常要根据已投产连铸机的经验，综合考虑后最后选择确定。一般板坯连铸机的圆弧半径在 8 ~ 12m 之间，小方坯连铸机的圆弧半径在 6 ~ 8m 之间，大方坯连铸机的圆弧半径由于铸坯厚度不同而变化较大，大致在 8 ~ 16m 之间。我国部分转炉炼钢厂连铸机的基本参数列于表 7 - 47 中。

表 7 - 47　我国部分转炉炼钢厂连铸机的基本参数

厂家	炉容量×座数 /t×座	机　型	铸机半径 /m	台数×流数 /台×流	铸坯断面 /mm×mm	设计能力 /万吨·年$^{-1}$
B - 1	300×3	垂直弯曲型（5 点弯曲、4 点矫直）	9.555	2×2	(210、230、250) × (900 ~ 1930)	400
		直弧形	10	1×2	(220、250、300) × (1200 ~ 2300)	230
B - S	150×2	垂直弯曲型（7 点弯曲、9 点矫直）	8.636	2×1	(150、200) × (700 ~ 1650)	216
A - 1	100×3	板坯立弯式	10.59	1×1	(230、270、300) × (1650 ~ 2000)	120
		1 号方坯弧形（3 点矫直）	12	1×4	280×280，280×380	80
		2 号方坯弧形（3 点矫直）	12	1×4	280×380，320×410	75
A - 3	260×2	直弧形	5	2×2	135×（900 ~ 2000），170×（900 ~ 2000）	287
A - B	260×3	立弯式	8	1×2	(170、200、230) × (800 ~ 1450)	447.6
		立弯式	10	1×1	(200、250、300) × (1500 ~ 2300)	202.4

续表 7-47

厂家	炉容量×座数/t×座	机型	铸机半径/m	台数×流数/台×流	铸坯断面/mm×mm	设计能力/万吨·年$^{-1}$
W-1	100×2	全弧形（2点矫直）	10/20	2×5	250×280，250×250，250×230，200×230，200×200	170
S-3	120×3	全弧形	9	1×5	170×170	80
		直弧形（连续弯曲、连续矫直）	8	1×1	（180、220、250）×（1000~1600）	80
		直弧形（多点弯曲、多点矫直）	6.5	1×1	150×（1500~3250）	107
		直弧形（连续弯曲、连续矫直）	10	1×1	（250、270）×（1500~2300）	120

7.5 氧气转炉炼钢车间设计

氧气转炉炼钢车间设计的主要任务是根据车间的生产规模，确定车间的组成、各项作业系统的工艺流程、车间的布置、厂房的尺寸、各跨间设备的数量及布置以及合理的运输方式等。

氧气转炉生产的特点是冶炼周期短、生产节奏快、物料运送频繁。为了保证转炉等生产设备进行正常生产，转炉炼钢车间应具备优化的生产流程和合理的工艺布置，做到各个工序互不干扰，物料流向顺行，运输路线畅通。在设计中既要充分考虑满足生产的需要，又要留有适当的余地，以利于今后的发展。

7.5.1 全连铸转炉炼钢车间的组成和布局

全连铸转炉炼钢车间指车间生产的全部钢水均经过连铸工艺浇注成坯。

现代转炉炼钢车间主要包括铁水预处理、铁水和废钢供应、转炉吹炼、造渣剂和铁合金供应、钢水炉外精炼、连铸及铸坯输送、钢水和炉渣运输、烟气净化及回收等作业。在这些作业中，铁水和钢水的冶炼（包括铁水预处理、转炉吹炼、炉外精炼）以及连铸是主体作业工序，其他作业围绕主体作业进行。常将以上作业分解到各跨间完成，从而构成转炉炼钢车间的装料跨、转炉跨、钢水接受跨、浇注跨、切割跨、出坯跨等。这些跨间组成车间的主厂房，在主厂房外还配置有辅助间和相应的设备，如渣处理间、废钢间、铁水包维修区、钢包维修区、氧枪维修区、连铸设备维修区、地下料仓等。

转炉炼钢车间布置是将有关的设备布置到相应的跨间内，确定各跨间的相对位置，并选择和设计合理的运输方法及设备，将各跨间以及跨间内的设备有机地连接起来，使各种作业既互不干扰又能紧密联系，保证车间的正常进行。

设计全连铸车间时，冶炼提供的钢水在成分和温度方面应达到洁净、均匀、稳定的要求。因此，现代化的全连铸车间通常需要配备相应的铁水预处理和炉外精炼设备。铁水预处理设备有鱼雷罐或铁水包脱硫或脱硅、脱磷与脱硫设备，炉外精炼设备有具有喂丝功能的钢包吹氩、RH-OB或RH-KTB、LF精炼炉、CAS-OB等设备。此外，还要求铁水预处理、转炉冶炼、炉外精炼和连铸之间具有良好的匹配条件。如在转炉和连铸机匹配方面，应使转炉总体生产能力以及单位小时的生产能力与连铸机的生产能力相匹配。从原则上来讲，一炉对一机的能力匹配是最佳选择，但在选择炉子容量与铸坯断面规格的一些特定条件下，一炉对两机、两炉对三机等也是可行的。

连铸机布置在炼钢车间时，应把连铸机放在钢水供应的最佳位置，减少钢包倒运次数，缩短钢水运行距离。配置多台连铸机时，可使连铸机分布在转炉两侧。应采用钢包回转台过跨浇注的布置，使钢水供应与浇注操作在两个跨间内作业。应设有铸坯热送线，将无缺陷的高温坯直接送往热轧厂。应设有足够的中间包、结晶器和其他铸机设备（如扇形段等）的维修面积。此外，还应有一定的铸坯检查、精整和冷却堆放面积。

一般连铸机采用横向布置，即连铸机的中心线与浇注跨纵向柱列线相垂直。这种布置方式钢水运送距离短，便于增建连铸机，特别适合把与连铸相关的不同作业分散在不同的跨间内进行，使各项作业互不干扰。图 7－15 所示为横向布置的全连铸转炉炼钢车间，大多数转炉炼钢厂采用这种布置方式。

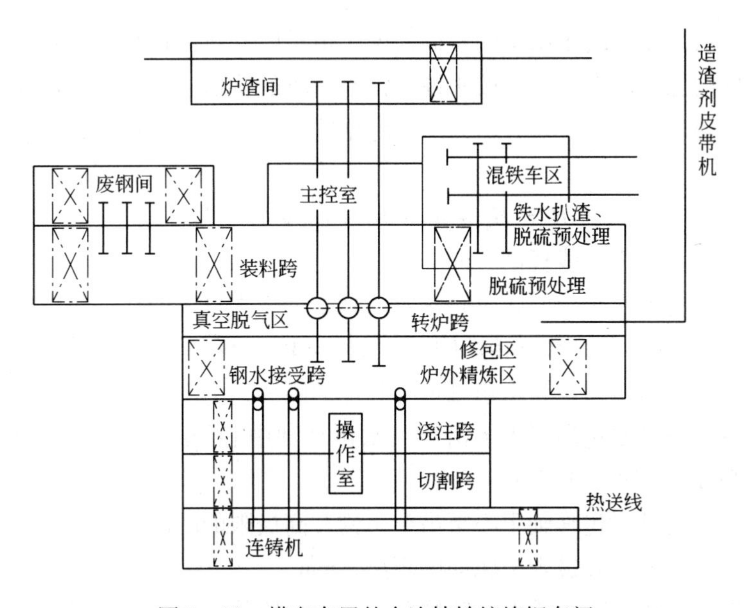

图 7－15　横向布置的全连铸转炉炼钢车间

连铸机也有采用纵向布置的，即连铸机中心线与浇注跨纵向柱列线相平行。采用这种布置方式的车间少，其仅用于连铸机台数不多或总图等其他条件适于采用这种布置的场合。

各跨间的长度和宽度应根据其中的设备布置和操作需要来确定，但要按建筑模数取整。即跨宽度要为 3 的倍数，特殊情况除外。跨长度要为柱距的整数倍，而柱距的模数为 6m 和 9m，特殊情况除外。如主要设备占用的柱距较大，这时需要采用特殊的柱距。因此，设计的柱距分为标准柱距和设备专用柱距。

7.5.2　转炉炼钢车间主厂房设计

转炉炼钢车间主厂房是炼钢过程中加料、冶炼、炉外精炼、浇注等主要工序的操作场所，主厂房的设计是转炉炼钢车间设计的核心。

7.5.2.1　主厂房布置

转炉炼钢车间主厂房一般采用多跨毗连的布置形式，在布置中主要是确定渣处理跨、加料跨、转炉跨、钢水接受跨、浇注跨、切割跨和出坯跨等基本跨间的相互位置以及相应的设备布置和作业内容。

一般将加料跨和钢水接受跨分别布置在转炉跨两侧，使转炉在一侧加料、倒渣，在对应的另一侧出钢及进行炉外精炼、钢包周转维护等作业。

7.5.2.2　加料跨

加料跨的布置方式为：中部一般为转炉炉前作业区，布置有转炉操作平台；一端为铁水系统作业区，主要进行高炉铁水倒包、铁水扒渣和脱硫预处理、向转炉兑铁水、铁水包的修砌及烘烤，主要设备有混铁炉或混铁车、铁水吊车、铁水包运输称量车、扒渣机、脱硫预处理设备、铁水包烘烤设备等；另一端为废钢作业区，进行废钢卸料、装槽、称量、运输和加入转炉作业，主要设备有磁盘吊车、废钢槽及其运输设备、废钢加料吊车等。

加料跨的厂房高度取决于吊车的轨面高度。由于同一轨面进行不同作业，吊车的轨面标高应兼顾不同的操作要求。但一般来说，铁水吊车的轨面标高主要取决于能顺利向转炉兑入铁水的操作要求。图 7－16 所示为加料跨兑铁水时的各部分高度，铁水吊车的轨面标高 H 为：

$$H = H_1 + h_1 + h_2 + h_3 + h_4 + h_5 \tag{7-54}$$

式中　H_1——转炉耳轴中心线标高，mm；

h_1——转炉耳轴水平中心线至转炉倾动到全部铁水兑入的受铁位置时炉口内衬的距离，mm，兑铁水时转炉倾动角度 $\alpha = 45° \sim 60°$；

h_2——转炉炉口内衬至铁水包瓢形嘴外侧的距离，为 100～200mm；

h_3——兑铁时铁水包瓢形嘴上沿至铁水包耳轴中心的距离，mm，通常铁水包转动角度为 110°～135°；

h_4——兑铁时铁水包耳轴中心至吊车主钩升高极限的距离，mm；

h_5——吊车主钩升高极限至轨面的距离，mm。

对于采用二吹二或三吹三操作的转炉车间，向转炉兑铁水的吊车设两台，加废钢的吊车的作业率不高，一般设一台吊车。另外，有两台用于废钢装槽的吊车。

装料跨在长度方向上由废钢区、转炉炉前区和铁水供应区组成，其跨度则综合三区的最宽需要而定，根据钢厂的实际数据分析，250t 以上转炉取 25m，其他取 24m。装料跨的长度也由这三区的长度综合而成。当铁水供应区采用混铁炉时，其长度一般要安排两座混铁炉的位置，并外加辅助和边端尺寸，如图 7－17 所示。采用混铁炉储存铁水会消耗大量的能量，现在为了降低能耗，钢厂取消了混铁炉，采用“一罐到底”供应铁水的工艺。如采用混铁车供应铁水，需在装料跨旁边建混铁车出铁间，其长度一般要有两辆混铁车的长度，再加上一定的安全距离。在混铁车横向中心线的下方，设两条横向兑铁包输送车线进入装料跨，两铁水包车的中心间距即为混铁车的长度，另外加辅助和边端尺寸则构成铁水供应区长度，见图 7－18。混铁炉和混铁车的主要尺寸分别见表 7－48 和表 7－49。

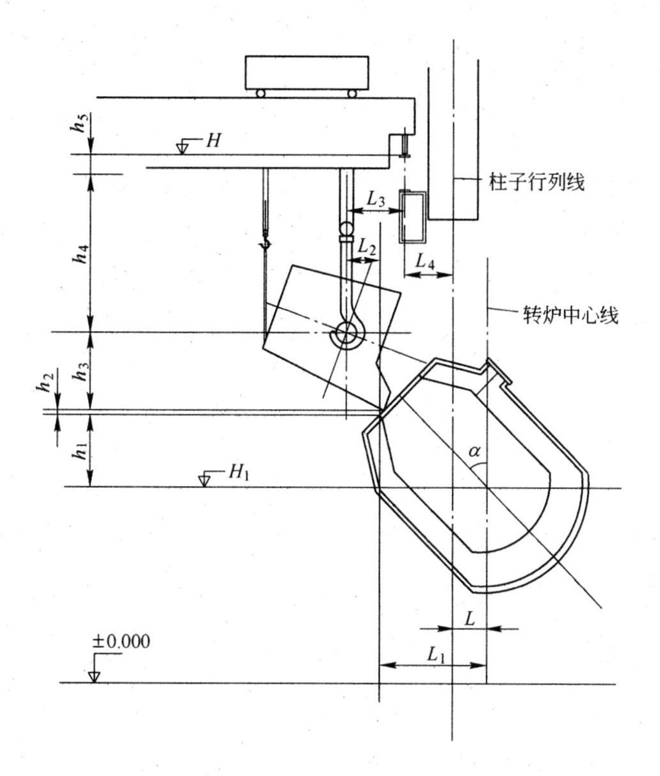

图 7-16 加料跨兑铁水时的各部分高度

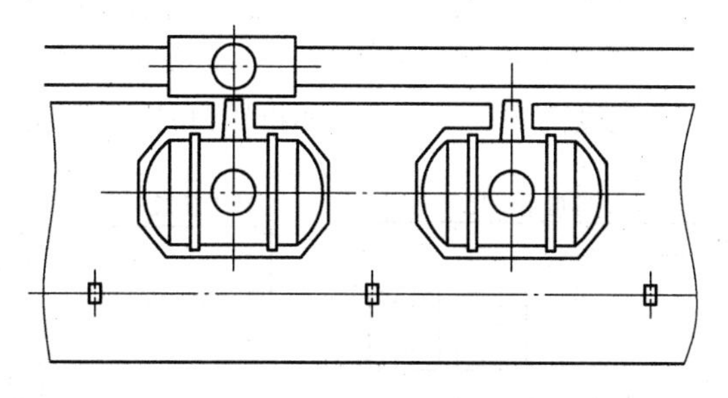

图 7-17 混铁炉供应铁水

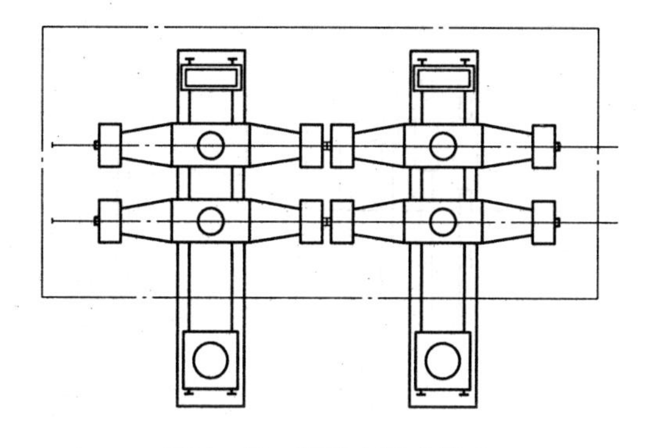

图 7-18 混铁车供应铁水

表 7－48 混铁炉的主要尺寸

国　别	中　国			法国	德　国		俄罗斯
容量/t	600	900	1300	1800	2000	2500	2500
外径/mm	6300	6860	7640	8500	9084	8590	9800
总长/mm	8164	9768	10450	10986	11872	13689	12980
转炉容量/t		50～100	120～150	160	200	210	250
区域长/m		80		80	90	80	96

表 7－49 混铁车的主要尺寸

国　别	中　国			法国	德　国		俄罗斯
容量/t	260	320	420	600	300	350	400
最大载重/t				690	350	400	450
外形长/m	23	27	34	33.2	22.1	23.2	22.34
外形宽/m	3.7	3.8	3.8	4.7			
外形高/m	4.6	4.5	5	6.2	4.5	4.5	4.875
包体直径/m	3.6	3.6	3.5		3.9	3.9	4.25
轨距/m	1.435	1.435	1.435		1.435	1.435	1.435

废钢区长度随转炉容量的不同而不同。对中小型转炉炼钢车间，废钢区长度除包括停放3～4个废钢槽的位置外，还包括存放8～12h用量的废钢堆场区，每平方米的废钢堆量约取5t；对大型转炉炼钢车间，废钢装槽多在垂直于装料跨的独立废钢间内进行，这样不但操作效率高，也减少了装废钢噪声对主厂房操作的干扰，因此废钢区长度就仅由停放4～5个废钢槽车的位置外加辅助和边端尺寸组成。而此废钢间的长度根据能够布置4条错排的废钢槽运输车而定，跨宽度为30～33m。废钢间的布置方式见图7－19。

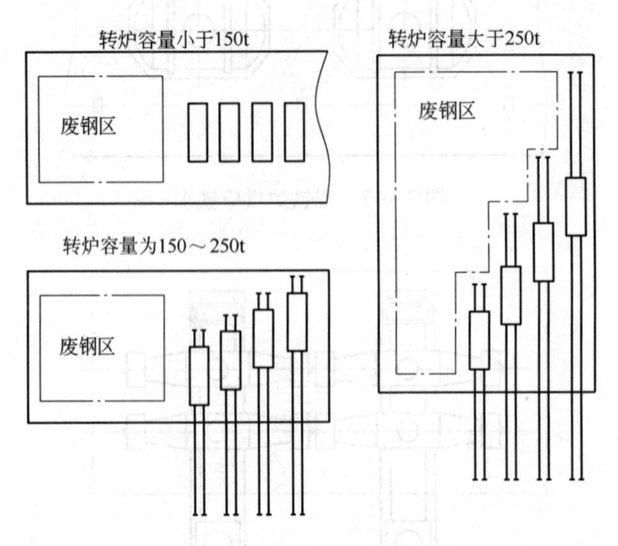

图 7－19 废钢间的布置方式

7.5.2.3 转炉跨

转炉跨在转炉车间中是厂房最高、设备最多、有多层平台的跨间。在该跨内主要布置转炉及其倾动机构、氧枪系统、散状料加入系统和铁合金加入系统、转炉烟气净化系统以及出钢、出渣和拆炉、修炉系统等的设备，现代化的转炉车间在转炉跨还布置有副枪系统和 RH 真空脱气设备。

A 转炉位置的确定

（1）转炉在厂房纵向上的位置和转炉中心距。转炉一般布置在转炉跨纵向中间位置，转炉之间中心距与转炉炉壳直径、倾动机构、高位料仓的布置形式、活动烟罩及罩裙移开机构、修炉方式有关。通常转炉中心距为厂房基本柱距的倍数。

（2）转炉垂直中心线与厂房柱子纵向线的距离。如图 7－16 所示，该距离 L 应保证能向转炉兑入铁水、加入废钢，同时能满足布置氧枪升降机构的要求。L 值按下式确定：

$$L = L_1 + L_2 - L_3 - L_4 \tag{7-55}$$

式中 L_1——转炉倾动到受铁位置（一般取 $\alpha = 45° \sim 60°$）时炉口内缘与转炉中心线的距离，mm；

L_2——铁水包内全部铁水兑入时（一般铁水包倾动角度为 110°～135°），铁水包嘴至铁水包耳轴中心线的水平距离，mm；

L_3——吊车主钩的移动极限与安全距离之和，安全距离一般为 300～500mm；

L_4——吊车轨道中心线与厂房柱子中心线的距离，mm。

（3）转炉耳轴标高。转炉耳轴标高 H_1 由转炉最大回转半径 R 和炉下钢包系统高度确定。如图 7－20 所示，H_1 按下式确定：

$$H_1 = h_1 + h_2 + h_3 + R \tag{7-56}$$

式中 h_1——钢包最低点至钢包车轨面之间的距离，一般取 150～200mm；

h_2——钢包全高，mm；

h_3——钢包运行安全距离，可取 200～300mm；

R——转炉最大回转半径，mm。

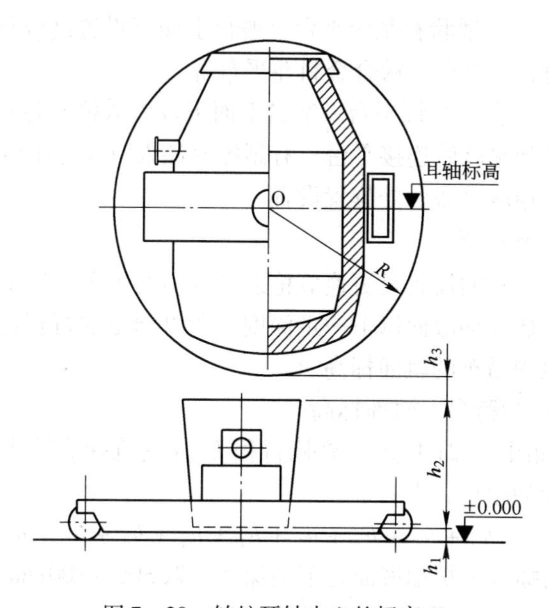

图 7－20 转炉耳轴中心的标高 H_1

不同容量实际转炉的中心距、转炉耳轴标高及转炉垂直中心线与厂房柱子纵向线的距离 L，如表 7－50 所示。

表 7－50 实际转炉的中心距、转炉耳轴标高及其垂直中心线与厂房柱子纵向线的距离

转炉容量×座数/t×座	50×3	80×3	80×3	120×3	150×2	210×3	300×3
转炉中心距/m	18	18	24	24	26.675	30	28
H_1/m	8	8.5	8.97	10.4	7.45	10.35	12.3
L/mm	1250	1200	1300	2000	1900	2100	2700

B 转炉操作平台标高

转炉操作平台标高的确定方法是将转炉倾至大致水平位置时，以操作工站在炉前操作平台能方便地从炉内一定深度取金属样和渣样为准。转炉操作平台标高 H_2 一般由下面的经验式确定：

$$H_2 = H_1 - \frac{d}{2} + K \tag{7-57}$$

式中 H_1——转炉耳轴标高，mm；

d——转炉新炉炉口内径，mm；

K——常数，一般取 $K = 250 \sim 300$mm，大炉取下限，小炉取上限。

转炉操作平台开口尺寸应保证炉口堆积钢渣时转炉能顺利旋转和排渣，炉渣不能因转炉倾动定位刹车而冲上平台，此外还应方便取样。

C 各平台设置

为了布置氧枪系统、散状料系统、铁合金系统和烟气净化系统等，还需要在转炉操作平台以上不同高度设置相应的平台。

（1）炉口平台。炉口平台主要布置烟罩检修和上修法转炉的砌筑设施以及堆放炉衬砖。

（2）散状料系统平台。散状料系统平台一般自上而下设置高位料仓平台、给料机和称量料斗平台、汇总密封料斗平台、铁合金料斗平台等。

（3）供氧系统平台。供氧系统平台一般自上而下设置氧枪升降和横移机构平台、氧枪孔平台以及氧枪管和冷却水软管连接平台。有副枪时还设有副枪平台。

上述平台标高可按相应设备所处位置设置。

D 转炉跨吊车轨面标高

转炉跨内安装位置最高的设备是更换氧枪或副枪用的吊车，通常 100t 以上的转炉安装有副枪。由于副枪需要插入钢液面以下一定深度，所以副枪的行程比氧枪长，则转炉跨厂房高度取决于更换副枪用吊车的轨面标高。

a 有副枪系统的转炉跨吊车轨面标高

（1）副枪行程。如图 7－21 所示，副枪行程 L_s 为副枪探头插入老炉钢液面之下一定深度至探头导向筒上缘的距离，即：

$$L_s = h_0 + h_1 + h_2 + h_3 + h_4 + h_5 + h_6 + h_7 + h_8 \tag{7-58}$$

式中 h_0——副枪探头插入老炉钢液面之下的深度，取 500～600mm 或取熔池深度的 1/2；

h_1——钢液面至转炉耳轴标高的距离，mm；

h_2——转炉耳轴标高至炉口的距离，mm；

h_3——炉口至活动烟罩固定段下沿的距离，$h_3 = R - h_2 + 500$（R 为转炉最大回转半径），mm；

h_4——活动烟罩固定段下沿至斜烟道拐点的距离，为 3000～4000mm；

h_5——斜烟道拐点至副枪孔出口的距离，可取 2500～5000mm；

h_6——副枪孔出口至副枪探头平台的高度，mm；

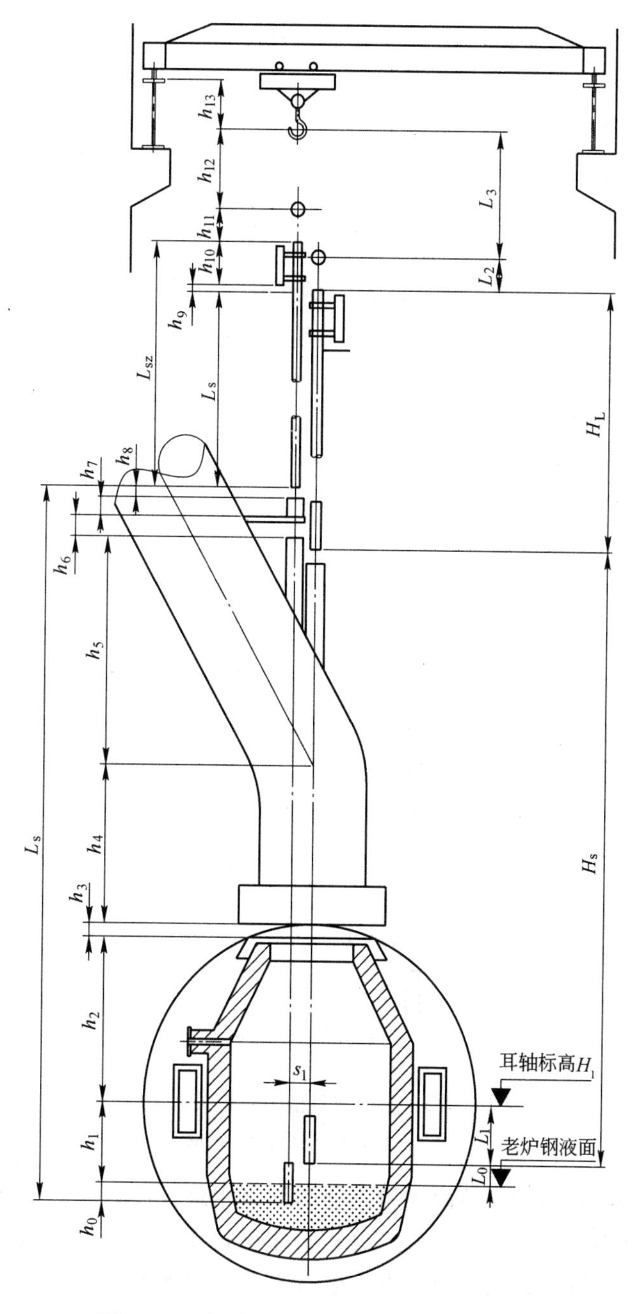

图 7－21　氧枪、副枪行程和总长示意图

h_7——副枪探头平台至探头导向筒上缘的高度，mm；

h_8——副枪提出导向筒后探头距导向筒上缘的距离，可取400～500mm。

（2）副枪总长。副枪总长 L_{sz} 用下式确定：

$$L_{sz} = L_s + h_9 + h_{10} \tag{7-59}$$

式中 h_9——副枪探头插入钢液面以下 h_0 时的安全距离，可取400～500mm；

h_{10}——副枪小车高度，mm。

（3）转炉跨吊车轨面标高。转炉跨吊车轨面标高 H_3 由下式确定：

$$H_3 = H_1 + L_s - h_0 - h_1 + L_{sz} + h_{11} + h_{12} + h_{13} \tag{7-60}$$

式中 H_1——转炉耳轴标高，mm；

h_{11}——副枪小车上升到最高点时与副枪卷扬系统导向轮中心线的距离，mm；

h_{12}——导向轮中心线至吊车吊钩升高极限的距离，它包括吊具高度和吊车吊钩安全距离，安全距离取500～600mm；

h_{13}——吊车吊钩升高极限与吊车轨面的距离，mm。

（4）副枪中心线与氧枪中心线的距离。该距离 s_1 可按下式确定（见图7-22）：

$$s_1 = H_{枪} \tan(\theta_1 + \theta_2) + R_{氧枪} + d_{富余} \tag{7-61}$$

式中 $H_{枪}$——吹炼枪位，mm；

θ_1——喷头喷孔夹角；

θ_2——氧气射流喷射角；

$R_{氧枪}$——氧枪半径，mm；

$d_{富余}$——富余距离，mm。

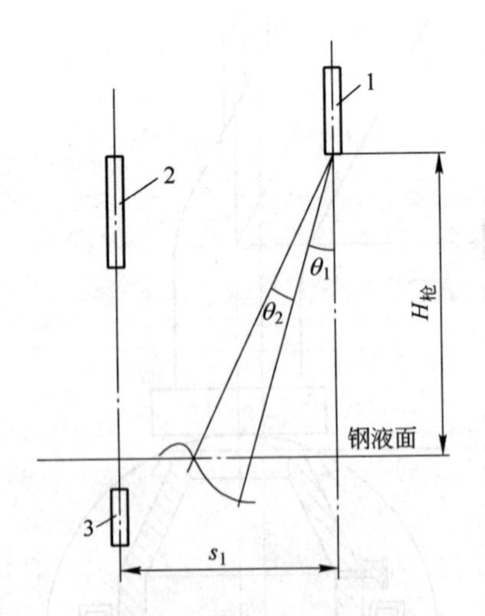

图7-22 副枪与氧枪中心距关系示意图

1—氧枪；2—副枪；3—副枪头

为了保证在炉口粘钢和粘渣时副枪不会与炉口相碰，在确定 s_1 时还必须使副枪中心到新炉炉口边缘之间有适当距离。国外部分转炉主副枪中心距，在炉容量为150～300t时为600～1500mm，而副枪中心线至炉口边缘距离为300～1000mm。

b 无副枪系统的转炉跨吊车轨面标高

转炉容量小于100t时，由于炉口小，无法采用副枪。这时转炉跨吊车轨面标高按照氧枪行程 H_s 和氧枪总长 H_L 等尺寸加以确定。氧枪行程和氧枪全长的计算见7.4.2.3节氧枪枪身设计的内容。由图7－21可知，转炉跨吊车轨面标高 H_3 为：

$$H_3 = H_1 + H_s + H_L - L_1 + L_2 + L_3 + h_{13} \tag{7-62}$$

式中 H_1——转炉耳轴标高，mm；

L_1——氧枪下降到最低吹炼点时喷头端面至转炉耳轴中心线的距离，可以通过老炉钢液面至转炉炉口的距离减去氧枪喷头端面至钢液面的距离 L_0 得到，一般 $L_0 = 200 \sim 400$mm；

L_2——氧枪吊环中心线至氧枪卷扬导向轮中心线的距离，mm；

L_3——氧枪卷扬导向轮中心线至吊车吊钩升高极限的距离，mm；

h_{13}——吊车吊钩升高极限与吊车轨面的距离，mm。

在有副枪的转炉跨，升降副枪的导向轮通常比升降氧枪的导向轮高3～6m。

转炉跨的厂房跨度要求能在炉后设置一定宽度的操作平台，便于布置相应的设备，如加入挡渣锥的小车。转炉跨的长度除了要求能布置转炉及其倾动机构外，还可考虑在一端布置炉外精炼设备，而另一端作为氧枪维护场地。

不同容量转炉车间的柱距见表7－51，表7－52所示为不同容量转炉的中心距及转炉跨宽度。转炉跨宽度与转炉炉气采用的除尘技术有关，采用干法除尘技术时，设备占用较大的宽度，故采用表7－52中斜线右侧的数据；采用湿法除尘技术时，跨宽度采用表7－52中斜线左侧数据。

表7－51 转炉炼钢车间的柱距

转炉容量/t	80～100	100～200	>200
柱距/m	12	18	24

表7－52 转炉中心距及转炉跨宽度

转炉容量/t	50～95	100～190	200～240	250～290	300～350
转炉中心距/m	18	24	27	30	30
转炉跨宽度/m	15	18/24	21/30	21/30	24/33

7.5.2.4 连铸跨

采用连铸工艺将钢水浇注成铸坯时，连铸机大多采用横向布置。连铸跨的跨度及高度主要取决于连铸机的尺寸。

对板坯连铸机而言，根据机组长度的不同，上引锭杆的方式也不同。机组长度大于30m的采用上装引锭杆，在连铸操作平台上设有脱引锭杆提升机和引锭杆传送车；而机组长度短的，则在地面设置引锭杆送入设备。另外，扇形段机架的更换方式也随机组长度的不同而不同。机组长的，在连铸操作平台下部专设抽换扇形段机架用的吊车，顺着半径导轨将要求更换的机架抽出并运出操作平台外部，然后吊运到跨端检修；而机组短的，则将辊列机组上方的操作平台活动盖板揭开，然后用吊车顺着导轨将所要求更换的机架抽出。

对于方坯连铸机，它的辊列机组较短，而且弧形段只有少数支承辊，较易更换。大方坯连铸机前段的密排辊段，在吊走结晶器后由吊车直接吊出；较重的拉矫机架一般都布置在连铸操作平台外的地平面上，可以直接用所在跨间的吊车吊换。

（1）连铸机总长度。弧形连铸机的总长是指结晶器外弧线至冷床后固定挡板之间的距离，如图7－23所示。连铸机总长度L计算如下：

$$L = R + L_1 + L_2 + L_3 + L_4 \quad (7-63)$$

式中 R——铸坯外弧半径，m；

L_1——弧形中心至拉矫机后第一个辊子的距离，取1.5～1.8m；

L_2——切割区长度，火焰切割区长度为3～5m；

L_3——输出辊道长度，其定义为切割区终点至冷床入口辊道的长度，应大于最大尺寸长度的1.5倍，m；

L_4——出坯冷床的长度，m。

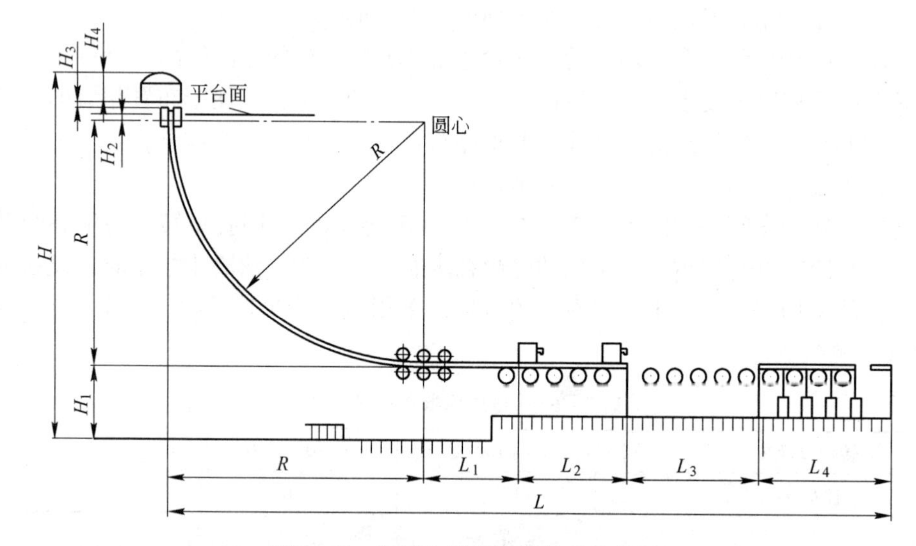

图7－23 弧形连铸机总体尺寸示意图

由于连铸机总长度较长，各段设备及维修要求也不同，一般沿连铸机长度方向分成若干跨布置。通常把圆弧形半径以前部分放在与钢水接受跨相邻的连铸跨内，后面依次布置切割跨、出坯跨、储坯跨、精整跨等。

（2）连铸机高度。连铸机高度是指拉矫机底座基础面至中间包顶面的距离，如图7－23所示。连铸机高度H计算如下：

$$H = H_1 + R + H_2 + H_3 + H_4 \quad (7-64)$$

式中 H_1——拉矫机底座基础面至铸坯底面的距离，一般为0.5～1m；

H_2——弧形中心至结晶器顶面的距离，采用弧形连铸机时常取结晶器长度的一半，为0.35～0.45m，若采用直弧形连铸机，则为直线段底部到结晶器顶面的距离；

H_3——结晶器顶面至处于上升位置时中间包水口的距离，可取0.3～0.5m；

H_4——中间包全高，一般为1.5～1.8m，较大中间包可取2m。

（3）钢水接受跨轨面标高。通常在连铸跨采用钢包回转台，将装有钢水的钢包从钢水接受跨过渡到连铸跨进行浇注。此时，钢水接受跨轨面标高H_0为：

$$H_0 = H + h_1 + h_2 + h_3 + h_4 \quad (7-65)$$

式中 H——中间包顶面标高，m；

h_1——中间包与钢包底面的距离，一般约为 0.3m；

h_2——钢包底面至钢包耳轴中心的距离；

h_3——吊车安全距离，一般为 0.6～0.8m；

h_4——吊钩升高极限位置至轨面的距离，m。

（4）连铸操作平台标高。连铸操作平台标高 h 一般比结晶器顶面低 0.3～0.4m。

（5）连铸机的流间距及中心距。连铸机的流间距主要取决于生产铸坯的最大宽度、结晶器的结构、扇形段更换导轨的设置以及一定的维修空间。对于生产宽度为 580～2300mm 铸坯的 2 流板坯连铸机，流间距为 5400～7500mm。

连铸机的中心距一般取决于浇注平台上中间包的长度及其烘烤设备的布置。连铸机中心距 K 可用下式计算：

$$K = 3a + 2b + c \tag{7-66}$$

式中 a——中间包长度，m；

b——处于操作位置的中间包与处于相邻烘烤位置的中间包的间隔距离，可取4～5m；

c——两个处于相邻烘烤位置的中间包的间距，可取 1～1.5m。

图 7－24 为 300t 转炉炼钢车间两台连铸机共用一个浇注平台的布置图。

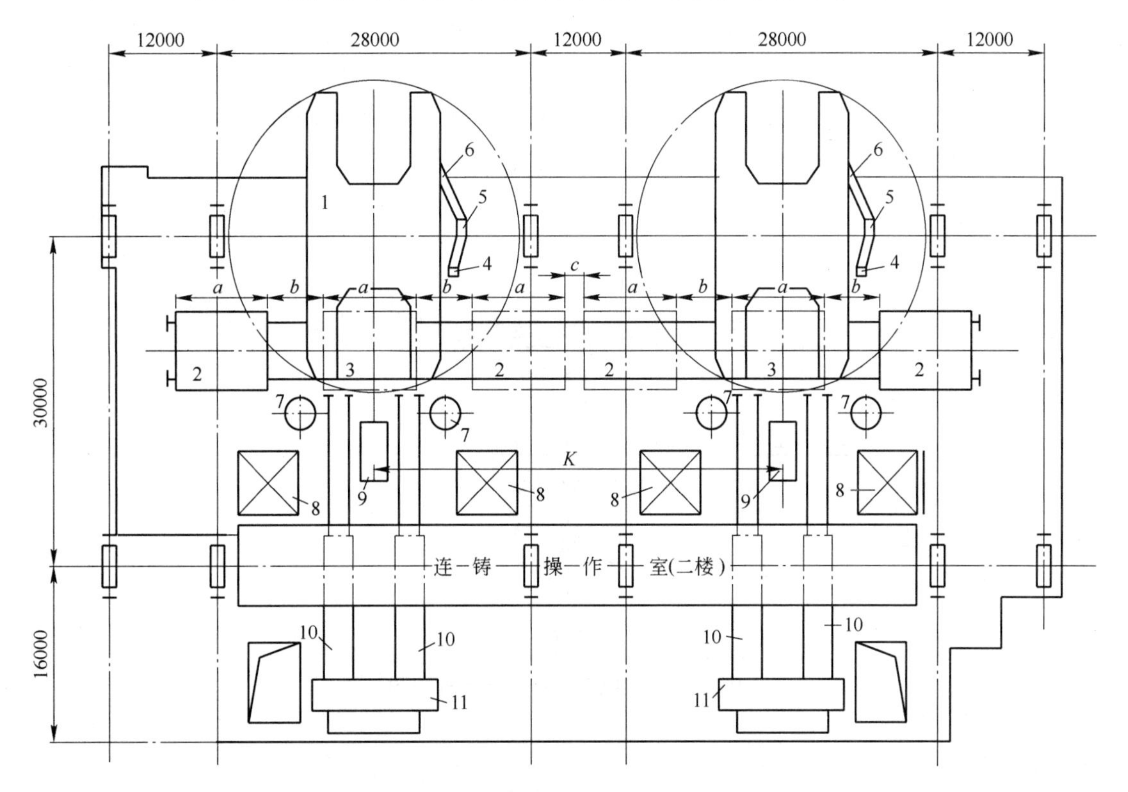

图 7－24 连铸机操作平台布置图

（a＝9600mm，b＝4900mm，c＝1400mm，K＝40000mm）

1—钢包回转台；2—中间包烘烤位置；3—中间包浇注位置；4—溢流罐；5—中间渣盘；6—溢流槽；7—悬臂操作台；8—备用结晶器台架；9—钢包操作台；10—引锭杆台车；11—引锭杆提升装置

8 铝电解车间工艺设计

8.1 概　　述

8.1.1 铝电解生产工艺流程

现代铝工业生产普遍采用冰晶石－氧化铝熔盐电解法。铝电解生产在熔盐电解槽中进行，以氧化铝为原料，熔融的 $Na_3AlF_6-Al_2O_3$ 为电解质，为了改进电解质性质，常加入 AlF_3、CaF_2、MgF_2、LiF 等添加剂；采用炭素材料作阳极，铝液作阴极，在直流电作用下进行电化学反应。电解作业是在930～980℃下进行的，阴极上的电解产物是液体铝，阳极上的电解产物是 CO_2（75%～80%）和 CO（20%～25%）气体。通过不断向电解质中补充氧化铝原料，阴极上连续析出液体铝，液体铝在阴极表面积累，定期用真空抬包从槽内吸出并运往铸造车间，经净化澄清之后浇注成铝锭或直接加工成线坯、型材等。定期补充或更换被消耗的炭阳极，阳极气体连同电解质的挥发物及飞扬物被收集、净化，回收的氟化物返回电解槽，净化后的气体从烟囱排空。铝电解生产工艺流程如图8－1所示。

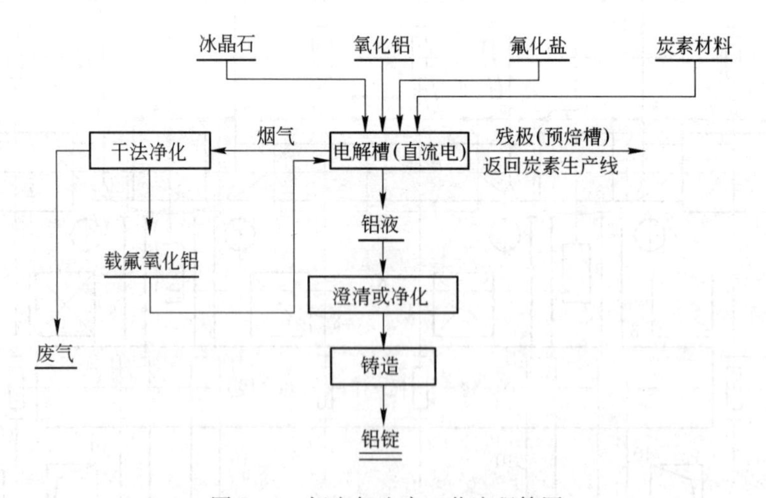

图8－1　铝电解生产工艺流程简图

8.1.2 原料

氧化铝作为电解法炼铝的原料，其质量直接影响所得金属铝的纯度和铝电解生产的技术经济指标。现代铝工业对氧化铝的要求首先是它的化学纯度，其次是其物理性能。

在化学纯度方面，要求氧化铝中杂质和水分含量低。如果氧化铝中含有比铝更正电性的元素的氧化物（Fe_2O_3、SiO_2、TiO_2、V_2O_5 等），则这些元素在电解过程中将首先在阴极上析出，从而使铝的质量和电流效率降低。SiO_2 还会与氟化盐反应生成有毒的 SiF_4 气体，既消耗氟盐，又污染环境。如果氧化铝中含有比铝更负电性的元素的氧化物（Na_2O、CaO 等），则在电解时其会与氟化铝反应，造成氟化铝耗量增加。

氧化铝中的水分会与电解质中的 AlF_3 作用生成 HF，造成氟盐消耗并污染环境。此外，当灼减高或吸湿后的氧化铝与高温熔融的电解质接触时，会引起电解质暴溅，危及操作人员安全。

我国生产的氧化铝按化学纯度分级，如表 8－1 所示。目前，中国铝业股份有限公司各分公司都按照氧化铝国家有色行业标准 YS/T 274—1998 组织生产。

表 8－1　氧化铝国家有色行业标准（YS/T 274—1998）

牌　号	化学成分 w/%					
	Al_2O_3（≥）	杂质（≤）				
		SiO_2	Fe_2O_3	Na_2O	灼　减
AO－1	98.6	0.02	0.02	0.50	1.0
AO－2	98.4	0.04	0.03	0.60	1.0
AO－3	98.3	0.06	0.04	0.65	1.0
AO－4	98.2	0.08	0.05	0.07	1.0

氧化铝的物理性能，对于保证电解过程的正常进行和提高气体净化效率影响很大。通常要求氧化铝具有较小的吸水性、较好的活性和适宜的粒度，能够较快地溶解在冰晶石熔体中，加料时飞扬损失少，并且能够严密地覆盖在阳极炭块上，以防止其在空气中氧化。当氧化铝覆盖在电解质结壳上时，可起到良好的保温作用。在气体净化中，要求它具有足够的比表面积，从而能够有效地吸收 HF 气体。这些物理性质主要取决于氧化铝的晶型、粒度和形状。按照工业氧化铝的物理性质，可将其分为砂型、粉型和中间型三种。其通常是 $\alpha-Al_2O_3$ 和 $\gamma-Al_2O_3$ 的混合物，两者含量的比例对氧化铝的物理性能有直接影响。$\alpha-Al_2O_3$ 的晶型稳定；$\gamma-Al_2O_3$ 的晶型不稳定；与 $\alpha-Al_2O_3$ 相比，$\gamma-Al_2O_3$ 具有较强的活性、吸水性和较快的溶解速度。

砂型氧化铝呈球状，颗粒较粗，安息角较小，只有 30°～35°，$\alpha-Al_2O_3$ 含量小于 50%，$\gamma-Al_2O_3$ 含量较高，具有活性较大、流动性好、溶解快、对 HF 吸附能力强等特点，特别适合大型中间下料预焙槽炼铝和干法烟气净化技术，故得到了广泛的应用。粉型氧化铝呈片状或羽毛状，颗粒较细，安息角大于 45°，其中 $\alpha-Al_2O_3$ 含量大于 80%。我国生产的氧化铝粒度多介于粉型和砂型之间，称为中间型氧化铝。我国自 20 世纪 80 年代以来，对砂型氧化铝的生产工艺进行了大量研究，为发展我国的砂型氧化铝生产工艺打下了基础，这对提高我国大型预焙槽生产水平起到了积极作用。

8.1.3　辅助生产材料

8.1.3.1　氟化盐

铝电解生产中所用的熔剂主要是冰晶石和氟化铝，此外还有一些用来调整和改善电解质性质的添加剂，如氟化钙、氟化镁、氟化钠和氟化锂。氧化铝可溶于由冰晶石和其他几种氟化物组成的熔剂中，构成冰晶石－氧化铝溶液。这种溶液在电解温度下具有良好的导电能力，其密度大约是2.1g/cm^3，比相同温度下铝液的密度（2.3g/cm^3）小10%左右，因而能够保证与铝液分层。这种溶液里基本上不含比铝更正电性的元素，从而能够保证铝的纯度及电流效率。

冰晶石分为天然和人造两种。天然冰晶石（$3NaF \cdot AlF_3$）产于格陵兰岛，属于单斜晶系，无色或呈雪白色，密度为2.95g/cm^3，硬度为2.5，熔点为1010℃。由于天然冰晶石在自然界中储量很少，不能满足工业需要，故铝工业均采用人造冰晶石。

人造冰晶石实际上是正冰晶石（$3NaF \cdot AlF_3$）和亚冰晶石（$5NaF \cdot 3AlF_3$）的混合物，呈粉状或颗粒状，略粘手，微溶于水。人造冰晶石的质量标准如表8－2所示。冰晶石按其分子比分为两类四个牌号。分子比为2.8～3的称为高分子比冰晶石，分子比为1～2.8的称为普通冰晶石。冰晶石产品牌号以两位英文字母加横线“－”，再加一位数字的形式表示。字母C表示冰晶石标识代号；字母H和M表示冰晶石类别，其中H为高分子比冰晶石，M为普通冰晶石；数字（0或1）为顺序号。

表8－2 人造冰晶石的质量标准（GB/T 4291—2007） （%）

牌号	化学成分（质量分数）									物理性能
	F	Al	Na	SiO_2	Fe_2O_3	SO_4^{2-}	CaO	P_2O_5	湿存水	烧减量（质量分数）
	不小于		不大于							
CH－0	52	12	33	0.25	0.05	0.6	0.15	0.02	0.2	2
CH－1	52	12	33	0.36	0.08	1	0.2	0.03	0.4	2.5
CM－0	53	13	32	0.25	0.05	0.6	0.2	0.02	0.2	2
CM－1	53	13	32	0.36	0.08	1	0.6	0.03	0.4	2.5

氟化铝是人工合成产品，为无色或白色结晶，沸点为1291℃，100kPa升华温度为1238℃，挥发性很大。电解生产过程中，一是电解质中的氟化铝挥发；二是原料氧化铝所含的氧化钠和水分进入电解质中后会与电解质发生化学反应，生成氟化钠和氟化氢，从而使电解质成分发生改变，分子比升高，影响电解生产。添加氟化铝既可以补充电解质中氟化铝的损失，又可以调整分子比，降低电解温度，使分子比保持在一定范围内，以保证生产技术条件的稳定。

氟化钠是一种白色粉末，易溶于水。在新装槽料和电解槽启动初期，通常添加一定量的氟化钠或碳酸钠以提高电解质的分子比。碳酸钠之所以能提高电解质的分子比，是因为其在高温下易分解成氧化钠，氧化钠与冰晶石反应生成氟化钠。由于碳酸钠比氟化钠更易溶解，价格低廉，所以现在工厂多选用碳酸钠。

氟化钙是一种天然矿物，呈暗红色粉末状，加热时发光，俗称萤石。添加氟化钙既可以使炉帮比较坚固，同时又可以降低电解质的初晶温度。因为电解质中少量的氧化钙与氟化铝反应可生成氟化钙，所以平时并不经常添加氟化钙，只是在新槽启动时加入，以形成坚固的炉帮。

氟化镁也是一种工业合成品，呈暗红色粉末状。添加氟化镁可以改善电解质的性质，降低电解温度，减小电解质对炭电极的湿润性，有利于炭渣分离，减小电解质向炭电极内部的渗透。

氟化锂的主要作用是降低电解质的初晶温度，提高其电导率，此外还减小其蒸汽压和密度。所有添加剂都能使电解质的初晶温度降低，但在含量相同的情况下，锂盐的效果最为明显。铝电解厂有时用碳酸锂来代替氟化锂，以降低成本。

添加剂对电解质性质的影响如表 8－3 所示。

表 8－3 添加剂对电解质性质的影响

项目	初晶温度	密度	电导率	黏度	表面性质	挥发性	氧化铝溶解度
氟化铝	可降低初晶温度（添加 10%，约降低 20℃）	可减小电解质密度	可减小电解质电导率	可减小电解质黏度	减小电解质与铝液的界面张力，减小电解质与阳极气体的界面张力，增大电解质与炭素材料的润湿角	增大电解质的挥发性	减小氧化铝在电解质中的溶解度
氟化钙	可降低初晶温度（添加 1%，约降低 3℃）	可增大电解质密度	可减小电解质电导率	可增大电解质黏度	增大电解质与铝液的界面张力，增大电解质与炭素材料的润湿角	减小电解质的挥发性	减小氧化铝在电解质中的溶解度，有利于槽帮的形成
氟化镁	可降低初晶温度（添加 1%，约降低 5℃）	可增大电解质密度	可减小电解质电导率	可增大电解质黏度	增大电解质与铝液的界面张力，增大电解质与炭素材料的润湿角	减小电解质的挥发性	减小氧化铝在电解质中的溶解度和溶解速度
氟化锂	可降低初晶温度（添加 1%，约降低 8℃）	可增大电解质密度	可增大电解质电导率	可减小电解质黏度	对电解质的表面性质影响小	减小电解质的挥发性	减小氧化铝在电解质中的溶解度和溶解速度

8.1.3.2 炭素材料

现代铝电解对炭阳极的要求是：耐高温和不受熔盐侵蚀，有较高的电导率和纯度，有足够的机械强度和热稳定性，透气率低，抗 CO_2 及空气氧化性能好。冰晶石－氧化铝熔盐电解生产中，既能良好导电，又能耐高温、抗腐蚀，同时价格低廉的阴、阳两极材料唯有炭素材料，因此铝工业生产都采用炭素材料作阴、阳两极。

生产铝用预焙阳极的原材料可分为骨料和黏结剂两大类。骨料主要包括石油焦、沥青焦。为了降低成本和充分利用废旧资源，预焙槽电解换下来的残阳极经处理后也可作为生产预焙阳极的骨料成分，但加入量一般控制在 20% 左右。

预焙阳极多为间断式工作，每组阳极可使用 18 ~ 28 天。当阳极炭块被消耗到原有高度的 25% 左右时，为了避免钢爪熔化，必须将旧的一组阳极炭块吊出，用新的阳极炭块组取代，取出的炭块称为“残极”。由于预焙阳极操作简单，没有沥青烟害，易于机械化操作和电解槽的大型化，因此，国内外新建大型铝厂以及自焙阳极电解槽的改造都采用此种阳极。

在大型预焙槽铝电解生产中，阳极炭块不仅起到导电作用，而且还参与电化学反应。阳极质量对电解槽的状况、铝的品位、阳极消耗量、电能消耗、电流效率和环境污染具有极其重要的影响。因此，对阳极炭块要求严格，要求其灰分含量越低越好，对硅、铁、镍、钒的含量也要严加控制；要求其电阻率低、气孔率低，组织致密，还要有较大的抗张强度、抗弯强度和较小的掉渣率。我国现行炭阳极质量标准见表8-4。

表8-4 我国现行炭阳极质量标准（YS/T 285—1998）

牌号	灰分/%	电阻率 /μΩ·m	热膨胀系数 /%	CO_2反应性 /mg·$(h \cdot cm^2)^{-1}$	耐压强度 /MPa	体积密度 /g·cm^{-3}	真密度 /g·cm^{-3}
	不大于				不小于		
TY-1	0.50	55	0.45	45	32	1.50	2.00
TY-2	0.80	60	0.50	50	30	1.50	2.00
TY-3	1.00	65	0.55	55	29	1.48	2.00

8.2 技术条件及技术经济指标的选择

8.2.1 技术条件

铝电解生产的技术条件是生产中重要的技术规范，它是根据电解槽的类型和容量、设备的机械化和自动化水平及操作人员的技术水平而定的。铝电解槽的技术条件包括电流、槽电压、槽温、效应系数、极距、分子比、电解质成分、电解质水平和铝水平等。

8.2.1.1 电流

在电解铝工业中，电解槽的大小一般也称为电解槽的容量，皆以其电流大小表示。铝电解槽的电流经历了由小到大逐步增加的过程。第二次世界大战前，世界各国铝厂的系列电解槽的电流只有20~50kA，战后至1952年发展到60~80kA，20世纪80年代初期发展到150~200kA，目前则已达到500kA并已开始研究开发更大容量的电解槽。

电解槽容量（系列电流）的选择是电解铝厂核心技术的选择，其主要取决于工厂的规模，还应考虑当地的地理条件、交通运输条件、电力供应和资金筹措等因素。国内外建厂实践表明，在规模一定和电力指标经济合理的条件下，应尽可能地选择大容量的电解槽。因为容量越大，电解槽单位阴极面积的产量及厂房单位面积的产量越高。一般来说，现今建设规模为10万吨/年的铝厂适合采用160~230kA的电解槽，建设规模为20万吨/年的铝厂适合采用300~500kA的电解槽。

电解槽的电流反映了电解槽的单槽产能。电解槽电流增加，则电解厂房及电解槽单位产品的基建投资降低，变电所、整流所等必要的辅助生产设施及工人的生活福利设施等都相对减少。因此从技术经济角度分析，电解槽电流增大，则投资与生产成本降低。

法国彼施涅公司对铝产量均为20万吨/年、分别采用180kA和300kA两种容量电解槽的方案做了比较，结果表明，建一个系列240台300kA的电解槽与建两个系列400台180kA电解槽相比，总投资节约15%。以400台180kA电解槽造价为基准，设各项造价为

100%，则 240 台 300kA 电解槽各项造价相应成本见表 8－5。

表 8－5 180kA/300kA 两种方案的投资比较（铝产量 20 万吨/年） （%）

项 目	两个系列 400 台 180kA 电解槽	一个系列 240 台 300kA 电解槽
变电所	100	72
建筑物	100	74
槽 壳	100	88
槽 衬	100	92
母 线	100	105
阳极系统	100	89
电解槽控制系统	100	63
电解槽储运系统	100	82
烟气处理系统	100	87
辅助设施	100	94
总 计	100	85

8.2.1.2 面积电流

面积电流是电解槽的一个重要技术参数，其定义是电流与导电面积的比值，即：

$$D = \frac{I}{S} \tag{8-1}$$

式中 D——面积电流，A/cm^2；

I——电流，A；

S——导电面积，cm^2。

在铝电解槽上有如下三种面积电流：

（1）阳极面积电流 $D_{阳}$，$D_{阳} = I/S_{阳}$；

（2）阴极面积电流 $D_{阴}$，$D_{阴} = I/S_{阴}$；

（3）电解质面积电流 $D_{质}$，$D_{质} = I/S_{质}$。

其中，$S_{阳}$、$S_{阴}$、$S_{质}$ 分别表示阳极的横断面积、阴极铝液镜面面积及电解质的横断面积。

从一般定义上来说，表示电解槽面积电流的应是电解质面积电流，但是由于铝电解槽中导电的电解质的断面不均一，电解质面积电流的实际计算比较困难。在一些专业文献中常以几何平均面积电流 $D_{平均}$ 来表示电解质面积电流，即以阳极面积电流与阴极面积电流的均方根来表示：

$$D_{平均} = \sqrt{D_{阳} D_{阴}} \tag{8-2}$$

但是，几何平均面积电流并不能真正代表电解质面积电流，因此，在设计与生产中总是取阳极面积电流作为设计与计算的基础。大型预焙槽的 $D_{阳}$ 通常为 0.6～0.8A/cm^2。

8.2.1.3 电解质水平与铝水平

电解质水平是指电解槽中电解质的深度。同样，铝水平是指电解槽中铝液的深度。保证电解质水平和铝水平在一定的范围内，是稳定生产的前提。通常，电解质水平为16～22cm，而铝水平为20～30cm。

8.2.1.4 极距

阳极底面与铝液镜面之间的距离称为极距。极距的变化会引起电解质压降的变化，从而造成槽电压波动，影响电解槽的能量平衡，进而引起氧化铝浓度的改变，降低电流效率。随着电解的进行，阳极被消耗，需要不断改变阳极的高度，以使极距保持在一定范围内，从而使电解过程平稳进行。通常情况下极距不小于4cm。

8.2.1.5 电解质分子比

电解质中NaF与AlF_3的物质的量之比称为电解质分子比，简称分子比。电解质分子比应与电解温度相适应，一般电解温度越高，分子比也越高。目前国内铝厂的分子比多选择为2.2～2.8。

8.2.1.6 效应系数

阳极效应（简称效应）是熔盐电解过程中发生在阳极上的特殊现象，无论哪种解释机理都有氧化铝浓度降低的原因。电解槽发生效应期间其输入功率为平常的数倍，同时电解过程基本停止，导致电解质过热，电流效率大幅降低，空耗大量电能，不利于生产。某一系列电解槽平均每台每天发生阳极效应的次数称为效应系数，它是电解槽系列是否正常运行的标志。

效应管理的关键是如何选取效应系数和控制效应的持续时间。阳极效应系数应根据槽的类型和生产实际具体制订，主要依据槽内每月Al_2O_3投入量的偏差情况来选定。如果Al_2O_3的投入量偏差很小，电解槽运行良好，效应系数可以选小一些。在定时下料槽上，依据加料间隔的长短，效应系数一般在0.3～1次/(台·天）之间。国外先进技术，如法国彼施涅公司的大型点式下料预焙槽采用计算机控制，基本实现无效应操作，约10天发生一次效应，效应系数为0.1次/(台·天)。

电解生产中，因槽型不同、电流不同，所要求的技术条件也不同。为保证取得最好的技术经济指标，每个电解厂都要求保持一定的技术条件。而技术条件的设置一定要结合生产实际，既不能过高，也不能过低，要尽可能以好的技术条件保持电解槽具有较好的技术指标及平稳地生产。表8-6所示为常见的大型预焙槽正常生产技术条件。

表8-6 常见的大型预焙槽正常生产技术条件

电流/kA	320	300	200	160
槽工作电压/V	4.15	4.15～4.18	4.15～4.2	4.15～4.2
电解温度/℃	945～985	940～960	945～965	940～960
分子比	2.1～2.3	2.3～2.5	2.1～2.3	2.3～2.4
电解质水平/cm	20～22	21～23	20～22	18～22
铝水平/cm	18～20	17～19	18～20	18～20
极距/cm	4～4.2	4～4.5	4～4.5	4
效应系数/次·(台·天)$^{-1}$	0.3	0.3	0.3	0.4
氧化铝浓度 w/%	2.3	2～3	2～3	2～3

8.2.2 技术经济指标

8.2.2.1 电流效率

电解铝的电流效率（即电流的有效利用率）是指当电解槽通过一定电量（一定电流与一定时间的乘积）时，阴极实际析出的金属铝量与按法拉第定律计算的理论产出量之比的百分数。它是电解铝生产重要的技术经济指标之一，计算如下：

$$\eta = \frac{1000000Q}{0.3356It} \times 100\% \tag{8-3}$$

式中 η——电流效率,%；

Q——电解槽的原铝产量，t；

I——系列电流，A；

t——电解槽工作时间，h；

0.3356——铝的电化当量，g/(A·h)。

在实际生产中常按出铝量计算出铝电流效率（即铝液电流效率），但此值不是真实的电流效率，两者之差为周期始末槽中铝量差。如果欲使该值达到 ±1% 的精确度，必须要有半年以上的时间才能达到，所以短时间内的出铝电流效率只能是一个参考值。

生产中电解槽电流效率的测定方法有简易盘存法、加铜稀释法、示踪元素法、阳极气体分析法。

8.2.2.2 电能效率

电能效率（即电解槽电能利用的效率）是指当电解槽生产一定量铝时，理论上应耗电能（$W_{理}$）与实际消耗电能（$W_{实}$）之比，以百分数表示。其计算公式为：

$$\eta_{电能} = \frac{W_{理}}{W_{实}} \times 100\% \tag{8-4}$$

但工业上一般不采用上述方法来表示电能效率，而采用吨铝直流电能消耗（简称吨铝直流电耗）来表示，即以每吨铝实际消耗的电能 ω 来表示，单位为 kW·h/t。其计算如下：

$$\omega = \frac{IV_{平均}\tau \times 10^{-3}}{0.3356I\eta\tau \times 10^{-6}} = 2980\frac{V_{平均}}{\eta} \tag{8-5}$$

式中 I——电解槽的电流，A；

$V_{平均}$——电解槽的实际电压（即平均电压），V；

τ——电解时间，h；

0.3356——铝的电化当量，g/(A·h)；

η——电解槽的电流效率,%。

例如，当 $\eta = 92\%$、$V_{平均} = 4.3V$ 时，直流电耗为 13928.26kW·h/t。

根据热力学计算，电解槽每生产出 1t 铝，理论上大约需要 6500kW·h 电能，但实际生产的电能消耗却远远高于此值。目前，比较先进的工业电解槽实际电耗指标为 13000 kW·h/t。故一般铝电解槽的电能效率只有 40% ~50%，其余 50% ~60% 的电能则损失掉。因此，节省电能、提高电能效率是电解铝企业降低生产成本的重要环节。

由式（8－5）可知，直流电耗与槽平均电压成正比，与电流效率成反比。因此，构成吨铝直流电耗的两个基本因素就是槽平均电压和电流效率，降低槽平均电压、提高电流效率均能降低电耗。

例如，当槽平均电压为4.2V、电流效率由92%提高到93%时，生产1t金属铝将节省电能：

$$\Delta\omega = 2980 \times \frac{4.2}{0.92} - 2980 \times \frac{4.2}{0.93} = 146\text{kW} \cdot \text{h/t}$$

计算原铝生产成本中的电力费用时，除了考虑电解生产过程中原铝所消耗的直流电能外，还应包括电解槽的启动用电、原铝重熔用电、动力用电及整流损失。生产每吨铝锭所需的交流电能称为铝锭交流电耗，单位为kW·h/t。

8.2.2.3 槽平均电压

槽平均电压由槽工作电压、效应分摊电压和槽外系列母线电压降的分摊值（俗称黑电压）组成，即：

$$V_{平均} = V_{工作} + V_{效应} + V_{黑} \tag{8-6}$$

（1）槽工作电压$V_{工作}$，计算如下

$$V_{工作} = E_{极化} + V_{阳极} + V_{电解质} + V_{阴极} + V_{母线} \tag{8-7}$$

式中 $E_{极化}$——分解与极化压降，V；

$V_{阳极}$——阳极压降，V；

$V_{电解质}$——电解质压降（极距之间），V；

$V_{阴极}$——阴极压降，V；

$V_{母线}$——电解槽内母线压降（阴、阳两极母线），V。

（2）效应分摊电压$V_{效应分摊}$，计算如下：

$$V_{效应分摊} = \frac{k(V_{效应} - V_{工作})\tau}{1440} \tag{8-8}$$

式中 k——效应系数，次/(台·天)；

$V_{效应}$——效应发生时电压值，V；

$V_{工作}$——槽工作电压，V；

τ——效应持续时间，min；

1440——昼夜的分钟数，min。

（3）槽外系列母线电压降的分摊值$V_{黑}$，计算如下：

$$V_{黑} = \frac{总电压 - 槽工作电压总和 - 效应分摊电压总和}{生产槽台数} \tag{8-9}$$

表8－7示出了预焙槽平均电压中各部分电压的平衡值。由槽平均电压的构成可见，减少阳极效应次数并缩短效应时间，能够节省电能。为此，电解生产采取连续（或半连续）下料或“勤加工、少下料”的操作方法，可使电解质中经常保持一定浓度的氧化铝，这对于减少阳极效应次数是很有效的。但在正常生产情况下，效应系数作为工艺技术指标一般是不变的。

表 8-7　预焙槽平均电压中各部分电压的平衡值　　(V)

项　目	预焙槽	项　目	预焙槽
槽外系列母线压降和线路分摊压降	0.17	阴极压降	0.37
分解与极化压降	1.70	效应分摊电压	0.11
电解质压降	1.42	槽平均电压	4.02
阳极压降	0.25		

黑电压的降低则可以从改善导体的接触点和电解槽的绝缘性能、增加导电母线的截面积着手，但要增加对设备的投入资金，所以在电解槽已建成时应用潜力不大。

因此，在生产中降低槽平均电压的可能途径只能从降低槽工作电压方面入手。

(1) 设计合理的保温结构，减少电解槽热损失。在保证铝电解过程有最适宜的温度条件的前提下，欲尽量降低能耗就必须加强电解槽保温，减少其热量散失。

(2) 选用导电性良好的阴极炭块，降低阴极压降。选用半石墨化或石墨化阴极炭块与选用普通阴极炭块相比，电导率提高 20% 以上，可以有效地降低阴极压降。而 TiB_2 - 石墨复合阴极炭块因改善了铝液对阴极表面的润湿性，使阴极压降进一步降低。而且这种复合阴极能有效防止铝液和电解质渗漏，避免槽底早期破损，保持槽底保温性能不受破坏，较大程度地减缓了槽底压降随生产过程延续而升高。

(3) 设计适当低的阳极电流密度，选择电导率高的阳极材料和先进的阳极制作工艺，采用结构合理的阳极钢爪，降低阳极压降。

(4) 提高操作质量，保障电解槽的稳定运行。电解槽长期稳定运行不仅电流效率高，槽电压也相对较低。若槽子运行不稳定、经常出现病槽，则会使槽电压比正常槽高出 0.2 ~ 0.5V，吨铝电耗增加几百千瓦时乃至上千千瓦时。

8.2.2.4　氧化铝单耗

生产每吨原铝消耗的氧化铝质量即为氧化铝单耗。氧化铝单耗的计算公式为：

$$\text{氧化铝单耗} = \frac{\text{氧化铝消耗总量}}{\text{铝产量}} \qquad (8-10)$$

理论计算时，生产每吨铝消耗的氧化铝量按下列反应式计算：

$$2Al_2O_3 = 4Al + 3O_2$$

理论上，每生产 1t 铝应消耗 1889kg 氧化铝，而实际氧化铝单耗却大于此值。其原因是机械损失，包括在包装、运输和加料时各个环节出现的飞扬损失。加料时，有一部分氧化铝很容易随烟气飞扬而损失。因此，在铝电解生产中应减少加料时的飞扬损失，净化载氟料应返回利用，以减少氧化铝单耗。

8.2.2.5　炭素阳极单耗

生产每吨原铝消耗的阳极炭块质量即为炭素阳极单耗（简称炭耗）。其计算公式为：

$$\text{炭素阳极单耗} = \frac{\text{炭素材料消耗总量}}{\text{铝产量}} \qquad (8-11)$$

一般平均炭耗为 430 ~ 550kg/t。减少炭素阳极单耗的途径包括：

(1) 延长阳极周期；

(2) 提高炭素阳极的机械强度，减少脱落；

（3）防止阳极过热，保护好阳极表面，防止氧化；

（4）减少掉块等事故。

8.2.2.6 氟化盐单耗

生产每吨原铝消耗的冰晶石、AlF_3、LiF 等氟化盐的总量即为氟化盐单耗。计算氟化盐单耗的公式为：

$$氟化盐单耗 = \frac{氟化盐消耗总量}{铝产量} \tag{8-12}$$

氟化盐是铝电解生产中的添加剂，从理论上来说它是不参与反应的，也是不消耗的。但是在生产实际中，由于高温蒸发以及原料中带入水分而造成分解等原因，生产每吨铝约消耗氟化盐20~40kg，其中主要是氟化铝（占70%~80%）。由于氟化铝在高温下挥发升华较快，其损耗较多。为了使电解质保持酸性，必须添加氟化铝以调整分子比。在添加时，要按照有关操作规程来操作，尽量减少损失。

表8-8 所示为法国彼施涅公司 AP30~AP50 型电解槽的主要设计参数和技术经济指标。

表8-8 法国彼施涅公司 AP30~AP50 型电解槽的主要设计参数和技术经济指标

电流/kA	300	322	330	330	335	350	400	440	480	490	500
阳极数	32	32	32	32	32	32	36	40	40	40	40
阳极尺寸/m×m	1.6×0.8	1.6×0.8	1.7×0.8	1.7×0.8	1.7×0.8	1.7×0.8	1.7×0.8	1.7×0.8	1.95×0.8	1.95×0.8	1.95×0.8
阳极钢爪数	3	3	3	3	3	3	3	3	3	4	4
阳极钢爪直径/cm	18	18	18	18	18	19	19	19	19	17.5	17.5
阳极覆盖料厚度/cm	16	16	16	16	16	16	16	16	10	10	10
阴极炭块数	18	18	18	18	18	18	20	22	22	22	24
阴极炭块长度/m	3.47	3.47	3.47	3.67	3.67	3.67	3.67	3.67	4.17	4.17	4.17
边部炭块厚度/cm	15	15	15	10	10	10	10	10	10	10	10
加工面尺寸/cm	35	35	25	30	30	30	30	30	30	30	30
槽壳内壁尺寸/m×m	14.4×4.35	14.4×4.35	14.4×4.35	14.4×4.35	14.4×4.35	14.4×4.35	16.1×4.35	17.8×4.35	17.8×4.85	17.8×4.85	17.8×4.85
极距/cm	5	4	4	4	4	4	4	4	4	4	4
AlF_3 过量（w）/%	10.9	10.9	10.9	13.5	13.5	13.5	13.5	13.5	13.5	13.5	13.5
阳极压降/mV	306	325	328	328	331	330	335	332	347	314	320
阴极压降/mV	290	311	319	277	281	293	301	331	324	331	312
阳极间缝热损失/kW	239	244	247	250	275	284	311	335	367	391	394
阴极底部热损失/kW	166	167	168	171	172	173	193	202	231	231	238
电解温度/°C	973.3	973.3	973.3	960.2	960	961.5	962.7	963.4	962.8	962.8	963.4
过热度/°C	6.8	6.8	6.8	6.5	6.3	7.8	9	9.7	9.1	9.1	9.7
电解质中槽帮结壳厚度/cm	7.61	7.75	7.71	9.02	9.34	6.69	5.11	4.43	4.97	4.99	4.44
铝液中槽帮结壳厚度/cm	2.79	2.93	2.88	4.75	5.07	2.42	0.83	0.15	0.7	0.71	0.17
电流效率/%	94	94.4	94.2	95.9	96	96	96	95.9	95.8	95.9	95.9
内热/kW	628	633	637	633	652	712	825	916	964	988	1019
能耗/$kW \cdot h \cdot kg^{-1}$	13.75	13.32	13.2	13	13.1	13.37	13.49	13.53	13.31	13.33	13.39

8.3　主体设备的设计

电解铝厂的装备水平不仅与工厂的规模有关，更重要的是与其主要生产设备的选择密切相关。电解铝生产的主要设备为电解槽，其结构和容量已成为衡量电解铝厂装备水平的主要标志，正确、合理地选择槽型结构是电解铝厂设备选择的关键。选择槽型的前提是工艺技术成熟可靠、经济指标先进合理、烟气治理达标排放。

随着铝电解生产技术的不断发展、能源成本的不断上涨和环境保护要求的日趋严格，电解槽的结构和容量也发生了重大变化，并不断地向大型化、自动化发展，其中最为明显的是阳极结构的变化。阳极结构的改进顺序大致是：小型预焙阳极→侧部导电自焙阳极→上部导电自焙阳极→大型不连续及连续预焙阳极→中间下料预焙阳极。

20 世纪 80 年代初，由于电解槽磁场问题得到了较好的解决以及大功率、高效率硅整流器在电解厂的使用，电解槽发展为 300kA 中间下料预焙阳极电解槽，并由双端进电及大面四点进电发展为大面多点进电及母线优化设计。目前，此电解槽容量已发展到 500kA，每千克铝直流电耗降到 12.8～13.5kW·h，其结构如图 8－2 所示。

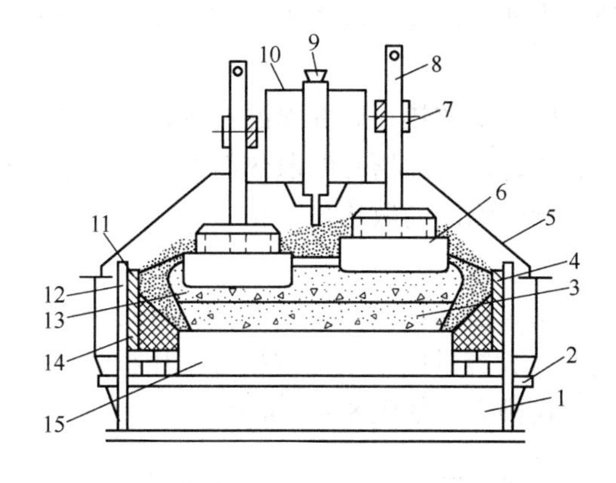

图 8－2　大型中间下料预焙阳极电解槽

1—槽底砖内衬；2—阴极钢棒；3—铝液；4—边部伸腿（炉帮）；5—集气罩；6—阳极炭块；
7—阳极母线；8—阳极导杆；9—打壳下料装置；10—支承钢架；11—边部炭块；
12—槽壳；13—电解质；14—边部扎糊（人造伸腿）；15—阴极炭块

中间下料预焙阳极电解槽采用点式下料器，每台电解槽设有 3～6 个打壳下料装置，定期向槽中加料，具有保持工艺条件稳定、保持电解质中氧化铝浓度稳定的优点，并可以实现计算机模糊智能控制，是一种电流效率较高、能耗低、产量高、劳动生产率高的槽型；同时，其产生的烟尘少，便于采用干式除尘法净化回收。因此，现在国内外新建电解槽都采用中间点式下料预焙阳极电解槽。

大型电解槽通常设置在二层楼的厂房内，其槽体安放在底层的基础上，槽面稍高出二层的地平面。

在电解槽阳极结构发展的同时，阴极结构、母线结构、进电方式等也都发生了较大的改变。阴极槽体结构由无底槽发展成有底槽，母线配置由简单的沿槽周走向发展到穿过槽底的复杂走向，进电方式从一端进电发展到两端进电及多端进电。这些改变对电解槽使用寿命的延长和生产技术指标的提高都起到了良好的作用。

大型预焙铝电解槽通常分为阴极结构、上部结构、母线结构和电气绝缘四部分。

8.3.1　阴极结构

大型预焙电解槽的阴极结构指的是电解槽的槽体部分。它由槽壳、内衬砌体、阴极炭块组构成。内衬砌体可分为底部砌体和侧部内衬材料。阴极炭块组置于底部砌体之上。阴极炭块与侧部内衬材料之间用侧部扎糊筑成人造伸腿。

8.3.1.1　槽壳

电解槽槽壳指的是内衬砌体外部的钢壳及其加固结构。它不仅是阴极的载体和盛装内衬砌体的容器，而且还起着支承上部结构、克服内衬材料在高温下产生的各种应力、约束其内衬不发生变形和断裂的作用，因此，槽壳必须具有较大的刚度和强度。

电解生产过程中，由于阴极炭块和内衬材料在高温下产生热膨胀应力，又由于电解质不断侵蚀渗入炭块及基底砌体内，生成盐的结晶且数量不断增加，固相体积扩大，从而产生垂直和水平应力，使槽壳变形。因此，电解槽槽壳的强度直接影响槽内衬的寿命。为了抵制各种应力，必须选择合理的槽壳结构，使槽壳具有较大的刚性，能克服应力、减小变形，防止阴极错位和破裂。为此，槽壳一般用 12 ~ 16mm 厚的钢板焊接而成，外部用型钢加固。

预焙槽生产过程中要求槽侧壁散热，底部保温。设计和制作槽壳时，也要遵循这一原则。常在槽壳大面增设散热片，以增加槽壳的散热面积，有利于内衬炉帮的形成。当槽容量加大到一定程度的时候，槽壳侧面的散热量要相应加强，有时要借助于特定设计的槽壳结构来增加散热。

槽壳结构由槽钢结构的无底槽发展到自支承式（又称为框式）和托架式（又称为摇篮式）结构的有底槽。现在，大容量的预焙电解槽都采用摇篮式槽壳。此种槽壳又分为直角形摇篮式槽壳和船形摇篮式槽壳，如图 8－3 所示。

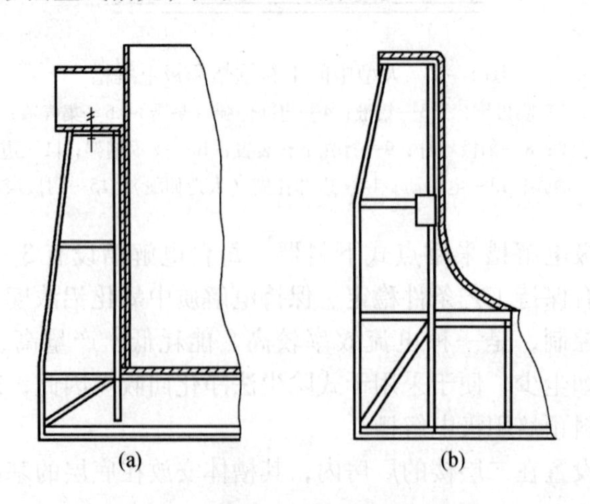

图 8－3　摇篮式槽壳结构示意图

（a）直角形摇篮式槽壳；（b）船形摇篮式槽壳

船形摇篮式槽壳与直角形摇篮式槽壳相比，其壳底呈船形，摇篮架通长至槽底板，取消了腰带钢板与其间的筋板，具有强度大、刚性强、造价低等诸多优点，新建厂家多采用此种槽壳。

8.3.1.2 内衬

常见的电解槽内衬材料有四类，即碳质内衬材料、耐火材料、保温材料、黏结材料。

碳质内衬材料与电解质和铝液直接接触，受热冲击和腐蚀程度最大。内衬材料设计与筑炉质量直接影响电解槽的生产指标和寿命。为满足电解槽热平衡的特殊要求，在槽侧上部要形成良好的散热窗口，以保证槽内形成规整的炉膛；槽侧下部和底部需要良好地保温，以节省电能，防止伸腿过长。另外，底部保温材料的选择和组合应确保900℃等温线落在阴极炭块之下，800℃等温线位于保温砖之上。

槽底由挤压或振动成型的阴极炭块铺成，炭块中留有阴极钢棒沟槽。阴极炭块与阴极钢棒用糊或磷生铁黏结。阴极炭块的砌筑可以采用两个短炭块和两个阴极钢棒，或一根通长的炭块和一根阴极钢棒，炭块间的缝隙用专制的“中间缝糊”扎固。现在新建铝厂普遍采用通长的半石墨化底部阴极炭块铺成槽底。

底部阴极炭块的组合形式和阴极钢棒与炭块的组合形式，见图8-4和图8-5。

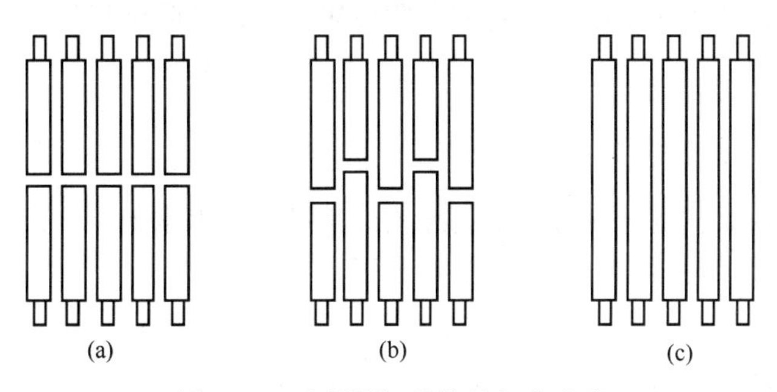

图8-4 底部阴极炭块的组合形式

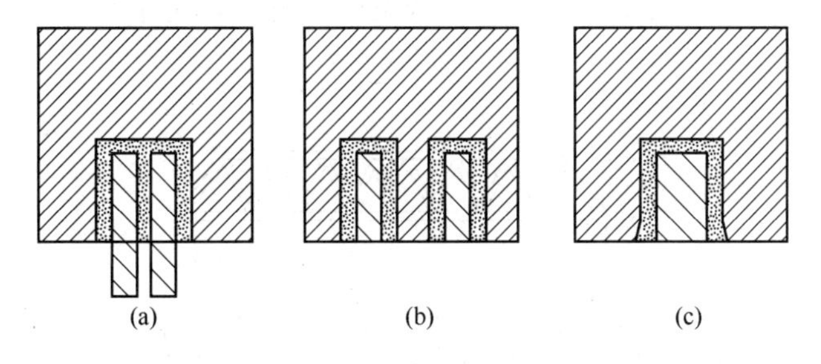

图8-5 阴极钢棒与炭块的组合形式

电解槽设计时，应根据电解槽的热平衡计算确定电解槽内衬的材质及厚度。国内某厂200kA电解槽的内衬，从下到上依次为一层10mm厚的石棉板、一层60mm厚的硅酸钙板、两层65mm厚的耐火砖、一层180mm厚的干式防渗料，在其上安装阴极炭块组，阴极炭块组四周用底糊扎实。槽侧部为一层125mm厚的侧部炭块。侧部炭块与阴极炭块组之间的边缝捣制成坡形，形成人造伸腿，有利于形成炉帮。其结构如图8-6所示。

石棉板和硅酸钙板构成槽底主要的热绝缘层，其目的是使生产期间底部炭块表面上的沉淀物不致凝结，使电解质初晶温度等温线移至炭块之下，避免了因盐类在炭块孔隙中析

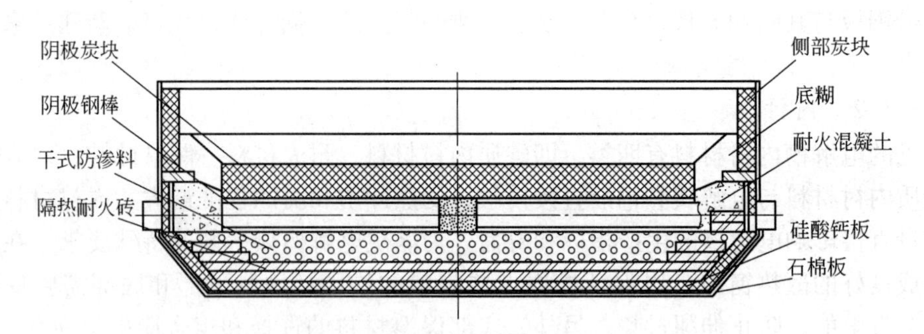

图 8-6 电解槽内衬结构示意图

出而产生的应力破坏炭块；同时，硅酸钙板属疏松多孔材料，能够在一定程度上吸收盐类结晶放出的应力，虽然将丧失一部分保温效果，但却能保持槽内砌结构的完好。

耐火砖层是槽底热绝缘层的保护带，耐火砖层的存在可使硅酸钙板在400℃以下长期保持绝热性能。另外，一旦电解质从槽底裂缝中渗入或由炭素材料晶格中渗漏时，首先是在耐火砖砌体表面结晶析出，可以防止保温材料的变性。

在耐火砖表面上扎固炭素垫层，再安装阴极炭块组，其阴极炭块间的缝隙用中间缝糊扎固。

8.3.2 上部结构

槽体之上的金属结构部分统称为上部结构。其可分为承重桁架、阳极升降装置、打壳下料装置、阳极母线及阳极组、集气和排烟装置。

8.3.2.1 承重桁架

如图 8-7 所示，承重桁架采用钢制的实腹板梁和门形立柱。板梁由角钢及钢板焊接而成，门形立柱由钢板制成门字形，下部用铰链连接在槽壳上，这样一方面可抵消高温下桁架的受热变形，另一方面便于大修时的拆卸搬运。门形立柱起着支承上部结构全部重量的作用。

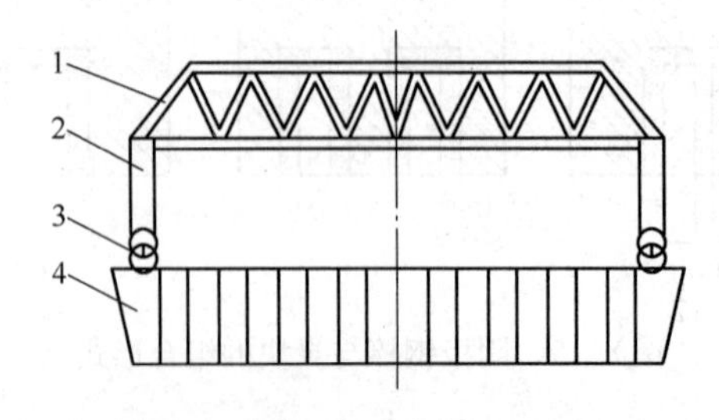

图 8-7 承重桁架示意图

1—桁架；2—门形立柱；3—铰接点；4—槽壳

8.3.2.2 阳极升降装置

阳极升降装置承担着电解槽阳极母线、阳极组、覆盖料等整个阳极系统的质量及其升降运行。目前，国内大型预焙槽的阳极升降装置有两种形式：一种是滚珠丝杆三角板阳极升降装置，另一种是螺旋丝杆阳极升降机构。

螺旋丝杆阳极升降机构由制动电动机、两级齿轮减速器、旋转传动轴、伞形齿轮换向器、螺旋丝杆等组成。电机带动减速箱，减速箱齿轮通过联轴节与传动轴相连，由传动轴带动起重机，整个装置由 4 个或 8 个螺旋起重机与阳极大母线相连。当电动机转动时，便通过传动机构带动螺旋起重机升降阳极大母线，固定在大母线上的阳极随之升降。升降装置安装在上部结构的桁架上，在门式架上装有与电机转动有关的回转计，可以精确显示阳极母线的行程值。变速机构可以安装在阳极端部或中部，如图 8－8 和图 8－9 所示。其特点是：各部件配合紧密，升降平稳，升降精度较高，可以同台槽采用两套升降机构同步运行。

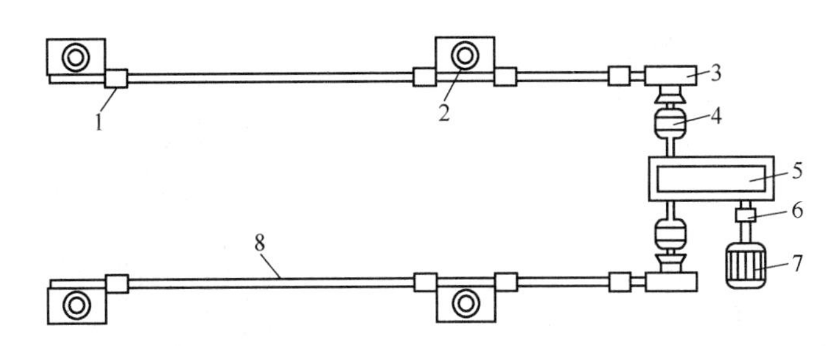

图 8－8　螺旋起重机阳极升降装置的电动机与减速器（安装在阳极端部）

1，6—联轴节；2—螺旋起重机；3—齿轮换向器；4—齿条联轴节；
5—减速器；7—电动机；8—传动轴

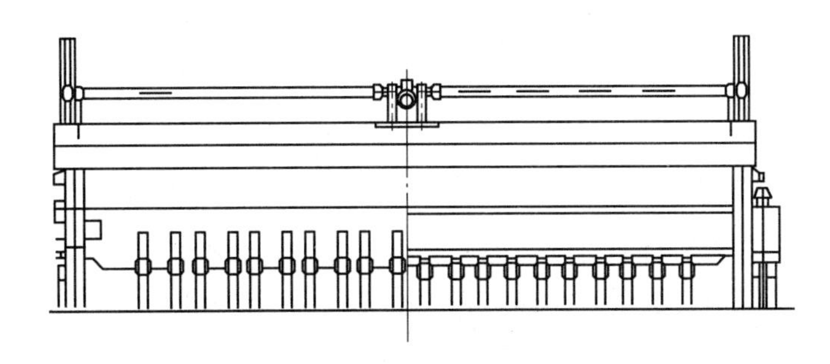

图 8－9　螺旋起重机阳极升降装置的电动机与减速器（安装在阳极中部）

滚珠丝杆三角板阳极升降装置由三角板起重器、左右各一套蜗轮蜗杆减速器、滚珠丝杆、起重器支架和阳极母线吊挂等组成，如图 8－10 所示。

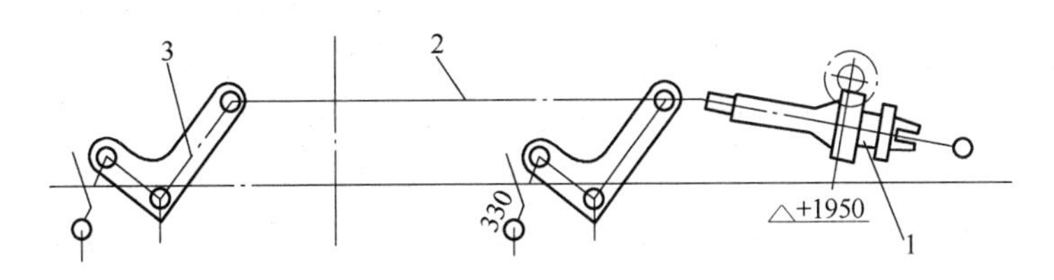

图 8－10　滚珠丝杆三角板阳极升降装置示意图

1—减速器；2—滚珠丝杆；3—三角板

其工作原理是：由电动机的正反转，通过传动机构控制滚珠丝杆前后推拉，滚珠丝杆向前推，则阳极下降；向后拉，则阳极上升。这种机构比传统的螺旋起重机升降装置简单，既简化了上部金属结构，又相应扩大了料箱容积，便于阳极操作控制；同时，机械加工件少，易于制造和维护，传动效率高，造价低且耐用。法国彼施涅公司135～320kA 预焙槽均采用这种阳极升降装置。目前，我国沈阳铝镁设计研究院设计的大型槽也采用了该种设计方案。

8.3.2.3 打壳下料装置

打壳下料装置由打壳和下料系统组成，如图8－11 所示。一般从电解槽烟道端起安置4～6 套打壳下料装置，出铝端设一个打壳出铝装置，出铝锤头不设下料装置。

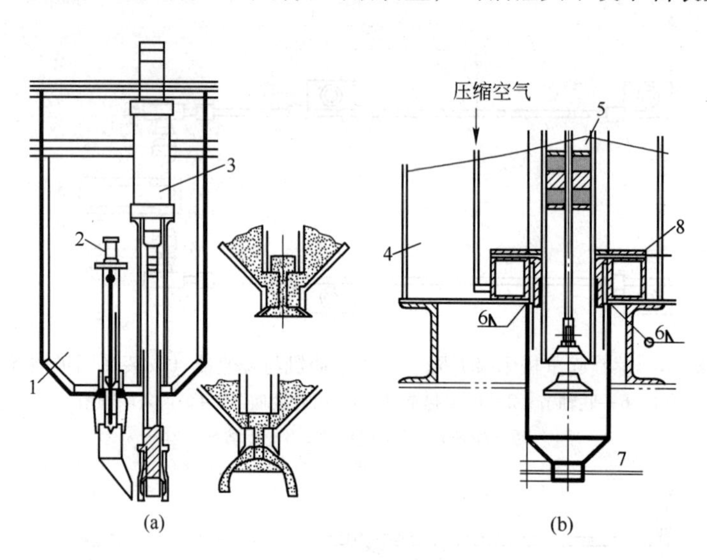

图8－11 打壳和下料系统示意图

1，4—氧化铝料箱；2—下料气缸；3—打壳气缸；5—筒式定容下料器；6—罩板下沿；7—下料筒上沿；8—透气口

打壳装置的作用是为加料而打开壳面，它由打壳气缸和打击头组成。打击头为一长方形钢锤头，通过锤头杆与气缸活塞相连。当气缸充气活塞运动时，便带动锤头上下运动而击打熔池表面结壳。

整个打壳下料系统由槽控箱控制，并按设定好的程序，由计算机通过电磁阀控制，以完成自动打壳下料作业。

8.3.2.4 阳极母线及阳极组

阳极母线通过吊耳悬挂在螺旋起重机上，并和连接两者的平衡母线构成一个框架结构。阳极母线依靠卡具吊起阳极组，并通过卡具使阳极导杆与阳极母线通过摩擦力接触在一起。进线端立柱母线与一侧阳极大母线通过软铝带焊接在一起。

阳极炭块组由铝导杆、铝－钢爆炸焊片、钢爪和阳极炭块组成。铝导杆与钢爪之间为铝－钢爆炸焊接，钢爪与炭块用磷生铁浇注连接，为防止因此接点处氧化而导致钢爪与炭块间接触电压升高，许多工厂采用炭素制造的具有两半轴瓦形态的炭环，炭环与钢爪间的缝隙用阳极糊填满。阳极炭块组的结构见图8－12。

8.3.2.5 集气和排烟装置

电解槽上部敞开面由上部结构的顶板和槽周边若干铝合金槽盖板构成集气烟罩，槽顶板与铝导杆之间用石棉布密封，电解槽产生的烟气由上部结构下方的集气箱汇集到支烟管，再进入墙外主烟管送到净化系统。为保证产生的烟气不滞留在集气箱内，在集气箱上

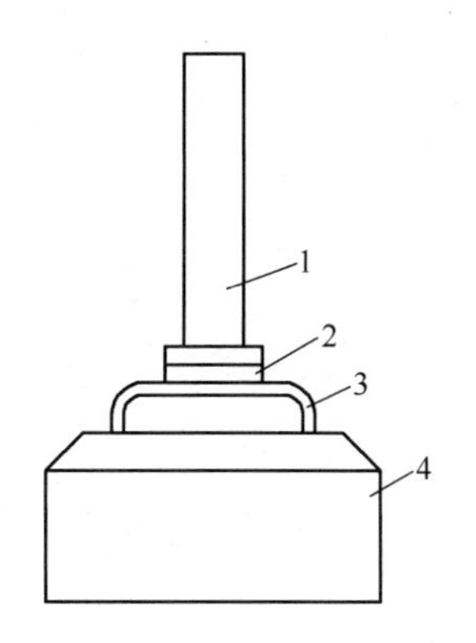

图 8-12 阳极炭块组的结构
1—铝导杆；2—铝-钢爆炸焊片；3—钢爪；4—阳极炭块

部开出一排集气孔。

为了保证更换阳极和出铝打开部分槽罩作业时烟气不大量外逸，支烟管上装有可调节烟气流量的控制阀门，当电解槽打开槽罩作业时，将可调节阀门开到最大位置，通过加大排烟量保证作业时的烟气捕集率仍能达到98%。

8.3.3 母线结构和配置

8.3.3.1 母线种类

整流后的直流电通过铝母线引至电解槽上，槽与槽之间通过铝母线串联起来，所以，电解槽有阳极母线、阴极母线、立柱母线和软母线，槽与槽之间、厂房与厂房之间还有连接母线。阳极母线属于上部结构中的一部分。阴极母线是指从阴极钢棒棒头到下台槽立柱母线的一段母线，它排布在槽壳周围或底部。阳极母线与阴极母线之间通过连接母线、立柱母线和软母线连接，这样就将电解槽一个一个地串联起来，构成一个系列。

铝母线有压延铝母线和铸造铝母线两种。为了降低母线电流密度、减少母线电压降、降低造价，大容量电解槽均采用大断面的铸造铝母线，只在软带和少数异形连接处采用压延铝板焊接。

8.3.3.2 母线配置

在大型电解槽的设计中，母线不仅用于导电，还承担着阳极重量。其产生的磁场是影响槽内铝液是否稳定的重要因素，并直接影响工艺条件和生产指标的好坏。电解槽四周母线中的电流产生强大的磁场，磁场产生电磁力，导致熔体流动、铝液隆起以及铝液电解质界面波动，严重时会冲刷炉帮，危及侧部炭块。

母线的设计除了要满足磁流体稳定的要求之外，还必须满足以下要求：

(1) 具有良好的经济性，即母线的用量和电能损失的综合费用最小。

(2) 具有可靠的安全性，即在正常生产和短路状况下，母线没有过载现象。

(3) 具有便捷的操作性，配置简单，容易安装，方便电解槽生产操作。

为了降低磁场的影响，现已出现各种进电方式和母线配置方案。传统的中小型电解槽通常采用纵向排列、单端进电、阴极母线沿槽两大面直接汇集的简单排布方式。现代大型预焙电解槽开始采用横向排列、双端进电、出电侧阴极母线沿槽大面汇流、进电侧阴极汇流母线绕槽底中心后转直角由小面中心引出的磁场补偿方案，以削弱立柱和阳极母线的磁场。电解槽的母线配置如图8－13所示。

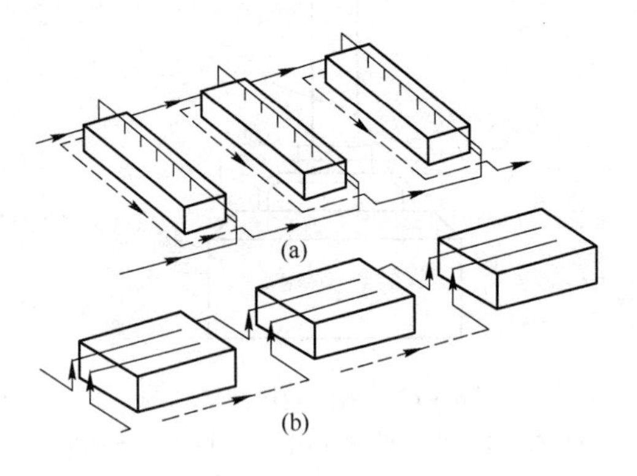

图8－13 电解槽的母线配置
（a）双端进电；（b）单端进电

随着电解技术的发展，现在大型预焙槽多采用大面四点或多点（五点、六点）进电。由于相邻立柱产生的磁场相反，叠加相抵，阴极母线采用非对称性母线配置，以抵消相邻列电解槽磁场的影响，使槽中大部分区域铝液的磁场强度较小；而外侧部立柱母线造成的小面和角部的不平衡磁场，则采用部分阴极母线沿槽周至槽底汇流的母线补偿配置方案。

最末端电解槽的不平衡磁场容易造成该电解槽的电压摆动。可以采用调整该槽部分阴极母线的配置及走向和对地沟内母线加磁场屏蔽的方法，来减小该电解槽的电压摆动。

8.3.4 电气绝缘

在铝电解槽生产系列的厂房范围内输送着强大的直流电流，系列直流电压都在几百伏以上，国内最高系列电压高达1300V。尽管人们把零电压设在系列中点，但系列两端对地电压仍高达650V左右，一旦短路，就易出现人身和设备事故。而且，电解用直流电，槽上和车间电器设备用交流电，若直流窜入交流系统，不仅会造成这部分直流电的损失，而且会引起设备事故。因此，为了防止生产过程中发生电气短路或人身触电事故，除带电设备在制造时所设置的电气绝缘外，电解车间的电解槽、天车、槽控箱、铝母线、地沟盖板、操作地坪和管道及支架等设施，均必须采取可靠的电气安全绝缘措施。

除上述设施的绝缘保证外，还必须做到如下几点：

（1）距离电解槽、导电母线及地沟盖板2.5m范围内，不得设置金属轨道、下水管道等。

（2）厂房内柱子4m以下不得设置金属埋件。

（3）柱内钢筋、铁丝不得外露。

（4）柱间支承为金属结构时，操作层标高4m以下应设木制维护栏。

（5）车间内侧墙的堆放物与槽壳、金属地沟盖板外端之间的距离不可小于1.5m。

（6）车间外整流回路母线裸露在地面3.5m以下的部位，应有护网隔离。

（7）车间生产时的施工焊接、检修维护及操作管理，必须符合有关安全规定。

8.3.5 电解槽设计参数的选择

铝电解槽的设计参数很多，如电流、面积电流、阳极尺寸、槽膛深度、阳极到槽帮的距离等。电流及面积电流已在8.2.1节中述及，其他参数介绍如下。

8.3.5.1 阳极尺寸

阳极尺寸是铝电解槽一个重要的结构参数，它对生产有很大影响。预焙阳极电解槽的阳极是由各阳极炭块构成的，各阳极炭块之间有45mm的间隙，行与行之间的距离为280～300mm，便于阳极气体的逸出。预焙阳极炭块的长度视阳极排列与组数的不同而不同，宽度一般为500～750mm，高度一般为550mm，过低则残极率增大，过高则阳极平均压降增高。

若预焙槽阳极炭块过宽，则会妨碍阳极气体逸出，导致电流效率降低；若阳极炭块过窄，则会增加阳极的更换次数。法国铝业公司与我国的大型预焙槽均采用单块阳极，宽度为660mm。南非希尔赛德铝厂采用法国AP30型电解槽，选用的阳极宽度为680mm。至于美国铝业公司、加拿大铝业公司、德国VAW公司在20年以前建设的预焙阳极大型电解槽，采用的阳极宽度为720mm、760mm、780mm、800mm，每个阳极承担的电流为8～10kA。法国铝业公司AP18型电解槽的阳极宽度为1000mm，每个阳极承担的电流为11～12kA，略高一些，所以在开发300kA电解槽时采用的阳极宽度为650mm（每组2块）。如果选择的阳极炭块过宽，则必须采用双排钢爪，如在选用750～1000mm宽炭块时就应该考虑双排钢爪。这必然使钢爪总断面及用钢量增加，使钢爪在生产中散发大量热量。在大型预焙槽结构设计中，选用单排钢爪的660mm宽阳极是可行且合理的；在300～350kA预焙槽结构设计中，选用双块宽度均在660mm左右的阳极也是合理的。

阳极炭块组有单块组和双块组之分，按钢爪数量分为三爪和四爪两种。国内外一些工厂的预焙阳极设计参数见表8－9。

表8－9 预焙阳极设计参数

项　目	日本	德国	美国	法国	中国	中国	中国
电流/kA	160	175	180	180	280	300	320
阳极块数	24	20	24	16	40	20	24
阳极断面尺寸/cm×cm	140×66	140×76.5	140×72	145×54 双阳极	140×66	155×66 双阳极	160×80 双阳极
阳极钢爪数及布置	· · ·	· · · ·	· · · ·	· · · · · ·	· · · ·	· · · · · ·	· · · · · · · ·

8.3.5.2 槽膛深度

槽膛深度主要取决于电解质水平、铝水平及操作工艺。槽膛过深，则电解槽造价增加，且生产中热损失大。大型预焙阳极电解槽的槽膛深度一般取550～600mm。

8.3.5.3 阳极到槽帮的距离

阳极到槽帮的距离对电解槽的工作影响很大。此距离过大，则热损失大，工作效率低；此距离过小，则不便于操作。此外，缩小阳极到槽帮的距离还可以达到减少水平电流，从而削弱电解槽中铝液波动的目的。

目前采用点式中间下料的大型预焙槽，两排阳极间的中缝宽度一般为200～250mm，而边部（大面）只进行辅助加工，因此阳极到槽帮的距离大大减小，一般为300～350mm，个别达到225mm。

8.3.5.4 母线面积电流

铝电解槽上母线用量很大，母线投资占电解槽总投资的30%～50%。若母线用量增大（即断面增大），则母线上的电耗减小，但是相应的投资费用会增加，同时折旧、检修、经营费用也增加；反之，若母线用量减小，则母线上的电耗增加，电费增多。因此，在一定的条件下存在一个适宜的母线面积电流，在此面积电流下，母线上的总投资（母线用量）和母线的总运行费用（母线上的电耗以及维护、修理与折旧等费用）两者之和最低，这个面积电流即为母线的经济面积电流。

8.4 冶金计算

8.4.1 电解槽日产原铝量的计算

电解槽日产原铝量按下式计算：

$$Q = 0.3356 I \eta t \times 10^{-6} \tag{8-13}$$

式中 Q——电解槽日产原铝量，t；

I——系列电流，A；

η——电流效率，%；

t——电解时间，h。

【例8-1】 某铝厂电解槽设计电流为160kA，电流效率为90%，则每台电解槽理论日产原铝量可按下式计算：

$$Q = 0.3356 I \eta t \times 10^{-6} = 0.3356 \times 160000 \times 90\% \times 24 \times 10^{-6} = 1.1598\text{t}$$

8.4.2 一般物料平衡计算

8.4.2.1 氟平衡计算

在铝电解过程外排的有害物中，氟是含量最大、危害最大的污染物，它包括气态HF、固态氟化盐粉及废渣中的氟化盐污染物，它们来源于冰晶石-氧化铝熔盐的水解、挥发、渗透和原料飞扬。电解烟气干法净化回收系统回收了电解烟气中绝大部分的气态氟和固态氟，分析平衡计算中电解过程氟的散发量与回收量，对生产和控制污染意义重大。

A 铝电解槽氟的收入量

（1）随氟盐加入。吨铝氟化铝单耗为22kg，则加入的氟量为22×61%＝13.42kg；吨铝冰晶石单耗为4kg，则加入的氟量为4×53%＝2.12kg。综上，随氟盐加入的氟量合计为吨铝13.42＋2.12＝15.54kg。

（2）净化回收系统回收后随氧化铝加入。电解槽散发气态、固态氟量为吨铝27.2kg，电解槽集气效率为98%，净化回收系统全氟净化效率为98.7%，则天窗排氟量为吨铝27.2×(1－98%)＝0.544kg，净化后烟囱排氟量为吨铝27.2×98%×(1－98.7%)＝

0. 347kg。综上，净化回收系统回收后随氧化铝加入的氟量为吨铝 27. 2 －0. 544 －0. 347 =26. 31kg。

上述两者之和即为铝电解槽氟的收入量，共计为吨铝 15. 54 +26. 31 =41. 85kg。

B 铝电解槽氟的支出量

（1）槽内衬吸收氟量为吨铝 6. 05kg。

（2）随残极吸收带走的氟量为吨铝 0. 3kg。

（3）水解、挥发、飞扬进入烟气的气态和固态氟量为吨铝 27. 2kg。

（4）机械损失氟量为吨铝 3kg。

（5）电解质增量消耗氟。氧化铝中含有 Na_2O，其质量分数为 0. 4% ~0. 5%，进入电解质中的 Na_2O 量约为吨铝 1930 ×0. 45% =8. 69kg，其中 Na^+ 量为吨铝 6. 45kg，按平衡反应式 $Na^+ + F^- \longrightarrow NaF$ 计算，耗氟量为吨铝 5. 3kg。产生的 NaF 必须用 AlF_3 中和，以保持一定的电解质分子比。AlF_3 产品中氟占 61%（质量分数），故实际吨铝 AlF_3 耗量为 5. 3/61% =8. 69kg，该数值为电解质增量，增加的电解质定期取出。

综上，铝电解槽氟的支出量共计为吨铝 6. 05 +0. 3 +27. 2 +3 +5. 3 =41. 85kg。

8. 4. 2. 2 铸造金属平衡计算

以生产能力为 10 万吨/年的电解铝厂为例，原铝铸造损失率为 0. 5%，铸造金属平衡见表 8 －10。

表 8 －10 铸造金属平衡表

收 入		支 出	
项 目	数量/t	项 目	数量/t
原 铝	102233	普通铝锭	101722
		铸造损失	511
合 计	102233	合 计	102233

8. 4. 3 铝电解槽的能量平衡及其计算

铝电解槽是铝工业生产的一个重要环节，其中存在互相耦合的物理场，包括电、磁、流、热、力等物理场，这些物理场分布情况的好坏直接影响电解槽的电流效率、能量消耗和槽寿命等技术经济指标，因此，对这些物理场的深入研究具有十分重要的实际意义。在稳定状态下，供给电解槽体系的能量等于电解过程需要的能量与从电解槽体系损失的热能之和，这就是电解槽的能量平衡。

对生产中的电解槽来说，根据能量平衡计算可以看出能量在电解槽上的分配与利用，找出降低电耗的途径，为改善电解槽的工作提供条件。而在设计电解槽工程中，通过能量平衡计算可以确定电解槽适宜的保温条件，即确定适宜的热损失与适当的极间距离，并为调整电解槽热损失的分配与事先估计电能效率提供必要的资料。

8. 4. 3. 1 能量平衡计算的温度基础、体系、体系电压及时间

（1）温度基础。温度基础指计算所假定采取的初始温度，亦即过程假定的开始反应温度。通常取电解温度为计算温度基础，或者取 0℃或 25℃作计算温度基础。温度基础不同，计算项目也不同。

（2）体系。体系即指计算对象的边界范围，它应该包括电解槽体。对有罩预焙槽，可取槽底－槽壁－槽罩－槽壁为边界范围；对无罩预焙槽，可取槽底－槽壳－槽面－阳极为边界范围。

（3）体系电压。体系电压就是计算对象边界范围以内的电压降。对有罩预焙槽，体系电压取从铝导杆至阴极钢棒棒头这一段线路上的电压降；对无罩预焙槽，体系电压则取从钢爪到阴极钢棒棒头这一段线路上的电压降。

（4）时间。时间通常取1h或24h。

当取某一温度为计算基础时，其意义就是假设电解反应在该温度下进行，此时电解槽计算体系与周围环境之间进行稳定的物质交换，达到能量供给与消耗之间的平衡。

8.4.3.2 铝电解槽的能量平衡式

当以0℃为计算温度基础时，电解槽能量平衡涉及的项目如图8－14所示，分别说明如下（以1h为计算基础）。

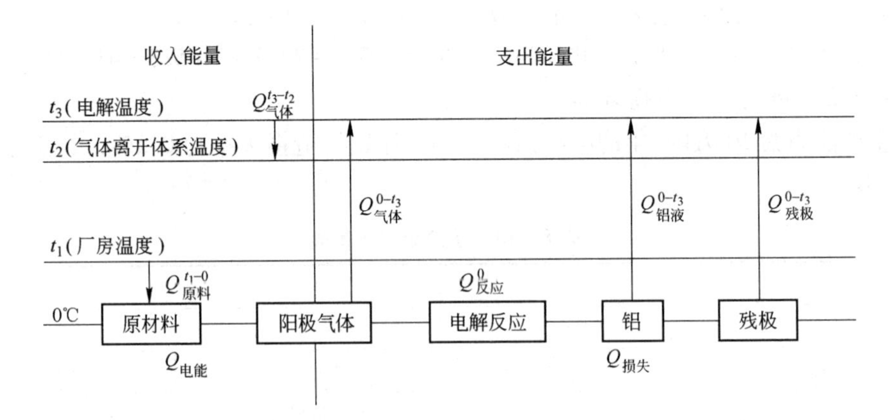

图8－14 以0℃为计算温度基础的能量平衡示意图

能量收入项为：

（1）电力供给计算体系的能量 $Q_{电能}$；

（2）原料带入计算体系的能量 $Q_{原料}^{t_1-0}$；

（3）阳极气体在离开计算体系之前放出的热量（其中包括因气体温度降低和烘烧而放出的热量）$Q_{气体}^{t_3-t_2}$。

能量支出项为：

（1）电解反应消耗的能量 $Q_{反应}^{0}$；

（2）铝液带走的热量 $Q_{铝液}^{0-t_3}$；

（3）阳极气体带走的热量 $Q_{气体}^{0-t_3}$；

（4）残极带走的热量 $Q_{残极}^{0-t_3}$；

（5）电解槽计算体系通过传导、对流和辐射向周围环境传热而损失的热量 $Q_{损失}$。

则能量平衡式为：

$$Q_{电能} + Q_{原料}^{t_1-0} + Q_{气体}^{t_3-t_2} = Q_{反应}^{0} + Q_{铝液}^{0-t_3} + Q_{气体}^{0-t_3} + Q_{残极}^{0-t_3} + Q_{损失} \quad (8-14)$$

如果以25℃为温度基础，则式（8－14）可写为：

$$Q_{电能} + Q_{原料}^{t_1-25} + Q_{气体}^{t_3-t_2} = Q_{反应}^{25} + Q_{铝液}^{25-t_3} + Q_{气体}^{25-t_3} + Q_{残极}^{25-t_3} + Q_{损失} \quad (8-15)$$

若以电解温度 t_3 为计算基础，因为 $t_3 > t_1$，则 $Q_{原料}$ 项应当变为支出项而改写在能量平衡式右端，$Q_{铝液}$ 和 $Q_{残极}$ 两项由于温度差为零而消失。当忽略 $Q_{气体}$ 项时，能量平衡式变为：

$$Q_{电能} = Q_{反应}^{t_3} + Q_{原料}^{t_1-t_3} + Q_{损失} \quad (8-16)$$

而

$$Q_{电能} = IU_{体系}t \quad (8-17)$$

式中 I——系列电流，A；

$U_{体系}$——计算体系的全部电压降，V；

t——时间，s。

$U_{体系}$包括由于发生阳极效应而造成的电压升高值与随着电解进行在一个效应周期内反电动势升高的平均值。后者为0.105V，但在连续下料时可以忽略不计。

$Q_{反应}^{t_3}$、$Q_{原料}^{t_1-t_3}$ 可通过反应物与生成物的热力学数据求得，表8-11示出了相关物质的函数关系 $H_T = f(T)$。

表8-11 相关物质的 H_T

物 质	H_T/kJ·mol^{-1}	H_{298}^{Θ}/kJ·mol^{-1}	温度范围/K
Al (l)	$-6.226 + 0.0364T$	0	1200~1300
C (s)	$-11.318 + 0.02297T$	0	1200~1300
Al_2O_3 (α, s)	$-1724.318 + 0.1283T$	−1673.6	1200~1273
CO (g)	$-122.482 + 0.0335T$	−110.54	1200~1300
CO_2 (g)	$-415.618 + 0.0549T$	−393.51	1200~1300

8.4.3.3 铝电解槽的热损失

在计算铝电解槽能量平衡时，最复杂的是计算电解槽向周围介质传热的热损失（$Q_{损失}$），因为热损失受到电解槽各散热部件的形状、性质、配置、与相邻部件的关系以及流过部件表面的气流等多个因素的影响。此外，传热表面温度测量的误差及导热材料热物理性质随电解过程的变化也会影响热损失的计算。下面结合铝电解槽简述热损失的计算方法。

（1）传导热损失。铝电解槽槽底与槽帮由内向外的热损失属于传导热损失。一般传导热损失的计算公式为：

$$Q_{传} = KS(t_1 - t_2) \quad (8-18)$$

式中 $Q_{传}$——单位时间传导热损失，kJ/h；

K——热传导传热系数，kJ/(m^2·h·℃)；

S——热流通过的截面积，m^2；

t_1——壁内表面的温度，℃；

t_2——壁外表面的温度，℃。

对单层壁来说：

$$K = \frac{\lambda}{\delta} \quad (8-19)$$

式中 λ——壁的导热系数，kJ/(m·h·℃)；

δ——壁的厚度，m。

（2）对流热损失。对流热损失的计算公式为：

$$Q_{对} = \alpha_{对}(t_1 - t_0)S \tag{8-20}$$

式中 $Q_{对}$——单位时间对流热损失，kJ/h；

$\alpha_{对}$——对流传热系数，kJ/(m^2·h·℃)，当槽壁为垂直面时 $\alpha_{对} = 2.2(t_1 - t_0)^{1/4}$，当槽壁为水平面向上时 $\alpha_{对} = 2.8(t_1 - t_0)^{1/4}$，当槽壁为水平面向下时 $\alpha_{对} = 1.44(t_1 - t_0)^{1/4}$；

t_1——传热壁表面温度，℃；

t_0——周围介质温度，℃；

S——传热壁表面积，m^2。

（3）辐射热损失。辐射热损失按下式计算：

$$Q_{辐} = \varepsilon C_0 S\left[\left(\frac{t_1 + 273}{100}\right)^4 - \left(\frac{t_2 + 273}{100}\right)^4\right]\varphi \tag{8-21}$$

式中 $Q_{辐}$——单位时间辐射热损失，kJ/h；

ε——物体黑度；

C_0——绝对黑体的辐射传热系数，其值为20.73kJ/(m^2·h·℃)；

S——物体的辐射表面积，m^2；

t_1——物体（壁）的温度，℃；

t_2——周围介质的温度，℃；

φ——该辐射表面与相邻表面相互辐射的角度系数。

计算辐射热损失时，应考虑该辐射表面是否与其他表面有热交换、相对位置如何、是属于关闭系数还是开放系数等。

铝电解槽常用材料的导热系数、主要表面黑度值、角度系数，可通过相关设计手册查得。

8.4.3.4 铝电解槽能量平衡计算

冰晶石－氧化铝熔盐电解生产铝的过程是非常复杂的，涉及许多传质和传热过程、化学和电化学反应以及复杂的相平衡问题，尽管这一炼铝方法已经在工业上应用了100多年，但人们仍不清楚其中的许多物理化学过程。尽管电解槽的热设计对电解槽的工艺操作和铝电解生产的电能消耗起到非常关键的作用，但实际在某种程度上，某些铝厂电解槽的热设计仍然依靠经验。近些年来，人们通过电解槽能量平衡的理论和数学模型对电解槽的传热和温度场进行了研究，大大减少了电解槽在热设计方面的修改过程，并且取得了巨大的进步。事实上，铝电解工业在电解槽的大型化设计方面已经取得了非常大的进步，电解槽的最大容量已研究达到500kA，原有一些较大型电解槽的容量在原设计电解电流的基础上都有了很大提高。不论是新建的大型电解槽还是电流强化后的电解槽，其电流效率和电耗指标都比以前更先进，这些均归功于最佳电解槽热电模拟技术在电解槽上的应用。

早期的铝电解槽传热过程物理模型是一维的，这种模型对于给定电解槽某个区域的模型结壳厚度，计算其局部电解槽的传热是有用的，但是不能对电解槽的槽膛结壳形状求解。二维传热过程物理模型对计算和预测电解槽槽膛和槽帮结壳的形状是非常有效的。由于槽膛和槽帮结壳形状对铝电解槽的电流分布和电流效率具有非常重要的影响，正确预测不同的电解槽结构设计和工艺参数对电解槽槽膛和槽帮结壳形状的影响，是电解槽热设计的核心问题，也是电解槽热电模拟和传热研究的主要内容。

对于电解槽阳极和阳极表面覆盖的氧化铝的传热过程来说，未涉及相变化，其传热条件的不可改变性使得在炭阳极质量相同的情况下，电解槽上部散热只与氧化铝保温层厚度有关，其表面散热损失及阳极中的温度分布数据容易测定，误差不大。

在铝电解槽的槽膛内，由于铝液和电解质的流动，使得高温熔体的大量热量以对流方式向槽内衬传递。在槽内衬中，热量以传导形式经由炭素材料、耐火材料、保温材料等传向电解槽钢壳表面，再由钢壳表面向周围环境以对流和辐射的方式散发出去。

实际的电解槽结构和操作工艺非常复杂，因此用数学方法直接描述铝电解槽的热电参数是比较困难的。在保证求解精度和反映主要规律的前提下，可对实际电解槽的生产过程进行简化处理，得出相应的物理模型，然后在此基础上建立数学模型并进行计算。

在铝电解槽操作条件稳定的情况下，槽内衬的温度场为稳态温度场。假设电解槽的热量传递和电场均为平面场，除电解槽 4 个角部与实际情况有些差别外，其余各处均与实际情况基本吻合。在此假设下，铝电解槽两端的热流量成为第三维，可以假设恒定不变，这样就可以用二维的温度场来描述三维的电解槽热传递过程。

在铝电解槽中，由于铝液和电解质熔体的流动很剧烈，使得铝液和电解质熔体部分的温差很小，可以认为此处的温度是均匀的，将其作为等温区，不考虑铝液和电解质的温度场计算。在铝电解槽简化处理后的物理模型的基础上，可以建立二维稳态数学模型。

国内外均采用计算机和先进的电场、热场数学模型进行铝电解槽热平衡计算。计算过程中，电场和热场相互影响，需要同时求解，这是一个电热耦合问题，采用有限差分的数学方法所编制的专用计算机软件，能够较好地求解这一问题。

8.5 车间配置

8.5.1 电解铝厂生产系统

电解铝厂主要生产系统包括电解、铸造、氧化铝储运、烟气净化、阳极组装等车间或工段。铝电解生产所需的原材料为氧化铝和氟化盐，电解所需的直流电由整流所供给。铝生产所需的氧化铝、氟化盐从厂外运至厂内，罐装氧化铝在卸料站通过浓相输送系统卸至附近的储槽中，袋装氧化铝和氟化盐卸入氧化铝及氟化盐仓库。储槽内的氧化铝由浓相输送系统吹送至两栋电解厂房中间的新鲜氧化铝储槽。氧化铝经过净化系统吸附电解烟气后成为载氟氧化铝，由气力提升机送入载氟氧化铝储槽，再由超浓相输送系统送至电解槽的料箱中。袋装氟化盐在仓库内装入汽车槽车，运至两栋电解厂房中间的氧化铝储槽下，用气力输送至氟化盐储仓，参与载氟氧化铝配料。部分氟化盐由汽车运送至电解车间，由电解多功能天车送入电解槽槽上料箱中。

阳极炭块由阳极组装车间组装成阳极炭块组，供电解槽使用。生产过程中的残极从电解槽上卸下后，送往阳极组装车间处理。残极炭块返回阳极分工厂，铝导杆按工艺要求处理后重新组装阳极。

电解槽产出的液态原铝由压缩空气造成的负压吸入出铝抬包，送往铸造车间。

在铸造车间将铝液注入混合炉，并按产品牌号的要求进行合理调配、精炼和静置，通过铸造机浇注成重熔用铝锭。铸造成品经质量检验、打捆、称重后，由内燃叉车送入成品堆场。

检查原材料的成分及产品质量，由专门为电解铝生产服务的化验室完成。

下面对各车间的工艺要求做简要叙述。

8.5.1.1　电解车间

铝电解车间的任务是生产液态原铝，其主要生产及辅助设备为铝电解槽、电解多功能机组、母线转接装置等。

电解车间通常由两栋互相平行的两层楼式厂房组成，一楼安装槽体和阴极母线，地坪为素混凝土地坪，地下有通风沟和母线沟；二楼为工作面，操作地坪为铺有沥青砂浆的绝缘地坪。槽周围地坪设有通风格子板。厂房中部和端头留有通道（短厂房3个、长厂房5个），便于工艺车通行。厂房的大小取决于其生产能力。在±0.000～+7.400标高之内不允许有带零电位的金属件外露，以免触电伤人。为便于通风换气，一楼柱间设通风窗，屋顶设排气天窗。

电解槽在厂房内呈单排横向或双排纵向配置，厂房内电路通过导电铝母线串联每台电解槽，再与厂房一端毗邻的供电整流所连接。为节省导电铝母线、降低槽电压，通常大型预焙阳极电解槽采用单排横向配置。

车间内设有压缩空气管道，以便为槽上气控设备提供压缩空气。

电解槽采用槽罩密闭，电解槽产生的烟气经排烟管汇集于敷设在厂房外侧的总管中，送至净化系统。电解厂房长度由系列安装槽数确定，而系列安装槽数由整流所供电电压确定。目前国内整流所供电电压最高达1300kV，系列安装槽数多达288台，每栋电解厂房长达1000m以上。

两栋厂房之间配置有电解烟气净化系统、新鲜氧化铝储槽、载氟氧化铝储槽、配料及超浓相输送系统。两栋厂房之间由数条通道连接，供出铝、运输新旧阳极及其他物料、设备等使用。

8.5.1.2　铸造车间

铸造车间的任务是将电解车间生产的原铝根据市场需求，铸造成普通重熔铝锭、合金铝锭以及圆锭、板锭、板坯、线坯等商品铝锭。

根据选用的生产设备，铸造车间厂房可为单跨或多跨度厂房，天车轨顶标高高于8.000，设有侧窗及屋顶天窗，通风良好。

根据商品及质量的需求，铸造车间另设有氯气和氮气发生装置、铝渣处理设备以及相应的生产工段。

8.5.1.3　氧化铝储运系统

氧化铝储运系统的主要任务是储存由厂外运来的氧化铝、氟化铝和冰晶石，并按需要及时将其送到烟气净化系统或电解车间的电解槽上料箱内。

氧化铝是铝电解厂中储存、输送量最大的一种原料，随着铝工业向自动化、低成本和低能耗的方向发展，各铝厂对氧化铝输送技术的要求越来越高。要求输送设备运行可靠，造价低廉，维护费用低；自动化程度高；能耗低；密闭性好，无泄漏。根据目前国内外氧化铝输送技术的发展趋势来看，普遍采用气力输送技术输送氧化铝。气力输送技术包括稀相输送、浓相输送和超浓相输送技术，目前稀相输送已逐渐被浓相输送和超浓相输送取代。

根据电解铝厂的生产规模和交通运输条件，通常电解铝厂氧化铝储运系统包括火车槽车卸料站、氧化铝储槽和仓库、气力输送系统等。

8.5.1.4 烟气净化系统

烟气净化系统的任务是抽取电解槽内的含氟烟气及飞扬粉尘，净化烟气并回收气态、固态氟；将洁净气体排空，使氟以载氟氧化铝的形式加入电解槽。电解烟气采用干法净化技术，每个系统包括烟气管道、风机及排气烟囱、除尘器、氧化铝循环及输送设备、控制室等装置及工段。

为减少系统压头损失、提高系统运行效率，根据电解系列生产规模及安装电解槽的数量来确定烟气净化系统数量。通常在每个电解系列的两栋电解厂房之间配置电解烟气净化系统。

8.5.1.5 阳极组装车间

阳极组装车间的任务是为电解车间制备新阳极组、处理残极并回收固体电解质。该车间由积放式悬挂输送机（简称悬链）流水作业区、磷铁熔化浇注区、阳极组库及电解质破碎间等工段组成。悬链流水作业区由装卸站、电解质清理、残极抛丸处理、残极压脱、磷铁环压脱、导杆矫直、钢爪矫直、钢爪抛丸处理、涂石墨、钢爪烘干、浇注磷生铁、导杆清刷等流水作业工序组成。

电解槽上卸下的残极运至阳极组装车间，经装卸站挂到悬链上，进行流水作业；清理下的电解质由破碎系统破碎至10mm以下，返回电解槽使用；压下的残极炭块作为阳极生产的配料，返回炭素工厂；钢爪上磷铁环压脱后再经清理滚筒清理，返回中频炉熔化再浇注；新阳极组在装卸站卸离悬链系统，由阳极拖车送入电解车间。

阳极组装车间由悬链流水作业区、磷铁熔化浇注区、阳极组库组成多跨单层厂房，电解质破碎间为多层厂房。

8.5.1.6 化验室

化验室由光谱组、晶形组、化学组和物理组组成。光谱组进行铝液的预分析和产品中硅、铁、铜等的定量分析；晶形组进行电解质的分子比和杂项分析，观察产品断面晶形缺陷；化学组进行进厂原料的检验以及标样和杂项分析；物理组进行材料试验。

8.5.2 电解槽排列及电路连接

每个铝厂都是由很多电解槽串联起来构成一个电解槽系列，它是铝生产的基本单元。大型铝厂一般都拥有两个或两个以上系列，每一系列都有其额定的电流和产能。近年来新建的大型电解槽系列，系列电流为180～320kA，直流电压为1100～1400V，系列安装电解槽多达300多台，一个系列的年生产能力高达24.5万吨。

每个电解厂房电解槽的数量取决于这个车间的产能、槽的排列方式及槽型、电流、厂房结构、操作方法、环境保护、自动控制等因素，同时还受地理位置、交通运输等条件的影响。就一个电解槽系列而言，不管电解槽的数量有多少，它们的排列方式只有纵向和横向两种，而每一种排列又可分为单行、双行以及多行排列。现代新建的大型预焙槽通常采用单排横向排列方式。这是因为提高电流不仅会增加电解槽本体的宽度，而且主要是会增加电解槽的长度，即槽子容量越大，其长宽比也越大。因此，纵向排列方式需要增加电解厂房的长度和母线用量、增长原材料运输距离。采用横向排列方式时，导电母线的配置方式有较多的选择余地，这有利于削弱磁场影响并减少母线用量，厂房单位面积产量高。

系列中的电解槽均是串联的，直流电从整流器的正极经地沟铝母线、立柱铝母线、阳极大母线后，进入第一台电解槽的阳极；然后经过电解质、铝液到达炭阴极，再通过阴极母线导入第二台电解槽的阳极。这样依次类推，从最后一台电解槽阴极出来的电流又经大母线回到整流器的负极，使整个系列成为一个封闭的串联线路，如图 8－15 所示。

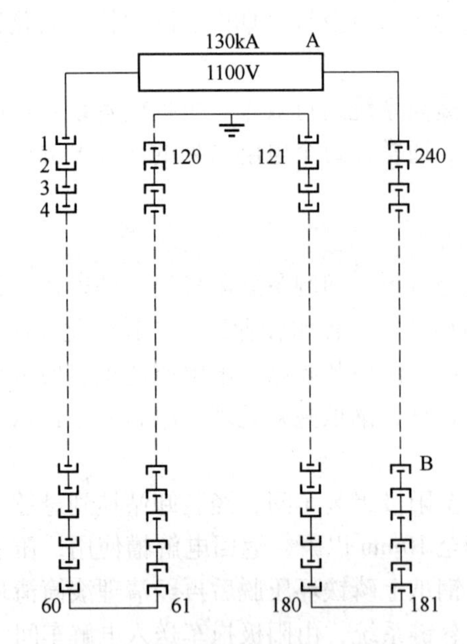

图 8－15　铝电解槽系列配置图
（240 台电解槽，系列电流为 130kA，电压为 1100V）
A—整流所；B—电解槽

新系列启动时电解槽不可能一次通电，往往是分批通电启动。这就需要在系列母线系统内设置若干短路口。短路口的作用是当电解槽正常生产时将其断开，使电流必须通过电解槽进入下台槽；当电解槽没有生产需要或停槽时将其短路，使电流直接进入下台槽。同时，电解厂房配置的回路中都设有若干系列的短路母线，以适应焙烧启动生产的要求。一般短路母线都设置在厂房间的过道口。

8.5.3　200kA 铝电解车间配置实例

某 200kA 铝电解车间由若干电解厂房、计算机站、空压站、干法净化回收站及供料库组成。

该车间由两栋互相平行、跨度为 24m、长度为 744m 的两层楼房组成，车间一楼安装槽体和阴极母线，标高为 ±0.000，一楼地坪为混凝土地坪；二楼楼板为操作地坪，标高为 +2.400，操作地坪为混凝土地坪。槽间设有通风格子板。在 ±0.000 ~ +7.400 标高之内不允许有带零电位的铁件外露，以免触电伤人。

两栋厂房的间距为40m，配置有三套净化系统、三座直径为18m 的氧化铝双层储槽、三个配料及超浓相输送系统。两栋厂房之间有四个通道连接，供出铝、运输新旧阳极及其他物料、设备等使用。

每栋厂房内安装 105 台 200kA 电解槽，全系列共计 210 台槽。电解槽单排横向配置，槽中心距为 6.2m。电解槽纵向中心线与厂房轴线距离分别为 9m 和 15m，电解槽槽沿标高为 +2.850。在每台电解槽的烟道侧墙上设一台槽控机和一台气控箱。电解槽采用槽罩密闭，电解槽产生的烟气经排烟管汇集于敷设在厂房外侧的总管，送至净化系统。

为完成车间内打壳、加料、更换阳极和出铝等工作，每栋厂房安装电解多功能天车 4 台，系列安装 8 台，天车轨顶标高为 +9.150。

车间内设有压缩空气管道，以便为槽上气控设备和出铝提供压缩空气。

供电的整流所设在厂房的一端。

9 铜电解精炼车间工艺设计

9.1 概 述

粗铜经火法精炼后仍含有一定数量的杂质。这些杂质的存在会使铜的某些物理性质和力学性能变差，不能满足电气工业对铜质量的要求。因此，粗铜在火法精炼之后还要进一步进行电解精炼，以除去火法精炼难以除去的杂质，同时综合回收其中的贵金属和其他有价成分。

铜电解精炼工艺自1869年首次在工业上应用以来，就其基本原则和理论而言，并没有重大变化，但在提高技术装备水平、扩大生产规模、提高阴极铜质量、降低能源和人工消耗方面则有了巨大进步，这种进步以近二三十年间尤为显著。特别是铜电解精炼阴极材料的改进是一个重大突破，出现了永久性不锈钢阴极法铜电解精炼工艺。永久性不锈钢阴极法的技术指标与传统法相比具有以下特点：

（1）流程简单，自动化程度高，操作人员少；

（2）电流密度高，极距小；

（3）阴极周期短，残极率低；

（4）金属积压少，流动资金周转快；

（5）槽电压高，直流电耗高。

图9－1和图9－2所示分别为铜电解精炼传统工艺流程和永久性不锈钢阴极法铜电解工艺流程。

9.2 技术条件及技术经济指标的选择

9.2.1 技术条件

铜电解精炼技术条件的控制，对操作过程的正常进行、技术经济指标的改善和保证电铜的质量都具有决定性意义。

9.2.1.1 电流密度

电流密度一般是指单位阴极面积上通过的电流强度，它是铜电解精炼中最重要的技术经济指标之一，也是影响阴极铜结构和性质的一个重要因素。合理提高电流密度可挖掘设备产能，降低在线产品数量，减少流动资金占用。因此，近年来国内外一些工厂都在保证质量的前提下，力求采用较高的电流密度。电流密度的提高受到很多因素的影响，如阳极板的尺寸及成分、电解液的成分及温度、极距、溶液循环等。由于经济技术条件、操作及技术水平的限制，国内外传统大极板电解采用的电流密度一般为220～270A/m^2。但近年

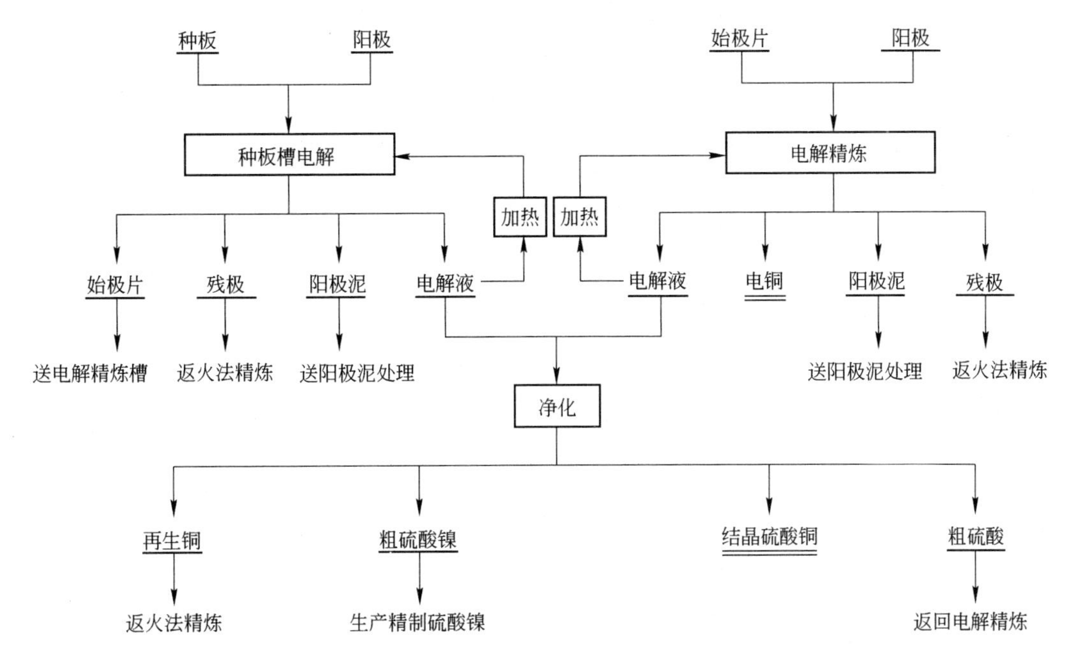

图9－1 铜电解精炼传统工艺流程

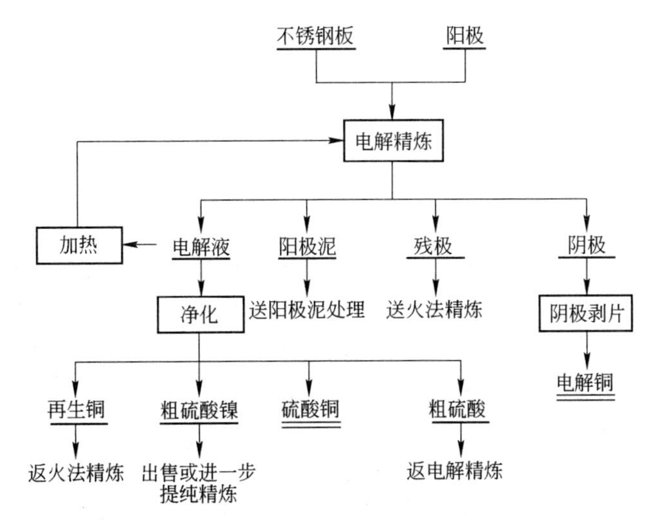

图9－2 永久性不锈钢阴极法铜电解工艺流程

来随着生产技术和管理水平的提高，各厂家采用的电流密度有显著提高的趋势，尤其是永久性不锈钢阴极技术的应用、电解液循环方式的改变以及采用周期反向电流电解，解决了由于高电流密度而出现的阳极钝化问题，使电流密度达到300～400A/m^2。

9.2.1.2 电解液成分

电解液主要由硫酸和硫酸铜水溶液组成，一般含铜40～50g/L，含硫酸180～240g/L。实际电解液中铜和硫酸的含量，应视电流密度、阳极成分和电解液的纯净度等条件而定。由于电解液的电阻随酸度的增加而降低，随铜含量的增加而升高，为了降低电耗，一般采用高酸低铜电解液较为有利。然而，由于硫酸铜的溶解度随着硫酸含量的增加而降低，如果硫酸含量过高，则硫酸铜容易从电解液中结晶析出，同时加剧了阳极钝化。随着阳极的溶解，电解液中的杂质不断积累，杂质的积累使硫酸铜的溶解度降低。因此，在杂质含量高的电解液中，硫酸含量也应适当减小。

电解液中铜含量的不断上升和下降都是不利的现象。电解液的铜含量不断上升，则电解液的电阻不断增加，当铜含量超过其溶解度或电解液的温度下降时，硫酸铜会从溶液中结晶析出，从而使电解作业不能正常进行；电解液的铜含量不断下降，则杂质可能在阴极上析出，故必须向溶液中加入硫酸铜，以补充溶液中铜离子浓度的不足。总之，在电解生产中必须根据各种具体条件加以掌握，以控制电解液的铜含量处于规定的范围内。

镍、铁、砷、锑、铋等杂质含量过高会增大电解液的电阻和黏度，降低硫酸铜的溶解度，且因砷、锑和铋含量过高而造成的飘浮阳极泥会严重影响阴极铜的质量。铜电解液中有害杂质的允许含量列于表9－1中。飘浮阳极泥含量一般要低于30mg/L。

表9－1 铜电解液中有害杂质的允许含量 (g/L)

元 素	Ni	As	Sb	Bi	Fe
含 量	<15	<7	<0.6	<0.5	<3

9.2.1.3 电解液温度

提高电解液的温度能降低电解液的黏度，增大硫酸铜的溶解度，增加离子的扩散速度，消除阴极附近铜离子的严重贫化，从而使铜在阴极上均匀析出。此外，电解液的电导率随温度的升高而增大，因而提高温度会使槽电压有所下降，对降低电耗有利。然而电解液温度过高会增加蒸汽消耗，加速液面蒸发，使车间酸雾增多，操作环境恶化。电解液温度一般控制在55～65℃。

9.2.1.4 电解液循环方式

在铜电解精炼中，电解液的循环是为了供给电解液热量、添加剂以及净化了的新鲜电解液，使电解液的温度和成分均匀，降低浓差极化。近年来，随着高电流密度电解法的应用，电解液循环状态的作用成为生产优质电铜的重要因素。

到目前为止，电解液的循环方式按流动方向可分为两种，即与电极板面垂直的流动方式和与电极板面平行的流动方式。

与电极极板垂直的流动方式为传统的循环方式，是自铜电解精炼工艺出现以来一直采用的循环方式，并且目前大多数铜电解车间依然使用这种循环方式。传统循环方式可分为下进上出和上进下出（见图9－3），这两种方式各有优缺点。下进上出方式有利于溶液的充分混合，但与阳极泥沉降方向相反，造成阳极泥沉降困难。上进下出方式对阳极泥沉降有利，但对电解液混合不利，电解液上下层浓差较大。传统循环方式的电解液循环量过大，不仅增加动力消耗，而且影响电解液中悬浮杂质和阳极泥粒子的下沉，甚至冲起阳极泥，影响电铜质量，增加贵金属的损失。循环量的选择主要取决于循环方式、电流密度、电解槽容积、阳极成分等。当操作电流密度高时必须采用较大的循环量，以减少浓差极化。一般中小型电解槽的循环量取20～30L/(min·槽)，大型电解槽取30～50L/(min·槽)。

与电极板面平行的流动方式是近年来为适应大型电解槽和高电流密度而发展起来的循

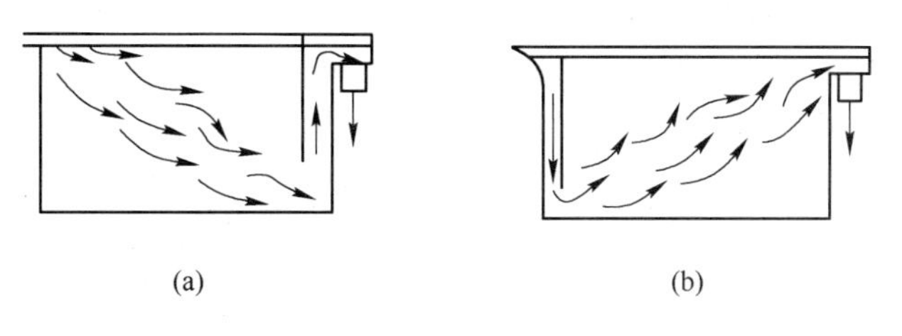

图9-3 传统循环方式
（a）上进下出；（b）下进上出

环方式，是在大型电解槽整个宽度方向上与极板平行流动的全断面横向循环方式，因而又称为全断面横向循环方式或平行环流循环方式（见图9-4）。一般大型电解槽采用的平行环流循环方式的循环量为传统循环方式的2~3倍。

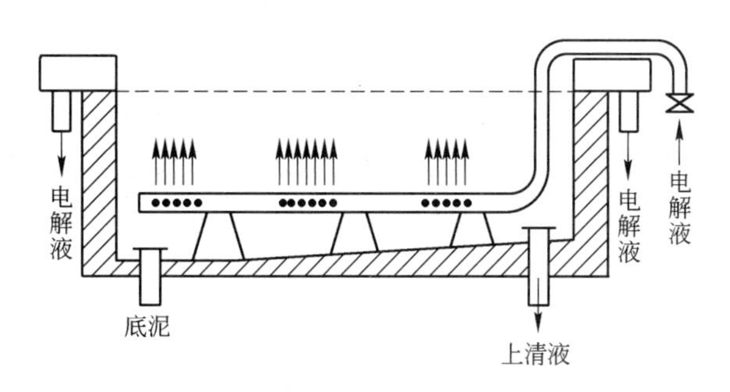

图9-4 平行环流循环方式

9.2.1.5 添加剂

在铜电解过程中，为了能得到光洁、致密的阴极沉积物，提高产品的纯度，在铜电解液中加入各种有机添加剂，添加剂的选择及加入是铜电解生产技术的关键环节。铜电解精炼工艺是一个相对成熟的工艺。目前，国内外铜电解精炼的添加剂种类较多，但基本上都是以明胶、硫脲、盐酸为主要添加剂，配合使用其他添加剂，如阿维同-A、旁德林等。

（1）明胶。明胶是铜电解精炼过程中的主要添加剂。加入适量的明胶能使析出的阴极沉积物致密、光洁，改善阴极表面的物理状态。当阳极铜杂质含量高且电流密度高时，加胶量要稍多一些。但当明胶加入量过多时，电解液的电阻增大，阴极铜易产生分层、质脆现象。

（2）硫脲。硫脲是表面活性物质，与明胶混合使用，可在高电流密度下获得结构致密的阴极铜。当加入量过高时，阴极铜表面的条纹增粗，疙瘩增多，而且针状、柱状疙瘩多，表面颜色较暗，缺乏金属光泽，但基底仍很紧密。有研究认为，硫脲可能与铜生成化合物，造成电铜硫含量过高。

（3）干酪素。干酪素与明胶混合使用，能抑制阴极表面粒子的生长和改善粒子的形状。

（4）盐酸。盐酸用来维持电解液中氯离子的含量。电解液中的氯离子可使溶入电解液中的银生成氯化银沉淀，降低银的损失。氯离子的存在有利于消除阳极钝化和阴极树枝状结晶，降低阴极沉积层的内应力。当阴极中砷、锑含量过高时，电铜发脆，氯离子的存在有抑制作用。电解液中氯离子含量过高时，阴极上会产生针状结晶。

添加剂对改善阴极表面质量有明显的作用，但加入量过多会产生负作用。因此，必须根据阳极铜成分、电流密度、电解液杂质含量等条件选用合适的、适量的添加剂。常用添加剂的种类和用量见表9－2。

表9－2　常用添加剂的种类和用量

种　类	明　胶	硫　脲	干酪素	盐　酸
用　量	25～50g/t	20～50g/t	15～40g/t	300～500mL/t

9.2.1.6　极距

极距是指同极间距，一般指同名电极，即阳极与阳极、阴极和阴极之间的距离。极距对电解过程的技术经济指标和电铜质量都有很大的影响，在满足工艺条件的情况下，缩短极距能降低槽电压，减小电能消耗，还能提高电解槽利用系数，提高劳动生产率。但极距过小会引起阴阳极短路及阳极泥对阴极的污染，使电铜表面粗糙，贵金属损失增加。如管理不善，还会降低电流效率。永久性不锈钢阴极强度高、不易变形，经常保持平直状态，使缩短电解槽内同极间距成为可能。极距的大小与极板的尺寸、加工精度有关，小型极板的同极中心距一般为75～90mm，大型极板则为100～110mm。

9.2.1.7　阳极寿命和阴极周期

阳极寿命根据电流密度、阳极质量及残极率来确定，一般为18～24天。阴极周期与电流密度、阳极寿命及劳动组织等因素有关，一般为阳极寿命的1/3。

9.2.2　技术经济指标

（1）电流效率。电流效率是指电解过程中阴极实际析出量占理论析出量的百分比，一般为94%～99%。影响电流效率的主要因素有：

1）短路。电极放置不正、阴阳极极板不平整、在阴极表面产生粒子及树枝状结晶，都会导致极间短路。

2）漏电。电解槽与电解槽之间、电解槽与地之间以及溶液循环系统等绝缘不良，都会引起漏电。

3）化学溶解。电解液中存在的氧和三价铁离子能使阴极铜反溶。阴极铜在硫酸溶液中的溶解速度，取决于溶液温度、硫酸浓度、氧含量、三价铁离子浓度以及铜离子浓度等。通常这些因素使电流效率降低0.25%～0.75%。

（2）残极率。残极率是指产出残极量占阳极量的百分比。残极率低可以减少重熔的费用和金属损失，提高直接回收率。但残极率过低则会造成槽电压升高，电能消耗增加，甚至还会使残极碎片跌落而损坏槽衬。一般残极率取12%～20%。

（3）铜电解回收率。铜电解回收率反映了电解过程中铜的回收程度，其计算方法如下：

$$\text{铜电解回收率}=\frac{\text{电铜铜含量}}{\text{装入原料铜含量}-\text{回收品铜含量}}\times 100\% \qquad (9-1)$$

回收品指残极、铜屑、碎铜、净液系统的硫酸铜溶液和阳极泥等含铜物料。铜电解回收率一般为99.6%～99.8%。

（4）槽电压。槽电压是影响电耗的重要因素。槽电压由电解液电阻引起的电压降、金属导体电压降、接触点电压降、克服阳极泥电阻的电压降、浓差极化引起的电压降等组成。槽电压主要与电流密度、电解液的电阻率以及极距等因素有关。

（5）直流单耗。直流单耗是指生产1t电铜所消耗的直流电量。直流单耗因电解技术及操作条件的不同而有很大差别，其范围为230～450kW·h/t。

（6）蒸汽单耗。蒸汽单耗为生产1t电铜所消耗的蒸汽量。蒸汽单耗与电解液温度、电流密度及电解槽覆盖等保温措施有关。近年来，随着节能措施的采用，铜电解精炼过程的蒸汽单耗大幅度下降。降低蒸汽单耗的措施主要包括电解槽覆盖，电解槽体、高位槽、供液箱及管道保温，选用先进的加热器等。在无保温措施的条件下，蒸汽单耗一般为1～1.5t/t；在现代有保温措施的铜电解过程中，蒸汽单耗一般为0.1～0.6t/t。

（7）硫酸单耗。硫酸单耗指生产1t电铜消耗的硫酸量，一般为4～10kg/t。

（8）水单耗。水单耗指生产1t电铜消耗的水量，一般为3～5m^3/t。

9.3　主体设备的设计

9.3.1　电解槽的材质与结构

9.3.1.1　电解槽的材质

电解槽是电解精炼的主要设备，制造周期长，其维修费用和寿命直接影响电解生产及成本。电解槽的发展是为了提高劳动生产率，减少电解槽的维修与护理，减少因槽体更换而停产的次数，降低生产成本。因电解槽发展而产生的槽体种类繁多，目前使用较多的铜电解槽主要分为两类：一是传统钢筋混凝土玻璃钢槽；二是乙烯基树脂整体电解槽。

传统钢筋混凝土玻璃钢槽主要由钢筋混凝土、玻璃钢内衬组成，其组成材料钢筋混凝土不具备防腐性能。传统钢筋混凝土玻璃钢槽制作工艺比较成熟，一次性投资比较少，国内铜电解基本使用该种电解槽。但这种槽的制作较复杂，工期长，对玻璃钢防腐制作人员要求高，防腐层寿命较短（一般6年需要更换），日常小、中修费用较高，且维修时间长，影响生产效率。因此，生产中需重点防护，严禁出现跑、冒、滴、漏等现象，对电解出装槽等生产操作要严格管理。

乙烯基树脂整体电解槽的主要材料为乙烯基树脂、石英砂。这种电解槽有出色的防腐性能，抗冲击碰撞能力强，使用寿命长（一般在20年以上），电解槽及相关管道施工安装便捷，绝缘性能较好，目前制作工艺成熟稳定，在国外广泛使用。随着铜工业技术水平的不断提高，乙烯基树脂整体电解槽将会在我国得到广泛的推广和应用。

9.3.1.2　电解槽的结构

电解槽的结构如图9－5所示。通常电解槽由长方形槽体和附设的供液管、排液斗、出液斗的液面调节堰板等组成。槽体底部通常做成由一端向另一端倾斜或由两端向中央倾斜，倾斜度为3%～4%，最低处开设排泥孔，较高处设有放液孔，分别用于刷槽时排放阳极泥和电解液。

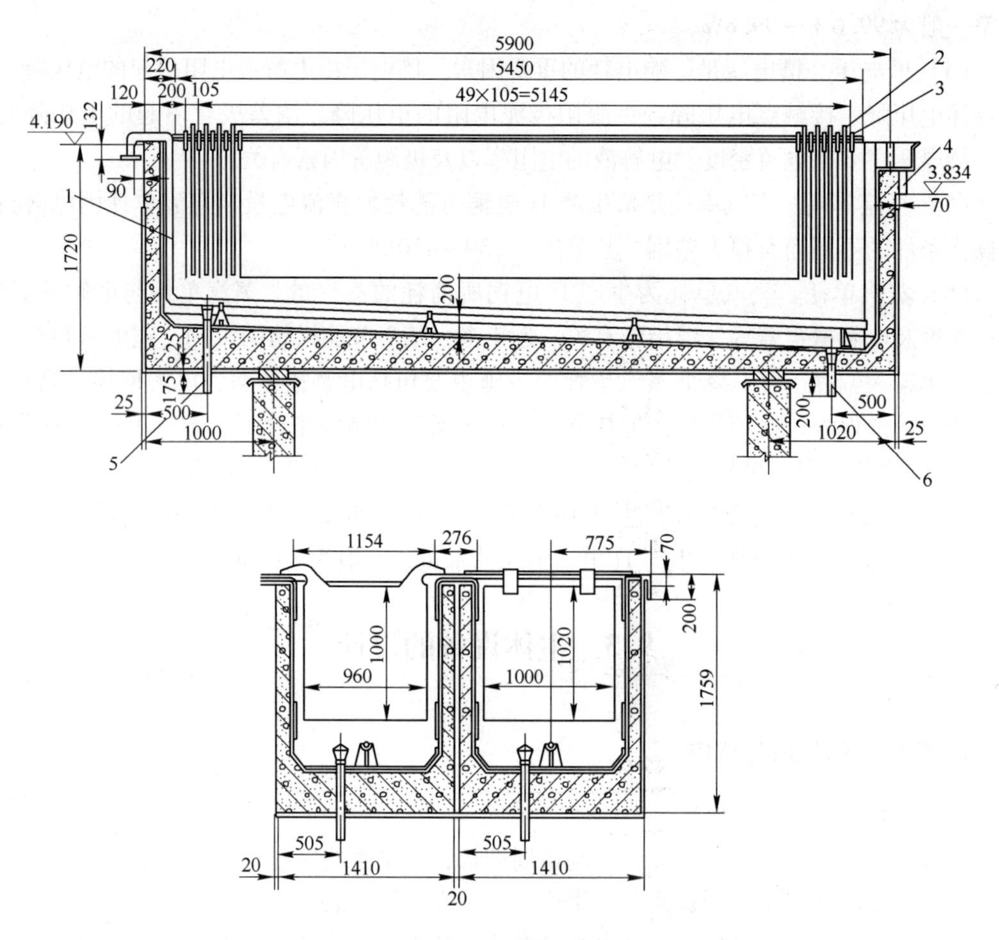

图 9－5　电解槽的结构

1—进液管；2—阳极；3—阴极；4—出液管；5—放液管；6—放阳极泥管

9.3.2　阳极

铜电解精炼的原料是火法精炼后浇注而成的铜阳极。铜阳极的物理规格和化学组成影响电解精炼的技术经济指标和电铜质量，所以，生产中应尽量获得质量良好的阳极铜板。铜阳极的物理形状要求厚度均匀、表面平整、无夹渣、无大的气孔和飞边、毛刺等。铜阳极中的各种杂质对电解过程都有一定程度的影响。铜阳极化学成分的一般要求见表 9－3。

表 9－3　铜阳极化学成分的一般要求　　（%）

元　素	Cu	As	Sb	Bi	Ni	O_2	Sn	Fe	Pb
含　量	>99	<0.2	<0.03	<0.03	<0.3	<0.2	<0.075	<0.01	<0.2

9.3.3　阴极

（1）铜电解精炼传统使用的阴极板。在传统的铜电解精炼过程中，阴极通常采用铜始极片。最早的始极片是用电解铜经熔化后浇注而成。后来绝大多数铜冶炼厂均采用钛板制作始极片，即在钛种板表面沉积0.4～0.7mm的铜层，然后剥离下来，再加上挂耳作为阴极板。始极片尺寸比阳极稍大，要求铜片结晶致密、表面平整光洁。

（2）永久性不锈钢阴极板。永久性不锈钢阴极法铜电解技术是使用刚度和韧性较好的不锈钢板制成阴极，取代传统的始极片。铜在阴极上析出，达到一定厚度后用特殊的设备将其剥下，作为阴极铜产品。不锈钢阴极再返回电解槽中继续使用，故称其为永久性阴极。

9.3.4 阳极、阴极和种板尺寸的选择

阳极尺寸的选择与生产规模、操作机械化程度及其他一些条件有关。机械化程度较高的大型工厂采用大型阳极板，其质量一般在300kg以上，如图9－6所示。中小型工厂机械化程度较低，常采用小型阳极板，其质量为150～260kg，如图9－7所示。

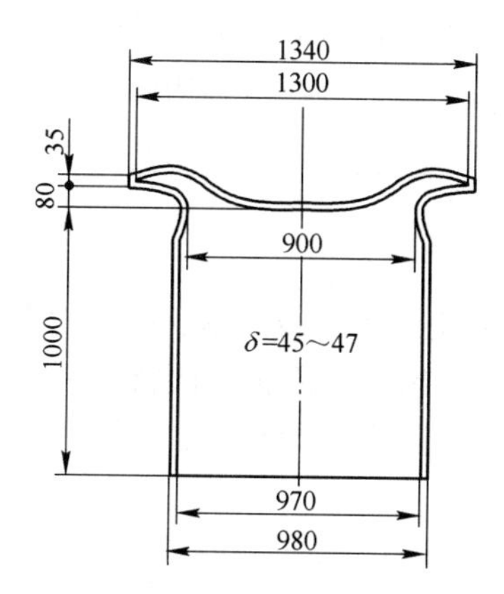

图9－6 大型铜阳极板参考尺寸

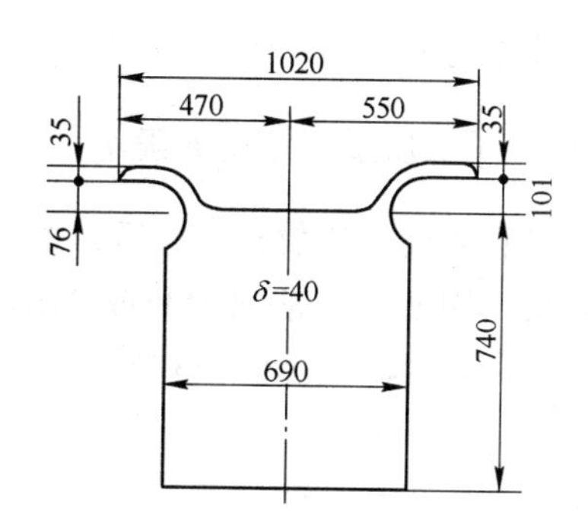

图9－7 小型铜阳极板参考尺寸

为避免阴极边缘生成树枝状结晶，阴极尺寸应比阳极稍大一些，其一般比阳极宽35～55mm，比阳极长25～45mm。

种板的材质有紫铜板、不锈钢板和钛板三种，目前钛板应用得较多。种板的尺寸一般比始极片宽20～30mm，长50～70mm。如种板过宽、过长，会造成种板边上的电力线减弱，析出的始极片边缘过薄，不便于剥离。为便于始极片剥离，种板三边涂有宽10～20mm的绝缘边。

9.3.5 电解槽总数的确定

电解槽总数可按下式计算：

$$N = \frac{M \times 10^6}{360 \times 23.5 \times 1.185 \times \eta I} \qquad (9-2)$$

式中 N——电解槽总数，台；

M——年产铜量，t；

360——年工作日数（可根据实际确定），天；

23.5——日通电小时数，h；

1.185——铜的电化当量，g/(A·h)；

η——电流效率；

I——电流，A。

电解槽总数的最后确定还要根据实际情况，考虑到配置的合理性，取一整数。

9.3.6 电解槽中阴极和阳极片数的确定

每槽阴极片数为：

$$n_c = \frac{I}{D_k f_c} \tag{9-3}$$

式中 n_c——每槽阴极片数，片；

I——电流，A；

D_k——电流密度，A/m²；

f_c——每片始极片的面积，m²。

每槽阳极片数为 n_c+1。在这种情况下，电解槽两端放置阳极，每槽内阳极比阴极多一片。在采用铅板作槽衬时，为了防止电解槽两端结铜，也可在电解槽两端放置阴极，此时每槽阴极片数为 n_c+1，阳极片数为 n_c。

9.3.7 阳极、阴极质量和厚度的确定

每槽阳极和阴极的片数确定之后，根据电流、电流效率、残极率、阳极寿命、阴极周期和始极片析出周期（通常取16h或24h），可以计算出每片阳极、阴极的质量。再由铜的密度可以算出每片阳极、阴极和始极片的厚度。在计算阳极厚度时，阳极耳部质量可按阳极全部质量的5%计算。

实践证明，阴极挂耳能支持的质量为60～90kg，因而阴极不宜过重。

9.3.8 电解槽尺寸的确定

（1）电解槽长度。设电解槽两端各留一定距离 A（一般 $A=100 \sim 150$mm），则电解槽长度为：

$$电解槽长度 = 阳极片数（或阴极片数）\times 极距 + 2A$$

（2）电解槽宽度。设阴极两侧距槽边各留一定距离 B（一般 $B=50 \sim 60$mm），则电解槽宽度为：

$$电解槽宽度 = 阴极宽度 + 2B$$

（3）电解槽深度。设阴极下端距槽底留一定距离 C（一般 $C=250 \sim 300$mm），阴极上端距槽面留一定距离 D（一般 $D=50 \sim 100$mm），则电解槽深度为：

$$电解槽深度 = 阴极长度 + C + D$$

由以上电解槽内部尺寸的确定，可以得出电解槽的容积。

9.3.9 脱铜槽数的确定

在铜电解精炼过程中，电解液中的铜离子浓度会不断上升。为保持铜离子浓度的稳定，可采用脱铜措施。脱铜有两个途径：一是每天抽取一定量的电解液，由净液过程脱除一部分铜；二是在普通电解槽系统中设置脱铜槽。

每天电解液中增加的铜量减去每天净液带走的铜量，即为通过脱铜槽脱除的铜量。根

据电流和电流效率，很容易计算出所需的脱铜槽数。脱铜槽中的电解过程属于电解提取过程，槽电压为2V左右，电流效率一般在90%～95%范围内（详细计算过程见9.4.2节净液量计算部分）。

9.3.10 槽边导电排、槽间导电板和阴极导电棒的选择与计算

9.3.10.1 槽边导电排

槽边导电排与整流器供电导线相连，通过的电流为通过电解槽的总电流。在大型厂，槽边导电排的允许电流密度可取1～1.1A/mm²；对中小型厂，由于电流不大，槽边导电排的允许电流密度还可适当提高到1.4～1.6A/mm²。槽边导电排的横截面积可按下式计算：

$$F_1 = \frac{A}{D_1} \tag{9-4}$$

式中 F_1——槽边导电排的横截面积，mm²；

A——总电流，A；

D_1——槽边导电排的允许电流密度，A/mm²。

槽边导电排的温度不应高于周围空气40℃，当计算出其横截面积后，还应用下式进行温升验算：

$$Q = \frac{KI^2\rho}{F_1 n} \tag{9-5}$$

式中 Q——槽边导电排与周围空气的温度差，℃；

K——散热系数，在露天取25，在室内取85；

I——电流，A；

ρ——槽边导电排的比电阻，铜为0.0175Ω/(m·mm²)；

F_1——槽边导电排的横截面积，mm²；

n——槽边导电排断面的周长，mm。

槽边导电排通常采用多块铜板叠成，铜板宽度为100～150mm，厚度为5～10mm。

9.3.10.2 槽间导电板

槽间导电板由紫铜制作，其断面一般采用圆形、半圆形、三角形等，使接触点保持清洁。国外有的铝厂为防止接触点过热氧化而导致槽电压上升，采用了槽形导电板、通水冷却的湿式导电系统；有的因为使用对称挂耳阳极而采用带冲压凸台的导电板。槽间导电板的允许电流密度可取0.3～0.9A/mm²，其横截面积可按下式计算：

$$F_2 = \frac{A}{nD_2} \tag{9-6}$$

式中 F_2——槽间导电板的横截面积，mm²；

A——总电流，A；

n——每槽阴极数；

D_2——槽间导电体的允许电流密度，A/mm²。

9.3.10.3 阴极导电棒

阴极导电棒一般用紫铜制作，其断面有圆形、方形、中空方形及钢芯铜皮方形等，视阴极的大小和质量而定。考虑到强度和加工方便，中小极板一般选用中空方形阴极导电棒，

大极板则选用钢芯包铜方形阴极导电棒。阴极导电棒的允许电流密度可取 1 ~ 1.25A/mm²，其横截面积可按式（9 - 6）计算。中空方形阴极导电棒的壁厚通常采用4mm。

9.4 冶金计算

9.4.1 物料平衡计算

（1）电解过程阳极中各元素的分配。铜电解精炼过程中阳极所含各元素在阴极铜、阳极泥和电解液三者之间的分配，主要取决于阳极的化学组成和一些技术条件。根据有关文献资料，表 9 - 4 示出了电解过程阳极中各元素的分配率范围。

表 9 - 4 电解过程阳极中各元素的分配率 （%）

元 素	进入溶液	进入阳极泥	进入阴极
Cu	1 ~ 2.5	0.05 ~ 0.1	97.5 ~ 98.5
Au	—	98.5 ~ 99.9	0.1 ~ 1.5
Ag	—	97 ~ 99.5	0.5 ~ 3
Ni	85 ~ 95	5 ~ 10	0.1 ~ 5
As	50 ~ 70	20 ~ 30	5 ~ 15
Sb	15 ~ 25	60 ~ 80	5 ~ 15
Bi	15 ~ 25	70 ~ 80	0 ~ 5
Pb	—	95 ~ 99	1 ~ 5
Sn	5 ~ 10	65 ~ 85	5 ~ 15
Te	—	98 ~ 99	1 ~ 2
Fe	60 ~ 80	5 ~ 15	10 ~ 20
Zn	85 ~ 95	3 ~ 6	1 ~ 5
S	—	95 ~ 99	1 ~ 5
O	—	100	—
其他	0 ~ 5	90 ~ 95	5 ~ 10

（2）阳极泥率和阳极成分的计算。根据所给阳极成分和电解过程中各元素的分配率，计算出阳极泥率和阳极泥成分。

（3）阴极铜化学成分的计算。根据所给阳极成分和确定的各元素分配率，计算出阴极铜的化学组成。

（4）物料平衡表。根据铜的回收率、残极率和以上计算结果，计算和编制出铜电解精炼物料平衡表。

【例 9 - 1】 计算年产电铜 15000t 的电解精炼物料平衡。原始数据为：铜电解回收率 99.9%，残极率 16.5%，阳极成分及电解过程阳极中各元素的分配率如表 9 - 5 和表 9 - 6 所示。

表 9－5 阳极成分 （%）

元素	Cu	Au	Ag	As	Sb	Bi	Pb
含量	99.39	0.008	0.086	0.025	0.013	0.003	0.125
元素	Fe	Ni	Zn	S	O	其他	Sn
含量	0.006	0.212	0.001	0.002	0.09	0.035	0.004

表 9－6 电解过程阳极中各元素的分配率 （%）

元素	进入溶液	进入阳极泥	进入阴极
Cu	1.93	0.07	98
Au	—	99	1
Ag	—	98	2
As	63	30	7
Sb	25	65	10
Bi	15	80	5
Pb	—	96.5	3.5
Sn	5	85	10
Fe	72	10	18
Ni	89.6	10	0.4
Zn	93	4	3
S	—	96	4
O	—	100	—
其他	5	90	5

根据以上数据计算出阳极泥率、阳极泥成分、阴极铜成分，见表 9－7 和表 9－8。

表 9－7 阳极泥率和阳极泥成分的计算 （%）

元素	进入阳极泥的量占阳极溶解量的百分数	阳极泥成分
Cu	99.39 × 0.0007 = 0.06957	15.5
Au	0.008 × 0.99 = 0.00792	1.8
Ag	0.086 × 0.98 = 0.08428	18.7
As	0.025 × 0.3 = 0.0075	1.7
Sb	0.013 × 0.65 = 0.00845	1.9
Bi	0.003 × 0.8 = 0.0024	0.5
Pb	0.125 × 0.965 = 0.12063	26.8
Sn	0.004 × 0.85 = 0.0034	0.8
Fe	0.006 × 0.1 = 0.0006	0.1
Ni	0.212 × 0.1 = 0.0212	4.7
Zn	0.001 × 0.04 = 0.0004	0.1
S	0.002 × 0.96 = 0.00192	0.4
O	0.09 × 1 = 0.09	20
其他	0.035 × 0.9 = 0.0315	7
阳极泥率	0.45	100

表 9 - 8　阴极铜成分的计算　　（%）

元　素	阴极析出量占阳极溶解量的百分数	阴极铜成分
Cu	99.39 × 0.98 = 97.4022	99.986
Au	0.008 × 0.01 = 0.00008	0.00008
Ag	0.086 × 0.02 = 0.00172	0.00177
As	0.025 × 0.07 = 0.00175	0.0018
Sb	0.013 × 0.1 = 0.0013	0.00133
Bi	0.003 × 0.05 = 0.00015	0.00002
Pb	0.125 × 0.035 = 0.00438	0.0045
Sn	0.004 × 0.1 = 0.0004	0.0004
Fe	0.006 × 0.18 = 0.00108	0.00111
Ni	0.212 × 0.004 = 0.00085	0.00087
Zn	0.001 × 0.03 = 0.00003	0.00003
S	0.002 × 0.04 = 0.00008	0.00008
其　他	0.035 × 0.05 = 0.00175	0.0018
合　计	97.416	100

根据以上有关数据进行物料平衡计算如下：

（1）15000t 电铜中的铜量为：15000 × 99.986% = 14997.9t

（2）生产 15000t 电铜所需铜量为：14997.9/99.9% = 15012.913t

（3）生产 15000t 电铜进入阳极泥中的铜量为：$\frac{14997.9}{98\%} \times 0.07\% = 10.713\text{t}$

（4）阳极泥量为：10.713/15.5% = 69.115t

（5）生产 15000t 电铜进入溶液中的铜量为：$\frac{14997.9}{98\%} \times 1.93\% = 295.367\text{t}$

（6）生产 15000t 电铜所需的阳极量为：$\frac{15012.913 + 10.713 + 295.367}{(1 - 16.5\%) \times 99.39\%} = 18458.697\text{t}$

阳极铜含量为：18458.697 × 99.39% = 18346.099t

（7）残极数量为：18458.697 × 16.5% = 3045.69t

残极铜含量为：3045.69 × 99.39% = 3027.106t

用上述结果编制铜电解精炼物料平衡表，见表 9 - 9。

表 9 - 9　铜电解精炼物料平衡表

进　料			
物料名称	数　量/t	铜含量/%	纯铜量/t
铜阳极	18458.697	99.39	18346.099
合　计			18346.099
出　料			
物料名称	数　量/t	铜含量/%	纯铜量/t
阴极铜	15000	99.986	14997.9
残　极	3045.69	99.39	3027.106

续表 9-9

出料			
物料名称	数　量/t	铜含量/%	纯铜量/t
阳极泥	69.115	15.5	10.719
电解液			295.367
损　失			15.013
合　计			18346.099

9.4.2 净液量的计算

根据阳极铜成分、阳极铜中各种杂质进入电解液的百分数、电解液中杂质的允许含量及净液过程中杂质的脱除效率，可以计算出所需的净液量。一般要考虑的主要杂质是镍、砷、锑和铋。计算中需要以下数据：

（1）根据上面计算，生产15000t电铜需要18458.697t阳极，其中残极量为3045.69t。

（2）阳极中铜及主要杂质含量为：Cu 99.39%，Ni 0.212%，As 0.025%，Sb 0.013%，Bi 0.003%。

（3）铜、镍、砷、锑和铋进入溶液的百分数为：Cu 1.93%，Ni 89.6%，As 63%，Sb 25%，Bi 15%。

（4）电解液中铜和杂质的允许含量为：Cu 45g/L，Ni 15g/L，As 7g/L，Sb 0.6g/L，Bi 0.5g/L。

（5）采用冷却结晶法生产粗硫酸镍，这几种物质的脱除率为：Cu 98%，Ni 75%，As 85%，Sb 85%，Bi 85%。

按主要元素分别计算净液量 Q 如下：

$$Q_{Cu}=\frac{(18458.697-3045.69)\times 99.39\%\times 1.93\%\times 10^3}{45\times 98\%}=6704\text{m}^3/\text{年}$$

$$Q_{Ni}=\frac{(18458.697-3045.69)\times 0.212\%\times 89.6\%\times 10^3}{15\times 75\%}=2602\text{m}^3/\text{年}$$

$$Q_{As}=\frac{(18458.697-3045.69)\times 0.025\%\times 63\%\times 10^3}{7\times 85\%}=408\text{m}^3/\text{年}$$

$$Q_{Sb}=\frac{(18458.697-3045.69)\times 0.013\%\times 25\%\times 10^3}{0.6\times 85\%}=982\text{m}^3/\text{年}$$

$$Q_{Bi}=\frac{(18458.697-3045.69)\times 0.003\%\times 15\%\times 10^3}{0.5\times 85\%}=163\text{m}^3/\text{年}$$

从计算结果来看，需净液量最大的元素是铜，其次是镍。铜的脱除采用在电解工序电解槽中增加不溶阳极的方法，故净液量以镍元素所需的量计算，取净液量为2610m^3/年。

净液量确定之后，可计算出需要在普通电解槽系统设置的脱铜槽数。假设电流为10000A，脱铜槽的电流效率为95%，年工作日为360天，每天通电时间为23.5h。则需用脱铜槽脱除的铜量为：

$$(6704-2610)\times 45\times 10^{-3}=184.23\text{t}$$

所需脱铜槽数为：

$$\frac{184.23\times10^{6}}{1.185\times23.5\times360\times10000\times0.95}=1.93\text{个}$$

由计算结果可以看出，设两个脱铜槽就足够了。实际上，可根据电解液铜离子浓度情况，根据需要随时设置脱铜槽。

已知脱铜槽数就可确定普通电解槽数为：

普通电解槽数 = 电解槽总数 - 种板槽数 - 脱铜槽数

9.4.3 槽电压组成计算

前文已经指出，铜电解精炼电解槽的槽电压一般为 0.2 ~ 0.3V。槽电压主要由阴阳极电位差、电解液电阻产生的压降以及导体、接点和阳极泥电阻产生的压降三部分组成，其计算公式如下：

$$V=(E_A-E_C)+IR_1+Ir \tag{9-7}$$

式中 V——槽电压，V；

E_A——阳极电位，V；

E_C——阴极电位，V；

I——电流，A；

R_1——电解液电阻，Ω；

r——导电棒、电极、阳极泥及接点电阻，Ω。

（1）阴阳极电位差。铜电解精炼过程的阴阳极电位差 E_A-E_C 主要是由于浓差极化造成的。浓差极化的程度与电流密度、电解液搅拌强度、电解液温度、电解液铜含量和酸含量以及添加剂浓度等因素有关。一般情况下，铜电解精炼过程的阴阳极电位差为 0.03 ~ 0.045V，占槽电压的 10% ~20%。

（2）电解液压降。电解液压降 IR_1 是指电流通过电解液时，由于电解液电阻造成的电压降。电解液电阻与电解液中的酸、铜和杂质含量有关，也与电解液温度和添加剂量有关。电解液压降是槽电压的主要组成部分，一般范围为 0.1 ~ 0.15V，占槽电压的 45% ~65%。

Derek C. 等人通过试验得到铜电解精炼的电解液电阻率的经验公式为：

$$\rho=3.2+10^{-3}\times(1.3\rho[\mathrm{As}]+7.3\rho[\mathrm{Cu}]+4.5\rho[\mathrm{Fe}]+9.6\rho[\mathrm{Ni}]-5.6\rho[\mathrm{H_2SO_4}]-14.6t)$$

式中 ρ——电解液的电阻率，Ω·m；

$\rho[i]$——各组分在电解液中的浓度，g/L；

t——电解液温度，℃。

阴阳极间电解液的电阻可按下式求出：

$$R=\rho\frac{l}{S} \tag{9-8}$$

式中 R——阴阳极间电解液的电阻，Ω；

ρ——阴阳极间电解液的电阻率，Ω·m；

l——阴阳极间的距离，m；

S——电流由阳极到阴极通过的面积，m^2。

已知阴阳极间电解液的电阻，很容易就可求出电流通过电解液的电压降。加胶会使电解液电阻增大，从而使电解液压降增加。据有关资料报道，加胶可使电解液压降增加 0.02 ~0.04V。

（3）导体、接点和阳极泥压降。导体主要指导电棒和电极。导电棒和电极电阻引起的压降很小，而且变化不大。接点电阻主要与接点处接触面积、接触处压紧程度及接触处是否清洁等因素有关，因此，接点压降与阴极下槽时间及管理操作因素有关。阳极泥压降是指电流通过时阳极泥电阻引起的压降，其主要与阳极成分、阳极下槽时间及管理操作因素有关。根据有关资料，导体压降为0.015～0.03V，接点压降为0.03～0.05V，阳极泥压降为0.02～0.04V，三者之和占槽电压的25%～35%。

9.4.4　电解槽热平衡计算

在电解过程中，电解液的热损失主要包括四部分，即电解槽液面水分蒸发的热损失、电解槽液面辐射与对流的热损失、电解槽壁辐射与对流的热损失、管道内溶液的热损失。电解过程中的热收入只有电流通过电解液时所产生的热量。

设定如下参数：电解槽尺寸3350mm×820mm×1100mm，壁厚80mm；电解槽总数160个；电流10000A；槽电压0.28V；电解液循环速度20L/(min·台)；电解液温度63℃；室温25℃；槽壁温度35℃。

9.4.4.1　热支出

A　电解槽液面水分蒸发的热损失

对于无覆盖电解槽，电解液表面水分蒸发量可根据表9－10和图9－8所示的数据来确定。应该指出的是，表9－10中数据为每平方米电解槽面积（包括阴阳极所占面积）每小时的水分蒸发量，而图9－8中的数据为每平方米电解液面积（不包括阴阳极所占的面积）每小时的水分蒸发量。一些工厂的统计资料表明，表9－10中的数据偏低，而图9－8中的数据偏高，设计中可参考有关资料合理选择。

表9－10　电解槽液面水分蒸发量

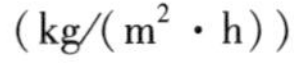

室温/℃	相对湿度/%	电解液温度/℃							
		48.5	50.0	51.5	53.5	55.0	57.0	60.0	65.0
22	80	0.76	0.835	0.84	0.895	1.09	1.15	1.33	1.74
24	70	0.74	0.84	0.855	0.90	1.10	1.165	1.35	1.76
26	65	0.755	0.83	0.84	0.89	1.08	1.14	1.32	1.73

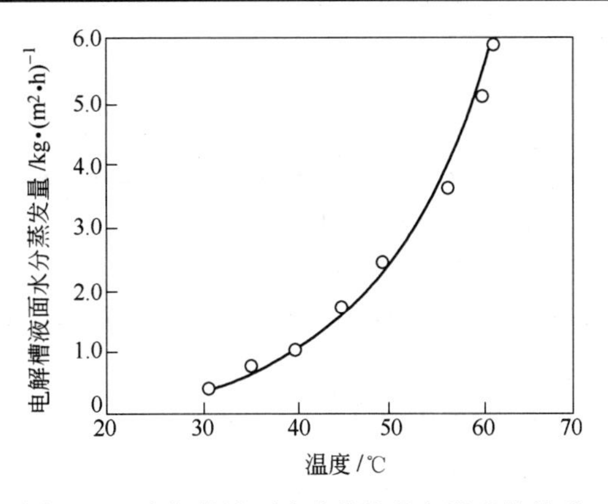

图9－8　电解槽液面水分蒸发量与温度的关系

本例取电解槽液面水分蒸发量为2.1kg/(m²·h)，电解槽（含电极）总表面积F为：

$$F = 3.35 \times 0.82 \times 160 = 439.52\text{m}^2$$

60℃水的汽化热为2358.42kJ/kg，则电解槽液面水分蒸发的热损失q_1为：

$$q_1 = 439.52 \times 2.1 \times 2358.42 = 2176803\text{kJ/h}$$

B　电解槽液面辐射与对流的热损失

电解槽液面辐射与对流的热损失q_2可用傅里叶公式计算如下：

$$q_2 = KF(t_1 - t_2)$$

式中　K——辐射与对流联合传热系数，kJ/(m²·h·℃)；

F——传热表面积，m²；

t_1——电解液温度，℃；

t_2——车间空气温度，℃。

联合给热系数K可按下式求出：

$$K = 3.2\frac{\left(\frac{T_1}{100}\right)^4 - \left(\frac{T_2}{100}\right)^4}{T_1 - T_2} + 2.2(t_1 - t_2)^{1/4}$$

式中，T_1、T_2分别为t_1、t_2的绝对温度值，本例中：

$$K = 3.2 \times \frac{\left(\frac{273+63}{100}\right)^4 - \left(\frac{273+25}{100}\right)^4}{(273+63)-(273+25)} + 2.2 \times (63-25)^{1/4}$$

$$= 3.2 \times \frac{48.6}{38} + 5.46 = 9.55\text{kcal/(m}^2\cdot\text{h}\cdot℃) = 40.11\text{kJ/(m}^2\cdot\text{h}\cdot℃)$$

则：　$q_2 = 40.11 \times (3.35 \times 0.82 \times 160) \times (63-25) = 669908\text{kJ/h}$

C　电解槽壁辐射与对流的热损失

电解槽壁辐射与对流的热损失计算方法与电解槽液面辐射与对流的热损失一样，这里辐射与对流联合传热系数为：

$$K = 4\frac{\left(\frac{T_1}{100}\right)^4 - \left(\frac{T_2}{100}\right)^4}{T_1 - T_2} + 2.2(t_1 - t_2)^{1/4}$$

$$= 4 \times \frac{\left(\frac{273+35}{100}\right)^4 - \left(\frac{273+25}{100}\right)^4}{(273+35)-(273+25)} + 2.2 \times (35-25)^{1/4} = 4 \times \frac{11.13}{10} - 2.2 \times 10^{1/4}$$

$$= 8.36\text{kcal/(m}^2\cdot\text{h}\cdot℃) = 34.94\text{kJ/(m}^2\cdot\text{h}\cdot℃)$$

电解槽壁的总表面积F为：

$$F = [(3.35+0.08\times2)\times(0.82+0.08\times2) + 2\times(3.35+0.08\times2)\times(1.1+0.08) + 2\times(0.82+0.08\times2)\times(1.1+0.08)]\times160 = 2246\text{m}^2$$

则电解槽壁辐射与对流的热损失q_3为：

$$q_3 = KF(t_1 - t_2) = 34.94 \times 2246 \times (35-25) = 784752\text{kJ/h}$$

D　管道内溶液的热损失

管道内溶液的热损失q_4可由下式计算：

$$q_4 = Q\gamma c_p \Delta t$$

式中　Q——电解液循环量，m³/h；

γ——电解液密度，kg/m^3；

c_p——电解液比热容，$kJ/(kg \cdot ℃)$；

Δt——电解液在循环管道内的温降，℃。

Q 可由每个电解槽的循环量求得，即：

$$Q = 20 \times 60 \times 160 \times 10^{-3} = 192m^3/h$$

γ 可由 Derek C. 公式求出，即：

$$\gamma = 1.022 + 10^{-3} \times (2.24\rho[Cu] + 0.55\rho[H_2SO_4] + 2.24\rho[Ni] + 2.37\rho[Fe] + 1.04\rho[As] - 0.58t)$$

本例取 $\rho[Cu] = 40g/L$，$\rho[H_2SO_4] = 185g/L$，$\rho[Ni] = 15g/L$，$\rho[Fe] = 0.5g/L$，$\rho[As] = 3.5g/L$，$t = 63℃$，则：

$$\gamma = 1.022 + 10^{-3} \times (2.24 \times 40 + 0.55 \times 185 + 2.24 \times 15 + 2.37 \times 0.5 + 1.04 \times 3.5 - 0.58 \times 63)$$
$$= 1.22kg/L = 1220kg/m^3$$

c_p 也可由 Derek C. 公式求出，即：

$$c_p = 4.06 - 10^{-3} \times (6.7\rho[Cu] + 1.7\rho[H_2SO_4] + 4.2\rho[Ni] + 6.7\rho[Fe] - 1.3t)$$
$$= 4.06 - 10^{-3} \times (6.7 \times 40 + 1.7 \times 185 + 4.2 \times 15 + 6.7 \times 0.5 - 1.3 \times 63) = 3.49kJ/(kg \cdot ℃)$$

Δt 可根据车间规模大小取 2 ~ 4℃，大车间取上限，小车间取下限，本例取 3℃。

则管道内溶液的热损失为：

$$q_4 = Q\gamma c_p \Delta t = 192 \times 1220 \times 3.49 \times 3 = 2452493kJ/h$$

综上，全车间的热支出为：

$$q_1 + q_2 + q_3 + q_4 = 2176803 + 669908 + 784752 + 2452493 = 6083956kJ/h$$

9.4.4.2 热收入

热收入为电流通过电解液时所产生的热量，可用下式计算：

$$q_5 = 4.2 \times 0.239 \times EItN \times 10^{-3}$$

式中 q_5——电流通过电解液时所产生的热量，kJ/h；

E——电流通过电解液的压降，V；

I——电流，A；

t——时间，本例为 3600s；

N——电解槽数，台。

这里电流取 10000A，根据槽电压的组成计算 $E = 0.145V$，电解槽数 $N = 160$ 台，则：

$$q_5 = 4.2 \times 0.239 \times 0.145 \times 10000 \times 3600 \times 160 \times 10^{-3} = 838374kJ/h$$

9.4.4.3 全车间需补充的热量

$$全车间需补充的热量 = 热支出 - 热收入$$
$$= 6083956 - 838374 = 5245582kJ/h$$

根据以上计算结果列出铜电解精炼热平衡表，见表 9 - 11。

表 9 - 11 铜电解精炼热平衡表

热 收 入	热量/$kJ \cdot h^{-1}$	比例/%
电流通过电解液时所产生的热量	838374	13.78
加热器补充的热量	5245582	86.22
合 计	6083956	100

续表 9－11

热支出	热量/kJ·h^{-1}	比例/%
电解槽液面水分蒸发的热损失	2176803	35.78
电解槽液面辐射与对流的热损失	669908	11.01
电解槽壁辐射与对流的热损失	784752	12.9
管道内溶液的热损失	2452493	40.31
合 计	6083956	100

随着能源价格的上涨，越来越多的企业认识到节能的必要性。目前国外铜电解精炼工业已广泛采用槽面覆盖和槽体保温等节能措施，并取得了明显的节能效果。采用槽面覆盖和槽体保温等措施的电解槽热平衡计算，应根据工厂实际数据进行。

9.5 辅助设备的选择

9.5.1 直流电源

目前，电解过程可通过硅整流器或可控硅整流器获得直流电源。整流器的规格和台数应根据电流和电压等条件进行选择。根据以上计算所采用的数据，电流取 10000A；普通槽和种槽共 158 台，槽电压为 0.28V；脱铜槽有 2 个，槽压为 2V；线路压降与导电母线长度有关，一般为 3～4V，这里取 3V。所以车间总电压为：

$$0.28\times158+2\times2+3=51.24\text{V}$$

根据选定的电流和计算的槽电压，并适当考虑富余系数后选择整流器的规格。例如，这里可选择电流为 12000A、输出电压为 40～60V 的硅整流器。

目前，一般中小型铜电解工厂采用硅整流器。可控硅整流器的电压可以有级调，也可以连续调，以达到稳压操作；直流输出电流的波动范围小，可达到稳流操作；通过两套极性相反的并联可控硅整流装置，可以实现快速切换电流方向，满足周期反向电流电解的要求，其性能明显优于硅整流器。虽然设备价格较高，但在老厂技术改造及新建大型工厂时，考虑企业提高电流密度、增产及分系列投产的需要，仍多采用可控硅整流器。

9.5.2 起重机

起重机主要用于车间内阴阳极出装槽及电解槽和其他设备的安装，一般选用桥式起重机。

（1）起重机荷重的确定。起重机荷重应为车间最大操作荷重。通常一槽阳极和吊架的质量之和为车间最大操作荷重。由主体设备设计计算部分，可知每块阳极的质量和每槽中阳极的片数。这里取每块阳极的质量为 160kg，普通槽阳极 42 片，种板槽阳极 44 片，阳极吊架质量为 400kg，则起重机最大操作荷重为：

$$160\times44+400=7440\text{kg}=7.44\text{t}$$

根据车间的配置，可选用荷重为 10t 的电动双梁桥式起重机。

（2）起重机台数的确定。起重机台数根据车间电解槽数量、阴阳极周期及车间的配置等因素确定。

9.5.3　加热器

多数工厂采用钛管换热器或钛板换热器来加热电解液，小部分工厂仍采用浮头列管式不透性石墨热交换器。钛板换热器阻力大，应设于电解液循环泵与高位槽之间。石墨管受震动易损坏，不宜直接与电解液循环泵相连，而应位于高位槽之下，使电解液利用位差流入石墨热交换器内。热交换器的传热面积根据热平衡计算中应补充热量的大小来确定。

传热面积可按下式计算：

$$F = \frac{Q}{3.6K\Delta t_m} \tag{9-9}$$

式中　F——传热面积，m^2；

Q——供给的热量，kJ/h；

K——传热系数，$W/(m^2 \cdot ℃)$；

Δt_m——平均温度差，℃。

9.5.4　其他

辅助设备除上述之外，还有始极片装配机组、翻板机、光棒机、吊架、储液槽、循环泵、皂液槽、酸泡槽、各种冲洗槽、电解液和阳极泥储槽、阳极架、过滤机及阳极泥泵等设备，设计时可根据工厂的使用情况选取。

9.6　车间配置

各厂应根据本厂具体条件，以有效利用地形面积、有效利用厂房、节约基建投资且利于生产为原则，进行铜电解车间的配置。

电解用的直流电源整流装置应该紧靠电解车间，最大限度地缩短输电母线的长度，减少电能的线路损失。整流器房应与电解车间严格隔开，以防酸雾腐蚀电气设备。

电解液的净化工序应该位于电解车间附近，以免电解液的输液管道太长，造成管道内余液冷却结晶而导致堵塞，在可能的条件下最好采用活动管道输送。

车间内部所有的设备配置除加温槽、集液槽外，均应在吊车的操作范围内，尽量减少人工搬运。加温槽的位置应靠近绝大多数的电解槽，以缩短管道和回液流槽的长度，减少电解液在循环过程中的热量散失。

电解槽以安装在使槽口稍高于楼面的位置为宜，过高则会使人员的上下和操作均不方便。厂房的高度应以吊车的吊钩上悬挂弹簧吊秤后，仍能正常地出装槽为原则。电解槽下面的楼下室内，配置有支承电解槽的水平梁和基础、循环管道、回液流槽、阳极泥流槽、泵及其他设备，为使楼下设备的配置不过于拥挤、便于维修，应当尽量采用截面较小的水平梁和基础，并选用强度大、数量少的柱子。楼下地面应向中心稍有倾斜，使溶液集中，以便随时抽出并经澄清后予以使用，楼下室的高度应在3m以上。

电解槽的槽列之间设有人行道。人行道的宽度应根据槽列及辅助设备的布置、车间的总平面而定。为减少酸雾对配电设备及电动机的腐蚀，各种槽均需用防腐盖板盖严。电解槽的楼下地面及整个厂房，包括楼面、屋架，均应采用严格的防腐措施。图9-9所示为7.5万吨/年铜电解车间配置实例。

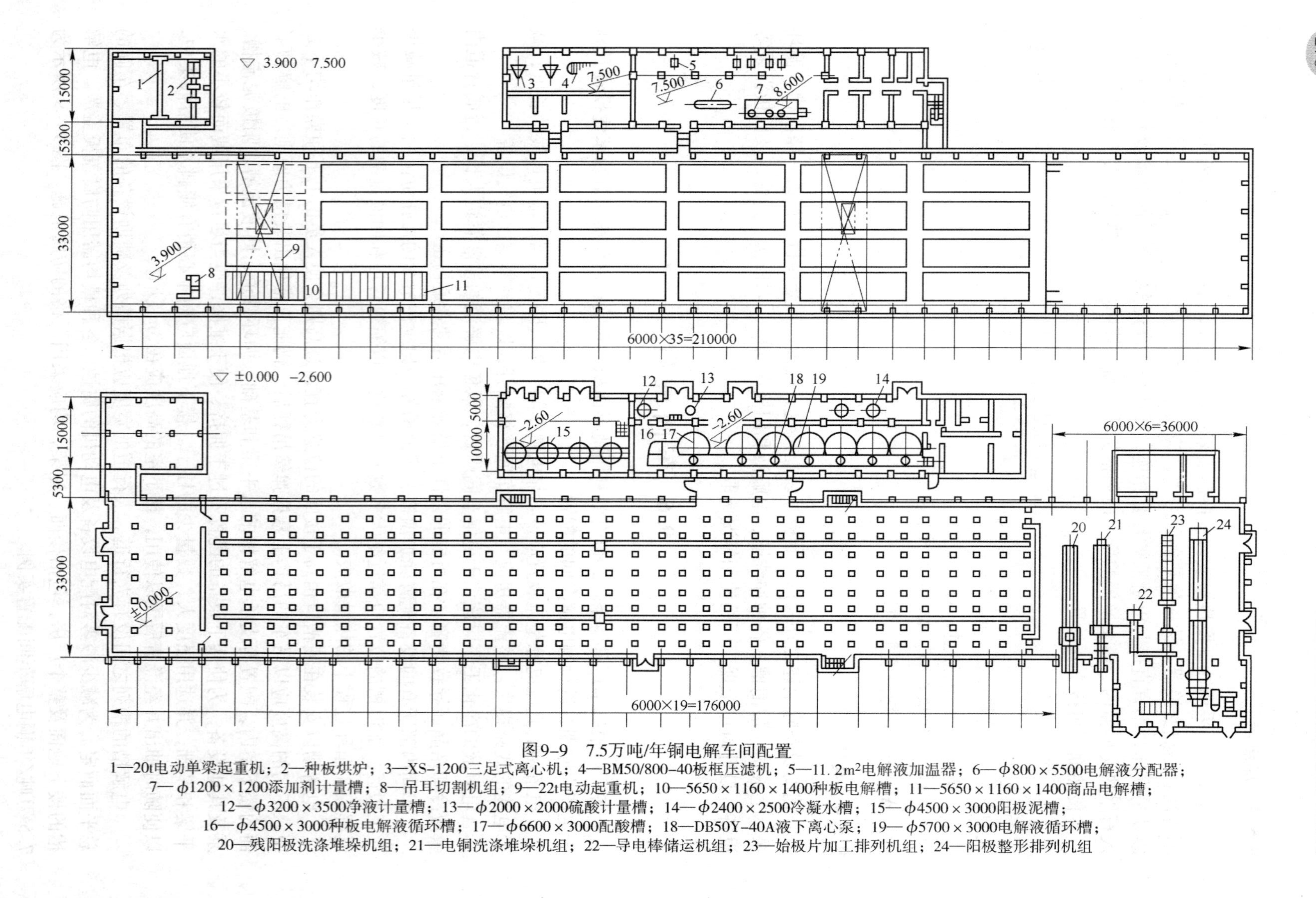

图9-9　7.5万吨/年铜电解车间配置

1—20t电动单梁起重机；2—种板烘炉；3—XS-1200三足式离心机；4—BM50/800-40板框压滤机；5—11.2m²电解液加温器；6—ϕ800×5500电解液分配器；7—ϕ1200×1200添加剂计量槽；8—吊耳切割机组；9—22t电动起重机；10—5650×1160×1400种板电解槽；11—5650×1160×1400商品电解槽；12—ϕ3200×3500净液计量槽；13—ϕ2000×2000硫酸计量槽；14—ϕ2400×2500冷凝水槽；15—ϕ4500×3000阳极泥槽；16—ϕ4500×3000种板电解液循环槽；17—ϕ6600×3000配酸槽；18—DB50Y-40A液下离心泵；19—ϕ5700×3000电解液循环槽；20—残阳极洗涤堆垛机组；21—电铜洗涤堆垛机组；22—导电棒储运机组；23—始极片加工排列机组；24—阳极整形排列机组

10　锌精矿沸腾焙烧工艺设计

10.1　概　　述

锌精矿焙烧是湿法炼锌的重要环节，其目的是保证精矿中的硫化锌绝大部分转变成氧化锌和少量硫酸盐，同时最大限度地除去砷、锑等杂质，此过程常通过沸腾焙烧炉实现。沸腾焙烧炉是采用流态化技术的热工设备，它具有以下优点：

（1）焙烧物料与气体接触的表面积大，气相与固相间的传热、传质进行得很强烈，因此焙烧强度大，能在较大范围内控制生产能力。

（2）可根据原料性质和下一步冶金过程的要求，实现不同性质的焙烧，得到理想的产物。

（3）烟气中二氧化硫浓度高，可根据市场情况，以硫酸、液体二氧化硫和元素硫等形式予以回收。

（4）工艺设备结构简单，基建投资省，维修费用低，易实现自动化。

在干式加料的沸腾焙烧炉生产系统中，锌精矿在焙烧前一般都要经过配料、干燥、破碎和筛分，焙烧产物可用配好的溶液直接浸出。图 10－1 所示为采用干式加料的锌精矿沸腾焙烧工艺流程。

为保证焙烧作业易于控制，要求锌精矿粒度均匀、低熔点物质（如铅）含量少、硫含量稳定；同时，为了避免杂质在湿法作业中的危害，要求含锌品位高，而砷、锑和氯等杂质的含量低；在焙烧多种精矿时应进行配料，以获得成分稳定的混合精矿。入炉锌精矿水分含量要适当，采用干式加料时一般为6%～8%。若水分含量过低，则焙烧过程的烟尘率大，炉顶温度会明显超过沸腾层的温度，使烟气收尘系统工作复杂化，故入炉时炉料最好增湿；当水分含量大于10%时，应进行干燥脱水，脱水后的锌精矿还需经鼠笼破碎机破碎、筛分，使其粒度均匀和松散。一般对入炉锌精矿的质量要求为：$w(Zn) \geq 45\%$，$w(S) = 28\% \sim 31\%$，$w(Fe) < 10\%$，$w(SiO_2) < 5\%$，$w(Pb) < 2\%$，$w(As) + w(Sb) < 0.5\%$，水分含量为6%～9%。

锌精矿经焙烧后得到两种固体产物，即焙砂和烟尘，它们总称为焙烧矿，全部作为浸出物料。焙烧矿的质量标准为：$w(Zn)_{总} > 50\%$，$w(Zn)_{可溶} > 46\%$，$w(Zn)_{可溶}/w(Zn)_{总} > 90\%$，$w(S)_{SO_4} = 2\% \sim 3\%$，$w(S)_S < 1\%$，$w(SiO_2) < 3\%$，$w(F)_{可溶} < 4\%$，$w(As) + w(Sb) < 0.3\%$，粒度应小于30目（590μm）。

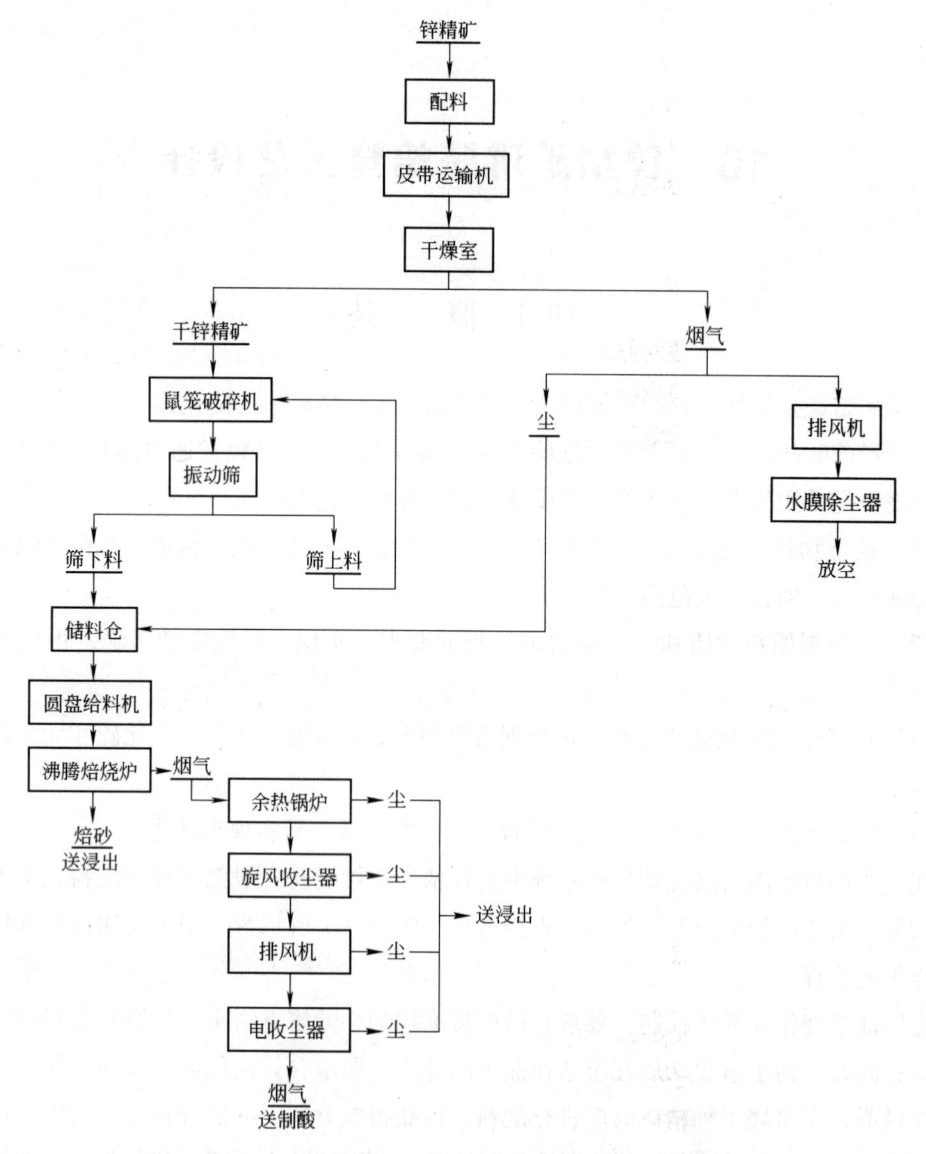

图 10－1　采用干式加料的锌精矿沸腾焙烧工艺流程

10.2　技术条件及技术经济指标的选择

10.2.1　技术条件

10.2.1.1　焙烧温度

（1）沸腾层温度。沸腾层温度通常是指沸腾层中部温度，常用沸腾层温度来表示焙烧温度。焙烧产物的质量很大程度上取决于沸腾层温度，提高焙烧温度有利于脱硫。但为了使得到的焙砂含有一定量呈硫酸盐形态的硫，焙烧温度不能太高，以防止硫酸盐分解。铁酸锌及硅酸锌的生成量也是随温度的增高而增加。焙烧温度越高，砷和锑的脱除效果越差，因为砷和锑的三氧化物在更高温度时会生成难挥发的五氧化物。沸腾层温度取决于原料成分，一般为820～920℃。当铁、二氧化硅、铅等杂质含量少时，可取上限；反之，可取下限。颗粒大小及精矿水分含量也是焙烧温度的影响因素。

（2）炉顶温度。炉顶温度即炉气出口温度，一般接近沸腾层温度。如果直线速度大，精矿水分含量低，粒度细，则炉顶温度偏高；反之，炉顶温度偏低。

（3）前室温度。前室上部温度比沸腾层温度低50～100℃。前室底部温度随炉结的增长，在300～600℃之间变化。该温度低，说明炉结加剧。

10.2.1.2　过剩空气系数

为保证焙烧过程中硫化物的氧化反应完全，需要有一定量的过剩空气。过剩空气量过少，则硫化物反应不完全；过剩空气量过多，虽然硫化物氧化反应完全，但是造成动力浪费，同时还降低了烟气中二氧化硫的浓度。一般取过剩空气系数为1.1～1.3。

10.2.1.3　直线速度

直线速度的确定对沸腾焙烧过程具有重要的意义。在过剩空气系数一定的范围内，沸腾焙烧炉的生产能力与直线速度成正比。直线速度过低，容易产生沟流、穿孔、分层等不正常流态化现象，且生产率不高；直线速度过高，会缩短物料在炉内的停留时间，使反应不完全，降低了硫的脱除率，影响焙烧质量，同时大量物料被气体带走，烟尘率也会显著增加。因此，应保持适当风速，使炉内矿粒跳动剧烈、均匀，既保持了较高的生产率，又可减少炉料熔结现象，且不会致使烟尘量太大。

沸腾焙烧的直线速度一般可根据实验和实践确定。目前，锌精矿焙烧的直线速度一般为0.4～0.7m/s。直线速度也可通过计算求得。在设计计算时，一般根据原料干筛分析数据计算出物料的平均粒度，然后根据此粒度计算出临界沸腾速度和带出气流速度，在此基础上进一步计算出操作直线速度。

操作直线速度$v_{操}$通常大于临界沸腾速度$v_{临}$，小于带出气流速度$v_{带}$，它们之间的关系为：

$$v_{操} = (15 \sim 45) v_{临}$$

或

$$v_{操} = (0.25 \sim 0.6) v_{带}$$

A　临界沸腾速度

临界沸腾速度计算如下：

$$v_{临} = \frac{Re_{临}\, \upsilon}{d_{均}} \qquad (10-1)$$

式中　$Re_{临}$——临界雷诺数；

υ——实际温度下气体的运动黏度，m^2/s；

$d_{均}$——物料颗粒平均粒度，m。

$d_{均}$按下式计算：

$$d_{均} = \frac{1}{\Sigma(x_i d_i)}$$

式中　x_i——对应各粒度的质量分数，%；

d_i——物料筛分各粒级的平均粒度，m。

d_i按下式计算：

$$d_i = \sqrt{d_1 d_2}$$

式中 d_1，d_2——相邻筛网的网眼尺寸，m。

临界雷诺数为：

$$Re_{临} = 0.00107Ar^{0.94} \tag{10-2}$$

式中 Ar——阿基米德数。

Ar 按下式计算：

$$Ar = \frac{gd_{均}^3}{v^2} \cdot \frac{\gamma_{料} - \gamma_{气}}{\gamma_{气}} \tag{10-3}$$

式中 g——重力加速度，m/s²；

$\gamma_{料}$——物料的堆积密度，kg/m³；

$\gamma_{气}$——气体在实际温度下的密度，kg/m³。

当临界雷诺数 $Re_{临} < 5$ 时，式（10－1）不用校正；当 $Re_{临} > 5$ 时，则式（10－1）的计算结果应乘以校正系数 $f_{临}$，其值见图 10－2。

B 带出气流速度

带出气流速度计算如下：

$$v_{带} = \frac{1}{18}Ar \tag{10-4}$$

利用 $v_{带} = Re_{带}\, v/d$ 即可求出某一粒级（粒度为 d）颗粒的带出气流速度。

当 $Re_{带} < 0.3$ 时，公式计算值 $v_{带} = Re_{带}\, v/d$ 的不用校正；当 $Re_{带} > 0.3$ 时，则公式 $v_{带} = Re_{带}\, v/d$ 的计算值应乘以校正系数 $f_{带}$，其值见图 10－3。

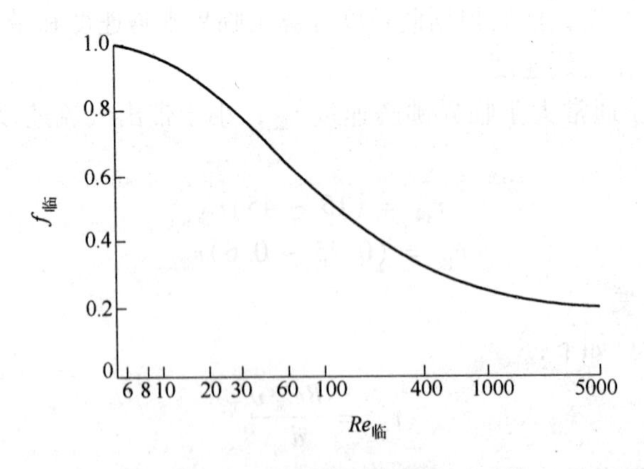

图 10－2 临界沸腾速度的校正系数

C 操作直线速度

操作直线速度一般根据临界沸腾速度，并利用流化指数的经验数据来确定。流化指数 $k_{流化}$（$k_{流化} = v_{操}/v_{临}$）代表流化强度，$k_{流化} = 15 \sim 45$，一般为 22～23。选择流化指数时应考虑以下因素：

（1）在物料化学反应速度允许和能保证焙砂和烟尘质量的前提下，为了强化生产，可采用较大的流化指数。

（2）当工艺条件允许增大烟尘率时，可选择较大的流化指数；反之，流化指数应小

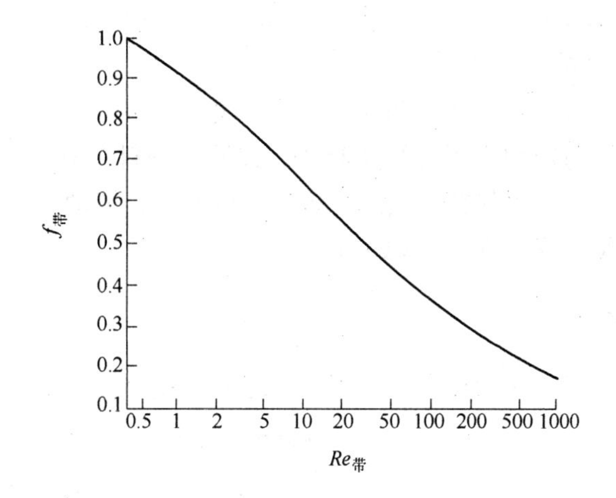

图 10－3　带出气流速度的校正系数

一些。

（3）在操作温度下物料容易黏结时，应采用较大的流化指数。

（4）当沸腾层内两相化学反应缓慢且流化介质较贵重时（如氯化焙烧时用的氯气、还原焙烧时用的煤气等），为了提高流化介质的利用率和减少其消耗量，宜采用较小的流化指数。

确定出临界沸腾速度和流化指数后，可求出操作直线速度为：

$$v_{操} = k_{流化} v_{临} \tag{10-5}$$

10.2.1.4　沸腾层高度

沸腾层是有起伏的，其高度近似等于溢流口高度。适当的沸腾层高度可使热量充足，操作稳定，便于布置换热装置等。若沸腾层过低，则物料在炉内的停留时间短，焙烧反应不完全，产品质量不好，同时热稳定性也差；当加料稍有波动时，沸腾层温度便不能稳定在规定的范围内，如果遇到短时间停电或停料，往往不能顺利开炉，需要重新点火。但是，沸腾层也不宜过高，这样会增加动力消耗。一般锌精矿的沸腾层高度为 0.9～1.2m。我国炼锌厂无论是采用湿法炼锌酸化焙烧还是高温氧化焙烧，18.6～109m^2 沸腾焙烧炉的沸腾层高度均为 1m，具有较好的效果。

10.2.1.5　物料停留时间

物料在炉内的停留时间是指更新炉内全部炉料所需的时间。其除受沸腾层高度影响外，还受直线速度影响。一般物料在炉内的停留时间为 4～7h。

锌精矿在沸腾炉内的停留时间可按下式计算：

$$\tau = \frac{HF\gamma_{床}}{GB} \tag{10-6}$$

式中　τ——锌精矿在炉内的停留时间，h；

H——沸腾层高度，m；

F——沸腾炉炉床面积，m^2；

$\gamma_{床}$——沸腾状况下物料的堆积密度，t/m^3；

G——精矿加入量，t/h；

B——焙砂产出率,%。

10.2.1.6　炉底和炉顶压力

炉底压力是空气分布板阻力和沸腾层压力降的总和。炉底压力一般为9~15kPa或更高；有前室时，前室压力比炉床压力约高1kPa，以防止炉料在前室内沉积，使炉料易于输送到炉内。正常操作时，炉顶保持微负压。采用正压操作，劳动条件差；负压过大，则会增加收尘系统的漏风量，降低烟气中SO_2浓度。

10.2.2　技术经济指标

（1）床能率。在计算出$v_{操}$的基础上可按下式计算床能率：

$$a = \frac{86400 v_{操}}{V(1 + \beta t_{层})} \tag{10-7}$$

式中　a——床能率（单位生产率），t/(m² · d)；

V——焙烧每吨物料所需的实际空气量和经层内反应（不包括沸腾层上部空气的反应）后炉气量的平均值，m³/t，在一般情况下取实际空气量计算即可，具体数值可由物料计算得出；

β——系数，$\beta = 1/273$；

$t_{层}$——沸腾层内温度,℃。

（2）锌的可溶率。焙烧矿中可溶于稀硫酸的锌量与总锌量之比，称为锌的可溶率。焙烧矿中锌的可溶率一般为88%~94%。

（3）脱硫率。锌精矿焙烧的脱硫率一般为90%~93%。

（4）焙砂产出率和烟尘率。焙砂产出率及烟尘率的大小主要受焙烧炉结构、直线速度和精矿性质的影响。若焙烧炉高或是扩大型焙烧炉，则焙砂产出率高，烟尘率低；若直线速度大、精矿粒度细、水分含量低，则烟尘率高，焙砂产出率低。

（5）锌的回收率。一般情况下，当收尘设备较完善、生产操作正常时，焙烧工序锌的回收率大于99%。

10.3　主体设备的设计

10.3.1　炉型

沸腾焙烧炉的炉床断面形状有圆形、矩形和椭圆形三种。圆形断面的焙烧炉结构简单，强度较大，空气分布比较均匀；矩形断面的焙烧炉结构比较复杂，膨胀不均匀，易裂缝；椭圆形断面的焙烧炉结构比较复杂，砖型种类多，砌筑难度大。目前，炉床断面为圆形的焙烧炉被广泛采用，只有当炉床面积小而又要求物料进出口距离较大时，才采用矩形或椭圆形断面的焙烧炉。圆形断面焙烧炉的炉膛有扩大型和直筒型两种。炉膛为扩大型的焙烧炉允许在较高的温度和较大的直线速度下操作，且生产能力大，能延长烟尘在炉内的停留时间，减少烟尘率，提高烟尘质量。因此，炉膛为扩大型的圆形断面沸腾焙烧炉在生产中被广泛应用。

图 10－4 为国内 $109m^2$ 沸腾焙烧炉的结构示意图。

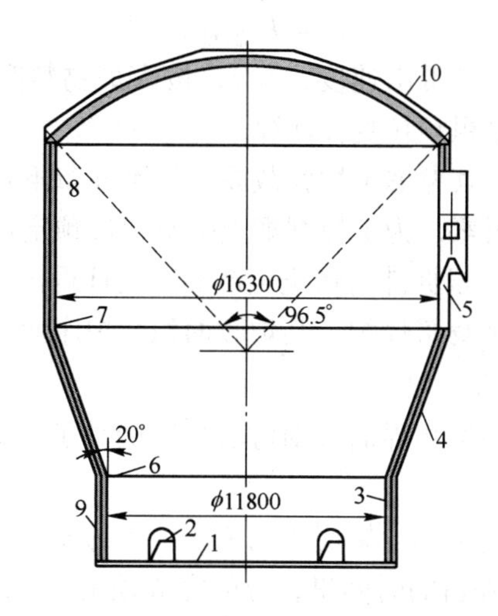

图 10－4 国内 $109m^2$ 沸腾焙烧炉的结构示意图

1—炉底水玻璃耐热混凝土；2—冷却盘管入口；3—炉墙耐热层高铝异型砖；4—炉墙保温砖；5—炉气出口低水泥浇注料；6—扩大段耐热钢托板；7—上直段耐热钢托板；8—炉顶旋脚砖耐热钢托板；9—炉壳外保温岩棉；10—炉顶高铝异型砖

10.3.2 沸腾焙烧炉主要尺寸的确定

10.3.2.1 炉床面积

炉床面积按下式计算：

$$F = A/a \tag{10-8}$$

式中 F——炉床面积，m^2；

A——每日需要焙烧的精矿量，t/d；

a——炉子床能率，$t/(m^2 \cdot d)$。

如果所设计的沸腾焙烧炉设有前室，则前室面积通常为炉床面积的 5%～10%。

对于圆形断面焙烧炉，炉床直径 $D_{本床}$：

$$D_{本床} = 1.13\sqrt{F - F_{前室}} = 1.13\sqrt{F_{本床}}$$

式中 $F_{前室}$——前室面积，m^2；

$F_{本床}$——本床面积，m^2。

10.3.2.2 炉膛面积

炉膛面积按下式计算：

$$F_{膛} = \frac{aV_{烟}(1+\beta t_{膛})F}{86400v_{膛}} \tag{10-9}$$

式中 $F_{膛}$——炉膛面积，m^2；

$V_{烟}$——每吨物料所产生的烟气量，m^3/t；

$t_{膛}$——炉膛温度，℃；

$v_{膛}$——炉膛空间烟气流速，m/s。

$v_{膛}$ 可按下式计算：

$$v_{膛} = kv_{带(粗尘)} \tag{10-10}$$

式中 $v_{带(粗尘)}$——最大颗粒烟尘带出速度，m/s，按入炉物料筛分分析资料与由烟尘率推算的烟尘最粗颗粒直径计算；

k——折减系数，其考虑了炉膛截面上气流分布不均匀及在沸腾过程中物料颗粒变细等因素，为了控制烟尘率不超过预定值，炉膛截面允许流速应小于 $v_{带(粗尘)}$，根据沸腾焙烧生产实践统计得出 $k=0.3 \sim 0.55$。

国内外炉膛为扩大型的沸腾焙烧炉，其炉膛面积与炉床面积之比多为1.7～2。

10.3.2.3 炉膛空间高度

炉膛空间高度是指沸腾层浓相界面（对溢流排料的炉子，即指溢流口下沿平面）以上至排烟口中心线的高度。

炉膛空间高度应该同时满足烟尘焙烧质量和烟尘率的要求。

（1）烟尘在炉膛空间内停留的时间里，应能完成预定的物理化学变化，以保证烟尘质量。炉膛空间高度与烟尘在炉内停留时间的关系式为：

$$H_{膛} = \frac{aV_{烟}(1+\beta t_{膛})F\tau_{尘}}{86400F_{膛}} \tag{10-11}$$

式中 $H_{膛}$——炉膛空间高度，m；

$\tau_{尘}$——烟尘在炉膛内必须的停留时间，s。

对于被气流带出的烟尘，其在炉膛内的速度可近似认为等于烟气流速。沸腾焙烧炉烟气在炉膛内的停留时间一般为15～20s。

采用扩大型炉膛时，炉膛高度应根据炉膛面积的变化情况分段计算。

（2）流化过程中，由于气泡破裂等原因，造成固体粒子被抛入空间并被气流所夹带。为了使被夹带的粒子在达到一定高度后能够大部分降落重返床层，必须使炉膛高度大于分离高度 $H_{分离}$，即：

$$H_{膛} > H_{分离}$$

分离高度可由下式求得：

$$H_{分离} = k_{分离}D_{床} \tag{10-12}$$

式中 $k_{分离}$——系数，其值见图10－5；

$D_{床}$——炉床直径，m。

此外，还可以按下列经验公式估算炉膛空间容积 $V_{膛}$：

$$V_{膛} = (10 \sim 18)F$$

采用经验公式时，取较大系数有利于提高烟尘质量；当烟尘量少（制粒焙烧或浆式加料）或对烟尘质量要求不高时，可取偏低值。

为了提高烟尘的质量，目前国外沸腾焙烧炉有增加炉膛高度及容积的趋势。有的炉子其容积与炉床面积的比值高达 $26m^3/m^2$。有些干法加料的锌精矿沸腾焙烧炉，当炉床面积为 $32m^2$ 左右时，炉膛高度为12.5～17m。目前炉床面积为 $109m^2$ 的沸腾焙烧炉，其炉膛有效高度约为13.35m。

10.3.2.4 炉腹角

沸腾焙烧炉炉膛扩大部分的炉腹角一般为15°～20°。当烟尘黏度大时，炉腹角最好小

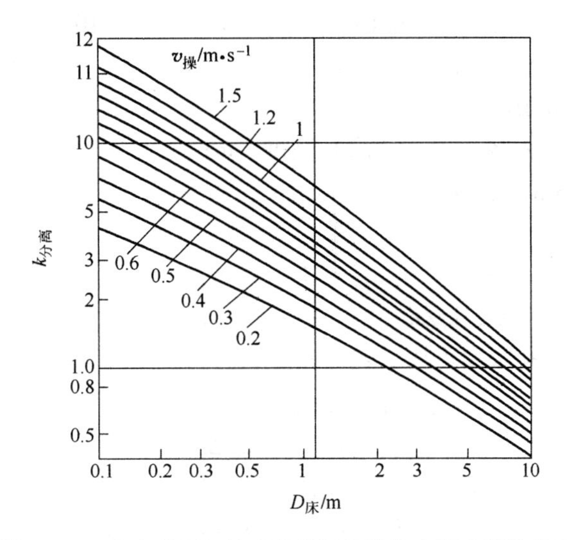

图 10－5　分离高度与炉床直径以及操作直线速度的关系

于 15°。若角度太大，则容易在折角处积灰，当积灰塌落时易造成死炉。

10.3.2.5　气体分布板

气体分布板一般由风帽、花板和耐火衬垫构成。在设计气体分布板时应考虑下列条件：

(1) 进入床层的气体分布均匀，以创造良好的初始流化条件；

(2) 有一定的孔眼喷出速度，使物料颗粒，特别是使大颗粒受到激发而湍动起来；

(3) 有一定的阻力，以减少沸腾层各处料层阻力的波动；

(4) 不漏料，不堵塞，耐摩擦，耐腐蚀，耐高温，不变形；

(5) 结构简单，以便于制造、安装和维修。

A　气体分布板的孔眼率

气体分布板的孔眼率 $b_{孔}$ 是指风帽孔眼总面积与炉床面积的比值，可以根据下述两种计算方法的结果，取较小者为设计值。

a　按孔眼喷出速度计算

孔眼喷出速度 $v_{孔眼}$ 必须大于或等于入炉物料中粗颗粒的带出速度 $v_{带(粗颗粒)}$，即：

$$v_{孔眼} \geqslant v_{带(粗颗粒)}$$

孔眼率按下式计算：

$$b_{孔} = \frac{v_{操}(1+\beta t_{气})}{v_{孔眼}(1+\beta t_{层})} \times 100\% \qquad (10-13)$$

式中　$t_{气}$——气体离开分布板时的温度，对于常温下鼓风的空气温度，可取 $t_{气}=60$℃。

b　按气体分布板最小阻力计算

根据实验，一般气体分布板的阻力（压降）$\Delta p_{板}$（Pa）与沸腾层压降 $\Delta p_{层}$（Pa）的关系为：

$$\Delta p_{板} = (0.1 \sim 0.2)\Delta p_{层}$$

沸腾层压降 $\Delta p_{层}$ 按下式计算：

$$\Delta p_{层} = H_{层}(\gamma_{料} - \gamma_{气})(1 - \varepsilon_{层}) \times 10 \qquad (10-14)$$

或 $$\Delta p_{层} = H_{固}(\gamma_{料} - \gamma_{气})(1 - \varepsilon_{固}) \times 10 \tag{10-15}$$

式中 $H_{层}$——沸腾层高度，m；

$\varepsilon_{层}$——沸腾层孔隙度,%；

$H_{固}$——固定层（停风后静止床层）高度，m；

$\varepsilon_{固}$——固定层孔隙度,%。

$\varepsilon_{固}$ 按下式计算：

$$\varepsilon_{固} = 1 - \gamma_{堆}\gamma_{料} \tag{10-16}$$

式中 $\gamma_{堆}$——炉料堆积密度，kg/m³。

当 $\Delta p_{板}$ 值确定后，孔眼率可按下式计算：

$$b_{孔} = \frac{v_{操}(1 + \beta t_{气})}{1 + \beta t_{层}} \sqrt{\frac{\xi \gamma_{气}}{2g\Delta p_{板}}} \times 100\% \tag{10-17}$$

式中 ξ——气体分布板阻力系数，当采用侧流型风帽时 $\xi = 1.5 \sim 3$，当采用内部设置阻力板的侧流型风帽时 $\xi = 10 \sim 15$，其取值随阻力板上孔径及数量的变化而变化，孔径大、数量多时取小值。

根据国内工厂实践，锌精矿沸腾焙烧炉气体分布板的孔眼率一般为0.7%～1.1%。

B 风帽

a 风帽的形式

风帽分菌形、伞形、锥形等，风帽孔眼有直流型、侧流型、密流型和填充型四种。锌精矿沸腾焙烧炉一般采用侧孔型菌形风帽，其优点有：从侧孔喷出的气体紧贴分布板面进入床层，对床层的搅动作用良好；孔眼不易堵塞，不易漏料等。

风帽孔眼数一般为4个、6个、8个，孔眼直径为3～10mm。风帽材料多用普通铸铁，在高温鼓风或高温焙烧时应采用耐热铸铁。

侧流型风帽有以下两种形式：

(1) 内设阻力板的侧流型风帽。阻力板的孔眼数为3个、4个、5个，孔眼直径为4.5～5.5mm。阻力板的规格可以更换，以便调节气体分布板各部位的阻力，保持床层各处气流分布均匀。设置阻力板后，便于控制床层各处的流速，有利于组织炉内物料的排送。这种风帽的灵活性大，重有色冶炼厂普遍采用。

(2) 不设阻力板的侧流型风帽。此种风帽结构简单，阻力小。

b 风帽数量

风帽数量一般由下式计算：

$$N = \frac{b_{孔}(F_{本床} + F_{前室})}{78.5nd_{孔}^2} \tag{10-18}$$

式中 N——风帽数量，个；

n——一个风帽上的孔眼数，个；

$d_{孔}$——风帽孔眼直径，m。

c 风帽的排列

风帽的排列密度一般为35～70个/m²。风帽中心距一般为100～180mm，视风帽排列密度和排列方式而定。在可能的条件下，加大风帽排列密度有助于改善初始流化条件。风帽常采用下列三种排列方式：

（1）同心圆排列。这种排列方式适用于圆形炉。

（2）等边三角形排列。这种排列方式使风帽排列均匀、布置紧凑，风帽中心距相等。其对于圆形或矩形分布板均适用。当用于圆形分布板时，最外侧2~3圈应采用同心圆排列。

（3）正方形排列。这种排列方式适用于矩形炉。

d 风帽的安装

风帽的安装主要考虑生产上使用可靠、检修及更换方便等方面，套管插入式是较好的安装形式。

C 花板和耐火衬垫

花板用于固定风帽及支承耐火衬垫和炉料。气体分布板衬垫一般采用耐火混凝土捣制，以耐火砂浆抹面。为了防止突然停炉造成花板温度过高而引起变形，也可在紧靠花板处敷设一层绝缘材料，并在其上再捣打耐火混凝土。衬垫厚度一般为250~300mm。

10.3.3 其他部件

10.3.3.1 风箱及预分布器

风箱的作用在于尽量使气体分布板底下气流的动压转变为静压，使压力分布均匀，避免气流直冲分布板。因此，风箱应有足够的容积。

大型炉通常采用锥台式风箱，小型炉通常采用圆锥式和圆柱式风箱。

为了提高进风的均匀性，一般在风箱内设置预分布器。最简单的预分布器是带弯头的进风管，其伸入风箱中心，出口向下。这种结构适用于小型炉，预分配均匀性不高。对于大型炉宜采用中心圆柱式预分配器。中心圆柱同时起着支承气体分布板的作用，气流导入中心圆柱后再行分配。圆柱各方向开孔的大小，可在投产前视冷试沸腾情况进行调整。

风箱容积可根据下式估算：

$$V_{风箱} = (V_{风}/800)^{1.34} \tag{10-19}$$

式中 $V_{风箱}$——风箱容积，m^3；

$V_{风}$——鼓风量，m^3/h。

目前，109m^2沸腾焙烧炉使用的风箱容积为3953.23m^3。

10.3.3.2 排热装置

排热方式分为直接排热和间接排热。前者是向炉内喷水，优点是调节炉温灵敏、操作方便、炉子生产能力大些，缺点是余热未得到利用。此法目前已很少采用，只作为特殊情况下降温的临时措施。

间接排热是使沸腾层内余热通过冷却元件传给冷却介质，汽化冷却水套是普遍采用的设备。

（1）冷却元件。常用的冷却元件有箱式水套和管式水套。箱式水套不宜太厚，一般为80~120mm。箱式水套设置在炉墙上，箱体高度应与沸腾层高度一致。管式水套的结构形式较多，常用的有弯管式和套管式水套。管式水套通过炉墙插入沸腾层中。

（2）水套面积。水套面积按下式计算：

$$F_{水套} = \frac{a q_{排} F}{24 k_{水套} \Delta t_{均}} \tag{10-20}$$

式中 $F_{水套}$——水套面积，m^2；

$q_{排}$——每吨炉料反应排出的余热，kJ/t；

$k_{水套}$——沸腾层对冷却介质的传热系数，W/(m^2·℃)；

$\Delta t_{均}$——沸腾层与冷却介质的平均温度差,℃。

$\Delta t_{均}$ 可按下式计算：

$$\Delta t_{均} = \frac{t_{出} - t_{进}}{2.3\lg \dfrac{t_{层} - t_{进}}{t_{层} - t_{出}}} \tag{10-21}$$

式中 $t_{进}$——冷却水进口温度,℃；

$t_{出}$——冷却水（或汽水混合物）出口温度,℃。

（3）水套的传热系数。影响水套传热系数的因素较多，如沸腾层流体的动力状态，沸腾层温度和气体的热物理性质，炉料的粒度、比热容和堆积密度，冷却介质流速和水垢的情况，冷却方式和配置，冷却元件的结构和结瘤情况等。实验和生产实践表明，水套传热系数的变动范围很大。正因为如此，设计时一般可用传热公式和冷却元件的工作特性计算出水套的传热系数，但更多的是从工厂累积的实测资料数据中选取，现列述如下。

1）当采用水冷却时：

对于箱式水套 $k_{水套} = 116 \sim 208$W/(m^2·℃)

对于管式水套 $k_{水套} = 170 \sim 266$W/(m^2·℃)

当水套内壁积有水垢或外壁有结瘤时，传热系数将显著下降。

2）当采用汽化冷却时（外壁无黏结层）：

对于箱式水套 $k_{水套} = 208 \sim 255$W/(m^2·℃)

对于管式水套 $k_{水套} = 266 \sim 313$W/(m^2·℃)

箱式冷却器嵌在沸腾炉炉墙内，使用寿命较长；管式冷却器冷却作用较好、制造简单、更换较易，但使用寿命较短，多用于汽化冷却。由于汽化冷却的优点比水冷却多，设计时一般宜采用汽化冷却方式。

10.3.3.3 加料设施

（1）加料方式。通常有干式和浆式两种加料方式。

1）干式加料。干式加料是物料经过干燥后由加料装置加入沸腾层内。一般采用加料管点式加料。这种加料方式设备简单，但是由于全部物料从一点加入，炉内气体将形成浓度梯度，前室分布板杂物沉积和结瘤率也较高。另外，也可采用抛料机散式加料。抛料机加料时依靠胶带的高速（15~20m/s），使炉料均匀地散布于炉内，有助于炉膛气流速度及成分的均匀一致，特别适合大型沸腾炉。

2）浆式加料。浆式加料是将呈矿浆状态的炉料通过加料喷枪向炉内喷射。此种加料方式虽然具有热工制度容易调节、劳动条件好等优点，但要求加料装置耐磨、耐腐蚀，且烟气收尘和制酸系统庞大，故在应用上受到限制。

（2）加料装置。干式加料时，在设有前室的沸腾炉上，炉料通过垂直加料管进入前室沸腾层，再由前室送往本床。在不设前室的沸腾炉上，用倾斜加料管把炉料直接加到沸腾层内。目前，一些工厂为了使炉料能较均匀地分布于炉内，采用抛料机加料。

10.3.3.4 排料口

（1）溢流排料。这种排料方式是焙砂经由溢流口直接排出炉外。溢流口坡度应大于60°，高度一般为300～800mm，宽度可用下列经验公式计算：

$$B_{溢} = 500(G_{排料}/\gamma_{粒})^{0.23} \tag{10-22}$$

式中 $B_{溢}$——溢流口宽度，mm；

$G_{排料}$——炉子排料量，kg/h，溢流排料量等于炉子加料量减去烟尘和物料的烧减量。

109m² 沸腾焙烧炉采用外溢流排料，溢流口孔洞高度为770mm，溢流口宽度为390mm。

（2）底流排料。当入炉物料中含有粗颗粒或是在焙烧过程中生成粗颗粒时，一般不能从溢流口顺利排出，应采用底流排料。这种排料方式为间断操作，排料量由调节阀控制。

10.3.3.5 排烟口

排烟口可设在炉膛侧墙，也可设在炉顶中央。排烟口设在侧墙时，炉顶不承受负荷，不易损坏，检修方便，但炉膛空间利用得不充分。当沸腾炉设在厂房内时，侧墙排烟可降低厂房高度。排烟口设在炉顶时，炉内气流分布均匀，能充分利用炉膛空间容积；但是炉子结构较复杂，炉顶承受负载，检修不方便。

排烟口面积由下式确定：

$$F_{烟口} = \frac{aV_{烟}(1+\beta t_{烟})F}{86400v_{烟}} \tag{10-23}$$

式中 $F_{烟口}$——排烟口面积，m²；

$t_{烟}$——烟气温度，℃；

$v_{烟}$——排烟口处烟气流速，一般取8～12m/s。

10.3.3.6 烧嘴孔

沸腾炉在烘炉和开炉升温时，通常是由重油、煤气和天然气等燃料的燃烧供给热量。因此，在沸腾炉上要开设烧嘴孔，其数量根据炉子大小而定。

10.3.3.7 砖体

沸腾炉一般采用耐火黏土砖砌筑。炉体砖厚为230mm，保温砖厚为113mm。在保温砖与炉壳之间填充20～50mm绝热材料。拱顶有球形和锥形两种，拱顶厚度通常为230mm、250mm或300mm。在拱顶砖上面敷设绝热材料，常用的绝热材料有矿渣棉、硅藻土及膨胀珍珠岩等。中小型炉子的炉顶可采用耐热混凝土捣制，这种拱顶整体性好，施工过程简单。

10.4 冶金计算

10.4.1 锌精矿的物相组成计算

锌精矿的化学成分如表10－1所示。

表10－1 锌精矿的化学成分 （%）

组 分	Zn	Cd	Pb	Cu	Fe	S	CaO	MgO	SiO_2	其他
含 量	50.41	0.28	1.24	0.44	9.11	31.16	1.03	0.05	3.53	2.75

根据锌精矿的物相分析，精矿中各元素的化合物形态为ZnS、CdS、PbS、$CuFeS_2$、Fe_7S_8、FeS_2、$CaCO_3$、$MgCO_3$、SiO_2。下面以100kg锌精矿（干量）进行计算。

（1）ZnS量。

$$\text{ZnS 中的 S 量} = 32 \times 50.41/65.4 = 24.67\text{kg}$$
$$\text{ZnS 量} = 50.41 + 24.67 = 75.08\text{kg}$$

（2）CdS量。

$$\text{CdS 中的 S 量} = 32 \times 0.28/112.4 = 0.08\text{kg}$$
$$\text{CdS 量} = 0.28 + 0.08 = 0.36\text{kg}$$

（3）PbS量。

$$\text{PbS 中的 S 量} = 32 \times 1.24/207.2 = 0.19\text{kg}$$
$$\text{PbS 量} = 1.24 + 0.19 = 1.43\text{kg}$$

（4）$CuFeS_2$量。

$$CuFeS_2 \text{ 中的 S 量} = 32 \times (0.44/63.5) \times 2 = 0.44\text{kg}$$
$$CuFeS_2 \text{ 中的 Fe 量} = 56 \times 0.44/63.5 = 0.39\text{kg}$$
$$CuFeS_2 \text{ 量} = 0.44 + 0.44 + 0.39 = 1.27\text{kg}$$

（5）Fe_7S_8和FeS_2量。除去$CuFeS_2$中的Fe量，余下的Fe量为9.11－0.39＝8.72kg。除去ZnS、CdS、PbS、$CuFeS_2$中的S量，余下的S量为31.16－（24.67＋0.08＋0.19＋0.44）＝5.78kg。这些剩余的Fe量和S量分布于FeS_2和Fe_7S_8中。设FeS_2中的Fe量为x kg，S量为y kg，则：

FeS_2　　$x/55.85 = y/(32 \times 2)$

Fe_7S_8　　$(8.72 - x)/(55.85 \times 7) = (5.78 - y)/(32 \times 8)$

解方程组得：　　$x = 0.14\text{kg}$，$y = 0.16\text{kg}$

即FeS_2中：　Fe量＝0.14kg，S量＝0.16kg，FeS_2量＝0.3kg

Fe_7S_8中：Fe量＝8.72－0.14＝8.58kg，S量＝5.78－0.16＝5.62kg，Fe_7S_8＝14.2kg

（6）$CaCO_3$量。

$$CaCO_3 \text{ 中的 } CO_2 \text{ 量} = 44 \times 1.03/56.1 = 0.81\text{kg}$$
$$CaCO_3 \text{ 量} = 1.03 + 0.81 = 1.84\text{kg}$$

（7）$MgCO_3$量。

$$MgCO_3 \text{ 中的 } CO_2 \text{ 量} = 44 \times 0.05/40.3 = 0.05\text{kg}$$
$$MgCO_3 \text{ 量} = 0.05 + 0.05 = 0.1\text{kg}$$

（8）其他。

$$\text{其他} = 2.75 - 0.81 - 0.05 = 1.89\text{kg}$$

将以上计算结果列于表10－2。

表10－2　锌精矿的物相组成　（kg）

组成	Zn	Cd	Pb	Cu	Fe	S	CaO	MgO	CO_2	SiO_2	其他	共计
ZnS	50.41					24.67						75.08
CdS		0.28				0.08						0.36

续表 10－2

组成	Zn	Cd	Pb	Cu	Fe	S	CaO	MgO	CO_2	SiO_2	其他	共计
PbS			1.24			0.19						1.43
$CuFeS_2$				0.44	0.39	0.44						1.27
FeS_2					0.14	0.16						0.3
Fe_7S_8					8.58	5.62						14.2
$CaCO_3$							1.03		0.81			1.84
$MgCO_3$								0.05	0.05			0.1
SiO_2										3.53		3.53
其他											1.89	1.89
共计	50.41	0.28	1.24	0.44	9.11	31.16	1.03	0.05	0.86	3.53	1.89	100

10.4.2 烟尘产出率及其物相组成计算

焙烧有关指标为：焙烧锌金属的直接回收率99.5%，脱铅率50%，脱镉率60%，空气过剩系数1.25。

以100kg锌精矿计算。按工厂生产实践，同类型沸腾炉硫酸化焙烧锌精矿时，烟尘中呈硫酸盐形态的残硫含量为2.14%，呈硫化物形态的残硫含量为0.5%；各元素进入烟尘的百分比为：镉60%，砷和锑65%，铅50%，锌及其他元素45%。为计算方便起见，设所有硫化物中的硫和硫酸盐中的硫均与锌结合，PbO与SiO_2结合成$PbO \cdot SiO_2$，Fe_2O_3有1/3与ZnO结合生成$ZnO \cdot Fe_2O_3$，其他金属以氧化物形态存在。设烟尘产出量为x kg。

各组分进入烟尘中的数量为：

Zn	$50.41 \times 0.45 = 22.68$kg
Cd	$0.28 \times 0.6 = 0.168$kg
Pb	$1.24 \times 0.5 = 0.62$kg
Cu	$0.44 \times 0.45 = 0.198$kg
Fe	$9.11 \times 0.45 = 4.1$kg
CaO	$1.03 \times 0.45 = 0.464$kg
MgO	$0.05 \times 0.45 = 0.023$kg
SiO_2	$3.53 \times 0.45 = 1.589$kg
S_{SO_4}	$0.0214x$ kg
S_s	$0.005x$ kg
其他	$1.89 \times 0.45 = 0.851$kg

各组分化合物进入烟尘中的数量为：

（1）ZnS量。

$$ZnS量 = 0.005x \times 97.4/32 = 0.0152x \text{ kg}$$

其中，Zn量＝0.0102kg，S量＝0.005x kg。

（2）$ZnSO_4$量。

$$ZnSO_4量 = 0.0214x \times 161.4/32 = 0.1079x \text{ kg}$$

其中，Zn 量 =0.0437x kg，S 量 =0.0214x kg，O 量 =0.0428x kg。

（3）$ZnO \cdot Fe_2O_3$ 量。烟尘中的 Fe 首先生成 Fe_2O_3，其量为 4.1 × 159.7/111.7 = 5.862kg；Fe_2O_3 有 1/3 与 ZnO 结合生成 $ZnO \cdot Fe_2O_3$，其量为 5.862 × 13 = 1.954kg。

$$ZnO \cdot Fe_2O_3 \text{ 量} = 1.954 \times 241.1/159.7 = 2.95\text{kg}$$

其中，Zn 量 =0.8kg，Fe 量 =1.367kg，O 量 =0.783kg。

余下的　　　　　　Fe_2O_3 量 =5.862 − 1.954 =3.908kg

其中，Fe 量 =2.733kg，O 量 =1.175kg。

（4）ZnO 量。

$$ZnO \text{ 中的 } Zn \text{ 量} = 22.68 - (0.0102x + 0.0437x + 0.8) = 21.88 - 0.0539x \text{ kg}$$

$$ZnO \text{ 量} = (21.88 - 0.0539x) \times 81.4/65.4 = 27.233 - 0.0671x \text{ kg}$$

（5）CdO 量。

$$CdO \text{ 量} = 0.168 \times 128.4/112.4 = 0.192\text{kg}$$

其中，Cd 量 =0.168kg，O 量 =0.024kg。

（6）CuO 量。

$$CuO \text{ 量} = 0.198 \times 79.5/63.5 = 0.248\text{kg}$$

其中，Cu 量 =0.198kg，O 量 =0.05kg。

（7）$PbO \cdot SiO_2$ 量。

$$PbO \text{ 量} = 0.62 \times 223.2/207.2 = 0.668\text{kg}$$

其中，Pb 量 =0.620kg，O 量 =0.048kg。

$$\text{与 } PbO \text{ 结合的 } SiO_2 \text{ 量} = 0.668 \times 60/223.2 = 0.18\text{kg}$$

$$PbO \cdot SiO_2 \text{ 量} = 0.668 + 0.18 = 0.848\text{kg}$$

$$\text{剩余的 } SiO_2 \text{ 量} = 1.589 - 0.18 = 1.409\text{kg}$$

（8）CaO 量。

$$CaO \text{ 量} = 0.464\text{kg}$$

（9）MgO 量。

$$MgO \text{ 量} = 0.023 \text{ kg}$$

（10）其他。

$$\text{其他} = 0.851\text{kg}$$

综合以上各项得：

$$x = 0.0152x + 0.1079x + 2.95 + 3.908 + (27.233 - 0.0671x) + 0.192 + 0.248 + 0.848 + 1.409 + 0.464 + 0.023 + 0.851 = 40.388\text{kg}$$

即烟尘产出率为焙烧干精矿的 40.388%

$$ZnS \text{ 量} = 0.0152 \times 40.388 = 0.614\text{kg}$$

其中，Zn 量 =0.412kg，S 量 =0.202kg。

$$ZnSO_4 \text{ 量} = 0.1079 \times 40.388 = 4.358\text{kg}$$

其中，Zn 量 =1.765kg，S 量 =0.864kg，O 量 =1.729kg。

$$ZnO \text{ 量} = 27.233 - 0.0671 \times 40.388 = 24.523\text{kg}$$

其中，Zn 量 =19.703kg，O 量 =4.82kg。

将以上结果列于表 10－3。

表 10－3 烟尘的物相组成 (kg)

组 成	Zn	Cd	Cu	Pb	Fe	S_s	S_{SO_4}	CaO	MgO	SiO_2	O	其他	共计
ZnS	0.412					0.202							0.614
$ZnSO_4$	1.765						0.864				1.729		4.358
ZnO	19.703										4.82		24.523
$ZnO \cdot Fe_2O_3$	0.8				1.367						0.783		2.95
Fe_2O_3					2.733						1.175		3.908
CdO		0.168									0.024		0.192
CuO			0.198								0.05		0.248
$PbO \cdot SiO_2$				0.62						0.18	0.048		0.848
CaO								0.464					0.464
MgO									0.023				0.023
SiO_2										1.409			1.409
其 他												0.851	0.851
共 计	22.68	0.168	0.198	0.62	4.1	0.202	0.864	0.464	0.023	1.589	8.629	0.851	40.388
比例/%	56.16	0.42	0.49	1.54	10.15	0.5	2.14	1.15	0.06	3.93	21.37	2.1	100

10.4.3 焙砂产出率及其物相组成计算

设每焙烧 100kg 干精矿产出的焙砂量为 y kg。

沸腾焙烧时，锌精矿中各组分转入焙砂的量为：

Zn　　$50.41 - 22.68 = 27.73$kg

Cd　　$0.28 - 0.168 = 0.112$kg

Cu　　$0.44 - 0.198 = 0.242$kg

Pb　　$1.24 - 0.62 = 0.62$kg

Fe　　$9.11 - 4.1 = 5.01$kg

CaO　　$1.03 - 0.464 = 0.566$kg

MgO　　$0.05 - 0.023 = 0.027$kg

SiO_2　　$3.53 - 1.589 = 1.941$kg

其他　　$1.89 - 1.589 = 1.039$kg

根据同类工厂生产统计数据，焙砂中 S_{SO_4} 含量取 1.1%，S_s 含量取 0.3%，设 S_{SO_4} 和 S_s 全部与 Zn 结合；PbO 与 SiO_2 结合生成 $PbO \cdot SiO_2$；生成的 Fe_2O_3 有 40% 与 ZnO 结合生成 $ZnO \cdot Fe_2O_3$；其他金属以氧化物形态存在。

各组分化合物进入焙砂中的数量为：

$$S_{SO_4}\text{量} = 0.011y\ \text{kg},\quad S_s\text{量} = 0.003y\ \text{kg}$$

(1) $ZnSO_4$ 量。

$$ZnSO_4\text{量} = 0.011y \times 161.4/32 = 0.0555y\ \text{kg}$$

其中，Zn 量 $= 0.0225y$ kg，S 量 $= 0.011y$ kg。

(2) ZnS 量。

$$ZnS\text{量} = 0.003y \times 97.432 = 0.0091y\ \text{kg}$$

其中，Zn 量 = 0.0061y kg　　　S 量 = 0.003y kg。

（3）$ZnO \cdot Fe_2O_3$ 量。焙砂中 Fe 首先生成 Fe_2O_3，其量为 5.01 × 159.7/111.7 = 7.163kg；Fe_2O_3 有40%与 ZnO 结合生成 $ZnO \cdot Fe_2O_3$，其量为 7.163 × 0.4 = 2.865kg。

$$ZnO \cdot Fe_2O_3\text{量} = 2.865 \times 241.1/159.7 = 4.325\text{kg}$$

其中，Zn 量 = 1.173kg，Fe 量 = 2.004kg，O 量 = 1.148kg。

$$\text{余下的}\ Fe_2O_3\ \text{量} = 7.163 - 2.865 = 4.298\text{kg}$$

其中，Fe 量 = 3.006kg，O 量 = 1.292kg。

（4）ZnO 量。

$$ZnO\ \text{中的}\ Zn\ \text{量} = 27.73 - (0.0225y + 0.0061y + 1.173) = 26.557 - 0.0286y\ \text{kg}$$

$$ZnO\ \text{量} = (26.557 - 0.0286y) \times 81.4/65.4 = 33.054 - 0.0356y\ \text{kg}$$

（5）CdO 量。

$$CdO\ \text{量} = 0.112 \times 128.4/112.4 = 0.128\text{kg}$$

其中，Cd 量 = 0.112kg，O 量 = 0.016kg。

（6）CuO 量。

$$CuO\ \text{量} = 0.242 \times 79.5/63.5 = 0.303\text{kg}$$

其中，Cu 量 = 0.242kg，O 量 = 0.061kg。

（7）$PbO \cdot SiO_2$ 量。

$$PbO\ \text{量} = 0.62 \times 223.2/207.2 = 0.668\text{kg}$$

其中，Pb 量 = 0.620kg，O 量 = 0.048kg。

$$\text{与 PbO 结合的}\ SiO_2\ \text{量} = 0.668 \times 60/223.2 = 0.18\text{kg}$$

$$PbO \cdot SiO_2\ \text{量} = 0.668 + 0.18 = 0.848\text{kg}$$

$$\text{剩余的}\ SiO_2\ \text{量} = 1.941 - 0.18 = 1.761\text{kg}$$

（8）CaO 量。

$$CaO\ \text{量} = 0.566\text{kg}$$

（9）MgO 量。

$$MgO\ \text{量} = 0.027\text{kg}$$

（10）其他。

$$\text{其他} = 1.039\text{kg}$$

综合以上各项得：

$$y = 0.0555y + 0.0091y + 4.325 + 4.298 + (33.054 - 0.0356y) + 0.128 + 0.303 + 0.848 + 1.761 + 0.566 + 0.027 + 1.039 = 47.733\text{kg}$$

即焙砂产出率为焙烧干精矿的 47.733%。

$$ZnSO_4\ \text{量} = 0.0555 \times 47.733 = 2.649\text{kg}$$

其中，Zn 量 = 1.074kg，S 量 = 0.525kg，O 量 = 1.05kg。

$$ZnS\ \text{量} = 0.0091 \times 47.733 = 0.434\text{kg}$$

其中，Zn 量 = 0.291kg，S 量 = 0.143kg。

$$ZnO\ \text{量} = 33.054 - (0.0356 \times 47.733) = 31.355\text{kg}$$

其中，Zn 量 =25.192kg，O 量 =6.163kg。

将以上计算结果列于表 10-4。

表 10-4 焙砂的物相组成 (kg)

组成	Zn	Cd	Cu	Pb	Fe	S_s	S_{SO_4}	CaO	MgO	SiO_2	O	其他	共计
ZnS	0.291					0.143							0.434
$ZnSO_4$	1.074						0.525				1.05		2.649
ZnO	25.192										6.163		31.355
$ZnO \cdot Fe_2O_3$	1.173				2.004						1.148		4.325
Fe_2O_3					3.006						1.292		4.298
CdO		0.112									0.016		0.128
CuO			0.242								0.061		0.303
$PbO \cdot SiO_2$				0.62						0.18	0.048		0.848
CaO								0.566					0.566
MgO									0.027				0.027
SiO_2										1.761			1.761
其他												1.039	1.039
共计	27.73	0.112	0.242	0.62	5.01	0.143	0.525	0.566	0.027	1.941	9.778	1.039	47.733
比例/%	58.09	0.23	0.51	1.30	10.50	0.30	1.10	1.19	0.06	4.07	20.49	2.18	100

在湿法炼锌过程中，熔化阴极锌时会得到少量浮渣，经球磨水洗后分离出水洗浮渣和锌珠。锌珠或单独熔化铸锭，或与阴极锌一起熔化铸锭。水洗浮渣则返回加入沸腾焙烧炉内，脱去其中的氟、氯等。

设投入 100kg 锌精矿，产出水洗浮渣 0.903kg，含锌 77.5%，则水洗浮渣中的锌量为 0.7kg。设这些锌在水洗浮渣中全部以氧化锌形式存在，且在沸腾焙烧过程中这一部分氧化锌全部进入焙砂中。则水洗浮渣各组分为：

$$ZnO\ 量 = 0.903 \times 77.5\% \times 81.4/65.4 = 0.871\text{kg}$$

其中，Zn 量 =0.7kg，O 量 =0.171kg。

$$其他 = 0.903 - 0.871 = 0.032\text{kg}$$

所以，进入焙烧炉的物料量为：精矿 100kg，水洗浮渣 0.903kg，共计 100.903kg。产出烟尘量为 40.388kg，焙砂量为 48.636kg，焙烧矿共计 89.024kg。烟尘产出率占焙烧矿的 45.37%，焙砂产出率占焙烧矿的 54.63%。焙烧矿的物相组成见表 10-5。

表 10-5 焙烧矿的物相组成 (kg)

组成	Zn	Cd	Cu	Pb	Fe	S_s	S_{SO_4}	CaO	MgO	SiO_2	O	其他	共计
ZnS	0.703					0.345							1.048
$ZnSO_4$	2.839						1.389				2.779		7.007
ZnO	45.595										11.154		56.749
$ZnO \cdot Fe_2O_3$	1.973				3.371						1.931		7.275
Fe_2O_3					5.739						2.467		8.206
CdO		0.28									0.04		0.32
CuO			0.44								0.111		0.551

续表 10－5

组成	Zn	Cd	Cu	Pb	Fe	S_s	S_{SO_4}	CaO	MgO	SiO_2	O	其他	共计
$PbO \cdot SiO_2$				1.24						0.36	0.096		1.696
CaO								1.03					1.03
MgO									0.05				0.05
SiO_2										3.17			3.17
其他												1.922	1.922
共计	51.11	0.28	0.44	1.24	9.11	0.345	1.389	1.03	0.05	3.53	18.578	1.922	89.024
比例/%	57.41	0.31	0.49	1.39	10.23	0.39	1.56	1.16	0.06	3.97	20.87	2.16	100

10.4.4 焙烧要求的空气量、产出的烟气量及其组成计算

10.4.4.1 焙烧矿脱硫率计算

精矿中硫量为31.16kg，焙烧矿中硫量为0.345＋1.389＝1.734kg，进入烟气中的硫量为31.160－1.734＝29.426kg，则：

$$焙烧矿脱硫率＝（29.426/31.16）\times 100\%＝94.44\%$$

10.4.4.2 出炉烟气计算

假定脱除的硫中有95%生成SO_2，5%生成SO_3，则：

$$生成 SO_2 需要的 O_2 量＝29.426\times 0.95\times 32/32＝27.955kg$$

$$生成 SO_3 需要的 O_2 量＝29.426\times 0.05\times 48/32＝2.207kg$$

从表10－5可得焙烧矿中氧化物和硫酸盐生成所需的氧量为18.578kg，则100kg锌精矿（干量）焙烧需要的理论氧量为：

$$27.955＋2.207＋18.578－0.171＝48.569kg$$

空气中氧的质量百分比为23%，则需要的理论空气量为：

$$48.569/0.23＝211.17kg$$

过剩空气系数可取1.25，则实际需要的空气量为：

$$211.17\times 1.25＝263.96kg$$

空气中各组分的质量百分比为N_2 77%、O_2 23%，鼓入263.96kg空气，其中：

$$N_2 量＝263.96\times 0.77＝203.25kg$$

$$O_2 量＝263.96\times 0.23＝60.71kg$$

标准状况下，空气密度为1.293kg/m^3，则实际需要空气的体积为：

$$263.96/1.293＝204.15m^3$$

空气中N_2和O_2的体积百分比分别为79%、21%，则：

$$N_2 的体积＝204.15\times 0.79＝161.279m^3$$

$$O_2 的体积＝204.15\times 0.21＝42.871m^3$$

焙烧炉排出的烟气量及其组成为：

（1）焙烧过程中产出的SO_2和SO_3量。

$$SO_2 量＝29.426\times 0.95\times 64/32＝55.91kg$$

$$SO_3 量＝29.426\times 0.05\times 80/32＝3.678kg$$

（2）过剩的氧量。

过剩的氧量 =60.71 −48.569 =12.141kg

（3）鼓入空气带入的氮量。

鼓入空气带入的氮量 =203.25kg。

（4）$CaCO_3$ 和 $MgCO_3$ 分解产生的 CO_2 量。

$CaCO_3$ 和 $MgCO_3$ 分解产生的 CO_2 量 =0.81 +0.05 =0.86kg

（5）锌精矿及空气带入水分产生的水蒸气量。进入焙烧炉的锌精矿的含水量取 8%，则 100kg 干精矿带入的水分量为：

$$100 \times (1 - 8\%) \times 8\% = 8.696\text{kg}$$

假设该地区气象资料为：大气压力 100631.72Pa，相对湿度 77%，平均气温 17.5℃。换算此条件下空气的需要量为：

$$204.15 \times 101325/100631.72 \times 273 + 17.5/273 = 218.733\text{m}^3$$

空气中的饱和水气量为 0.0162kg/m^3，则空气带入的水分量为：

$$218.733 \times 0.0162 \times 0.77 = 2.728\text{kg}$$

综上，锌精矿及空气带入的水分总量为 8.696 +2.728 =11.424kg 或 11.42418 ×22.4 =14.217m^3。

将以上计算结果列于表 10 −6。

表 10 −6 烟气量及其组成

组 成	质量/kg	体积/m^3	体积比/%
SO_2	55.91	19.569	9.48
SO_3	3.678	1.03	0.5
CO_2	0.86	0.438	0.21
N_2	203.25	162.6	78.8
O_2	12.141	8.5	4.12
H_2O	11.424	14.217	6.89
共计	287.263	206.354	100

10.4.5 沸腾焙烧物料平衡

按以上计算结果编制的沸腾焙烧物料平衡表见表 10 −7（未计机械损失）。

表 10 −7 沸腾焙烧物料平衡表

名 称	加入量/kg	比例/%	名 称	产出量/kg	比例/%
干锌精矿	100	26.5	烟尘	40.388	10.73
水洗浮渣	0.903	0.24	焙砂	48.636	12.93
精矿中水分	8.696	2.31	烟气	287.263	76.34
干空气	263.96	70.15			
空气中水分	2.728	0.72			
共 计	376.287	100	共 计	376.287	100

10.4.6 沸腾焙烧主要技术经济指标计算

（1）锌精矿烧成率：

$$[(40.388+48.636)/100.903]\times 100\% = 88.23\%$$

（2）烟尘产出率（占焙烧矿）：

$$[40.388/(40.388+48.636)]\times 100\% = 45.37\%$$

（3）焙砂产出率（占焙烧矿）：

$$[48.636/(40.388+48.636)]\times 100\% = 54.63\%$$

（4）脱硫率：

$$[31.16-(0.345+1.389)/31.16]\times 100\% = 94.44\%$$

（5）有害硫（S_S）含量：

$$[0.3454/(0.388+48.636)]\times 100\% = 0.39\%$$

（6）全硫（$S_{全}$）含量：

$$[(0.345+1.389)/(40.388+48.636)]\times 100\% = 1.95\%$$

（7）水溶锌率：

$$[2.839/(40.388+48.636)]\times 100\% = 3.19\%$$

（8）可溶锌率：

$$[(2.839+45.595)/51.11]\times 100\% = 94.76\%$$

10.4.7 热平衡计算

10.4.7.1 热收入

进入沸腾焙烧炉的热量包括反应热及精矿、空气和水分带入的热量等。

（1）ZnS 氧化生成 ZnO 放出的热量 Q_1。

$$ZnS+\frac{3}{2}O_2 = ZnO+SO_2+443508kJ$$

生成 ZnO 的 ZnS 量 =（19.703 + 0.8 + 25.192 + 1.173）× 97.4/65.4 = 69.642kg

$$Q_1 = 443508\times 69.642/97.4 = 317113kJ$$

（2）ZnS 转化成 $ZnSO_4$ 放出的热量 Q_2。

$$ZnS+2O_2 = ZnSO_4+774767kJ$$

生成 $ZnSO_4$ 的 ZnS 量 =（1.765 + 1.074）× 97.4/65.4 = 4.228kg

$$Q_2 = 774767\times 4.228/97.4 = 34109kJ$$

（3）ZnO 和 Fe_2O_3 生成 ZnO · Fe_2O_3 放出的热量 Q_3。

$$ZnO+Fe_2O_3 = ZnO\cdot Fe_2O_3+114300kJ$$

生成 ZnO · Fe_2O_3 的 ZnO 量 =（0.8 + 1.173）× 81.4/65.4 = 2.456kg

$$Q_3 = 114300\times 2.456/81.4 = 3449kJ$$

（4）FeS_2 氧化生成 Fe_2O_3 放出的热量 Q_4。

$$4FeS_2+11O_2 = 2Fe_2O_3+8SO_2+3310084kJ$$

$$Q_4 = 3310084\times 0.3/479.4 = 2071kJ$$

（5）FeS 氧化生成 Fe_2O_3 放出的热量 Q_5。

$$2FeS + \frac{7}{2}O_2 = Fe_2O_3 + 2SO_2 + 1226774kJ$$

Fe_7S_8 分解得到的 FeS 量 = 8.58 + 5.62 × 78 = 13.5kg

$CuFeS_2$ 分解得到的 FeS 量 = 0.39 + 0.44 × 12 = 0.61kg

得到的 FeS 总量 = 13.50 + 0.61 = 14.11kg

Q_5 =（1226774 × 14.11）/（2 × 87.85）= 98519kJ

（6）$CuFeS_2$ 和 FeS_2 分解得到的硫燃烧放出的热量 Q_6。

$$2CuFeS_2 = Cu_2S + 2FeS + \frac{1}{2}S_2$$

分解出的 S 量 = 1.27 × 32/366.8 = 0.111kg

$$Fe_7S_8 = 7FeS + \frac{1}{2}S_2$$

分解出的 S 量 = 14.2 × 32/646.95 = 0.702kg

1kg 硫燃烧放出的热量为 9303kJ，则：

Q_6 =（0.111 + 0.702）× 9303 = 7563kJ

（7）PbS 生成 PbO · SiO_2 放出的热量 Q_7。

$$PbS + \frac{3}{2}O_2 = PbO + SO_2 + 421569kJ$$

$$PbO + SiO_2 = PbO \cdot SiO_2 + 8499kJ$$

生成 PbO 放出的热量 = 421569 × 1.43/239.2 = 2520kJ

生成 PbO · SiO_2 的量 = 0.848 + 0.848 = 1.696kg

生成 PbO · SiO_2 放出的热量 = 8499 × 1.696/283.3 = 51kg

Q_7 = 2520 + 51 = 2571kJ

（8）CdS 氧化生成 CdO 放出的热量 Q_8。

$$CdS + \frac{3}{2}O_2 = CdO + SO_2 + 413656kJ$$

生成 CdO 的 CdS 量 = 0.28 × 144.4/112.4 = 0.36kg

Q_8 = 413656 × 0.36/144.4 = 1031kJ

（9）Cu_2S 氧化生成 CuO 放出的热量 Q_9。

$$Cu_2S + 2O_2 = 2CuO + SO_2 + 533691kJ$$

生成 CuO 的 Cu_2S 量 = 0.44 × 159.1/127.1 = 0.55kg

Q_9 = 533691 × 0.55/159.1 = 1845kJ

（10）部分 SO_2 生成 SO_3 放出的热量 Q_{10}。

$$SO_2 + \frac{1}{2}O_2 = SO_3 + 98348kJ$$

Q_{10} = 98348 × 3.678/80 = 4522kJ

（11）锌精矿带入热量 Q_{11}。进入沸腾炉的精矿温度为 40℃，精矿比热容取 0.84kJ/（kg · ℃），则：

Q_{11} = 100.903 × 40 × 0.84 = 3390kJ

（12）空气带入热量 Q_{12}。空气比热容取 1.32kJ/（m^3 · ℃），空气温度为 17.5℃，则：

$$Q_{12}=218.733\times17.5\times1.32=5052\text{kJ}$$

（13）精矿中水分带入的热量 Q_{13}。入炉精矿含有水分 8.696kg，水分比热容取 4.1868kJ/(kg·℃)，则 100kg 精矿中水分带入的热量为：

$$Q_{13}=8.696\times40\times4.1868=1457\text{kJ}$$

综上，热量总收入 $Q_{总收}$ 为：

$$\begin{aligned}Q_{总收}&=Q_1+Q_2+Q_3+Q_4+Q_5+Q_6+Q_7+Q_8+Q_9+Q_{10}+Q_{11}+Q_{12}+Q_{13}\\&=317113+34109+3449+2071+98519+7563+2571+1031+1845+4522+3390+\\&\quad 5052+1457\\&=482692\text{kJ}\end{aligned}$$

10.4.7.2 热支出

（1）烟气带走的热量 $Q_{烟}$。炉顶烟气温度为 900℃，各组分比热容（kJ/(m^3·℃)）如下：

SO_2	SO_3	CO_2	N_2	O_2	H_2O
2.215	2.303	2.181	1.394	1.465	1.687

$$\begin{aligned}Q_{烟}&=(19.569\times2.215+1.032\times2.303+0.438\times2.181+162.6\times1.394+8.5\times1.465+\\&\quad 14.217\times1.687)\times900\\&=278800\text{kJ}\end{aligned}$$

（2）烟尘带走的热量 $Q_{尘}$。由炉中出来的烟尘温度为 900℃，其比热容为 0.84kJ/(kg·℃)，则：

$$Q_{尘}=40.388\times900\times0.84=30533\text{kJ}$$

（3）焙砂带走的热量 $Q_{焙}$。从炉中出来的焙砂温度为 850℃，其比热容为 0.84kJ/(kg·℃)，则：

$$Q_{焙}=48.636\times850\times0.84=34726\text{kJ}$$

（4）锌精矿中水分蒸发带走的热量 $Q_{蒸}$。$Q_{蒸}$ 按下式计算：

$$Q_{蒸}=G_{水}t_{水}c_{水}+G_{水}\gamma_{水}$$

式中 $G_{水}$——锌精矿中水分的质量，kg；

$t_{水}$——锌精矿中水分的温度，取 40℃；

$c_{水}$——水的比热容，取 4.1868kJ/(kg·℃)；

$\gamma_{水}$——水的汽化热，40℃时 $\gamma=2407$，kJ/kg。

$$Q_{蒸}=8.696\times40\times4.1868+8.696\times2407=22388\text{kJ}$$

（5）精矿中碳酸盐分解吸收的热量 $Q_{分\text{I}}$ $CaCO_3$ 分解吸热 1583kJ/kg，$MgCO_3$ 分解吸热 1315kJ/kg，则：

$$Q_{分\text{I}}=1583\times1.84+1315\times0.1=3044\text{kJ}$$

（6）$CuFeS_2$ 和 Fe_7S_8 分解吸收的热量 $Q_{分\text{II}}$。按 1kg 铁消耗热量为 929kJ 计算，则：

$$Q_{分\text{II}}=(0.39+8.58)\times929=8333\text{kJ}$$

（7）通过炉顶和炉壁散失的热量 $Q_{散}$。根据沸腾炉几何尺寸计算总表面积 $F_{总}$ 为（计算过程略）：

$$F_{总}=F_{未扩}+F_{扩}+F_{膛}+F_{顶}=274.36\text{m}^2$$

炉内壁温度为900℃，炉壁单位面积散热约为 $q = 3135\mathrm{kJ/(m^2 \cdot h)}$，则炉顶和炉壁散热量 $Q_{散}$ 为：

$$Q_{散} = 100 \times 24150 \times 10^3 \times qF_{总} = 100 \times 24150 \times 10^3 \times 3135 \times 274.36 = 13762\mathrm{kJ}$$

（8）其他热损失 $Q_{失}$。其他热损失包括溢流口散热、清理孔打开时的辐射热损失等。这部分热损失按热收入的1%计，即：

$$Q_{失} = 482692 \times 1\% = 4827\mathrm{kJ}$$

（9）剩余热量 $Q_{剩}$。

$$Q_{剩} = Q_{总收} - (Q_{烟} + Q_{尘} + Q_{焙} + Q_{蒸} + Q_{分Ⅰ} + Q_{分Ⅱ} + Q_{散} + Q_{失})$$
$$= 482692 - (278800 + 30533 + 34726 + 22388 + 3044 + 8333 + 13762 + 4827)$$
$$= 86279\mathrm{kJ}$$

计算结果列于表10－8。

表10－8　锌精矿沸腾焙烧热平衡

热收入			热支出		
项　目	热量/kJ	比例/%	项　目	热量/kJ	比例/%
焙烧反应热			烟气带走热	278800	56.76
ZnS 氧化生成 ZnO 放热	317113	65.7	烟尘带走热	30533	6.33
ZnS 转化成 $ZnSO_4$ 放热	34109	7.07	焙砂带走热	34726	7.19
ZnO 和 Fe_2O_3 生成 $ZnO \cdot Fe_2O_3$ 放热	3449	0.71	锌精矿中水分蒸发带走热	22388	4.64
FeS_2 氧化生成 Fe_2O_3 放热	2071	0.43	精矿中碳酸盐分解吸热	3044	0.63
FeS 氧化生成 Fe_2O_3 放热	98519	20.41	$CuFeS_2$ 和 Fe_7S_8 分解吸热	8333	1.73
分解硫燃烧放热	7563	1.57	炉壁和炉顶散热	13762	2.85
PbS 生成 $PbO \cdot SiO_2$ 放热	2571	0.53	其他热损失	4827	1
CdS 氧化生成 CdO 放热	1031	0.21	剩余热	86279	17.87
Cu_2S 氧化生成 CuO 放热	1845	0.38			
SO_2 生成 SO_3 放热	4522	0.94			
锌精矿带入热	3390	0.7			
空气带入热	5052	1.05			
精矿中水分带入热	1457	0.3			
共　计	482692	100	共　计	482692	100

10.5 辅助设备的选择

辅助设备包含在物料准备系统、加料系统、供风系统和排料系统中。本节主要讨论供风系统和排烟收尘系统中设备的选择与计算。

10.5.1 供风系统

10.5.1.1 供风管

由物料计算得出100kg干精矿需要供给204.15m³ 空气。日处理150t湿精矿的沸腾焙烧炉，每秒钟应供给 3.29m³ 空气。如果当地气压为 100631.72Pa，平均气温为 17.5℃，则鼓风机每秒钟实际供风量为：

$$Q = Q_0(1 + \beta t)\frac{p_0}{p_B} \tag{10-24}$$

式中 Q——鼓风机每秒钟实际供风量，m^3/s；

Q_0——每秒钟需要供给的风量，m^3/s；

p_0——标准大气压力，Pa；

p_B——当地大气压力，Pa。

则 $$Q = 3.26 \times (1 + 17.5/273) \times (101325/100631.72) = 3.49m^3/s$$

冷空气在金属管道内的流速一般为 9～12m/s，取 10m/s 进行计算，则供风管道直径为：

$$d = 1.13\sqrt{\frac{Q}{v_风}}$$

式中 d——供风管道直径，m；

$v_风$——管道内风速，m/s。

则 $$d = 1.13 \times \sqrt{3.49/10} = 0.7m$$

10.5.1.2 鼓风机

A 风量

考虑到鼓风机风量应有 30% 的富余，则每分钟应供风量为：

$$Q = 1.3 \times 3.49 \times 60 = 272.22m^3/min$$

B 风压

鼓风机风压按下式计算：

$$p = \Delta p + h_空 + h_管 \tag{10-25}$$

式中 p——鼓风机风压，Pa；

Δp——沸腾层压力降，Pa；

$h_空$——空气分布板压力降，Pa；

$h_管$——空气管道阻力损失，Pa。

（1）沸腾层压力降。沸腾层压力降是选择风机和空气分布板的主要依据，一般采用下式计算：

$$\Delta p = 9.81H_层(\gamma_料 - \gamma_气)(1 - \varepsilon) \tag{10-26}$$

式中 Δp——沸腾层压力降，Pa；

$H_层$——沸腾层高度，m；

$\gamma_料$——炉料密度，取 $4100kg/m^3$；

$\gamma_气$——炉气密度，取 $1.293kg/m^3$；

ε——沸腾层孔隙率，一般为 65%～80%，这里取 70%。

则 $$\Delta p = 9.81 \times 1 \times (4100 - 1.293) \times (1 - 70\%) = 12062Pa$$

（2）空气分布板压力降。空气分布板压力降一般根据沸腾层压力降确定，取沸腾层压力降的 10%～20%，此处取 15%，则：

$$h_空 = 0.15\Delta p = 0.15 \times 12062 = 1809Pa$$

（3）空气管道阻力损失。空气管道阻力损失包括直管、弯管的阻力损失及管道上流量计、阀门的阻力损失。在计算管道阻力损失之前，必须根据车间具体情况把管道走向布置好，画出供风管路图（如图 10-6 所示）。

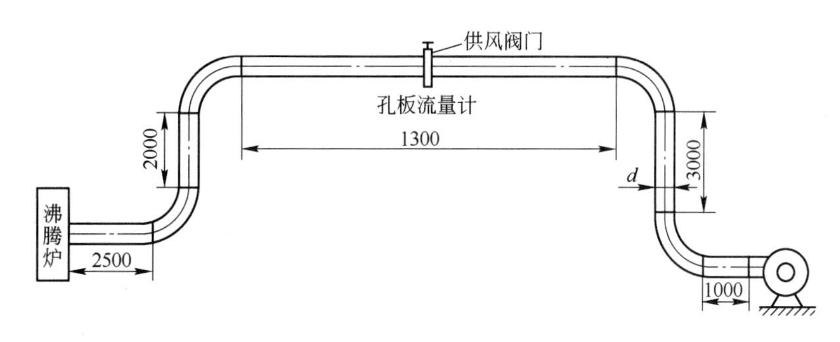

图 10-6 供风管路图

1）沿程阻力损失。管道全长 21.5m，为金属管，摩擦系数 $\lambda_{直}=0.04$，则沿程阻力损失 $h_{沿}$ 为：

$$h_{沿}=\frac{\lambda_{直}L}{d}\cdot\frac{v_{风}^{2}\gamma_{气}(1+\beta t)}{2}\cdot\frac{p_0}{p_B} \quad (10-27)$$

式中 L——管道全长，m；

d——管道直径，m。

则 $$h_{沿}=\frac{0.04\times21.5}{0.7}\times\frac{10^2\times1.293\times(1+17.5/273)}{2}\times\frac{101325}{100631.72}=85\text{Pa}$$

2）局部阻力损失。管路中共有四个弯头，其结构相同，故阻力系数相同，均为 $\lambda_{弯}=0.35$。孔板流量计阻力系数 $\lambda_{流}=18.2$，阀门阻力系数 $\lambda_{阀}=2.8$，则局部阻力损失为：

$$h_{局}=(4\lambda_{弯}+\lambda_{流}+\lambda_{阀})\cdot\frac{v_{风}^{2}\gamma_{气}(1+\beta t)}{2}$$

$$=(4\times0.35+18.2+2.8)\times\frac{10^2\times1.293\times(1+17.5/273)}{2}$$

$$=1541\text{Pa}$$

综上，空气管道阻力损失为：

$$h_{管}=h_{沿}+h_{局}=85+1541=1626\text{Pa}$$

因此，鼓风机风压（总阻力损失）为：

$$p=\Delta p+h_{空}+h_{管}=12062+1809+1626=15497\text{Pa}$$

考虑到鼓风机鼓风压力要有 30% 的富余，则鼓风机全压 $p_{全}$ 为：

$$p_{全}=1.3\times15497=20146\text{Pa}$$

C 风机的选择

由上述计算可知：

$$Q_{风}\approx273\text{m}^3/\text{min}$$

选用 D325-1 型离心式鼓风机两台，一台使用，一台备用。

10.5.2 排烟收尘系统

排烟收尘系统包括余热利用设备、收尘设备、排风机等。在此主要讨论收尘设备和排风机。

10.5.2.1 旋风收尘器

由烟气量计算可知，焙烧 100kg 干精矿产出 206.354m^3 烟气。当沸腾炉每日处理 150t 湿精矿时，每秒钟产出的烟气量为 3.29m^3。设余热锅炉漏风率为 15%，旋风收尘器入口温度为 400℃，则每秒钟旋风收尘器入口的烟气量为：

$$Q = Q_0(1+k)(1+\beta t)\frac{p_0}{p_B} \tag{10-28}$$

式中 Q_0——沸腾炉每秒钟产出的烟气量，m^3/s；

k——余热锅炉漏风率。

则 $Q = 3.29\times(1+0.15)\times(1+400/273)\times(101325/100631.72) = 9.56m^3/s$

筒体有效直径为：

$$D = \sqrt{\frac{4Q}{6\pi v_c}}$$

式中 Q——每秒钟进入旋风收尘器的烟气量，m^3/s；

v_c——筒体断面流速，一般为 3.3 ~ 3.7m/s，这里取 3.5m/s。

则
$$D = \sqrt{\frac{4\times 9.56}{6\times 3.14\times 3.5}} = 0.76m$$

根据计算结果，确定选用 H15 - 6 ×800 型旋风收尘器一台。

10.5.2.2 排风机

排风机的选择计算与鼓风机的选择计算基本相同，主要考虑风压和风量两个参数。

(1) 风压。排风机的风压由烟道阻力损失和烟道上各种设备的阻力损失决定。通常烟道的阻力损失很小，有时在计算过程中可忽略不计。

沸腾焙烧炉烟气出口处一般为微负压，取 -50Pa。余热锅炉阻力损失一般小于 400Pa，这里取 300Pa。旋风收尘器阻力损失一般为 600 ~ 2000Pa，这里取 1300Pa。风机出口处假设为 50Pa，考虑到风机风压要有 30% 的富余，则排风机风压 p 为：

$$p = 1.3\times(50+300+1300+50) = 2210Pa$$

(2) 风量。设旋风收尘器漏风率为 5%，排风机入口处烟气温度为 350℃，考虑到风机风量有 30% 的富余，则排风机风量 Q 应为：

$$Q = 1.3\times 3.29\times(1+0.15+0.05)\times(273+350)/273\times(101325/100631.72)$$
$$= 11.79m^3/s = 42455m^3/h$$

根据计算结果，选用 FW9 - 27 - 11No12 型排风机一台。

10.5.2.3 电收尘器

设排风机漏风率为 5%，电收尘器入口烟气温度为 320℃，则进入电收尘器的烟量 Q 为：

$$Q = 3.29\times(1+0.15+0.05+0.05)\times(273+320)/273\times(101325/100631.72)$$
$$= 8.99m^3/s = 32364m^3/h$$

设电收尘器内烟气速度为 0.5m/s，则电收尘器所需的总有效面积 F 为：

$$F = Q/v$$

式中 Q——进入电收尘器的烟气量，m^3；

v——电收尘器内烟气速度，m/s。

则 $$F = 8.99/0.5 = 17.98\text{m}^2$$

根据计算结果，选用 $F = 20\text{m}^2$ 的电收尘器一台。

10.5.2.4　烟道

烟道采用金属管道。烟气在管道内流速一般为 10～15m/s，这里取 12m/s。

A　余热锅炉—旋风收尘器烟道

余热锅炉漏风率为15%，烟气温度为余热锅炉出口烟气温度和旋风收尘器入口烟气温度的平均值，即：

$$t = (450 + 400)/2 = 425℃$$

$$Q = 3.29 \times (1 + 0.15) \times (273 + 425)/273 \times (101325/100631.72) = 9.74\text{m}^3/\text{s}$$

烟道截面积 F 为：

$$F = Q/v$$

式中　Q——进入烟道的烟气量，m^3；

v——烟气在管道内的流速，m/s。

则 $$F = 9.74/12 = 0.81\text{m}^2$$

烟道直径 D 为：

$$D = \sqrt{\frac{4F}{\pi}} = \sqrt{\frac{4 \times 0.81}{3.14}} = 1.02\text{m}$$

取烟道直径为 1.1m。

B　旋风收尘器—排风机烟道

$$Q = 3.29 \times (1 + 0.15 + 0.05) \times [273 + (400 + 350)/2]/273 \times (101325/100631.72) = 9.44\text{m}^3/\text{s}$$

烟道截面积 F 为：

$$F = Q/v = 9.44/12 = 0.79\text{m}^2$$

烟道直径 D 为：

$$D = \sqrt{\frac{4F}{\pi}} = \sqrt{\frac{4 \times 0.79}{3.14}} = 1\text{m}$$

取烟道直径为 1m。

C　排风机—电收尘器烟道

$$Q = 3.29 \times (1 + 0.15 + 0.05 + 0.05) \times [273 + (350 + 320)/2]/273 \times (101325/100631.72) = 9.22\text{m}^3/\text{s}$$

烟道截面积 F 为：

$$F = Q/v = 9.22/12 = 0.77\text{m}^2$$

烟道直径 D 为：

$$D = \sqrt{\frac{4F}{\pi}} = \sqrt{\frac{4 \times 0.77}{3.14}} = 0.99\text{m}$$

取烟道直径为 1m。

经过上述计算，余热锅炉—旋风收尘器烟道直径为 1.1m，旋风收尘器—排风机烟道以及排风机—电收尘器烟道直径为 1m。

10.6 车间配置

各厂应根据本厂的具体情况进行湿法炼锌沸腾焙烧车间的配置，以有效利用地形面积、有效利用厂房、节约基建投资、利于生产为原则。图 10－7 为 $22m^2$ 湿法炼锌沸腾焙烧炉焙烧车间配置图。

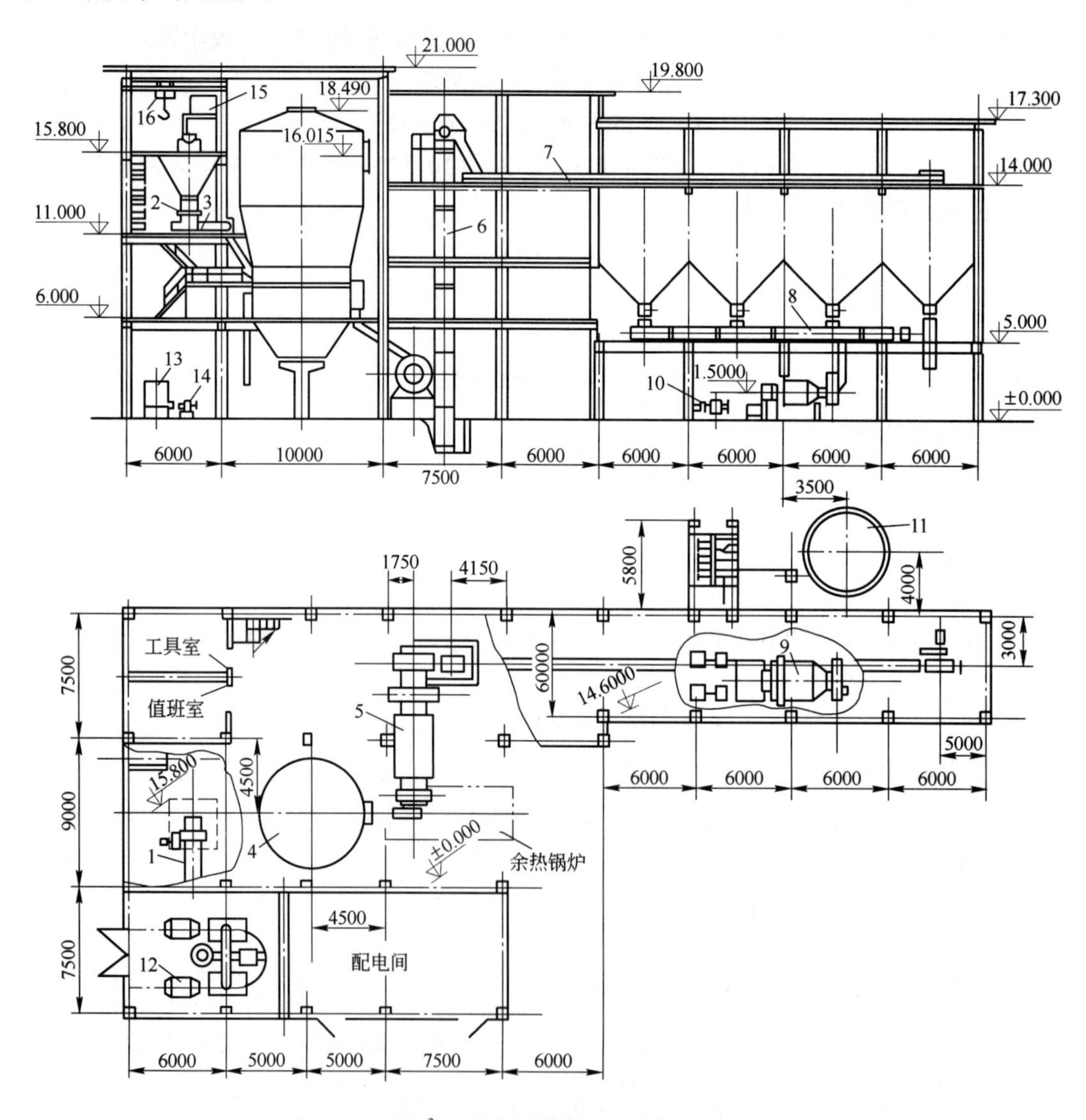

图 10－7 $22m^2$ 湿法炼锌沸腾焙烧炉焙烧车间配置图

1—胶带输送机；2—圆盘给料机；3—电子皮带秤；4—沸腾焙烧炉；5—冷却圆筒；6—斗式提升机；7—埋刮板运输机；8—螺旋运输机；9—湿式球磨机；10—矿浆输送泵；11—溶液储槽；12—罗茨鼓风机；13—低位油箱；14—油泵；15—高位油箱；16—电动葫芦

11　稀土萃取车间工艺设计

11.1　概　　述

由于稀土元素之间的物理和化学性质十分相近，采用一般的分级结晶、分步沉淀等化学方法，从稀土精矿分解所得到的混合稀土产品中分离提取出高纯度的单一稀土元素非常困难。利用每一个稀土元素在两种不互溶的液相（有机溶剂相和水溶液相）中的不同分配，将混合稀土原料中的每一个稀土元素经过多次分配而逐一分离的方法，称为稀土溶剂串级萃取分离法。稀土分离工业广为应用的是分馏萃取方式，该种方式具有生产的产品纯度和收率高、化学试剂消耗少、生产环境好、生产过程连续进行和易于实现自动化控制等优点。

11.1.1　萃取体系

萃取体系中包括由有机物质组成的有机相和由水溶液组成的水相。

有机相主要包括：

（1）萃取剂。稀土工业中常用的萃取剂及其性质见表 11－1。

（2）稀释剂。稀释剂是用于改善萃取剂物理性能（减小密度、降低黏度、增加流动性）的惰性有机溶剂，其本身不参与萃取反应。

水相包括：

（1）料液。料液中含有待萃取元素，通常含有 A、B 两种或两种以上元素。

（2）洗涤液。洗涤液用于洗涤被萃入有机相的 B（与 A 相比，是难以被萃取的元素），使 A（易被萃取的元素）得到纯化。

（3）反萃液。反萃液用于解离有机相中的被萃取物。

此外，萃取体系中还包括：

（1）添加剂。在萃取生产中，有时为了控制第三相的生成而加入有机或无机添加剂。

（2）化学试剂。为了提高有机相的萃取能力和分离效果而添加化学试剂，与金属离子形成的络合物难以被萃取的络合剂称为抑萃络合剂，反之称为助萃络合剂。

表 11－1　稀土工业中常用的萃取剂和稀释剂

萃取剂和稀释剂	相对分子质量	密度 /g·mL^{-1}	水溶度 /g·L^{-1}	折射率	沸点 /℃	燃点 /℃	闪点 /℃	黏度 η (25℃) /mPa·s	表面张力 /N·m^{-1}	介电常数 ε/F·m^{-1}
磷酸三丁酯 (TBP)	266.32	0.973 (25℃)	0.28 (25℃)	1.4223 (25℃)	142 (313.3Pa)	212	146	3.32	0.0279 (20℃)	8.05 (25℃)

续表 11－1

萃取剂和稀释剂	相对分子质量	密度 /g·mL^{-1}	水溶度 /g·L^{-1}	折射率	沸点 /℃	燃点 /℃	闪点 /℃	黏度 η (25℃) /mPa·s	表面张力 /N·m^{-1}	介电常数 ε/F·m^{-1}
甲基膦酸二甲庚酯（P_{350}）	320.3	0.9148 (25℃)	约0.01 (25℃)	1.436 (25℃)	120～122 (26.7Pa)	219	165	7.5677	0.0239 (25℃)	4.55 (20℃)
二（2－乙基己基）磷酸（P_{204}）	322.43	0.97 (25℃)	0.012 (25℃)	1.4419 (25℃)		233	206	0.42	0.0288	
2－乙基己基磷酸单2－乙基己基酯（P_{507}）	306.4	0.9475	0.03							
三烷基叔胺（N_{235}）	349	0.8153 (25℃)	0.01 (25℃)	1.4525 (25℃)	180～230 (400Pa)	226	189	10.4	0.0282 (25℃)	2.44 (20℃)
氯化甲基三烷基铵（N_{263}）	459.2	0.8951		1.4687 (25℃)		170	160	2.04	0.0311	
仲碳伯胺（N_{1923}）	312.6		0.04							
环烷酸	200～400	0.953		1.4757						
丁　醇	74	0.81337 (15℃)		1.39922 (20℃)	117.7			2.271	0.02457 (20℃)	17.1
煤　油		约0.8	0.007					0.02		2～2.2

在萃取生产和实验研究中，根据萃取机理或萃取过程中生成的萃合物的性质，一般将萃取体系分为如下六大类型：

（1）简单分子萃取体系；

（2）中性络合萃取体系；

（3）酸性络合萃取体系；

（4）离子缔合萃取体系；

（5）协同萃取体系；

（6）高温萃取体系。

稀土工业上常用的是（2）～（5）类萃取体系，我国广泛使用的是（2）、（3）类萃取体系。

11.1.2　分馏萃取

在萃取分离的过程中，由于受到分配比和分离系数的限制，仅经一次萃取是难以达到有效分离目的的。只有使水相和有机相多次接触，才能使易萃组分 A 不断地在有机相中富集，难萃组分 B 在水相中富集，直至达到纯度要求。这种将若干个萃取器串联起来以实现水相和有机相多次接触的方法，生产工艺上称为串级萃取。串级萃取按有机相和水相流动方向的不同，分为错流萃取、逆流萃取和分馏萃取等多种方式，稀土分离工业中主要采用分馏萃取方式。分馏萃取工艺由图 11－1 中所示的逆流萃取段、逆流洗涤段和反萃段组成，各段分别由若干级单一萃取器串接而成。

（1）萃取段。萃取段由第 1～n 级组成。在第 n 级加入料液 F，在第 1 级混合室加入

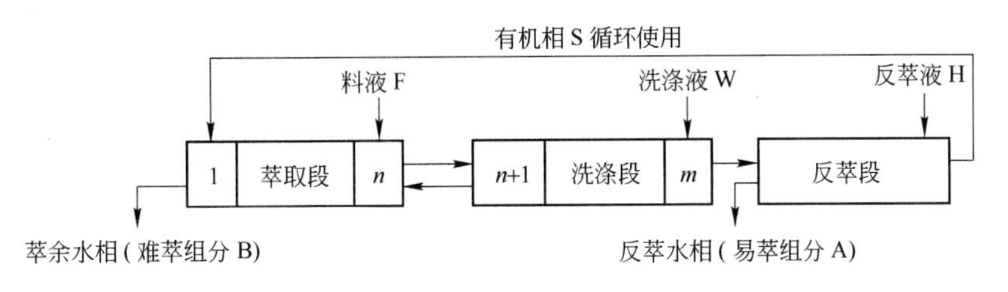

图11－1　分馏萃取工艺过程主要阶段连接示意图

有机相S，并从该级澄清室流出含有难萃组分B的萃余水相。萃取段的作用是使料液中的易萃组分A和有机相经过n级的逆流接触后，与萃取剂形成萃合物而被萃取到有机相中，从而与难萃组分B分离。

（2）洗涤段。洗涤段由第$n+1\sim m$级组成。在第m级加入洗涤液（如酸溶液、去离子水等），使其与已经负载了被萃物的有机相经过$m-n$级的逆流接触。其作用是将机械夹带或少量萃取进入有机相的难萃组分B洗回到有机相中，以提高易萃组分A的纯度。

（3）反萃段。在反萃段中用水溶液（酸溶液、碱溶液、去离子水等）与有机相接触，使经过洗涤纯化的易萃组分A与有机相解离而返回水相。反萃是萃取过程的逆过程，反萃取是萃取反应的逆反应。反萃段所需要的级数与被萃物的反萃率有关，一般在8级以下。经反萃的有机相可以循环使用。

11.2　技术参数及技术经济指标的选择

11.2.1　技术参数

11.2.1.1　描述被萃取物在两相中分配规律的参数

A　分配比

分配比指萃取达到平衡时被萃取物在两相中的实际浓度比，用来表示该种物质的分配关系，即：

$$D = c_{有}/c_{水} \tag{11-1}$$

式中　D——分配比；

$c_{有}$——萃取平衡时，被萃取物在有机相中的浓度；

$c_{水}$——萃取平衡时，被萃取物在水相中的浓度。

D值越大，表示该种被萃取物越容易被萃取。通过比较在某一萃取剂中几种金属离子的D值，可以排列出它们被萃取的顺序。在萃取分离中，可以根据待萃取物在萃取顺序中的位置确定分离界限。例如，在料液中含有溶质A、B、C、D、…，通过测试在某萃取剂中的分配比，确定出其被萃取的顺序为A＞B＞C＞D＞…。如果欲从此料液中提取纯B，可以B与C之间为分离界限，将A和B归为易萃组分，其余归为难萃组分，经萃取提取A和B后，再以A与B之间为分离界限，则可以获得纯B和A；也可以首先以A与B之间为分离界限，再以B与C之间为分离界限，同样能获得纯B和A。实际生产中，分离界限的划分与萃取工艺流程有关，有时还会影响生产的成本和产品的纯度。

B　萃取率

萃取率表示萃取平衡时，萃入有机相中的被萃取物量与原料液中该种物质的量的百分比，即：

$$q = \frac{c_{有}V_{有}}{c_{有}V_{有} + c_{水}V_{水}} \times 100\%$$
$$= \frac{c_{有}}{c_{水}} \cdot \frac{1}{c_{有}/c_{水} + V_{水}/V_{有}}$$
$$= \frac{D}{D + V_{水}/V_{有}}$$

式中　q——萃取率,%；

$V_{水}$——料液的体积；

$V_{有}$——有机相的体积。

如令 $V_{有}/V_{水} = R$，R 称为相比，则有：

$$q = \frac{D}{D + 1/R} \tag{11-2}$$

由式（11－2）可见，萃取率不仅与分配比有关，而且与相比有关，相比 R 的值越大，萃取率 q 越高。

C　分离系数

含有两种以上溶质的溶液，在同一萃取体系、同样的萃取条件下进行萃取分离时，各溶质分配比之间的比值称为分离系数，它用于表示两溶质之间的分离效果。其表达式为：

$$\beta_{A/B} = \frac{D_A}{D_B} = \frac{c(A)_{有}\,c(B)_{水}}{c(A)_{水}\,c(B)_{有}} \tag{11-3}$$

式中　$\beta_{A/B}$——分离系数；

D_A，D_B——A、B 两种溶质的分配比。

通常将分配比较大的溶质记为 A，表示易萃组分；分配比较小的溶质记为 B，表示难萃组分。

一般来说，$\beta_{A/B}$值越大，A 与 B 的分离效果越好。但是应注意，当 D_A 和 D_B 同时足够大时，由于 A 和 B 的萃取率都很高，此时尽管 $\beta_{A/B}$值很高，但也不能说明 A 和 B 的分离效果很好。例如表 11－2 中第一组数据，尽管 $\beta_{A/B}$值达到了 50，但是 A 和 B 的萃取率都分别达到了 99.97% 和 98.5%，此时 A 和 B 同时被萃入有机相，分离作用很小；而第二组数据虽然 $\beta_{A/B}$值比第一组小，但分离效果却优于第一组。对于第一组数据的情况，可以用下式积分分离系数来表达分离效果。

$$V_{A/B} = \frac{\beta_{A/B} + D_A R}{D_A R + 1} \tag{11-4}$$

表 11－2　分配比、分离系数和萃取比

试验组	D_A	D_B	$\beta_{A/B}$	$E_A/\%$	$E_B/\%$
第一组	2500	50	50	99.97	98.5
第二组	10	1	10	91	50

D　萃取比

在萃取过程连续进行时，常用被萃物在两相中的质量流量之比来表示平衡状态，即：

$$E_A = A_{有} / A_{水} \quad 或 \quad E_B = B_{有} / B_{水} \tag{11-5}$$

式中　E_A，E_B——A、B 的萃取比；

$A_{有}$，$B_{有}$——A、B 在有机相中的质量流量；

$A_{水}$，$B_{水}$——A、B 在水相中的质量流量。

由分配比的定义可知，$E_A = (A_{有} V_{有})/(A_{水} V_{水}) = D_A R$，$E_B = (B_{有} V_{有})/(B_{水} V_{水}) = D_B R$，在此处 R 是连续萃取过程中有机相流量与水相流量之比。对于确定流比的连续萃取过程，则有 $\beta_{A/B} = E_A/E_B$。

11.2.1.2　串级萃取过程的基本参数

A　萃余分数和纯化倍数

在研究分馏串级萃取时，为了研究经 n 级萃取和 $m-n$ 级洗涤后产品所能达到的纯度与收率，或者说产品在达到一定纯度和收率的条件下所必需的萃取段级数和洗涤段级数，引用了萃余分数和纯化倍数的概念。这两个参数的数学表达式及其与产品收率和纯度的关系式，分别表述如下：

（1）萃余分数。萃余分数 Φ_A、Φ_B 是指经过萃取后，萃余水相中易萃组分 A、难萃组分 B 的剩余量与其在料液中的量的比值，其表达式为：

$$\Phi_A = 萃余水相中 A 的质量流量/料液中 A 的质量流量 = A_1/A_F \tag{11-6}$$

$$\Phi_B = 萃余水相中 B 的质量流量/料液中 B 的质量流量 = B_1/B_F \tag{11-7}$$

（2）纯化倍数。纯化倍数是指经萃取后萃取组分 A 和 B 纯度提高的程度。难萃组分 B 的纯化倍数 b 定义为：萃余水相中 B 与 A 的浓度比（或纯度比）与料液中 B 与 A 的浓度比（或纯度比）之比。在串级萃取中，萃余水相是指第 1 级水相出口处的萃余液，则 b 的表达式为：

$$b = \frac{c(\mathrm{B})_1}{c(\mathrm{A})_1} \bigg/ \frac{c(\mathrm{B})_F}{c(\mathrm{A})_F} = \frac{P_{B,1}}{1 - P_{B,1}} \bigg/ \frac{f_B}{f_A} \tag{11-8}$$

易萃组分 A 的纯化倍数 a 定义为：在第 $n+m$ 级有机相出口处有机相中 A 与 B 的浓度比（或纯度比）与料液中 A 与 B 的浓度比（或纯度比）之比。同样有：

$$a = \frac{\overline{c(\mathrm{A})}_{n+m} / \overline{c(\mathrm{B})}_{n+m}}{c(\mathrm{A})_F / c(\mathrm{B})_F} = \frac{\overline{P}_{A,n+m}/(1 - \overline{P}_{A,n+m})}{f_A/f_B} \tag{11-9}$$

式中　$c(\mathrm{A})_1$，$c(\mathrm{B})_1$——第 1 级水相出口处萃余液中 A、B 的浓度；

$c(\mathrm{A})_F$，$c(\mathrm{B})_F$——料液中 A、B 的浓度；

$\overline{c(\mathrm{A})}_{n+m}$，$\overline{c(\mathrm{B})}_{n+m}$——有机相出口处有机相中 A、B 的浓度；

$P_{B,1}$，$\overline{P}_{A,n+m}$——B 在第 1 级萃余液中的纯度、A 在第 $n+m$ 级出口处有机相中的纯度；

f_A，f_B——料液中 A、B 的摩尔分数或质量分数。

（3）纯化倍数与萃余分数的关系。将式（11-6）和式（11-7）代入式（11-8）中，可以得到 B 组分经 $n+m$ 级分离后的纯化倍数 b 与萃余分数的关系为：

$$b = \Phi_B / \Phi_A \tag{11-10}$$

同样，可得到 A 组分的纯化倍数 a 与萃余分数的关系为：

$$a = (1 - \Phi_A)/(1 - \Phi_B) \tag{11-11}$$

式（11-10）和式（11-11）也可以写成如下形式：

$$\Phi_A = (a-1)/(ab-1) \tag{11-12}$$

$$\Phi_B = b(a-1)/(ab-1) \tag{11-13}$$

B 产品收率

由萃余分数的定义可知，料液中B组分在萃取过程中的收率 Y_B 实际上是B组分的萃余分数 Φ_B，同样可知，A组分的收率 Y_A 是 $1-\Phi_A$，即：

$$Y_B = \Phi_B = b(a-1)/(ab-1) \tag{11-14}$$

$$Y_A = 1-\Phi_A = a(b-1)/(ab-1) \tag{11-15}$$

11.2.2 技术经济指标

11.2.2.1 P_{204} - 煤油 - H_2SO_4 体系分离轻稀土

P_{204}萃取剂的酸性较高，与重稀土元素结合能力强，反萃困难，不适于重稀土分离。但是P_{204}萃取剂具有较好的耐酸碱性能，而且不需皂化就有很高的萃取容量，这使得它在处理氟碳铈矿以及氟碳铈矿与独居石混合矿的硫酸浸出液方面具有独特的优越性。在氧化焙烧氟碳铈矿 - 硫酸浸出工艺中，利用P_{204}萃取剂具有较好的耐酸碱性能，开发出P_{204} - TBP - 煤油 - H_2SO_4 体系分离铈、非铈稀土、钍的工艺方法，可以在一步提取出纯度高达99.99%以上的铈产品的同时回收钍。利用P_{204}萃取剂不需皂化就有很高的萃取容量的优点，在硫酸焙烧氟碳铈矿与独居石混合矿的工艺中，采用P_{204} - 煤油 - H_2SO_4 体系分离轻稀土元素，是P_{204}萃取剂应用的成功典范，下面介绍该流程的主要内容。

A 工艺流程

P_{204} - 煤油 - H_2SO_4 体系分离轻稀土的原则工艺流程如图11-2所示。该流程有两个主要目的：其一，将硫酸稀土转化为氯化稀土，使其方便与后续的稀土加工过程相连接；

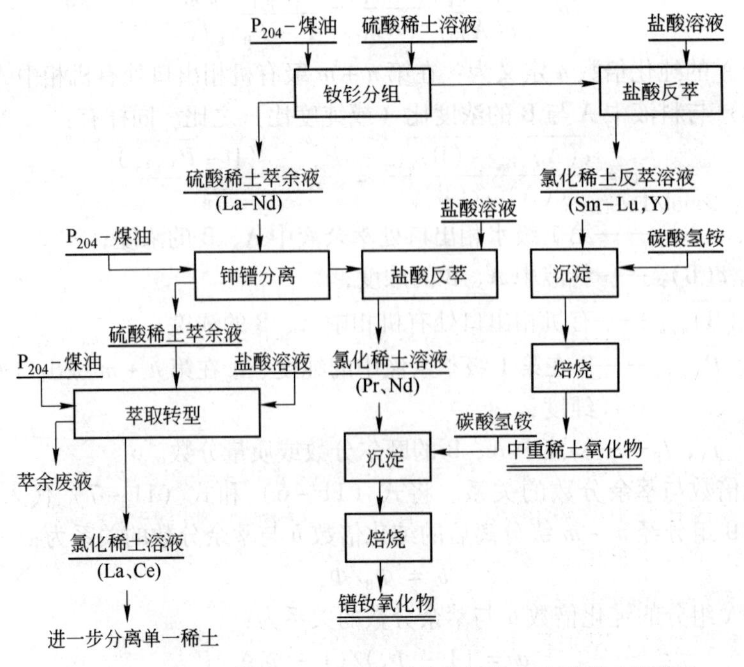

图11-2 P_{204} - 煤油 - H_2SO_4 体系分离轻稀土的原则工艺流程

其二，分离稀土元素，制备分组或单一的稀土产品。全流程由三部分组成，各部分的主要功能和特点分述如下。

a 钕钐分组

硫酸焙烧氟碳铈矿与独居石混合矿的浸出液中稀土浓度为38～40g/L，其中钐等中重稀土元素含量约为2%。经过去除杂质的硫酸浸出液用少量铵水调整至酸度为0.1mol/L，以此硫酸溶液为萃取料液，经未皂化的P_{204}萃取剂20级萃取分离钕钐和盐酸反萃后，产出硫酸稀土（La－Nd）萃余液和含有中重稀土氯化物的反萃溶液。萃余液用铵水调整至酸度为pH＝4～4.5后，进入铈镨分离工序；反萃溶液采用碳酸氢铵沉淀和焙烧，制备中重稀土氧化物产品。反萃后的有机相循环使用。

b 铈镨分离

以Ce和Pr为分离界限，经皂化的P_{204}分离后，Pr和Nd同时萃入有机相中。而后以盐酸反萃转化为氯化稀土溶液，再采用碳酸氢铵沉淀和焙烧制备镨钕氧化物产品。反萃后的有机相用铵水或氢氧化钠皂化后，循环使用。萃余液是由La和Ce组成的氯化稀土溶液，由于分离效果和工艺条件控制的原因，萃余液中可能含有1%左右的Pr。

c 盐酸反萃转型

铈镨分离后的萃取液仍然是硫酸溶液，用铵水再次调整至酸度为pH＝4～4.5后，用未皂化的P_{204}全部萃入有机相中，再用盐酸反萃可得到氯化稀土溶液。反萃后的有机相循环使用。氯化稀土溶液经进一步的蒸发浓缩或用碳酸氢铵沉淀后再焙烧的方法，可以分别得到结晶镧铈氯化稀土和镧铈混合稀土氧化物产品，或进一步分离得到单一稀土产品。

采用盐酸反萃取转型方法不仅可以将硫酸稀土转化为氯化稀土，而且可以通过控制反萃液与有机相的流量比例，将溶液中的稀土浓度提高至200g/L以上。

B 主要工艺技术条件

a 钕钐分组

（1）有机相组成：1mol/L P_{204}－煤油；

（2）料液（硫酸浸出液）：$c(REO)=0.25mol/L$，pH＝4～4.5；

（3）洗液：3mol/L硫酸；

（4）反萃液：4.5mol/L盐酸；

（5）分馏萃取级数：萃取段13级，洗涤段7级，反萃段8级；

（6）萃余液中$w(Sm_2O_3)/\Sigma w(REO)\leqslant 0.2\%$，中重氯化稀土中$w(Nd_2O_3)/\Sigma w(REO)\leqslant 10\%$。

b 铈镨分离

（1）有机相组成：1mol/L P_{204}－煤油，铵皂浓度为0.35mol/L；

（2）料液（钕钐分组的萃余液）：$c(REO)=1.2mol/L$，pH＝4～4.5；

（3）洗液：3mol/L硫酸；

（4）反萃液：4.5mol/L盐酸；

（5）分馏萃取级数：萃取段40级，洗涤段30级，反萃段10级；

（6）镨钕氧化物中$(w(Pr_6O_{11})+w(Nd_2O_3))/\Sigma w(REO)\geqslant 99\%$。

c 盐酸反萃转型

(1) 有机相组成：1mol/L P_{204} - 煤油；

(2) 料液（铈镨分离的萃余液）：c(REO) = 0.2mol/L，pH = 4 ~ 4.5；

(3) 反萃液：6mol/L 盐酸；

(4) 逆流萃取级数：萃取段 7 级，反萃段 8 级。

11.2.2.2 P_{507} - 煤油 - HCl 体系连续分离轻稀土

P_{507} 萃取剂的酸性小于 P_{204}，可在低酸度下萃取和反萃。这一特点弥补了 P_{204} 萃取体系不适于分离重稀土元素的不足。因此 P_{507} 萃取剂的问世，使得在一种萃取体系中轻、中、重稀土元素的连续萃取分离工艺得以实现。下面介绍 P_{507} - 煤油 - HCl 体系连续分离轻稀土的工艺方法。

A 工艺流程

图 11 - 3 所示为 P_{507} - 煤油 - HCl 体系连续分离轻稀土的原则工艺流程，该流程的工艺特点包括如下四个方面：

(1) 该流程的主要产品是稀土永磁材料和石油化工行业所需求的镨钕混合氧化物和镧铈混合氯化物，流程中同时产出中重稀土混合氧化物。生产中也可以根据需求继续采用 P_{507} - 煤油 - HCl 体系分离镨钕和镧铈，生产单一的镧、铈、镨、钕的氧化物。

(2) 该分离流程采用了首先以铈和镨为分离界限，得到分组的镧铈混合物以及镨钕与中重稀土的混合物，而后再根据产品要求进一步分离单一稀土产品的技术措施。与传统的先分离钕钐、再分离铈镨的工艺相比，这一措施的优点在于：被萃取组分与难萃取组分的比例相差小，使萃取过程易于控制、运行平稳；能够有效地保障镨钕产品或钕产品中的钐含量小于 0.01%。

(3) 钕钐分离以负载了镨钕和中重稀土的有机相为料液，减少了一次反萃取过程，节约了盐酸和皂化剂的用量。

(4) 采用难萃组分部分回流的方式，提高了萃余液中镧铈稀土的浓度，有效地降低了蒸发法生产结晶氯化稀土的动力消耗。

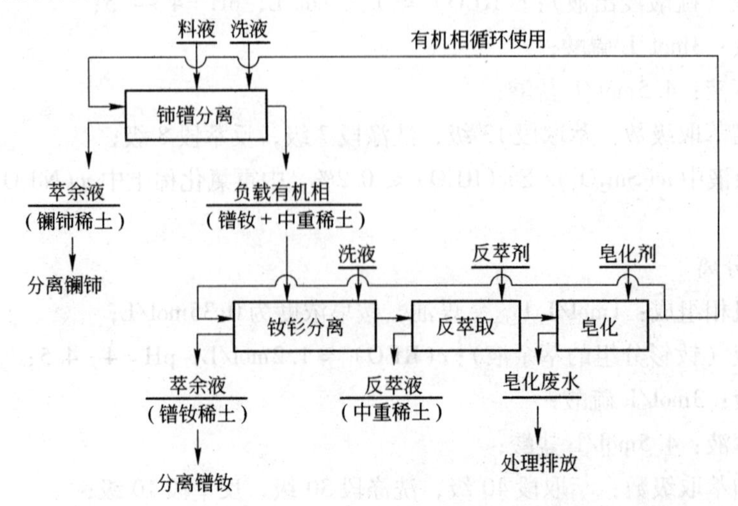

图 11 - 3 P_{507} - 煤油 - HCl 体系连续分离轻稀土的原则工艺流程

B 主要工艺技术条件

a 铈镨分离

（1）有机相组成：1.5mol/L P507－煤油，皂化有机相浓度0.52mol/L；

（2）料液（氯化稀土溶液）：$c(REO) = 1.7mol/L$，$pH = 3.5 \sim 4$；

（3）洗液：2mol/L 盐酸；

（4）分馏萃取级数：萃取段35级，洗涤段30级；

（5）萃余液中 $w(Pr_2O_3)/\Sigma w(REO) \leqslant 0.5\%$，氯化稀土中 $\Sigma c(REO) \geqslant 1.5mol/L$；

（6）负载有机相：有机相萃取量 $\Sigma c(REO) \geqslant 0.17mol/L$，其中 $w(Sm_2O_3)/\Sigma w(REO) \leqslant 0.01\%$。

b 钕钐分离

（1）有机相组成：1.5mol/L P507－煤油，皂化浓度0.52mol/L；

（2）料液：铈镨分离的负载有机相；

（3）洗液：2mol/L 盐酸；

（4）反萃液：4.5mol/L 盐酸；

（5）分馏萃取级数：萃取段13级，洗涤段7级，反萃段15级；

（6）镨钕氧化物中 $(w(Pr_6O_{11}) + w(Nd_2O_3))/\Sigma w(REO) \geqslant 99.95\%$，$w(Sm_2O_3)/\Sigma w(REO) \leqslant 0.01\%$；

（7）中重稀土氧化物中 $w(Eu_2O_3)/\Sigma w(REO) \geqslant 8\%$。

11.2.2.3 P_{507}－煤油－HCl 体系连续分离重稀土

A 工艺流程

图11－4所示为 P_{507}－煤油－HCl 体系连续分离重稀土的原则工艺流程，该流程的工艺特点包括如下3个方面：

（1）全流程由三个系列组成。按 P_{507} 的正萃取序列，由前至后分别为提取铒流程系列、提取铽流程系列和提取镝流程系列。该流程的特点是：每一流程系列由水相进料的分馏萃取流程（Ⅰ）、有机相进料的分馏萃取流程（Ⅱ）以及逆流反萃取流程（Ⅲ）三个子流程组成，这三个子流程由负载稀土的有机相串联贯通。其中，子流程Ⅰ的作用是分离待提取稀土元素与原子序数小于它的稀土元素，子流程Ⅱ的作用是分离待提取稀土元素与原子序数大于它的稀土元素。子流程Ⅱ采用有机相进料的优点是：相对于传统的以反萃余液作为下一次分离料液的工艺而言，省略了反萃取和料液中和调配过程，降低了酸、碱的消耗。

在这三个系列中，利用子流程Ⅱ的萃取段加强水相中单一稀土产品内易萃组分稀土杂质的萃取，可提高水相产品的纯度。例如在提取铽流程系列中，为了保证水相中铽的纯度，可以提高 S_1 的流量，但是此条件下铽的被萃取量也会增加，使其收率降低。也正是由于这一原因，此系列中的铽后产品 Dy 只能是富集物。

（2）三个系列之间，上一系列的萃余液为下一系列的料液。为了满足下一系列萃取条件的要求，萃余液需要调整酸度。本流程中的料液酸度均为 $pH = 2$，其他分离流程应视具体分离条件来确定料液的酸度。

（3）在多组分连续分离稀土元素的工艺中，随易萃稀土元素不断地被分离，萃余液中

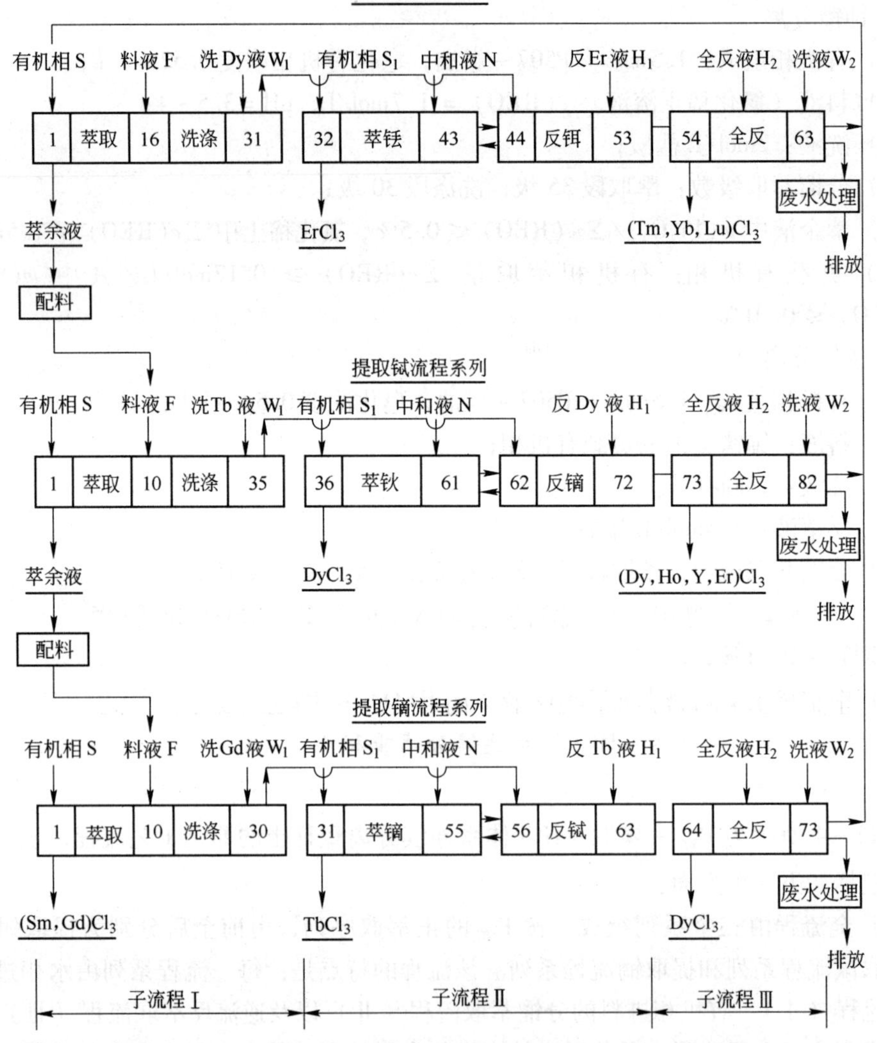

图 11－4 P_{507}－煤油－HCl 体系连续分离重稀土的原则工艺流程

的稀土浓度越来越低。用低浓度的稀土溶液作为料液时，会使萃取器的容量增大而导致设备投资、有机相和稀土的槽存量和生产运行费用升高，过于低时甚至会影响稀土分离效果和稀土收率。这是一个值得注意的问题。目前生产中解决该问题的方法有如下两种：

1）蒸发浓缩法。将低浓度的稀土萃余液在蒸发容器中加热蒸发水分，直至达到萃取条件要求的浓度，然后放置至达到室温，供下步萃取使用。

2）难萃组分回流萃取法。难萃组分回流萃取法也称稀土皂化法，其原理是：取部分水相出口的萃余液与皂化有机相接触，一般经 4～6 级逆流或并流萃取，使难萃组分重新萃入有机相（见图 11－5），同时排除这部分萃余液的空白水相（$\rho(\mathrm{REO}) < 0.1 \sim 1\mathrm{g/L}$）；而后负载有难萃组分的有机相进入萃取段，有机相的难萃组分与水相中的易萃组分相互置换，难萃组分回到水相。这一过程中，皂化有机相萃取难萃组分的反应为：

$$\mathrm{RE}^{3+}_{z(\text{水相})} + 3\mathrm{NaA}_{(\text{有})} \Longrightarrow \mathrm{RE}_z\mathrm{A}_{3(\text{有})} + 3\mathrm{Na}^+_{(\text{水相})} \quad (\text{稀土皂化反应}) \qquad (1)$$

难萃组分与易萃组分的置换反应为：

$$RE^{3+}_{z+1(水相)} + RE_zA_{3(有)} = RE^{3+}_{z(水相)} + RE_{z+1}A_{3(有)} \quad (2)$$

式中 RE^{3+}_z，RE^{3+}_{z+1}——难萃组分、易萃组分。

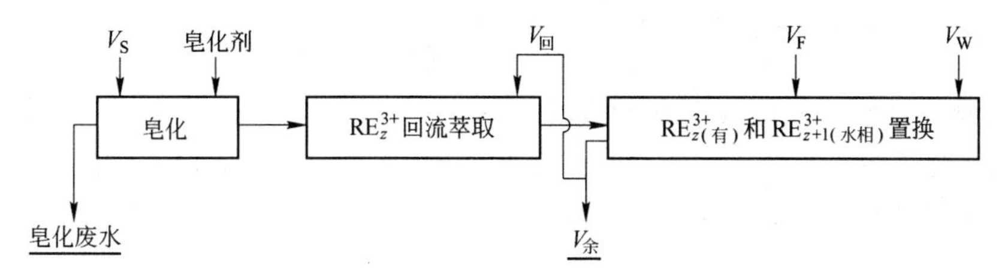

图 11-5 难萃组分回流萃取法提高萃余液中稀土浓度的工艺流程

经过难萃组分回流萃取的过程，萃余水相中的稀土浓度得到了富集，富集的程度与萃余液的回流流量有关，其回流量可以由下式计算：

$$\begin{cases} V_{回} = V_F + V_W - V_{余} \\ V_{余} = f_B / c(REO)_{余} \end{cases} \quad (11-16)$$

式中 $V_{回}$——萃余液回流流量；

$V_{余}$——难萃组分回流后的萃余液流出量；

$c(REO)_{余}$——$V_{余}$ 中的稀土浓度。

（4）全流程连续分离可以同时得到两个高纯度和一个普通纯度的单一稀土产品，其纯度分别为：$w(Tb_4O_7)/\sum w(REO)>99.9\%$，$w(Dy_2O_3)/\sum w(REO)>99.9\%$，$w(Er_2O_3)/\sum w(REO)>95\%$；此外，还可得到 Dy_2O_3（$w(Dy_2O_3)/\sum w(REO)>80\%$）、$Gd_2O_3$ 和 Y_2O_3 等中稀土富集物。各单一稀土产品的收率均在95%以上。

B 主要工艺技术条件

（1）有机相组成：1.5mol/L P507-煤油，皂化有机浓度0.52~0.54mol/L。

（2）提取铒和提取铽流程系列的氯化稀土料液浓度（REO）为1mol/L、提取镝流程系列的氯化稀土料液浓度为0.8mol/L。

（3）萃取工艺的溶液浓度，见表11-3。

（4）各萃取工艺的流比，见表11-4。

表 11-3 萃取工艺的溶液浓度 (mol/L)

溶 液	F（料液）	W_1（洗液）	H_1（反液）	H_2（全反液）	N（氨水）
HCl 浓度	pH=2	3.3	2.5	5	2

表 11-4 各萃取工艺的流比

流 比	$V_S:V_F:V_{W_1}$	$V_{S+S_1}:V_{H_1}$	$V_{S_1}:V_{H_1}:V_N$	$V_{S+S_1}:V_{H_2}$	$V_{S+S_1}:V_{W_2}$
提 Er 系列	20:2:3	20:3	5:4:2	5:1	2:1
提 Tb 系列	40:3:5	71:9	31:9:0	71:14	71:24
提 Dy 系列	35:5:6	51:6.5	16:6.5:2	51:10	3:1

11.2.2.4 多组分联动串级萃取分离技术

A 工艺流程

在多组分连续分离的过程中，按照全流程中应分离产品的数量增加，初始料液（含多种产品所需组分的溶液）被分离的次数也相应增加。在原有的工艺流程中，通常每分离一次都要经历一次反萃取（洗涤）和有机相的皂化（对于皂化体系而言）。也就是说，多次分离过程中要重复地消耗酸（反萃剂或洗涤剂）和碱（皂化剂），这不仅增加了生产成本，同时由于化工原料的消耗增加，也增大了皂化废水的排出量和废水中的铵氮浓度。近年来开发的多组分联动串级萃取分离技术为解决这一问题提供了新的途径。该项技术的主要理论依据为：

（1）由于镧系元素的离子半径随原子序数的增加而减小，使其与 P_{507}（以及 P_{204} 等）萃取剂的络合能力随原子序数的增加而增加。在这样一个化学性质的影响下，在多组分稀土元素的分离过程中，水相中原子序数大的稀土离子与被萃入有机相的原子序数小的稀土离子相置换。根据这一原理，可以将负载了小原子序数的稀土离子的有机相，作为较大原子序数的稀土元素的皂化有机使用。按照这一原则，负载稀土的有机相每作为皂化有机使用一次，则节省一次皂化剂的消耗。在稀土元素的连续分离过程中，原料中的组分越多，分离产品越多，则节约皂化剂的效果越明显。

（2）由于镧系元素离子半径越小，其与萃取剂的络合能力越强，使得反萃的难度也由轻稀土元素至重稀土元素不断增大。因此重稀土的反萃取酸度较高，所得到的重稀土反萃液中的残留酸浓度可高达1～2mol/L。在传统的工艺中，无论用草酸还是用碳酸氢铵沉淀，都必须中和反萃液的残留酸，为此不仅消耗了中和剂（碳酸氢铵或铵水），还将造成沉淀废水中的铵氮浓度过高。在联动萃取技术中，利用重稀土反萃液作为轻稀土分离的洗液或反萃液，既利用了这部分残留酸，又有利于沉淀废水的处理。因此，在我国重稀土配分型稀土矿的稀土萃取分离生产中，已较为普遍地应用了该项技术。

图11－6所示为典型的轻稀土萃取分离与重稀土萃取分离两个流程的联动形式。此流程中包括铈镨萃取分离线和镧铈萃取分离线两条轻稀土分离线，以及一条由钇富集物提取纯钇的重稀土分离线。其中，通过铈镨萃取分离的负载有机相与萃取提取纯钇线相连接，萃入有机相中的镨、钕在B回流段被富钇料液中的重稀土元素置换进入水相，随萃余液从重稀土分离线排出，并作为洗涤液返回铈镨分离线。该流程的优点是：通过铈镨萃取分离线与钇提纯的重稀土分离线相联动，省去了皂化段以及皂化剂；钇提纯线产出的镨钕萃余液作为洗涤液返回铈镨分离线，节约了盐酸使用量，使生产成本降低。

B 主要工艺技术条件

（1）有机相组成：1.5mol/L P507－煤油；皂化有机浓度为0.52mol/L。

（2）皂化剂：3mol/L氨水。

（3）洗涤剂：2mol/L盐酸。

（4）反萃剂：6mol/L盐酸。

（5）铈镨分离萃取槽级数：萃取23级，洗涤30级，B回流8级，皂化4级。

（6）镨钕反萃槽级数：均一化5级，反萃40级。

（7）镧铈分离萃取槽级数：萃取62级（其中包括镧纯化除钙槽30级），洗涤30级，反萃铈10级，B回流8级，皂化4级。

（8）钇萃取提纯槽级数：萃取 19 级，洗涤 35 级，反萃 15 级，B 回流 18 级。

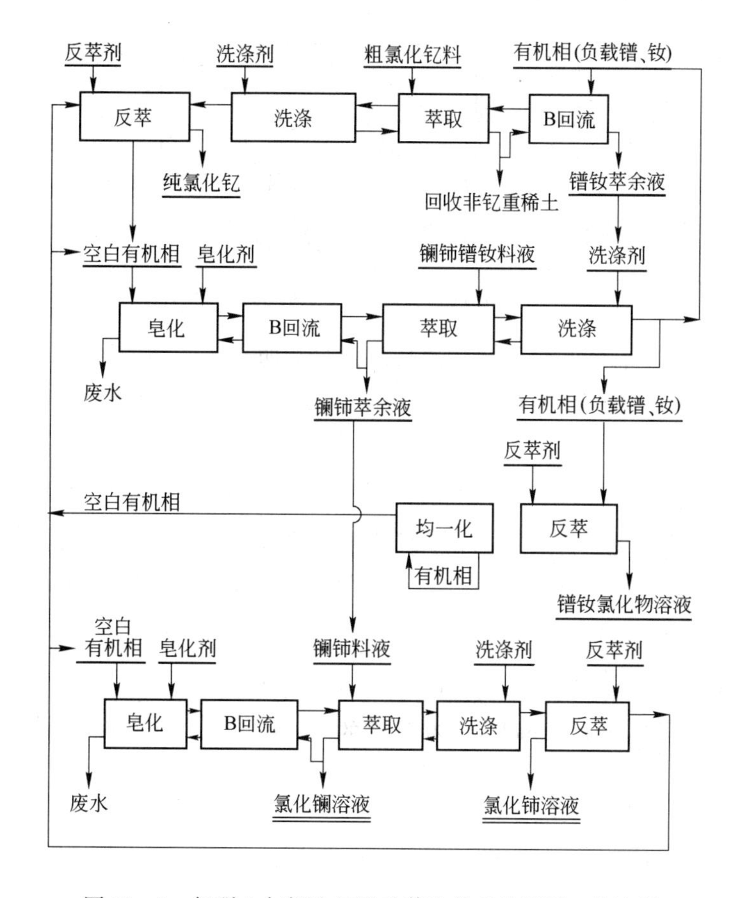

图 11－6　轻稀土与提取钇联动萃取分离的原则工艺流程

11.3　主要设备的设计

11.3.1　箱式混合澄清槽

稀土高科公司稀土分离线主要采用 SY 型箱式混合澄清槽，其结构见图 11－7。水相依靠搅拌从水相入口抽入混合室，有机相依靠液位差自流到混合室，混合相从混合室与澄清室之间的竖缝经隔板横缝进入澄清室。该种结构的混合澄清槽在使用中的一个显著特点是：有机相、煤油、酸的挥发量少，对周围环境影响小，槽体运转平稳，冒槽现象较少发生。

但该槽存在搅拌不充分的问题，在混合室的上方留有一层澄清的有机相，也正是因为这个原因，上层基本静止的有机相覆盖了混合室下部运动的混合相，使槽体显示出挥发量少的特点。由于混合室的一部分被不参与反应的有机相占据，混合室的有效容积减小。如果处理量不变，实际的反应时间就会减少，混合也不可能完全，相当于降低了级效率。

另外，该槽体中有机相的流动是依靠液位差自流，澄清室有机相的实际液位总比轻相

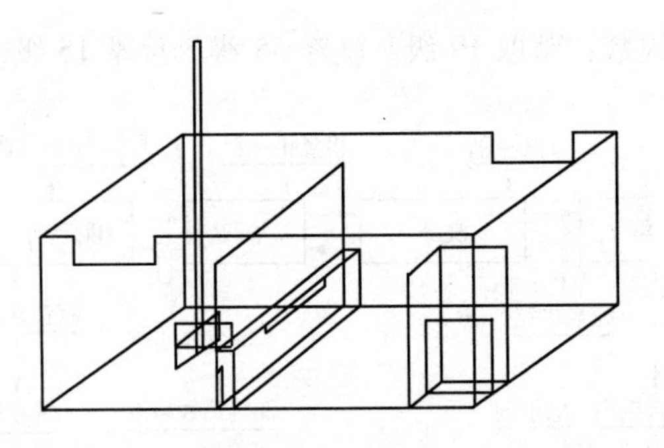

图 11－7 SY 型箱式混合澄清槽的结构示意图

堰高出 5～10mm，停车时，大量有机相需从高出部分逐步流出到有机相接收槽。同时，开车时有机相逐步进入槽体，此时有机相不流动或流量较小，这样就造成槽体需要较长时间达到正常流动。

为了解决上述问题，对 SY 型箱式混合澄清槽的水洗段结构进行了改变，将最后一级的轻相堰增加到 10～20mm，并改变搅拌器结构，使最后一级的液位高出其他，停车时，最后一级的轻相阻止了有机相的外流。改进后 SY 型箱式混合澄清槽的结构示意图如图 11－8 所示。该槽体可在开车时使有机相较快达到正常流动。稀土高科公司 3000t 分离线采用了该种槽体，效果良好。

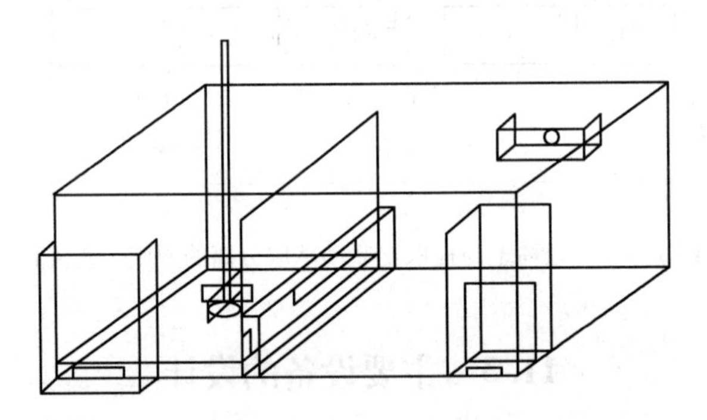

图 11－8 改进后 SY 型箱式混合澄清槽的结构示意图

11.3.1.1 混合室的设计

混合室的大小根据生产力的要求和欲达到一定级效率所需要的两相接触时间来确定。其计算公式如下：

$$V_m = (Q_W + Q_S)t$$

式中 V_m——混合室有效体积，m^3 或 L；

Q_W——水相流量，m^3/h 或 L/min；

Q_S——有机相流量，m^3/h 或 L/min；

t——两相在混合室内的名义停留时间，h 或 min。

若将两相在混合室中的实际接触相比 R 代入，则有：

$$V_m = (1 + R)Q_W t$$

对于工业规模混合澄清槽的设计，通常还要引入一流量增大系数 f_2（取 $f_2 = 1.1$）。

在箱式混合澄清槽的设计中，混合室底面通常采用正方形。当混合室有效体积确定以后，其长、宽、高的比例可用经验数据确定。为保证混合澄清槽操作的稳定性以及生产中不发生冒槽现象，混合室的实际高度应大于有效高度（一般大于1.25倍）。

11.3.1.2 反萃取器混合室的设计

反萃取器混合室的有效体积计算如下：

$$V_m = \frac{1+R}{R}Q_S t$$

对于工业用混合澄清槽：

$$V_m = f_2\frac{1+R}{R}Q_S t$$

11.3.1.3 澄清室的设计

澄清室中，相分离过程可分为两个阶段：开始时粗液滴迅速上升到界面，汇入整体相形成明显的相界面，称为初级澄清；然后雾沫细液滴缓慢地聚结上升到相界面，称为次级澄清。初级澄清对于澄清室的设计和操作起决定性的作用。

澄清室的设计以小型试验测出的初级澄清时间为依据，按“澄清面积原则”计算出澄清室的截面积为：

$$A = Q_F/u_p$$

对于工业设备：

$$A = f_2 Q_F/u_p$$

式中 A——设计的澄清室截面积，m^2；

Q_F——欲处理的物料量，m^3/h 或 L/min；

u_p——比澄清速度，$m^3/(h\cdot m^2)$。

在箱式混合澄清槽中，混合室和澄清室是相连的，宽、高相等，根据计算出的截面积可算出澄清室的边长。

11.3.1.4 搅拌器的设计

搅拌器搅拌功率的计算通式为：

$$P = \zeta\rho n^3 D^5 W$$

式中 P——搅拌液体所需功率，kW；

ζ——功率数；

ρ——液体密度，t/m^3；

n——搅拌转速，r/min；

D——叶轮直径，m 或 mm；

W——叶轮宽度，m 或 mm。

11.3.1.5 混合澄清槽中各相孔口的大小

混合澄清槽各相孔口大小的设计应以阻力很小和防止返混为依据。相口太小则流体阻力过大，对稳定操作不利；但若相口太大，则容易造成返混。一般相口做成扁平的矩形孔口，并设置挡板。

孔口大小可根据实际生产中的流速计算，也可以按照孔口流速为0.05～0.2m/s 选择一数值进行计算。

孔口还可以按照锐孔流体阻力损失公式计算如下：

$$W = CF\sqrt{2g\Delta H}$$

式中　W——穿过孔口的流量，m^3/s；

C——锐孔流量系数，一般取0.6；

F——孔口截面积，m^2；

g——重力加速度，取$9.81m/s^2$；

ΔH——通过孔口的阻力损失，一般取0.002～0.01m液柱。

当轻相口不被流体充满时，孔口大小则按溢水堰公式计算：

$$W = C_1 b\sqrt{2g}H^{3/2}$$

式中　b——孔口宽度，m；

H——溢流口液体深度，一般取0.002～0.01m；

C_1——流量系数，其与溢流口形式和工作条件有关，可由试验确定。

11.3.1.6　混合澄清槽中各相孔口的位置

在箱式混合澄清槽中，通常各级的轻相口、重相口和混合相口分别处于相同位置。

为使混合澄清槽能稳定运转，各孔口位置应满足如下两个条件：

（1）任何上一级澄清室液位比下一级混合室液位高出一定数值（见图11－9），即$h_{1,n}-h_{2,n+1}>0$。这样n级的轻相才能通过轻相口自然地流入$n+1$级混合室，$n+1$级混合室液位和n级澄清室液位互不影响。

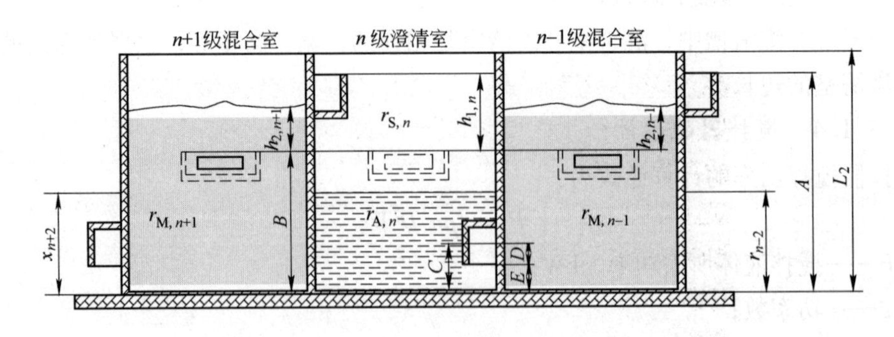

图11－9　组合混合澄清槽的结构

L_2—混合澄清槽高度；A—轻相口挡板顶端至槽底的距离；B—混合相口挡板顶端至槽底的距离；C—重相口底端至槽底的距离；D—重相口挡板高度；E—挡板下端至槽底的距离；x—澄清室中两相接触界面的高度；h_1—澄清室液面至混合相口挡板顶端的距离；h_2—混合室液面至混合相口挡板顶端的距离；r_A—重相密度；r_S—轻相密度；r_M—混合相密度；n—所属级数

（2）任何一级澄清室的两相接触界面高度比同一级混合相口的位置低（见图11－10），即$x_n<B$。这样混合室液位和同级澄清室两相接触界面高度互不影响，从而保证了混合澄清槽各级在流体力学上的独立性。

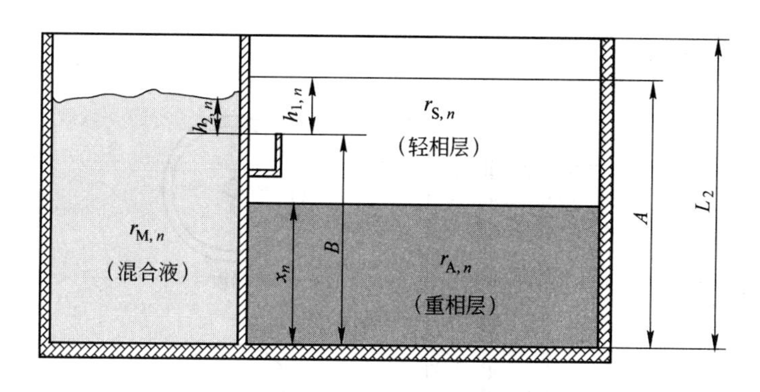

图 11－10 单级混合澄清槽的结构

各相孔口位置确定如下：

（1）A 值的确定。一般澄清室液面比混合室液面 z_2 稍高，可以近似地取 $A=2+z_2$。

（2）B 值的取定。采用试算法，首先假定 $B=(\frac{1}{2}\sim\frac{2}{3})A$，由 $h_{1,n}=A-B$ 得出 $h_{1,n}$，然后可由 $h_{1,n}r_{S,n}=h_{2,n}r_{M,n}$ 计算得出各级的 h_2，再利用公式 $x_n=\frac{(B+h_{2,n-1}-C)r_{M,n-1}-(B+h_{1,n})r_{S,n}+Cr_{A,n}}{r_{A,n}-r_{S,n}}$ 可计算得出各级的 x 值。其中 x_1 不用计算，它由重相出口液封管控制。若各级的 x 值均满足 $C<x<B$，则确定 B 值正确；若计算结果不满足 $C<x<B$，则需另外假设一个 B 值，直至符合要求为止。

（3）C 值的确定。$C=D+E$，其中 D 值与物料密度和搅拌强度有关，由小试验可确定，一般 $D=2\sim5$cm。

（4）E 值的确定。E 值由流量确定，保证流体阻力很小即可。

11.3.2 塔式萃取设备

塔式萃取设备具有占地面积小、溶剂装量少、混合强度小和便于密封等优点，其在核燃料后处理和石油化工领域中应用最为广泛。在稀土行业中，振动筛板塔和混合澄清塔式萃取设备的研究和应用较多。下面以振动筛板塔（如图 11－11 所示）的计算为例进行介绍。

11.3.2.1 塔径的计算

塔径通常采用下式计算：

$$D=\sqrt{\frac{4W_c}{\pi v_c}}$$

式中 D——塔内径，cm；

W_c——连续相的流量，cm^3/s；

v_c——连续相的操作线速度，cm/s；

π——圆周率，取 3.1416。

当 W_c 相同时，v_c 越大，所需的塔径越小。但 v_c 的增大受到“液泛”的限制。液泛即指当 v_c 过高时发生一相被另一相带走的现象，即一股液流被速度过大的另一股液流夹带，使之反向流动的现象。液泛时的流速称为液泛速度，它是塔式萃取设备的最大操作速度。

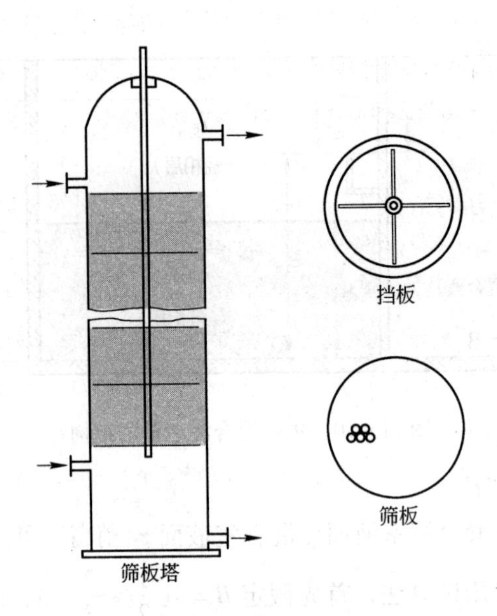

图 11－11　振动筛板塔

为了稳定操作，通常操作线速度低于液泛速度，即

$$v_c = mv_{cF}$$

式中　m——系数，不同设备形式有不同的 m 值，对喷雾塔、填料塔、脉冲筛板塔，$m=0.5\sim0.6$；

v_{cF}——液泛速度，可由经验公式计算或由试验测定。

当由试验确定 v_c 时，在保证稳定操作的前提下，v_c 应尽可能取大值。

11.3.2.2　塔高的计算

已知理论级当量高度和所需理论级数，可由下式计算塔高：

$$H = n_T \cdot HETS$$

式中　H——塔的有效高度，m；

n_T——理论级数；

$HETS$——理论级当量高度，m。

已知传质单元高度和所需传质单元数，可由下式计算塔高：

$$H = HTU_w \cdot NTU_w$$

式中　H——塔的有效高度，m；

HTU_w——水相传质单元高度，m；

NTU_w——水相传质单元数。

11.4　冶金计算——最优化分馏萃取工艺计算

11.4.1　计算步骤

对一个确定的萃取体系进行最优化工艺设计的过程可分为 6 个主要步骤，介绍如下。

（1）确定分离系数。由单级萃取试验测试不同料液浓度、料液酸度、料液组成、有机相组成等萃取条件下各金属离子的分配比 D，划分分离界限，依据两组分的假设确定易萃组分 A 和难萃组分 B。以分离界限两相邻金属离子的分配比，计算萃取段和洗涤段的分离系数 β 和 β'。

（2）确定分离指标。分离指标是指萃取生产产品应达到的纯度和收率。分离指标的确定主要取决于产品方案。在生产实践中，根据原料中的稀土配分和市场对稀土产品的需求，通常有三种产品方案：第一种：易萃组分 A 为主要产品，规定了 A 的纯度 $\overline{P}_{A,n+m}$ 和收率 Y_A；第二种：难萃组分 B 为主要产品，规定了 B 的纯度 $P_{B,1}$ 和收率 Y_B；第三种：要求 A 和 B 同为主要产品，并同时规定了 A 和 B 的纯度。在萃取工艺的设计中为了计算方便，也常把纯化倍数 a、b 以及水相出口 B 的分数 f'_B、有机相出口 A 的分数 f'_A 归入分离指标中。由于三种产品方案给出的规定指标不同，计算纯化倍数 a、b 以及出口分数 f'_B、f'_A 的方法也随之分为如下三种：

1）规定了 A 的纯度 $\overline{P}_{A,n+m}$ 和收率 Y_A，则：

$$a = \frac{\overline{P}_{A,n+m}/(1-\overline{P}_{A,n+m})}{f_A/f_B} \tag{11-17}$$

$$b = \frac{a-Y_A}{a(1-Y_A)} \tag{11-18}$$

$$P_{B,1} = bf_B/(f_A+bf_B) \tag{11-19}$$

$$f'_A = f_AY_A/\overline{P}_{A,n+m}$$

$$f'_B = 1-f'_A \tag{11-20}$$

2）规定了 B 的纯度 $P_{B,1}$ 和收率 Y_B，则

$$b = \frac{P_{B,1}/(1-P_{B,1})}{f_B/f_A} \tag{11-21}$$

$$a = \frac{b-Y_B}{b(1-Y_B)} \tag{11-22}$$

$$\overline{P}_{A,n+m} = af_A/(f_B+af_A) \tag{11-23}$$

$$f'_B = f_BY_B/P_{B,1} \tag{11-24}$$

$$f'_A = 1-f'_B$$

3）规定了 A 和 B 的纯度 $\overline{P}_{A,n+m}$ 和 $P_{B,1}$，则：

$$a = \frac{\overline{P}_{A,n+m}/(1-\overline{P}_{A,n+m})}{f_Af_B}$$

$$b = \frac{P_{B,1}/(1-P_{B,1})}{f_B/f_A}$$

$$Y_B = b(a-1)/(ab-1) \tag{11-25}$$

$$Y_A = a(b-1)/(ab-1) \tag{11-26}$$

$$f'_A = f_AY_A/\overline{P}_{A,n+m}$$

$$f'_B = f_BY_B/P_{B,1}$$

（3）判别控制段。确定进料方式后，按表11－5中的规定判别萃取过程所处的控制段，并计算相关参数。

表11－5　不同控制状态下最优化参数的计算方法

	萃取段控制	洗涤段控制
水相进料	判别：$f_B > \sqrt{\beta}/(1+\sqrt{\beta})$ $E_m = 1/\sqrt{\beta}$ $E'_m = E_m f'_B/(E_m - f'_A)$	判别：$f_B < \sqrt{\beta}/(1+\sqrt{\beta})$ $E'_m = \sqrt{\beta'}$ $E_m = E'_m f'_A/(E'_m - f'_B)$
	$S = E_m f'_B/(1-E_m)$，$W = S - f'_A$	
有机相进料	判别：$f'_B > 1/(1+\sqrt{\beta})$ $E_m = 1/\sqrt{\beta}$ $E'_m =（1 - E_m f'_A）/f'_B$	判别：$f'_B < 1/(1+\sqrt{\beta})$ $E'_m = \sqrt{\beta'}$ $E_m =（1 - E'_m f'_B）/f'_A$
	$S = E_m f_B/(1-E_m)$，$W = S + f_B$	

注：表中 E_m 和 E'_m 分别是萃取段混合萃取比和洗涤段混合萃取比，其意义可参见徐光宪所著《萃取理论》等有关文献。

（4）计算最优化工艺参数和级数。将最优化的混合萃取比 E_m 和 E'_m 代入下述两个级数计算公式，得到恒定混合萃取比最优化条件下的分馏萃取级数为：

$$n = \ln b/(\ln \beta E_m) \tag{11-27}$$

$$m + 1 = \ln a/\ln(\beta'/E'_m) \tag{11-28}$$

（5）计算萃取过程的流比。上述公式中萃取量 S 和洗涤量 W 都是以进料量 $M_F = 1$mol/min（或 g/min）为基准计算得到的质量流量，而实际生产中为了方便流量控制，采用的是体积流量（L/min）。质量流量与体积流量的换算关系是：

$$V_F = M_F/c_F = 1/c_F \tag{11-29}$$

$$V_S = S/c_S \tag{11-30}$$

$$V_W = 3W/c_W \text{（假定从有机相中洗下 1mol } RE^{3+} \text{ 需要 3mol } H^+ \text{）} \tag{11-31}$$

式中　V_F——进料的体积流量；

M_F——进料量；

c_F——料液的稀土浓度，mol/L 或 g/L；

V_S——有机相的体积流量；

S——萃取量；

c_S——有机相的稀土饱和浓度，mol/L 或 g/L；

V_W——洗液的体积流量；

W——洗涤量；

c_W——洗液的酸浓度，mol/L。

经常以 V_F 为单位来说明 V_F、V_S、V_W 的比例关系，即：

$$V_S : V_F : V_W = V_S/V_F : 1 : V_W/V_F \tag{11-32}$$

（6）计算浓度分布。由体积流量可以计算出水相出口金属离子浓度 $c(\mathrm{M})_1$、有机相出口金属离子浓度 $c(\mathrm{M})_{n+m}$ 以及萃取段与洗涤段各级中的水相金属离子浓度分布。

水相出口
$$c(\mathrm{M})_1 = M_1/(V_\mathrm{F} + V_\mathrm{W}) \quad (11-33)$$

当水相出口 B 的纯度 $P_{\mathrm{B},1}$ 足够高时，$M_1 = f'_\mathrm{B}$，则：
$$c(\mathrm{M})_1 = f'_\mathrm{B}/(V_\mathrm{F} + V_\mathrm{W})$$

萃取段
$$c(\mathrm{M})_i = (M_\mathrm{F} + W)/(V_\mathrm{F} + V_\mathrm{W}) \quad (11-34)$$

洗涤段
$$c(\mathrm{M})_j = W/V_\mathrm{W} \quad (11-35)$$

有机相出口
$$\overline{c(\mathrm{M})}_{n+m} = \overline{M}_{n+m}/V_\mathrm{S} \quad (11-36)$$

当有机相出口 A 的纯度足够高时，$\overline{M}_{n+m} = f'_\mathrm{A}$，则：
$$\overline{c(\mathrm{M})}_{n+m} = f'_\mathrm{A}/V_\mathrm{S} \quad (11-37)$$

11.4.2　多组分多出口分馏串级萃取工艺计算

在多组分两出口的萃取过程中，正确地控制 S 和 W 有利于中间组分积累峰的稳定，而使萃取过程处于最佳的平衡状态下。利用中间组分积累峰的生成规律调整 S 和 W，可以使积累峰增高（即提高中间组分的纯度）。两出口的分馏萃取工艺中，在中间组分积累峰附近开设一个出口，可以增加一个富集物产品。两出口的分馏萃取工艺新开设出口后萃取平衡将受到影响，需要调整 S 和 W 以及级数 $n+m$，建立新的平衡。一般情况下，增加出口，S 和 W 以及级数 $n+m$ 也会增加。对于含有 λ 个稀土组分的萃取体系，在级数 $n+m$、S、W 能满足要求的条件下，可以新开设 $\lambda-2$ 个出口，在一个分馏萃取生产线上可以生产出两种纯产品和 $\lambda-2$ 个富集物产品。多组分多出口的萃取生产工艺具有产品品种多、工艺灵活性强、生产流程简单、化工原料消耗低的优点。这一工艺的出现降低了生产成本，促进了稀土应用的发展。

11.4.3　分馏串级萃取试验的计算机模拟

新设计的串级萃取工艺应在实验室进行串级萃取模拟试验，以验证它的合理性。通过试验不仅可以验证新工艺的分离效果，还可以测得从启动到平衡的过程中每一级各组分的变化，以及萃取量 S、洗涤量 W、料液的变化对萃取平衡过程的影响。这些信息对萃取生产具有重要的指导意义。

串级萃取试验也可以采用人工摇漏斗的方法进行，但是对类似于稀土分离这样萃取级数多、平衡时间长的工艺，人工摇漏斗实验方法是不可能完成的。用计算机技术模拟人工摇漏斗的方法进行串级萃取试验，克服了人工实验方法的缺点，并具有试验周期短、计算数值可靠、输出信息量大等优点，是目前被广泛采用的试验方法。

11.4.3.1　计算机串级萃取模拟试验程序设计原理

计算机串级萃取模拟试验程序主要由 8 个部分组成，各部分的设计原理分别介绍如下。

A　设置漏斗

根据串级萃取级数的要求，取 $n+m+2$ 个漏斗。为了方便漏斗间的相转移（相流动)，将漏斗分为奇数排和偶数排（见图 11－12)，并将奇数排向偶数排完成一次相转移记为 I_1（摇动一个整数排次)。实验中，得到产品所要求纯度时的 I 值越大，说明该萃取工艺达到平衡的时间越长。如摇动排数 I 不断增加，但产品纯度仍达不到要求，甚至有下降的趋势，则说明此萃取工艺参数不合理，应重新设计。

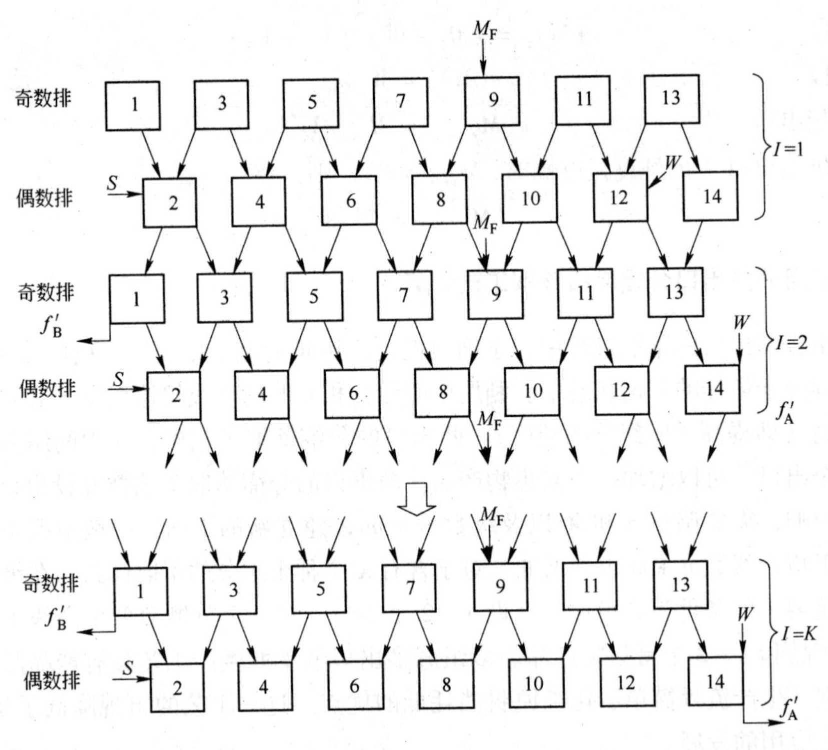

图 11－12　两出口分馏串级萃取（$n=8$，$m=4$）漏斗设置示意图

萃取达到平衡的时间与萃取工艺级数有关。在平衡度相同的条件下，级数越大，达到平衡的时间越长。为了正确表达摇动排数 I 与平衡度之间的关系，需引入排级比 G 的概念，即：

$$G = I/(n+m) \tag{11-38}$$

B　输入参数

(1) 规定参数。规定参数包括：f_λ，$f_{\lambda-1}$，$f_{\lambda-2}$，…，$f_{\lambda-i}$，$f_{\lambda-i+1}$，…，f_1；P_λ，$P_{\lambda-1}$，$P_{\lambda-2}$，…，$P_{\lambda-i}$，$P_{\lambda-i+1}$，…，P_1；Y_λ，$Y_{\lambda-1}$，$Y_{\lambda-2}$，…，$Y_{\lambda-i}$，$Y_{\lambda-i+1}$，…，Y_1；$\beta_{\lambda/\lambda-1}$，$\beta_{\lambda-1/\lambda-2}$，$\beta_{\lambda-2/\lambda-3}$，…，$\beta_{2/1}$（$\lambda=1, 2, \cdots$）。

(2) 计算参数。计算参数包括 f'_λ，$f'_{\lambda-1}$，$f'_{\lambda-2}$，…，f'_1；n；$I_{\lambda-2}$，$I_{\lambda-3}$，…，I_1；m；规定参数中未指明的纯度 P_i 及收率 $Y_i(1<i<\lambda)$。

(3) 控制参数。控制参数是指进料方式（水相或有机相进料)、分离界限（如 A/B＋C 或 A＋B/C 等方式）和摇振排级比 G 等参数。

确定各参数后，由相应的出口方式计算不同萃取量 S 下的各段级数，然后根据串级萃取工艺的计算结果，结合生产的具体情况，从计算结果中选取一组最优化参数，进行串级萃取的计算机模拟试验。

C 启动前的充料

根据所选择的进料方式的物料分布，对奇数级或偶数级充入料液，即：

$$\begin{cases} M_{A,i} = (\overline{M}_i + M_i)f_A \\ M_{B,i} = (\overline{M}_i + M_i)f_B \\ M_{C,i} = (\overline{M}_i + M_i)f_C \\ \qquad\downarrow \\ M_{\lambda,i} = (\overline{M}_i + M_i)f_\lambda \end{cases} \tag{11-39}$$

式中 $\overline{M}_i$——各漏斗的有机相中金属离子含量的总和；

M_i——各漏斗的水相中金属离子含量的总和。

以水相进料为例，式中：

$$M_i + \overline{M}_i = \begin{cases} S + f'_B \quad (i = 1) \\ S + W + 1 \quad (i = 2,3,\cdots,n) \\ S + W \quad (i = n+1,\cdots,n+m-1) \\ f'_A + W \quad (i = n+m) \end{cases} \tag{11-40}$$

D 萃取平衡操作

（1）各级物料的总量。由恒定混合萃取比的特点可知，各级漏斗中有机相 A、B、…、λ 的总量$\overline{M}$和水相 A、B、…、λ 的总量 M 在全萃取过程中均为恒定值，同时各组分的总量 M_A、M_B、…、M_λ 也是已知的。

（2）萃取平衡关系式。萃取平衡后，各级漏斗中有机相、水相的金属离子含量分别由 y_A、y_B、…、y_λ 和 x_A、x_B、…、x_λ 表示。对于第 i 级漏斗有下列关系式：

$$\begin{cases} M_{A,i} = y_{A,i} + x_{A,i} \\ M_{B,i} = y_{B,i} + x_{B,i} \\ M_{C,i} = y_{C,i} + x_{C,i} \\ \qquad\downarrow \\ M_{\lambda,i} = y_{\lambda,i} + x_{\lambda,i} \end{cases} \tag{11-41}$$

$$\begin{cases} \overline{M}_i = y_{A,i} + y_{B,i} + y_{C,i} + \cdots + y_{\lambda,i} \\ M_i = x_{A,i} + x_{B,i} + x_{C,i} + \cdots + x_{\lambda,i} \end{cases} \tag{11-42}$$

$$\begin{cases} \beta_{A/B} = y_{A,i}x_{B,i}/(y_{B,i}x_{A,i}) \\ \beta_{B/C} = y_{B,i}x_{C,i}/(y_{C,i}x_{B,i}) \\ \qquad\downarrow \\ \beta_{\lambda/\lambda-1} = y_{\lambda,i}x_{\lambda-1,i}/(y_{\lambda-1,i}x_{\lambda,i}) \end{cases} \tag{11-43}$$

式中，计算用分离系数为单级实验所测定的数值或取其平均值，其中，$1 \leqslant i \leqslant n+m$ 。

式（11－41）～式（11－43）的等号左边项均为已知数，等号右边项共有 2λ 个变量，所以采用带入消元法求解上述方程，可以得到一个关于某组分在第 i 级水相和有机相中含量的一元 λ 次方程。以求解两组分体系中组分 A 在某级水相中的含量为例，有一元二次方程：

$$ax_B^2 + bx_B + c = 0 \tag{11-44}$$

式中

$$a = \beta_{A/B} - 1$$

$$b = -[\beta_{A/B}(M_B + W) + M_A - W]$$

$$c = \beta_{A/B}WM_B$$

采用一元二次方程的求根公式可以解出 x_B，将其代回式（11－44）能进一步求得其他三个变量 x_A、y_A、y_B。

同理，对于三组分体系，有一元三次方程：

$$ax_A^3 + bx_A^2 + cx_A + d = 0 \tag{11-45}$$

式中

$$a = (\beta_{A/B} - 1)(\beta_{B/C} - 1)$$

$$b = M_B\beta_{A/B}(\beta_{A/C} - 1) + M_C\beta_{A/C}(\beta_{A/B} - 1) - aM$$

$$c = M_A\{M_B\beta_{A/B} + M_C\beta_{A/C} - M[(\beta_{A/B} - 1) + (\beta_{A/C} - 1)]\}$$

$$d = -MM_A^2$$

其中，$\beta_{A/C} = \beta_{A/B}\beta_{B/C}$。

对于四组分体系，有一元四次方程：

$$ax_A^4 + bx_A^3 + cx_A^2 + dx_A + e = 0 \tag{11-46}$$

式中

$$a = (\beta_{A/B} - 1)(\beta_{A/C} - 1)(\beta_{A/D} - 1)$$

$$b = a\{[1/(\beta_{A/B} - 1) + 1/(\beta_{A/C} - 1) + 1/(\beta_{A/D} - 1)]M_A - M + M_B\beta_{A/B}/(\beta_{A/B} - 1) + M_C\beta_{A/C}/(\beta_{A/C} - 1) + M_D\beta_{A/D}/(\beta_{A/D} - 1)\}$$

$$c = [(\beta_{A/B} - 1) + (\beta_{A/C} - 1) + (\beta_{A/D} - 1)]M_A^2 - a[1/(\beta_{A/C} - 1) + 1/(\beta_{A/B} - 1) + 1/(\beta_{A/D} - 1)]M_AM + \{[(\beta_{A/C} - 1) + (\beta_{A/D} - 1)]M_B\beta_{A/B} + [(\beta_{A/B} - 1) + (\beta_{A/D} - 1)]M_C\beta_{A/C} + [(\beta_{A/B} - 1) + (\beta_{A/C} - 1)]M_D\beta_{A/D}\}M_A$$

$$d = M_A^3 - \{[(\beta_{A/B} - 1) + (\beta_{A/C} - 1) + (\beta_{A/D} - 1)]M - M_B\beta_{A/B} - M_C\beta_{A/C} - M_D\beta_{A/D}\}M_A^2$$

$$e = -MM_A^3$$

其中，$\beta_{A/D} = \beta_{A/B}\beta_{B/C}\beta_{C/D}$。

采用解析法或牛顿迭代法求解式（11－45）和式（11－46），可以得到满足 $0 < a < M_A$ 的解。将所有的 x_A 带回式（11－41）～式（11－43），可分别计算出萃取器各级在萃取平衡时，各组分在两相中的分配数据。

E 研究动态平衡的几个参数

为了研究串级萃取动态平衡过程中各级各组分的变化，引入了下列变量。

（1）各组分在某一级以及该级水相和有机相中的含量分数，计算如下：

$$P_{M_{\lambda,i}} = M_{\lambda,i}/(\overline{M}_i + M_i) = m_{\lambda,i}/(M_{A,i} + M_{B,i} + \cdots + M_{\lambda,i}) \tag{11-47}$$

$$P_{x_{\lambda,i}} = x_{\lambda,i}/M_i = x_{\lambda,i}/(x_{A,i} + x_{B,i} + \cdots + x_{\lambda,i}) \tag{11-48}$$

$$P_{y_{\lambda,i}} = y_{\lambda,i}/\overline{M}_i = y_{\lambda,i}/(y_{A,i} + y_{B,i} + \cdots + y_{\lambda,i}) \tag{11-49}$$

（2）各组分在萃取段、洗涤段和分馏萃取全过程中的平均积累量，计算如下：

$$T_{S,\lambda}(\text{萃取段积累量}) = \begin{cases} \sum M_{\lambda,i}/n(\text{水相进料}) \\ \sum M_{\lambda,i}/(n-1)(\text{有机相进料}) \end{cases} \tag{11-50}$$

$$T_{W,\lambda}(\text{洗涤段积累量}) = \begin{cases} \sum M_{\lambda,i}/n(\text{水相进料}) \\ \sum M_{\lambda,i}/(n-1)(\text{有机相进料}) \end{cases} \tag{11-51}$$

$$T_{M,\lambda}\ (\text{分馏萃取全过程积累量}) = \sum M_{\lambda,i}/(n+m) \tag{11-52}$$

(3) 进出萃取器的物料平衡度，计算如下：

$$XY_{\lambda} = (x_{\lambda,1} + y_{\lambda,n+m})/f_{\lambda} \tag{11-53}$$

F 相转移操作

经萃取平衡操作后，有机相由第 i 级向第 $i+1$ 级转移，水相由第 i 级向第 $i+1$ 级转移。相转移的表达式为：

$$\begin{cases} M_{A,i} = x_{A,i+1} + y_{A,i-1} \\ M_{B,i} = x_{B,i+1} + y_{B,i-1} \\ \quad\downarrow \\ M_{\lambda,i} = x_{\lambda,i} + 1 + y_{\lambda,i-1} \end{cases} \tag{11-54}$$

$$\begin{cases} x_{A,n+m+1} = 0 \\ x_{B,n+m+1} = 0 \\ \quad\downarrow \\ x_{\lambda,n+m+1} = 0 \end{cases} \tag{11-55}$$

$$\begin{cases} y_{A,0} = 0 \\ y_{B,0} = 0 \\ \quad\downarrow \\ y_{\lambda,0} = 0 \end{cases} \tag{11-56}$$

G 加料及中间出口出料操作

每摇完一排并进行相转移后，再在第 n 级加入一份料液。加料的操作表达式为：

$$\begin{cases} M'_{A,n} = M_{A,n} + f_A \\ M'_{B,n} = M_{B,n} + f_B \\ \quad\downarrow \\ M'_{\lambda,n} = M_{\lambda,n} + f_{\lambda} \end{cases} \tag{11-57}$$

H 萃取过程达到平衡时的条件

在萃取模拟实验从启动至平衡的过程中，两个排级比 G 与 $G+1$ 之间各组分含量的差值逐渐减小，当达到所规定的小数 ε 时，如 $|x_{A,G} - x_{A,G+1}| < \varepsilon$，则认为萃取过程达到了平衡。判断时可依据物料平衡度（见式（11-53）），若 $|XY_{\lambda} - 1| < \varepsilon$，则判定为萃取达到平衡。

I 数据输出

计算机每计算一个排级比后，可以得到各出口产品的纯度以及每一级各组分在水相和有机相中的分布。将这些数据以表格形式或曲线图形式输出，有助于了解萃取过程的变化。

11.4.3.2 计算机串级萃取模拟试验程序

由上述的计算机串级萃取模拟试验程序设计原理，可以编制计算程序。图 11-13 为四组分四出口的计算机串级萃取模拟试验程序框图，其他组分或出口数量不同的萃取工艺计算程序与此类似，可依此原理编制。

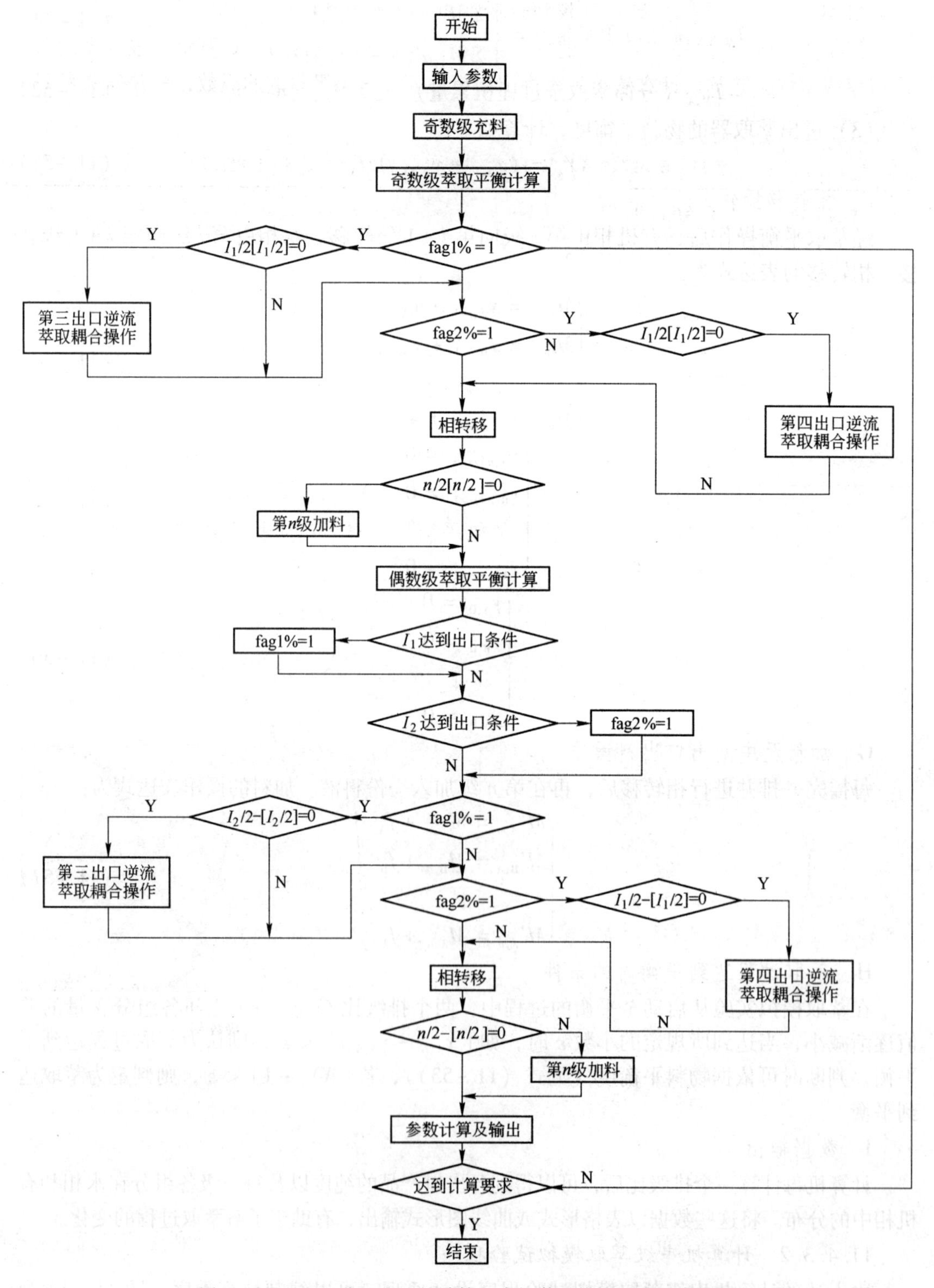

图 11－13　四组分四出口的计算机串级萃取模拟试验程序框图

图 11－13 中，fag1% 和 fag2% 分别为第三出口 I_1 和第四出口 I_2 产品是否达到要求的判断条件，达到为“1”；未达到为“0”。

11.4.3.3 计算机串级萃取模拟试验实例

【例 11－1】 我国轻稀土原料的典型组成和分离要求如表 11－6 所示。根据多组分多出口串级萃取工艺的设计方法可计算得出四组分四出口串级萃取的级数，一并列入表 11－6 中。

表 11－6 轻稀土萃取分离工艺参数（选取萃取量 $S=1.85$g/L）

料液组成	$f_A=f_{Nd}=0.155$，$f_B=f_{Pr}=0.06$，$f_C=f_{Ce}=0.505$，$f_D=f_{La}=0.28$
分离系数	$\beta_{A/B}=1.5$，$\beta_{B/C}=2$，$\beta_{C/D}=5$
分离指标	$P_{A,n+m}=P_{Nd}=0.998$，$P_{B,I_2}=P_{Pr}=0.48$，$P_{C,I_1}=P_{Ce}=0.87$ $P_{D,1}=P_{La}=0.999$，$Y_A=Y_{Nd}=0.999$，$Y_D=Y_{La}=0.999$
出口分数	$f'_A=0.15346$，$f'_B=0.06546$，$f'_C=0.54284$，$f'_D=0.23824$
级数和出口位置	$I_1=11$，$I_2=39$，$n=29$，$m=30$

用图 11－13 所示的计算程序进行萃取平衡模拟试验。当排级比 $G=1000$、平衡度 $XY_\lambda\approx1$ 时，萃取器内各组分的分布如图 11－14 和图 11－15 所示。

从图 11－14 和图 11－15 中可以看到，C 组分积累峰位于萃取段的 11～23 级间，峰高度达到 87%；A 组分积累峰在萃取段的 30～40 级间，峰最高为 74%。实验结果证实了本例所设计的四组分四出口串级萃取工艺参数是可行的。

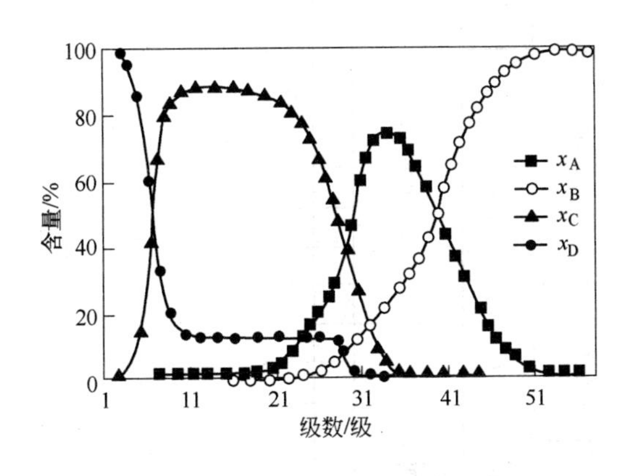

图 11－14 平衡水相物料分布图

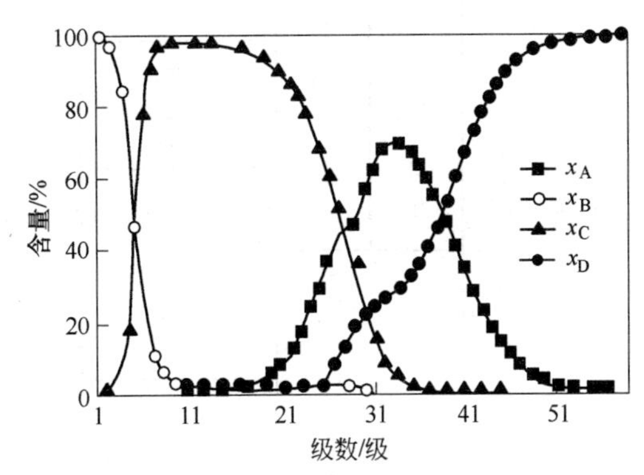

图 11－15 平衡有机相物料分布图

11.5 车间配置

稀土萃取车间的配置，各厂应根据本厂的具体情况进行，以有效地利用地形面积、有效地利用厂房、节约基建投资、有利于生产为原则。萃取车间布置图见图 11－16。

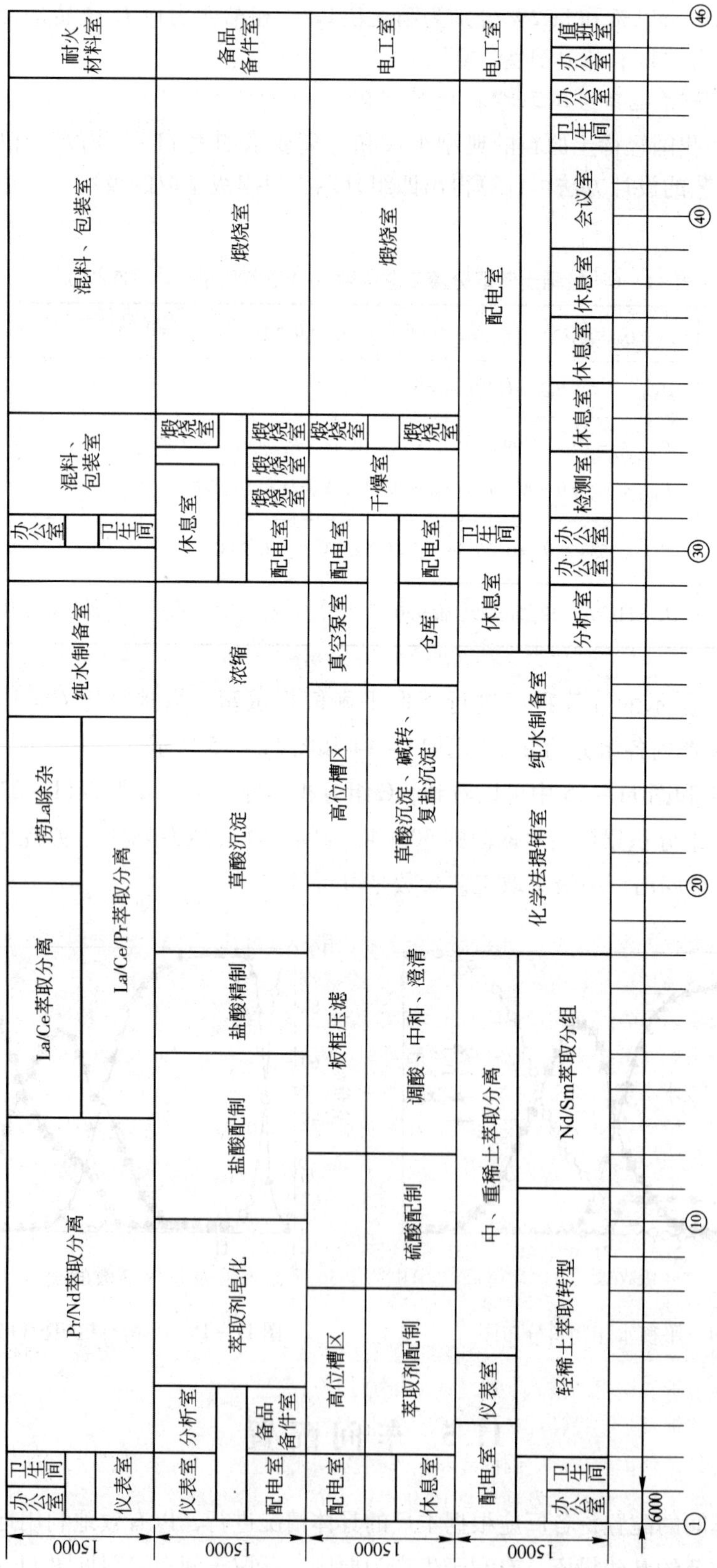

办公室 卫生间 仪表室 Pr/Nd萃取分离 La/Ce萃取分离 La/Ce/Pr萃取分离 捞La除杂 纯水制备室 办公室 卫生间 混料、包装室 混料、包装室 耐火材料室

仪表室 分析室 配电室 备品备件室 萃取剂皂化 盐酸配制 盐酸精制 草酸沉淀 浓缩 休息室 配电室 煅烧室 煅烧室 煅烧室 煅烧室 煅烧室 备品备件室

配电室 高位槽区 休息室 萃取剂配制 硫酸配制 板框压滤 调酸、中和、澄清 高位槽区 草酸沉淀、碱转、复盐沉淀 真空泵室 仓库 配电室 配电室 干燥室 煅烧室 煅烧室 煅烧室 电工室

配电室 仪表室 中、重稀土萃取分离 办公室 卫生间 轻稀土萃取转型 Nd/Sm萃取分组 化学法提销室 纯水制备室 休息室 卫生间 配电室 电工室 分析室 办公室 办公室 检测室 休息室 休息室 休息室 会议室 卫生间 办公室 办公室 值班室

15000 15000 15000 15000 6000

1 10 20 30 40 46

图11－16 萃取车间布置图

参考文献

[1] 蔡祺风. 有色冶金工厂设计基础 [M]. 北京：冶金工业出版社，1991.
[2] 郭鸿发，储慕东，史学谦. 冶金工程设计 第1册：设计基础 [M]. 北京：冶金工业出版社，2006.
[3] 王德全. 冶金工厂设计基础 [M]. 沈阳：东北大学出版社，2003.
[4] 黄胜发. 项目可行性研究 [M]. 北京：中国劳动出版社，1995.
[5] 张玉琦. 可行性研究与评估学 [M]. 沈阳：东北大学出版社，1993.
[6] 董金波. 工业企业厂址选择与总体规划 [M]. 北京：冶金工业出版社，1993.
[7] 中国建筑标准设计研究所. 建筑制图标准汇编 [M]. 北京：中国计划出版社，1996.
[8] 宗听聪. 钢结构构件和结构体系概论 [M]. 上海：同济大学出版社，2001.
[9]《有色冶金炉设计手册》编委会. 有色冶金炉设计手册 [M]. 北京：冶金工业出版社，2000.
[10]《有色金属工业设计总设计师手册》编写组. 有色金属工业设计总设计师手册 第三册：轻金属 [M]. 北京：冶金工业出版社，1989.
[11] 云正宽，等. 冶金工程设计 第2册：工艺设计 [M]. 北京：冶金工业出版社，2006.
[12]《重有色金属冶炼设计手册》编委会. 重有色金属冶炼设计手册（铜镍卷、铅锌铋卷）[M]. 北京：冶金工业出版社，1996.
[13] 项钟庸，王莜留. 高炉设计——炼铁工艺设计理论与实践 [M]. 北京：冶金工业出版社，2007.
[14] 周传典. 高炉炼铁生产技术手册 [M]. 北京：冶金工业出版社，1999.
[15] 成兰伯. 高炉炼铁工艺及计算 [M]. 北京：冶金工业出版社，1991.
[16] 王平. 炼铁设备 [M]. 北京：冶金工业出版社，2006.
[17] 万新. 炼铁厂设计原理 [M]. 北京：冶金工业出版社，2009.
[18] 郝素菊，张玉柱，蒋武锋. 高炉炼铁设计与设备 [M]. 北京：冶金工业出版社，2011.
[19] 胡洵璞，吕岳辉，王建丽. 高炉炼铁设计原理 [M]. 北京：化学工业出版社，2010.
[20] 王明海. 炼铁原理与工艺 [M]. 北京：冶金工业出版社，2006.
[21] 朱苗勇. 现代冶金学（钢铁冶金卷）[M]. 北京：冶金工业出版社，2005.
[22] 殷瑞钰. 冶金流程工程学 [M]. 北京：冶金工业出版社，2004.
[23] 闫立懿. 现代超高功率电弧的炉技术特征 [J]. 特殊钢，2001，22（5）：1.
[24] 闫立懿，刘一心，李延智，等. 高阻抗电弧炉的设计 [J]. 特殊钢，2002，23（6）：40.
[25] 徐曾啓. 炉外精炼 [M]. 北京：冶金工业出版社，1994.
[26] 李晶. LF精炼技术 [M]. 北京：冶金工业出版社，2009.
[27] 王令福. 炼钢厂设计原理 [M]. 北京：冶金工业出版社，2009.
[28] 闫立懿，姜周华，邹俊苏，等. LF炉电热特性及供电制度 [J]. 工业加热，2003，32（1）：29.
[29] 阎奎兴，闫立懿. 现代电弧炉炉型及其炉体结构设计 [J]. 铸造，1999，47（11）：41.
[30] 闫立懿，武振廷，芮树森. 中国大型电弧炉发展概况 [J]. 特殊钢，1999，20（4）：25.
[31] 闫立懿，肖玉光，王立志，等. 超高功率电弧炉变压器容量及技术参数的确定 [J]. 特殊钢，2005，26（2）：35.
[32] 闫立懿，肖玉光，李延智等. LF炉变压器容量及技术参数确定 [J]. 冶金设备，2006，(3)：55.
[33] 王新江. 现代电炉炼钢生产技术手册 [M]. 北京：冶金工业出版社，2009.
[34] 闫立懿. 电炉炼钢及工艺设计 [M]. 沈阳：东北大学出版社，2010.
[35] 潘秀兰，王艳红，郭艳玲，等. 国内外转炉炼钢技术的新进展 [J]. 鞍钢技术，2004，(6)：1~6.
[36] 殷瑞钰. 我国炼钢-连铸技术发展和2010年展望 [J]. 炼钢，2008，24（6）：1~12.
[37] 刘浏. 21世纪初先进炼钢厂的理念、工艺与设计 [J]. 炼钢，2007，23（3）：1~6，31.
[38] 冯聚合. 炼钢设计原理 [M]. 北京：化学工业出版社，2005.

[39] 郑沛然．炼钢设备与车间设计［M］．北京：冶金工业出版社，1996.
[40] 贾凌云．转炉－连铸工艺设计与程序［M］．北京：冶金工业出版社，2005.
[41] 熊毅刚．板坯连铸［M］．北京：冶金工业出版社，1994.
[42] 曹广畴．现代板坯连铸［M］．北京：冶金工业出版社，1994.
[43] 邱竹贤．铝电解原理与应用［M］．徐州：中国矿业大学出版社，1998.
[44] 邱竹贤．预焙槽炼铝［M］．3版．北京：冶金工业出版社，2005.
[45] 殷恩生．160kA中心下料预焙铝电解槽生产工艺及管理［M］．长沙：中南大学出版社，2004.
[46] 李清．大型预焙槽炼铝生产工艺与操作实践［M］．长沙：中南大学出版社，2008.
[47] 戴小平，等．200kA预焙铝电解槽生产技术与实践［M］．长沙：中南大学出版社，2006.
[48] 王捷．电解铝生产工艺与设备［M］．北京：冶金工业出版社，2006.
[49] 刘业翔，等．现代铝电解［M］．北京：冶金工业出版社，2008.
[50] 冯乃祥．铝电解［M］．北京：化学工业出版社，2006.
[51] 朱祖泽，贺家齐．现代铜冶金学［M］．北京：科学出版社，2003.
[52] 翟秀静．重金属冶金学［M］．北京：冶金工业出版社，2011.
[53] 孙成余，周开敏，蔡挂才．$109m^2$ 沸腾焙烧炉系统设计与生产实践［J］．云南冶金，2007，36（1）：41～44.
[54] 潘庆洋．$109m^2$ 沸腾炉锌冶炼制酸系统设计及生产实践［J］．硫酸工业，2009，（3）：36～39.
[55] 吕松涛．稀土冶金学［M］．北京：冶金工业出版社，1978.
[56] 徐光宪，袁承业，等．稀土的溶剂萃取［M］．北京：科学出版社，1987.
[57] 徐光宪．稀土［M］．2版．北京：冶金出版社，1995.
[58] 王振华．稀土串级萃取分离过程的数学模型和计算机仿真［J］．中国稀土学报，2002，20（专辑）：132～135.
[59] 王振华，王金荣，王永县，等．计算机闭环控制串级萃取稀土分组过程的试验研究兼论模拟混合澄清槽萃取过程的数学模型［J］．稀土，1996，17（5）：1.
[60] 高新华，吴文远，涂赣峰．四组分体系“组合式”萃取分离工艺［J］．有色矿冶，2000，16（2）：21～25.
[61] 高新华．串级萃取计算机模拟［D］．沈阳：东北大学，1994.
[62] 游效曾，孟庆金，韩万书．配位化学进展［M］．北京：高等教育出版社，2000.
[63] 田禾．应用化学与技术［M］．北京：科学出版社，2007.
[64] 刘谟禧．湿法冶金过程硅的化学［J］．矿业工程，1989，9（2）：62～65.

冶金工业出版社部分图书推荐

书 名	作 者	定价（元）
冶金工程设计（第1册）设计基础	郭鸿发 等	145.00
冶金工程设计（第2册）工艺设计	云正宽 等	198.00
冶金工程设计（第3册）机电设备与工业炉窑设计	云正宽 等	195.00
高炉设计——炼铁工艺设计理论与实践	项钟庸	136.00
有色冶金炉设计手册	本书编委会	199.00
重有色金属冶炼设计手册（铜镍卷）	孙 倬	190.00
重有色金属冶炼设计手册（铅锌铋卷）	孙 倬	135.00
重有色金属冶炼设计手册（锡锑汞贵金属卷）	孙 倬	159.00
重有色金属冶炼设计手册（冶炼烟气收尘、通用工程、常用数据卷）	北京有色冶金设计研究总院 等	145.00
工业除尘设备——设计、制作、安装与管理	姜凤友	158.00
钢铁冶金原理（第4版）（本科教材）	黄希祜	82.00
现代冶金工艺学——钢铁冶金卷（第2版）（本科国规教材）	朱苗勇	75.00
钢铁冶金学（炼铁部分）（第3版）	王筱留	60.00
炼钢工艺学（本科教材）	高泽平	39.00
炉外精炼教程（本科教材）	高泽平	39.00
连续铸钢（第2版）（本科教材）	贺道中	38.00
有色冶金概论（第3版）（本科国规教材）	华一新	49.00
轻金属冶金学（本科教材）	杨重愚	39.80
重金属冶金学（本科教材）	翟秀静	49.00
稀有金属冶金学（本科教材）	李洪桂	34.80
有色冶金化工过程原理及设备（第2版）（本科国规教材）	郭年祥	49.00
炼铁厂设计原理（本科教材）	万 新	38.00
炼钢厂设计原理（本科教材）	王令福	29.00
轧钢厂设计原理（本科教材）	阳 辉	46.00
氧化铝厂设计（本科教材）	符 岩 等	69.00
金属压力加工车间设计（本科教材）	温景林	28.00
冶金单元设计（本科教材）	范光前	35.00
冶金设备（第2版）（本科教材）	朱 云	56.00
冶金设备及自动化（本科教材）	王立萍	29.00
冶金炉热工基础（高职高专教材）	杜效侠	37.00
炼铁工艺及设备（高职高专教材）	郑金星	49.00
炼钢工艺及设备（高职高专教材）	郑金星	49.00